农业机械化感悟

白人朴 著

中国环境科学出版社·北京

图书在版编目（CIP）数据

农业机械化感悟/白人朴著. —北京：中国环境科学出版社，2012.10
ISBN 978-7-5111-1175-3

Ⅰ. ①农… Ⅱ. ①白… Ⅲ. ①农业机械化—研究—中国 Ⅳ. ①S23

中国版本图书馆 CIP 数据核字（2012）第 246642 号

特邀编辑 叶 春
责任编辑 季苏园
封面设计 金 喆

出版发行 中国环境科学出版社
（100062 北京市东城区广渠门内大街 16 号）
网 址：http://www.cesp.com.cn
电子邮箱：bjgl@cesp.com.cn
联系电话：010-67112765（编辑管理部）
发行热线：010-67125803，010-67113405（传真）
印装质量热线：010-67113404
印 刷 北京东海印刷有限公司
经 销 各地新华书店
版 次 2012 年 10 月第 1 版
印 次 2012 年 10 月第 1 次印刷
开 本 889×1194 1/16
印 张 24.25 彩插 12 页
字 数 540 千字
定 价 98.00 元

白人朴，1937年11月2日生，四川广安人。中国农业大学教授，博士生导师，中国农业大学中国农业机械化发展研究中心咨询委员会主任。

1962年毕业于北京农业机械化学院农业机械化系，长期从事农村发展、农业机械化与现代化技术经济分析、发展战略、规划及政策等方面的教学科研工作。已培养博士后1名、博士27名、硕士30名。他们在工作岗位上都挑起了重担，有些已经做出了突出贡献。主持《大别山区综合发展战略研究》、《北京顺义“三高”科技农业试验示范区总体规划》、《广东省农业机械化发展研究》、《农业机械购置补贴政策研究》、《我国农业装备科技创新及产业发展战略研究》、《山东省玉米收获机械化发展研究》等多项国家和省部级重大研究课题，多次获奖。是《中华人民共和国农业机械化促进法》起草领导小组成员，“十五”、“十一五”全国农业机械化发展规划起草小组组长，“十二五”全国农业机械化发展规划编制专家咨询组成员。

曾任中国农业大学农村发展研究所所长、农业工程研究院学术委员会主任，中国农业机械学会农业机械化学会理事长，中国农业技术经济研究会副理事长，北京市人民政府专家顾问团顾问（连续三届），农业部第二届软科学委员会委员，首批“中国农业专家咨询团专家”，第一届中国农机工业专家咨询委员会顾问。

现任农业部第八届科学技术委员会委员，中国农业机械学会农业机械化分会名誉主任委员，《农业机械化研究》第七届编委会主任委员，《中国农业机械化年鉴》编委会副主任，农业部农机推广（监理）总站专家委员会专家（首批），中国农业机械流通协会高级顾问。

荣获农业部属重点高校优秀教师、部级有突出贡献的中青年专家、中国农业机械学会“农业机械发展贡献奖”、农业机械化分会“终身成就奖”、中国科协先进工作者、全国优秀科技工作者等荣誉证书和奖章。享受国务院政府特殊津贴。

2011 年 1 月中国农业大学中国农业机械化发展研究中心成立合影（北京）

2006 年 12 月 1 日白人朴入党 50 周年支部活动上支部书记田东代表大家献花

在入党 50 周年支部活动会上讲话

与杨敏丽教授在江西调研

2007 年与农机化司张天佐副司长一起参加山东玉米收获机械化调研

2008 年 1 月在韩国考察

2008 年 1 月在韩国东洋公司昌源工厂考察

2008 年 3 月与李强局长（左一）
一起在宁波调研

与广东农机考察团一起在台湾烘干机工厂调研

2008 年与吉林大学杨印生教授（右一）在吉林省
榆树市弓棚镇胜明村调研玉米机械化情况

2008 年 9 月 25 日参加广东省农业机械学会第六
次会员代表大会暨 2008 年学术研讨会后合影

2008 年 7 月与杨印生教授（左一）在吉林省
榆树市农机专业合作社调研

参加全国联合收获机技术发展及市场动态研讨会

2009 年 7 月 30 日在日本东京作学术报告

感謝状

白人朴 様

あなたは、農業機械学会ワークショップ「中国の農業機械化戦略」において貴重なご講演をされ、学会員一同得るところ大なるものがありました。
よって、ここに深く感謝の意を表するとともに、中国農業機械化の益々のご発展をお祈り申し上げます。

2009年7月30日

農業機械学会
会長 澁澤 栄

日本农业机械学会感谢信

2009 年 7 月 27 日访问日本久保田公司总部

2009 年 7 月 28 日在久保田公司筑波工厂参观座谈后合影

2009 年 7 月 29 日在日本久保田公司宇都宫工厂参观座谈后合影

2009 年 7 月 30 在日本农机研究所参观交流

2009 年 7 月在日本农村稻田调研

2009 年 9 月 3 日在“中国玉米生产机械化发展论坛”上讲话

2009 年 9 月与林建华主任（右一）一起在山东调研玉米生产机械化情况

2009 年 9 月与宋毅社长（左二）一起在山东省茌平县农机专业合作社调研

2009 年 9 月 11 日与宋毅社长（右二）一起在山东时风集团调研

2009 年 9 月 11 日在山东时风集团调研后题字，右一为时风集团刘成强总经理

2009 年 9 月 20 日与曹新惠副局长（左二）一起在甘肃农机户家调研

2009 年 9 月在甘肃万亩马铃薯淀粉加工原料薯生产基地调研

2009 年 9 月 21 日在甘肃农业机械化发展高峰论坛上作报告

2009 年 9 月 21 日在甘肃农业机械化发展高峰论坛合影

2010 年 7 月与李玉刚教授在上海世博会合影

2010 年 11 月与王志琴博士毕业合影

2010 年与云南村里人现代农装公司总经理牟桂芬（中）、中国农机院院长陈志（右）合影

与牟桂芬总经理（中）在云南大渡岗茶园考察

2010 年 8 月在云南设施农业技术及装备培训班上讲课

2010 年 8 月云南设施农业技术及装备培训班合影

2010 年 8 月在云南大渡岗茶场调研时与周凤娟同志合影

2010 年 8 月在云南腾冲烟草业基地调研

2009 年 12 月在山东省农机办制作《跨越之路》DVD 中的讲话

2010 年 9 月 22 日 CCTV 新闻直播间采访播放

在主持山东省玉米收获机械化发展研究课题会议上讲话

在山东临淄调研时与抽到农机补贴（拖拉机）号的农民握手致贺

2010 年 10 月在山东兖州农机户仇汉华（右四）家调研

2010 年 10 月在山东兖州大华农机公司调研

2010 年为吉峰农机报题词

2011 年 11 月与陈宏局长（右一）一起在广西柳州调研

2011 年 5 月与翁秋月副局长（中）一起在福建调研

2011 年 5 月在福建考察茶园

2011 年 5 月在福建考察修剪机械

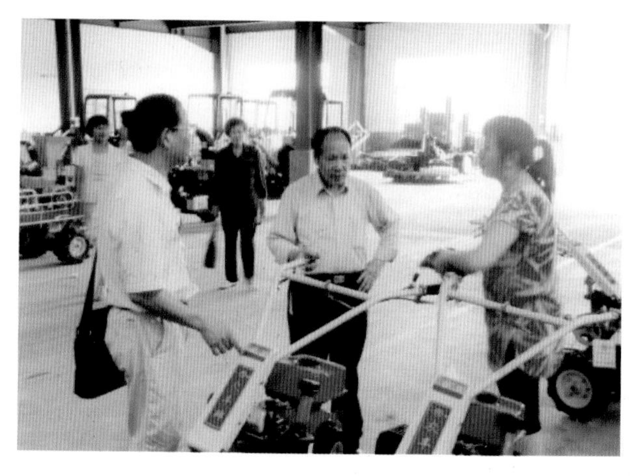

2011 年 5 月在福建漳州南冠文丰农机公司考察

2011 年 5 月 29 日参观福建漳浦台湾农民创业园合影，左六为漳浦台商联谊会会长陈隆峰

2011 年 5 月在福建考察设施农业

2012 年 5 月 8 日到中国加纳大使馆汇报加纳农业考察之行后，与高文志参赞（右三）一起合影

2012 年 5 月 8 日与加纳农业食品部副部长 Tia Alfred sugri（右三）会见后合影，左二为李世峰副院长、左三为郭佩玉教授

2012 年 5 月在加纳调研农机使用情况

2012 年 5 月 4 日在加纳考察农业水利建设

前　言

中国是历史悠久的农业大国，没有农业现代化就没有国家现代化。新中国成立以来，我国农业正经历着从传统农业向现代农业发展的历史巨变。尤其是改革开放以来，变革的进程正在加速。进入 21 世纪，《中华人民共和国农业机械化促进法》颁布实施，中央作出“积极发展现代农业”的重大决策，并施行农业机械购置补贴等一系列强农支农惠农的配套政策，深得民众拥护，政民合力推进，使农业生产中人力、畜力、手工生产工具和畜力农具等传统要素明显减少，科技、机器装备设施等现代要素显著增多，两个划时代的历史性转折相继出现：一是农业从业人员数量、比重双下降，而农产品质量、品质双提升，第一产业从业人员占全社会就业人员比重出现了小于 50%的历史性转折，农业从业人员大于 50%的时代一去不复返了，此比重还将继续降低到 10%以下；二是农业耕种收综合机械化水平已经出现大于 50%的历史性转折，发展势头日益兴旺，中国农业生产方式进入了以机械化生产方式为主导，传统生产方式逐渐减少，退居次要地位，甚至退出历史舞台的新时代。中国已经成为 21 世纪世界农业机械化发展的新亮点。农业机械化在保障国家粮食和食品安全，转变农业发展方式，促进农业增效、农民增收，为经济社会全面协调可持续发展提供强有力支撑等方面，发挥着越来越重要的作用，为世界农业机械化发展也作出了重要贡献。

作为农机化战线的一员老兵，从 20 世纪 50 年代至今，有幸亲身参与和见证了我国农业机械化发展进程。这本《农业机械化感悟》，是作者继《中国农业机械化与现代化》（1979.6—2002.8）、《新阶段的中国农业机械化》（2002.8—2007.10）出版之后的有关中国农业机械化发展研究的第三本文集。本书主要收入的是作者在 2007 年 10 月至 2012 年 9 月这段时间内的文章、讲话、信件等，包括有关我国农业机械化发展的调研、思考和建议。为反映研究的基础性和连续性，只是在理论体系建设篇中，把 2006 年 12 月的一篇著作收入其中。全书共有 85 篇文稿。多数曾经公开发表过，也有一些是第一次公开发表，这次收入本书时，做了一些文字和数据的订正。文中所用数据单位，保留了讲话时的习惯说法，如“公斤”未改成“千克”等，特此说明，敬请原谅。

2007—2012 年是我国农业机械化发展从初级阶段跨入中级阶段的发展时期。中级阶段的主要特点是农业机械化从初级阶段的主要农时、重点作物、关键生产环节的机械化（简称环节化）向主要农作物生产全程机械化发展（简称全程化），此过程正在加速进行。2011 年我国耕种收综合机械化水平已达 54.8%，已进入中级阶段中期。我国三大粮食作物在小麦已实现生产全程机械化的基础上，玉米、水稻生产全程机械化进程正在加速，并向经济作物、养殖业扩展。到中级阶段后期，将是在主要农作物生产全程机械化的基础上向农业全面机械化发展过渡。中级阶段的人机运动变化过程，就是用现代物质技术条件装备农业，用培养新型农民发展农业的过程，是耕种收综合机械化水平从 40%提高到 70%，农业从业人员占全社会就业人员的比重从 40%降低到 20%的过程，也就是在农业生产中增机、减人、育人、转人的过程。同时也是加强现代农业基础，工业化、城镇化、农业现代化同步推进，使社会经济结构更加优化，资源利用更加合理，经济社会更加繁荣，城乡发展更加协调，工农差距逐渐缩小，人民生活更加幸福的发展过程。农业机械化发展的中级阶段，是快速发展成长期与结构调整优化升级转型期交融的发展阶段，是从成长向成熟过渡的发展阶段，也是需求迫切与难度很大并存的矛盾凸显期。经过长期实践、探索，中国特色农业机械化发展道路和中国特色农业机械化理论体系，在中级阶段初步形成，并继续与时俱进地向广度、深度发展。在中国这样一个地域辽阔，农业人口众多，人均耕地少和水资源紧缺，地区自然经济条件差异大的发展中大国，解决农机化发展中的供需矛盾、差异矛盾，实现农业机械化的复杂性、艰巨性，比已经实现农业机械化的发达国家大得多。中国人不畏艰难，奋力拼搏，探索前进，奋起振兴，在前进的道路上取得了重大进展和辉煌成就。但前面的路程还很长，任务更艰巨，在中国实现农业机械化、现代化的重任，历史地落在了当代人、后来人肩上。正确认识农业机械化发展规律，并用之于正确指导行动就显得尤为重要。

本书是从某个角度对我国农业机械化跨入中级阶段后的发展历程记载和历史见证。原拟书名叫《从全程迈向全面的中国农机化》，经过反复考虑，现在取名为《农业机械化感悟》，更加如实地反映出是作者在参与农业机械化实践中所体验、感悟到的一些认识。因为感悟是参与、感受、思考、省悟的综合，是感性认识与理性认识的综合。实践无止境，认识也无止境。个人的实践和认识难免有局限性和片面性，在知识的海洋中只是一滴水。但全面总是由若干片面整合而成，海洋也是由滴水汇集而成。每个人对农机化的参与都是对推进农业机械化的一份贡献，无论贡献大小，都是为农机化发展尽了力，做了有益的工作。一个75岁的老人把自己的点滴感悟汇集成册，奉献给农机化战线的战友们、朋友们并与大家分享，如果对当代人、后来人研究和促进农业机械化事业健康发展有一点积极作用，我会感到莫大的欣慰。农业机械化、现代化是为人类造福的事业，是很光荣又很艰巨的伟大事业，要世代相继，研究不息，奋斗不止。前者虽告老，后者更超前。这就是出本书的目的。让我们共同努力，同唱一首歌，推进农机化，为祖国早日实现农业机械化、现代化而努力奋斗！

在此，对为出版本书提供资助和付出劳动的所有人士一并表示衷心感谢！

白人朴

2012年9月28日

目　录

综合篇

理论体系建设

区域发展研究

玉米、水稻生产机械化研究

企业发展研究

书　序

指导的学位论文目录

综 合 篇

我国农业机械化发展的新要求及新趋势

（2007 年 10 月 25 日）

党的十七大对继续推进改革开放和社会主义现代化建设、实现全面建设小康社会的宏伟目标作出了全面部署，对发展目标提出了新的更高的要求。农机战线认真学习贯彻十七大精神，必须深入研究新形势对农业机械化发展的新要求及农机化发展的新趋势，进一步明确工作的努力方向和工作重点，为开创农业机械化发展的新局面而努力奋斗。

一、对农业机械化发展的新要求

农业机械化要努力实现又好又快发展，在量、速、质、效四个方面都提出了新的更高的要求。

从量的增长分析。发展目标由原定的实现国内生产总值到 2020 年比 2000 年翻两番，提高到人均国内生产总值翻两番。在人口继续增长的情况下，由“总量”翻两番提高到“人均量”翻两番，难度更大了。意味着对优化结构、提高效益、提高劳动生产率的要求更高了。据研究，全国人均 GDP 到 2020 年比 2000 年翻两番，也就是由 2000 年接近 1 000 美元提高到 2020 年达 4 000 美元以上。全国人均 GDP 达到 4 000 美元，结构优化升级要求一产从业人员占全社会就业人员比例降到 25%以下。此比重 2000 年为 50%，2006 年为 42.6%。也就是说，未来几十年还要降 17.6 个百分点，要求年年持续降低 1.26 个百分点。一产从业人员要由 2006 年 3.256 亿人降到 2020 年 2.06 亿人左右，大约减少 1.2 亿人，难度是很大的。达到这个要求，一产劳动生产率应提高到 14 000 元以上，约为 2000 年的 3.4 倍，2005 年的 2.1 倍。也就是今后发展要求农业用更少的人生产出数量更多、品质更优、价值更高的农产品，才能保障国民经济发展目标的实现。这就必须积极发展现代农业，用现代物质条件装备农业，用现代科学技术改造农业，用培养新型农民发展农业，用现代产业体系提升农业。发展现代农业，必须用现代农业生产要素替代传统生产要素，必须增机减人、育人、转人，才能大幅度提高农业劳动生产率和资源利用转化率。因此，农业机械装备量及作业量都将大幅度增加。从农机作业量分析，目前我国耕地面积约 1.22 亿公顷，农作物总播种面积约 1.57 亿公顷，耕种收综合机械化水平才刚跨过 40%的门槛，也就是我们常说的刚从

本文为作者在第七届中国农机论坛暨第五届亚洲农机峰会上的报告（2007 年 10 月 25 日 河南郑州）。刊于《中国农机化导报》2007 年 11 月 9 日 3 版，《农机科技推广》2007 年第 11 期。

初级阶段跨入中级阶段，距 2020 年达到 70%以上的要求还有很大差距。更具体地说，目前全国机耕水平还不到 60%；机械种植水平还不到 35%，第一大作物水稻机种植还不到 10%；机收水平还不到 30%，第二大作物玉米机收还处于起步阶段，全国玉米机收水平刚过 5%。农机作业量还有很大的增长空间。从农机装备量分析，2006 年我国农机总动力 7.26 亿千瓦，距 2020 年达到 9.5 亿千瓦的要求还有很大的发展空间。玉米联合收获机 2006 年全国才 1.5 万台，山东就占了 2/3 还多，多数省、市、自治区目前还是空白。所以，农机作业量和农机装备量实现较大增长，已成为我国农机化发展的迫切要求。

从发展速度分析，我国农业机械化发展已有 50 多年的历史，目前耕种收综合机械化水平才刚过 40%，发展速度年平均提高 0.7 个百分点。到 2020 年，要求耕种收综合机械化水平达到 70%以上，意味着今后十几年发展速度要比前几十年快得多，全国耕种收综合机械化水平年均要提高 1.9 个百分点以上，这个要求是高的，难度也是大的。

从发展质量和效益分析，今后发展要求深入贯彻落实科学发展观，在数量增长、速度加快的同时，更加注重发展质量和效益的提高，农业机械化实现又好又快发展，这是用科学发展观统领农业机械化发展的新要求。

二、农业机械化发展的新趋势

认真贯彻落实党的十七大精神，我国农业机械化发展的总趋势是，在科学发展观统领下，高举中国特色农业机械化的旗帜，走中国特色农业机械化发展道路，以团结奋进、开拓创新、继往开来的精神状态，朝着在 21 世纪 20 年代基本实现我国农业机械化的伟大目标奋勇前进。具体表现可概括为：发展进程加快，发展质量提高，区域发展协调，建立理论体系，开放共赢俱进。

1. 发展进程加快

胡锦涛总书记在党的十七大报告中说："新时期最显著的成就是快速发展。"联系农机化实际，我国农业机械化已进入快速发展的成长期。从 2004 年以来，在国家加大扶持、投入力度和农机化内在成长力等合力推动下，发展速度明显加快。2004—2006 年，我国耕种收综合机械化水平年均提高 2.5 个百分点，2006 年比上年提高 3.4 个百分点。分省来看，2006 年，比上年提高 5 个百分点以上的有 5 个省，提高 3 个百分点以上的有 11 个省，提高 2 个百分点以上的有 22 个省。此趋势还在继续。黑龙江、新疆、江苏、天津、山东、河北、内蒙古、河南、辽宁、安徽、北京、西藏、青海等 13 个省、直辖市、自治区，耕种收综合机械化水平已高于 40%，最高的黑龙江省已达 80%以上。耕种收综合机械化水平小于 10%的省已由 2005 年的 5 个降到 2 个，2007 年，我国农业机械化发展总体上已跨入了中级阶段，已经站在新的起点上向前迈进。从现在起到 2020

年，我国农业机械化将在人均 GDP 2 000～4 000 美元的发展阶段加快发展。2006 年，全国人均 GDP 已突破 2 000 美元大关，达 2 070 美元。高于 2 000 美元的省、市、自治区已经有 12 个，其中高于 3 000 美元的有 6 个，高于 5 000 美元的有 3 个，促进农业机械化发展的社会经济条件日益增强。2006 年我国农业机械购置费首次突破 300 亿元，达 319.5 亿元。农机购置费大于 5 亿元的省已有 20 个，其中大于 10 亿元的省 11 个，大于 20 亿元的省 5 个、山东省最高达 34.8 亿元。农业机械化快速发展的技术经济条件已基本具备，预期在 21 世纪 20 年代我国可基本实现农业机械化。过去我们用 50 多年基本完成了农业机械化初级阶段的使命。今后，在新起点上我们要用 15 年左右完成农业机械化中级阶段的历史使命。农机战线的同志们肩负着艰巨而光荣的责任和使命，我们要不负使命，在这机遇与挑战并存的黄金发展期，为夺取农业机械化及现代化事业的新胜利作出应有的贡献。

2. 发展质量提高

农业机械化发展的新趋势不仅表现为进程加快，更重要的是发展质量提高，实现又好又快发展。主要表现在农机化发展方式加快转变，农机作业领域向广度、深度拓展，农业机械装备水平不断提高，农机手成为发展先进生产力的优秀代表和建设社会主义新农村的新型农民。

农机化发展方式加快转变。农业机械化发展方式由资源开发型向资源节约型、环境友好型转变；由投入型增长向效益型增长转变，把传统农业改造成节约型、环保型、效益型的现代农业的步伐加快，以提高农业资源利用率为核心的节水、节油、节肥、节种、节药和资源综合利用的节约型农业机械化技术及装备得到重点支持发展；为建设生态文明提供农机化支撑，促进农业可持续发展的环保型农业机械化技术及装备正在大力示范推广，以其良好的经济、生态、社会综合效益得到广泛认可，正大力推进。劳动资料用现代工业提供的机器装备代替传统的人力手工工具和畜力农具，机器装备增加，农业劳动者数量减少，把巨大的自然力和科学技术并入生产过程，必然把大量占用、消耗人力和自然资源，劳动生产率低的传统农业，改造成依靠科学技术和先进农业装备，节约人力和自然资源，资源利用率、土地产出率和劳动生产率大提高的现代农业。据测算，随着农业机械化水平的提高，我国农业发展对人力的依赖明显下降，第一产业亿元增加值从业人员用量已从 1980 年的 21.4 万人减少到 1990 年的 7.8 万人，2000 年的 2.5 万人，2006 年的 1.3 万人。发展趋势是到 2020 年，减少到 0.6 万人。也就是说创造第一产业单位增加值所需要的人，在现有基础上再减少 54%，相应的劳动生产率再翻一番多。近 3 年第一产业从业人员年均减少约 1 300 万人，农业机械总动力年均增加约 4 000 万千瓦，我国农业已进入增机减人（转人、育人）、发展现代农业的新时代。现代农业对国民经济的基础作用和重要贡献，不仅是向社会供给数量更多、质量更高、品种多样化的农产品，而且还为加速工业化、城镇化进程，向发展非农产业转移输送从农业节约出的劳动力、土地、水等社会资源，使社会经济结构更加优化，资源利用更加合理，经济社会更加繁荣，城乡发展更加协调，人民生活更加幸福。

农机作业领域向广度、深度拓展。发展趋势是农机作业由生产环节机械化向生产过程机械化发展，难度大的“瓶颈”环节成为主攻重点和发展热点，如水稻机收、机插秧，玉米机收都取得了突破性进展；粮食作物生产机械化新增长点正由小麦向水稻、玉米、薯类发展；在粮食作物生产机械化的基础上，各地发展有特色的优势农产品生产机械化、产业化正在兴起，农机化发展领域正由粮食作物向经济作物，由种植业向养殖业开拓。油菜、棉花、花生、果蔬、饲料、奶业等农业机械化新增长点先后焕发出闪闪光彩。

农业机械装备水平不断提高。国家购机补贴力度加大，农民购机热情高涨，农机化投入稳定增长机制和长效机制不断加强和完善，农业机械化与农机工业互促共进，农机生产和流通功能提高，保障有效供给的能力不断增强，用现代物质条件装备农业的力度不断加大，使我国农业装备总量持续增长，结构不断优化，自主创新能力和技术不断提高，现代农业的物质技术基础不断增强。目前，我国乡村户均拥有农业机械原值约 1 600 多元，约占户均生产性固定资产原值的 1/4，发展趋势还在增加。农业机械结构优化主要表现在大中型拖拉机、联合收获机，林、牧、渔业机械增长幅度加大，一批科技含量高、适应性强、性能稳定可靠、先进适用的农机具得到大面积推广应用。

农机手成为发展先进生产力的优秀代表和建设社会主义新农村的新型农民。目前，活跃在乡村的农机手约 4 000 万人，约占乡村人口的 5.3%，占乡村从业人员的 8%，占农业从业人员的 13.3%，这支队伍还在继续发展壮大。这是农村一批有文化技术、科技素质高、会从事现代农业生产经营的新型农民。传统农民转变成使用操作现代农业装备、有科学文化知识的新型农民，他们是积极发展现代农业的生力军，是农村发展先进生产力的优秀代表。农机户热心为大家服务，成为新农村建设勤劳致富的带头人。传统农民变新型农民，是我国农村发展的大趋势。

3．区域发展协调

区域协调是科学发展、和谐发展的重要内容和必然要求。近年来，各地贯彻落实科学发展观，打破行政区划界限，“引进来”，“走出去”，跨区作业服务，开展多种形式的农机化技术合作和交流，建立区域间相互促进、共促发展的协调互动机制，走中国特色农业机械共同利用和高效利用的发展道路，促进了农业机械化要素在区域间有效流动，实现优势互补，发展共享，共同受益，促进了区域间农业机械化协调发展。农机化发展的南北差距、水旱差距正逐渐缩小，旱高水低，北高南低的格局正在改变。2006 年我国农业机械化发展显示出几个特点今后将进一步增强：一是南方多数省区耕种收综合机械化水平的提高幅度高于全国平均提高 2.1 个百分点的增幅。如江苏、江西、上海、安徽、重庆、广东、湖北、海南。其中江苏耕种收综合机械化水平已达 60%以上，比上年提高 5.6 个百分点。综合水平和提高幅度都高居全国第 3 位。二是西部地区加快发展。2006 年，耕种收综合机械化水平增幅最高的是内蒙古、宁夏，分别比上年提高 6.15 个百分点与 5.83 个百分点，青海也高达 5.05 个百分点，陕西、重庆都在 3 个百分点以上。农业机械化加快发展与国家实施西部大开发战略相适应，2000—2006 年，内蒙古、陕西、宁夏、重庆、青海人均 GDP 的增长幅度也居全国前列，内蒙古增幅居全国第一。三是农业机械化的水旱差距在缩小。2006 年全国水稻机收面积比上年增加 2 553 万亩以上，水稻机收水平比上年提高 5.3 个百分点，远高于小麦机收水平提高 2.2 个百分点、玉米机收水平提高 1.5 个百分点。水稻机械栽植面积比上年增加 802 万亩，机械栽植水平提高 1.7 个百分点，都创历史新高。四是东部率先发展的优势日益显现。难度最大的玉米收获机械化在山东取得重大进展。2006 年山东省玉米机收水平已达 16.8%，远高于全国 4.6%的平均水平，今年预期要超过 24%。山东省桓台县已实现玉米生产全程机械化，玉米机播水平超过 90%，机收水平超过 80%，标志着我国农业机械化第二战役在最艰难的攻坚战中取得了突破性进展。玉米收获购机补贴试点省由 2 个增加到 9 个。2006 年，江苏省水稻生产机械化发展走在全国前列，水稻机收水平达 89.4%，水稻机栽植水平达 22.5%，江苏的经验正在全国推广。北京、上海都市农业、多功能农业机械化发展，也在全国起率先和推进作用。

4. 建立理论体系

党的十七大总结我国改革开放取得的光辉成就有两条重要经验：一是开辟了中国特色社会主义道路；二是形成了中国特色社会主义理论体系。最重要的标志是与时俱进。联系农机化实际，农机战线也走出了一条中国特色农机化发展道路，也进行了一些理论概括，但尚未形成理论体系，理论还滞后于实践。时代呼唤建立中国特色农机化理论体系。认真贯彻落实十七大精神，是该花工夫、下大力量把丰富的农机化实践，总结上升为系统理论的时候了。努力改变理论滞后于实践的局面，把实践上升为理论，用理论指导实践，将是十七大后农机战线理论建设的一大趋势。在此强烈呼吁，希望政府大力支持，企业界大力支持农机化发展理论体系建设，为农机战线几千万职工、为党和人民交出满意的答卷。

5. 开放共赢俱进

党的十七大提出要“拓展对外开放广度和深度，提高开放型经济水平。”联系农机化实际，要把“引进来”和“走出去”更好结合起来，在经济全球化条件下，逐步形成我国农业机械化参与国际合作和竞争的优势，实现互利共赢。中国已经是世界上农业机械生产大国和使用大国，农业机械化发展已经进入中级阶段，进入快速发展的成长期。未来几十年，中国将成为世界上还没有实现农业机械化的农业大国中，农业机械化发展潜力最大、发展最快、最有活力的地区之一，成为世界最重要的农机市场和农业机械生产基地，成为世界农机化发展的新亮点。多国农机正涌入中国，中国农机和服务也在走向世界。近年来，我国农机行业在发展开放型经济中，广泛开展对外技术经济合作与交流，积极利用外资，引进、借鉴国外先进技术装备和管理经验，优化国内农机制造产业结构，提升技术水平和经营管理水平，促进了产业结构和产品结构优化升级，提高了国际竞争力，有条件、有能力的农机企业已经走出国门，开拓中国农机产品和服务的国际市场，取得了积极进展和明显成效。今后，我们要进一步扩大开放领域，提高开放质量，实现对内外开放相互促进，在平等互利原则的基础上，全方位、深层次地开展中国与世界各国在农机化方面的经贸合作与技术交流，在竞争中求发展、促进步，在互利合作中实现开放共赢俱进，为推进中国和世界农业机械化发展作出新贡献。

七十心愿

（2007年11月）

非常感谢大家来与我一起共享七十高龄的喜悦。大家的深情厚谊和长久友谊使我非常感动、倍感欣慰。在这里我向亲临现场的和远在国内国外工作、我们的心联系在一起的此次活动的所有参与者，说一声谢谢。谢谢大家。

大家相聚有许多话要说，但时间有限，不能说得太多。作为一位古稀老人，我借此机会向大家说说还有三个心愿。

一是希望我国农业机械化、现代化尽早实现。中国是世界农业大国，还不是现代强国，要由农业大国发展成现代强国，必须推进早日实现农业机械化。我从50年前考上农业机械化专业起，就立志为我国实现农业机械化而努力奋斗。作为农机战线的一员老兵，迄今已为此奋斗了50年。现在，我国农业机械化发展已经跨入中级阶段，正加速向前发展。预期继续不懈努力，可望在21世纪20年代完成中级阶段的历史使命，在我国基本实现农业机械化，并进一步向高级阶段迈进。如果我能活到那时，亲眼看到我国基本实现农业机械化之日，已是近九十岁的人了。在我有生之年，还要继续努力与同志们一道，为我国实现农业机械化、现代化而奋斗。尽心尽力。这是第一个心愿。

二是希望家人、学生、同事、朋友幸福。希望各位事业有成、身体健康、家庭幸福，是我的第二个心愿。看到你们都很好，听到你们有成就、有进步，我就很高兴，心情就很愉快。你们是国家栋梁之才，是单位的领导和骨干，任重道远，希望寄托在你们身上。后辈要超过前辈，国家才能越来越发达兴旺。你们有好消息传来，我就会延年益寿，活得开心。你们有什么要我做的事，我会尽力而为。总之，要一代更比一代强，工作、生活得更好、更幸福。

三是希望有一支团队，为形成中国特色农业机械化发展理论体系而不懈努力。这是我的第三个心愿。我国广大农机化工作者已经开辟了中国特色农业机械化发展道路，也进行了一些理论概括，但尚未形成理论体系。理论还滞后于实践。在党的十七大精神指引下，是在实践基础上形成中国特色农业机械化发展理论体系的时候了。努力改变理论滞后于实践的局面，把丰富的实践上升为系统的理论，再用理论指导实践，推进我国农业机械化又好又快发展。这就是毛泽东同志在《实践论》中所论述的辩证唯物论的知行统一观。所以，进行理论建设也是农机战线的重要使命。我为此作了一些努力，但做得很不够。这次奉献给大家的第二本论文集《新阶段的中国农业机械

本文为2007年11月4日作者在学生为其祝贺七十寿辰聚会上的讲话。

化》，是近 5 年我国农业机械化发展历程中的一些记载，是大家共同努力、积极支持的心血结晶，也是我送给大家的一份礼物。书出来了，还来不及进行理论升华提高，今后要补这一课。时代在呼唤有识之士努力建立中国特色农业机械化发展理论体系，这是国家的需要，中国农业现代化发展的需要。希望大家共同努力，为此做一些有益的工作，作出应有的贡献。拜托大家了。我虽年迈，还要为此尽微薄之力。完成此历史使命的希望，寄托在诸君及诸君的下一代身上。我深信，经过一代又一代人的不懈努力，中国特色农业机械化发展理论体系，一定会由中国人建立起来。

实现这三个心愿并不那么容易，但我会为此努力。去年，在同志们为我举办入党 50 周年纪念的座谈会上，我总结这一生做了两件事：一是努力促进我国农业机械化事业发展；二是努力为国家培养人才。在这两个方面做了一些力所能及的事。看似平淡无奇，却也回味无穷。虽然业绩平平，工作中还有不少缺点和遗憾，但尚知勤奋努力，没有虚度年华，得到了业界认可，多次受到表彰、奖励。退休以后，按古人说“七十而随心所欲不逾矩”办事，做一些自己想做的事，达观超脱，不争名利，辅助后辈，退而不休。做一些力所能及的事，作而忘老，体老而心态好。知道自己对人民、对社会贡献之不足，就能继续坚持勤奋努力，做一些有益于人民、有益于社会的事情，就感到很快乐。电视剧《守候幸福》中有一句话：“人有的时候多关心关心别人，自己也感到幸福。”温家宝总理说，“教师是太阳下最光辉的职业。”大家知道我的教育观是教师要做到三着想：为国家着想、为学校着想、为学生着想。归根结底是为国家和学生着想。看到学生们登上历史舞台唱主角，我感到很高兴。我会力所能及地给你们当帮工，给你们加油，鼓劲，祝你们成功！值得欣慰的是，我已经看到希望之星在冉冉升起。最后，还要说几句话与诸君共勉：勤奋努力，为国为民。后人要做前人未做的事业，取得前人未取得的成就。希望你们勇挑重担，肩负责任，超过前辈。

祝你们成功！　　　　祝你们走运！

祝你们健康！　　　　祝你们幸福！

祝你们过得比我们更好！

谢谢大家！

相关链接 1：

2006 年 12 月 4 日，中国农业大学工学院党委发布了一条新闻：

“他的事业只有逗号，没有句号——记工学院已有 50 年党龄的老党员白人朴教授。”编者按：2006 年 12 月 1 日，工学院农业工程系教工第一党支部开展了一次特殊的活动——庆祝白人朴教授入党五十周年。会上白教授与大家一起分享了人生经历，一起回顾了我国农业机械化发展的历程，给同志们提出了希望。他朴实地说：“我一生只做了两件事：一是促进农业机械化事业的发展，二是为国家培养人才。”他把一生奉献给了农机化事业和教育事业，即使在退休的日子里，他依然忙碌着，他的事业“只有逗号，没有句号”。

相关链接 2：

《现代农业装备》2007 年第 11 期风云人物专栏全文刊载了《七十心愿》，杨菊英总编辑为此写了专文。

与时代互相书写中国农业机械化发展里程

杨菊英

2007 年 11 月 2 日，中国农机人最熟悉、最尊敬的老人——中国农业大学教授、博士生导师白人朴教授在北京迎来了他的七十寿辰。

白人朴教授长期从事农村发展、农业机械化与现代化发展战略规划与政策研究，是中国著名的农业机械化发展战略研究学者。他不仅给中国农业机械化事业发展写下了翔实、卓越的记录，更对中国农机科研、企业、行政管理等从事农机工作的人给予启迪、引导作用，并有重大影响力。在中国农业机械化进入快速发展的机遇期，白教授四处奔走，对水稻、玉米全程机械化做了大量卓有成效的工作，受到业界的高度评价和广泛的认可。特别在区域农机发展方面，探索经济发达地区率先实现现代化，对广东农业机械化发展进行专题研究，促使广东在 2002 年以 316 名人大代表联名提出《扶持农业机械化发展议案》顺利出台，促进了广东农业机械化发展。在统筹城乡经济发展方面，白教授积极参加重庆市委、市政府"问计求策"建言活动，受到重庆市委、市政府领导的约见和表彰。此外，曾主持多项国家和省部级研究课题，多次获奖。白教授是《中华人民共和国农业机械化促进法》起草领导小组成员，"十五"、"十一五"全国农业机械化规划起草小组组长，主持《农业机械购置补贴政策研究》、"十一五"国家科技攻关课题 "我国农业装备科技创新及产业发展战略研究"等重大课题，在以发展中国农机化事业为己任的同时，他饱含着人生哲理，树立起恪守理性、富有尊严的知识分子风格，这是老人一生最有价值之处。拜读老人的《七十心愿》，对于从事农机的人，也许会有不少启发。

白人朴教授《七十心愿》的真情流露，无疑更使中国农机人得到一份精神财富。这是一份铭感至深的《七十心愿》。古稀之年的老人，引领在一个并不被众人看好的行业，缔造着这个行业的张力，一件一件大决大策，将农业机械化发展推向了高端。以现代农业发展为龙头，以发展农业机械化为旗帜，以建设社会主义新农村为内涵，激励和凝聚着农机人。在这个平台上，农机能够经营出什么作物？能够结出什么果实？白教授以他的胆识和魄力告诉我们一个他早就料到的结果——农机人已经发出自己最强音。从《中华人民共和国农业机械化促进法》、《农业机械购置补贴政策》顺利出台到白教授与 11 位专家联名给温家宝总理和回良玉副总理写了《关于进一步加大扶持力度 促进农业机械化又好又快发展》的建议，得到温家宝总理和回良玉副总理的高度重视和批复，这些价值是无法衡量的。至此，笔者以传媒人的角度略表感叹认识。

伴随着农业机械化推广的同时，我们都清晰地看到，农机化事业绝不等同做生意，不只求经济的利益和制订文件、教材，它更孕育着一种对国家和人民实质的奉献。因此，白人朴教授《七十心愿》期望实现的不是一个孤独个人的心愿，是我们从事这个行业大家的心愿，更是中国农民的心愿。我们将以农机人、传媒人的双重智慧，将宽广的胸怀投向农业现代化建设，投向农业机械化发展，为社会主义新农村增添羽翼……

借此，向最尊敬的白教授致：

看浮云意远，念社稷情真。

不争百艳冠，富民强机缘。

办好《农机化研究》
为促进我国农业机械化又好又快发展服务

（2008 年 1 月 23 日）

各位编委、同志们：大家好！

非常高兴与大家欢聚一堂，参加《农机化研究》编委会议。非常感谢大家的信任，我为能与编委会同志们一起为《农机化研究》期刊发展做一些工作深感荣幸。《农机化研究》在以蒋亦元院士为首的第六届编委会和杂志社工作人员的共同努力下，取得了丰硕成果和显著成绩，期刊的发行量、学术质量、社会影响和知名度不断提高，作为全国中文核心期刊，全国科技精品期刊，在农机化行业有很高的声誉，发挥了重要作用。在此，我们向上一届编委和杂志社全体工作人员表示深切的敬意！新一届编委会要学习上届编委会的敬业、创新精神和特、新、快、优等宝贵经验，在我国农业机械化和现代化发展的新形势、新要求下，在主办单位的领导和名誉主任委员蒋亦元院士、马成林教授的指导、支持下，继往开来，肩负起新的历史使命，把《农机化研究》办得更好。此时此刻，我深感新一届编委会任务艰巨，责任重大。需要大家共同努力，多做奉献，才能不辜负业界寄予的厚望。为此，我提三点建议与同志们共勉：

一是认真履行编委职责，为期刊建设发展做好事，办实事。《农机化研究》编委都是农业工程、农机化领域的知名人士、专家学者、领导干部和业界精英，工作多，任务重，都很忙。大家都会在百忙之中把《农机化研究》编委工作放到一定位置，不做挂名编委，使编委会形成一个有高度责任感，使命感，群策群力，团结奋进，富有活力的坚强团队，大家都会认真履行编委职责，尽心尽力为促进期刊发展做一些有益的好事、实事。按照编委会章程第二章的规定，参与期刊的发展决策、技术咨询和学术把关，起到联系期刊和农业工程、农机化科技工作者的桥梁和纽带作用。

二是齐心协力，努力实现期刊发展的两个提升。即，一要由科技大刊向科技名刊提升，坚持期刊的学术方向，形成期刊特色，打造品牌期刊；二要由全国中文核心期刊、全国科技精品期刊向国际有影响的期刊提升，在数量扩展的同时，努力在提高质量、提升水平、独树风格上下工夫。努力开展国际交流，扩大国际影响。

三是充分发挥期刊的平台、载体、园地、渠道作用，为促进我国农业机械化又好又快发展作

本文为作者在《农机化研究》第七届编辑委员会第一次会议上的讲话（2008 年 1 月 23 日 海南海口）。

更大贡献。办《农机化研究》期刊的根本目的是促进农业机械化又好又快地科学发展。促进作用越大，就越能为社会接受和认可，期刊声誉和市场开发度就会升高。发行量和得到的社会支持度也会增大，在促进农业机械化发展中赢得期刊的更大发展。我国农业机械化发展总体上已经进入中级阶段，处于快速发展成长期，也是矛盾凸显和转型升级期，许多理论和实践问题都需要在探索中研究解决，在创新中发展。各地条件不同，差异很大，发展很不平衡，有的省市和地区已经进入从农机化中级阶段向高级阶段发展的过渡期，有的省市和地区还处于农机化发展的初级阶段，推进农业机械化，发展现代农业的任务非常艰巨。《农机化研究》期刊要充分发挥推动科技进步和自主创新，开展学术交流的平台、载体、园地和渠道等重要作用，抓住机遇，迎接挑战，肩负起全国性核心期刊的历史使命，为促进我国农业机械化又好又快发展作出新的更大贡献！

最后，祝大家精诚合作，增进友谊，克服前进中的困难，携手共进。在会议中畅所欲言，把会议开好。也祝大家春节前期在温暖美丽的海南岛参观考察好，一路开心、健康、平安、幸福！

谢谢大家！

给总理报告提点儿意见

（2008年3月7日）

十一届全国人大一次会议秘书长并温家宝总理：

温家宝总理3月5日在十一届全国人大一次会议上所作的政府工作报告对过去五年的工作进行了全面的、实事求是的总结，受到全民普遍关注和拥护。我们在认真学习和领会精神的同时，对总理报告中“过去五年农村发生了历史性变化”部分提点儿小意见。

总理报告中提到“建立农业补贴制度”是“重大举措”之一，其中“农机具购置补贴”是农业补贴制度的重要内容，但在其后陈述的五年变化中并没有提到实施“农机具购置补贴”所带来的新变化（报告中提到了新增节水灌溉面积1亿亩、新增沼气用户1 650万户、新建改建农村公路130万公里等内容）。为此，我们建议，在总理报告中“过去五年农村发生了历史性变化”部分，增加近五年农业机械化发展变化的内容。建议增加：五年新增农业机械总动力1.8亿千瓦，耕种收综合机械化水平提高近10个百分点，全国农业机械化发展总体上已从初级阶段进入中级阶段。理由有二：

一是农机具购置补贴成效显著，农业机械化得到快速健康发展。过去五年全国农业耕种收综合机械化水平年均提高2个百分点，农业生产方式正在发生质的重大变化，根据我国农业行业标准《农业机械化水平评价　第1部分：种植业》（标准号：NY/T 1408.1—2007）阶段划分规定，2007年全国农业机械化发展总体上已由初级阶段进入中级阶段，这是近五年农业和农业机械化发展极具标志性的大事。

二是连续五个中央一号文件对农机具购置补贴和农业机械化的发展都做出了重要指示与明确要求。特别是2007年中央一号文件，明确提出发展现代农业是社会主义新农村建设的首要任务。要以“六用”发展现代农业，提高“三化”水平。“六用”中“用现代物质条件装备农业”列于首位。并特别强调，要积极发展农业机械化，提高现代农业设施装备水平，走符合国情、符合各地实际的农业机械化发展道路。

以上是我们认真聆听总理报告后的一点儿建议，作为普通公民参与总理报告修改建言的一个实际行动，仅供参考。

此致

敬礼

白人朴

中国农业大学教授

杨敏丽

建议人员签名

姓名	性别	工作单位	签名
白人朴	男	中国农业大学教授、博士生导师，农村发展研究所学术委员会主任，中国农业机械学会农业机械化分会名誉主任委员	白人朴
杨敏丽	女	中国农业大学教授、博士生导师，农村发展研究所所长，中国农业机械学会常务理事，农业机械化分会主任委员	杨敏丽

在新的起点上开创我国农业机械化发展新局面

（2008 年 3 月 31 日）

我国农业机械化发展已经站在新的历史起点上，农机行业全面贯彻党的十七大精神，高举中国特色社会主义伟大旗帜，深入贯彻落实科学发展观，走中国特色农业机械化发展道路，正在开创农业机械化又好又快发展的新局面。

一、农业机械化发展新起点的标志

我国农业机械化发展已经站在新的历史起点上，有三个重要标志：

一是我国农业机械化发展总体上进入中级阶段。2007 年，我国农业耕种收综合机械化水平已超过 40%，农业从业人员占全社会从业人员比重已小于 40%。这两个指标标志着我国农业机械化发展总体上进入中级阶段。从初级阶段跨入中级阶段，是已经站在新的历史起点上的重要标志，是我国农业机械化发展史上一个重要里程碑。表明我国发展农业机械化的物质技术基础、组织运行基础、实践认识基础、农民应用基础和认可度都比以前大大增强，上了一个新台阶。农业机械化发展格局、发展环境已经发生了深刻的、根本性变化，农业生产在由过去对人力和自然资源占用和依赖很大，转变为对科学技术和现代农业装备依赖程度大大增强，增机、育人、减员、增效、节约、环保，已经成为新农村建设、现代农业发展的主旋律。我国农业机械化发展使世界农业机械化发展格局也发生了重大变化：20 世纪，世界农业机械化发展的亮点主要在北美洲和欧洲，一些发达国家先后实现了农业机械化。21 世纪，世界农业机械化发展重点正向亚洲、拉丁美洲转移，中国已成为世界农业机械化发展的新亮点。为什么还加“总体上”三个字呢？因为我国疆域辽阔，条件复杂，各地发展还不平衡，地区差异还较大。“总体上已进入”，说明已经进入中级阶段的地区已形成主流，还有一部分地区尚未进入，还处于初级阶段向中级阶段发展的进程中。实践证明，我国农业机械化发展成绩是巨大的，困难也不小。在新的起点上发展农业机械化，要求更高，任务更艰巨。

二是深入贯彻落实科学发展观，用科学发展观统领农业机械化发展全局，是思想和理论上在新的历史起点指导农业机械化又好又快发展的重要标志。过去在发展农业机械化过程中，由于缺

本文发表于《中国农机化导报》2008 年 3 月 31 日 8 版。

乏科学发展观指导，曾走过弯路，出现过挫折，付出过未能实现预期目标的沉重代价。如今在新的历史起点上深入贯彻落实科学发展观，在科学发展的理论指导下，正确面对农业机械化发展的新形势、新要求、新课题、新矛盾、新机遇、新挑战，着力解决影响和制约科学发展的突出问题，指导农业机械化发展的思想和理论基础更坚实、更科学，必将开拓新视野，树立新观念，进入新境界，开创中国特色农业机械化发展的新局面。

三是我国总体上已进入工业反哺农业的发展期及《农业机械化促进法》颁布实施，是新起点上农业机械化发展环境发生重大变化，进入依法促进农业机械化发展新时期的重要标志。新时期国家实行工业反哺农业、城市支持农村，加快推进农业机械化、积极发展现代农业的方针及强农惠农政策，对农业由过去“多取少予”转变为“多予少取放活”，对农业机械化的支持力度一年比一年加大，说明我国经济社会发展不但有加快推进农业机械化的迫切需要，而且有促进农业机械化加快发展的经济实力和投入能力。2007 年，我国经济实力已上升到世界第 4 位，国内生产总值达到 24.66 万亿元，全国财政收入达到 5.13 万亿元，外汇储备超过 1.52 万亿美元，人均 GDP 超过 2 600 美元，都创历史新高。人均 GDP 分省来说，达到 4 000 美元以上的省市已有 5 个，3 000 美元以上的省市已有 9 个，15 个省、市、自治区已达到 2 000 美元以上，30 个省、市、自治区人均 GDP 都已超过 1 000 美元，唯一不到 1 000 美元的贵州省也接近 900 美元（见附表）。农民收入逐年增加，2007 年，全国农民人均纯收入已突破 4 000 元大关，达到 4 140 元。中央财政对农业机械购置补贴资金从 2003 年的 0.2 亿元、2004 年的 0.7 亿元连续 5 年逐年翻番，增加到 2007 年的 20 亿元，今年将达到 40 亿元。地方财政也加大了对农机的投入。农民作为农机投入的主体，发展农业机械化的积极性很高，农民用于购置农业机械的投入已从 2002 年的 190 多亿元增加到 2007 年的 300 多亿元。从 2002 年到 2006 年，农民人均纯收入增加了 44.87%，农民用于购置农机的投入增加了 54.1%，大于人均收入的增幅，可见农民对于购置农业机械，发展现代农业的积极性多么高涨。虽然发展农业机械化的难度仍然很大，任务非常艰巨，尤其进入新阶段面临的挑战更是前所未有，但我们必须看到机遇也前所未有，可以说千载难逢，机遇大于挑战。国家发展战略加大支持力度与农民积极性结合，对外开放程度不断提高，在发展内外联动、互利共赢、相互促进、安全高效的开放型经济国策指导下，国内外形势总体上有利于我国农业机械化加快发展。我们必须抓住机遇，用好机遇，面对挑战，求真务实，迎难而上，在机遇与挑战中获得新的突破和成功，又好又快地完成新阶段我国农业机械化发展的历史使命。

二、开创新局面要抓好着力点

在新起点上面对新形势新要求，新机遇新挑战，我们必须用科学发展观指导，站在新高度，把握发展变化的脉搏，认识和自觉遵循发展变化的规律，从实际出发，抓好发展农业机械化的着力点，努力开创农业机械化发展的新局面。由于各地条件和发展情况有差异，发展农业机械化的着力点也会有所不同，必须按照因地制宜、经济有效、保障安全、保护环境的原则，有重点、有步骤地积极推进。

1．在加大投入的同时，着力在用好投入、提高农业机械化水平和效益上下工夫

要努力提高投入效益，避免投入增多了不知道怎么用或用之不当的情况发生。要通过加大投入，使农机化要素组合更优，发展速度与国民经济发展相适应，发展领域拓展，发展格局协调，发展质量和水平提高，发展效益和贡献更大。据测算，国内生产总值增长 8%左右，耕种收综合机械化水平年增幅应保持在 1.6%左右。到 2010 年，耕种收综合机械化水平超过 45%，为实现“十一五”规划五年转移农业劳动力 4 500 万人提供强有力的农机化支撑，农业从业人员预期将减少到 3 亿人以下，农业劳动生产率明显提高，第一产业劳动生产率将闯过 1 万元大关，为 2000 年的 2.56 倍，与第二、三产业劳动生产率的差距逐渐缩小，第一产业亿元增加值的从业人员用量将降至 1 万人以下，比 2000 年减少近 1.5 万人。农业机械化发展，农业劳动生产率相应提高，农机化效益增大，是加大农机投入，用好投入的努力方向。

2．合力攻关，加快推进粮食作物生产全程机械化

民以食为天。保障粮食和食品数量安全和质量安全，是贯彻落实科学发展观，实施以人为本的农业发展战略的首要任务。今年中央一号文件强调“粮食安全的警钟要始终长鸣”，要“加快推进粮食作物生产全程机械化”。温家宝总理在政府工作报告中提出今年推进社会主义新农村建设突出要抓好三件事的第一件事就是大力发展粮食生产，保障农产品供给。在我国农作物总播种面积中，粮食作物面积占 2/3 以上。所以，粮食生产机械化是我国农业机械化的主攻方向和主要内容决不能动摇。当前，在我国三大粮食作物中，小麦生产已基本实现全程机械化，我国第一大粮食作物水稻机械栽植水平才刚过 10%，第二大粮食作物玉米机收水平还不到 8%。水稻机械栽植、玉米机收成为制约粮食作物生产全程机械化必须攻克的“瓶颈”环节。在国家加大农机购置补贴力度，加快推进农业机械化的新形势下，要以改革创新精神，立足增强自主创新能力推动发展，采取产学研推管结合，合力攻关的综合措施，先在已建和新建的农业机械化示范点上进行试验突破，取得成功经验和示范效果后，进而在面上积极推广，奋力突破“瓶颈”制约，加快推进粮食生产全程机械化进程。

在地区上，由于各地发展不平衡，应采取先进地区率先突破，带头推进，后进地区积极主动，奋力跟进的措施，加强区域间交流合作，实现互促共进。我国稻谷生产区集中在双季稻区、长江中下游单季稻区（又称稻、麦、油菜产区）、西南稻区和东北稻区等 18 个省、市、自治区。目前水稻机械栽植水平东北稻区已达 46%以上，尤其黑龙江省已近 70%，为全国领先地区；其次是长江中下游单季稻区，水稻机械栽植水平虽刚过 10%，但发展速度较快，农民已广泛认可，正积极推广，尤以江苏成为发展中的亮点和领头羊；而占全国稻谷面积最大(约占全国稻谷面积的 47%)、

稻谷占当地农作物面积比重最高的双季稻区，水稻机械栽植水平才刚过 1%，为全国最低，是新阶段我国水稻生产全程机械化必须主攻突破、大力推进的重点地区。双季稻区实现了水稻生产全程机械化，我国就基本实现了水稻生产全程机械化，主攻的关键环节是机械栽植。目前在三大作物耕、种、收机械化水平中，玉米机收是水平最低、最薄弱的环节。玉米机收水平最高的是黄淮海夏玉米区的山东省，玉米机收水平已突破 20%，正向 30%挺近，成为全国玉米机收的发展亮点和领头羊。而玉米第一大省、北方春玉米区的吉林省，玉米机播水平虽已超过 72%，但机收水平刚及 1%，玉米机收是明显的“短腿”。黄淮海夏玉米区玉米机收已进入推广应用阶段，发展势头强劲。北方春玉米区玉米机收总体上还处于示范推广启动阶段，正在努力攻关。新阶段要进一步加快黄淮海夏玉米区玉米生产全程机械化步伐，并着力主攻吉林、辽宁、黑龙江、内蒙古、陕西、新疆、陕西等春玉米区，加快推进玉米生产全程机械化进程。

3．统筹兼顾，积极开拓各地特色优势农产品的生产机械化

我国农业资源非常丰富，除粮食外，还有经济作物和许多各具特色的农产品，农业机械化发展的领域十分广阔。中央一号文件在强调“加快推进粮食作物生产全程机械化”的同时，提出要“稳步发展经济作物和养殖业机械化”。这是新阶段、新起点对农业机械化发展的新要求，是农业机械化促进农业发展、农民增收进行结构优化、领域拓宽的战略性调整，是农机系统认真贯彻落实科学发展观，用统筹兼顾的根本方法，在新高度实现全面协调可持续发展要求的新举措。各地应根据本地农业资源特色，因地制宜地开拓发展具有比较优势和地方特色的农产品生产机械化和产业化，把粮食生产全程机械化攻坚与优势农产品生产机械化和产业化开拓结合起来，为促进地方经济发展，农业增效、农民增收作出新贡献。各地具有比较优势的农产品，例如黑龙江的大豆，新疆的棉花，湖北的油菜，山东、河南的蔬菜、花生，广西的甘蔗，山东、陕西的苹果，湖南、福建的柑橘，河北、山东的梨，广东、广西、海南的香蕉，新疆、河北、山东的葡萄，云南、福建、浙江的茶，四川、河南、湖南的猪，内蒙古、黑龙江、河北的奶牛，等等。当前，应结合农业部和财政部启动的我国现代农业产业技术体系建设项目，着力水稻、玉米、小麦、大豆、油菜、棉花、柑橘、苹果、生猪、奶牛等 10 个产业的现代农业产业技术体系建设试点，提供农机化技术装备支持，促使农机农艺结合，优势互补，互促共进，协调发展，开创农机化促进现代农业产业体系建设发展的新局面。

4．积极推进农机服务上新台阶

立足于我国农户众多、经营规模小、经济实力弱的国情，使多数农民不用买农机也能用上农机，积极推进农机社会化服务，探索出了具有中国特色的农机共同利用、经济有效的发展道路，取得了显著成效。在新阶段，农机服务要在以下几个方面再上新台阶：一是创新农机服务模式，提高农机服务组织化程度，使农机服务更加经济有效。目前农机作业服务组织有 3 500 多万个，其中股份制或股份合作制才 19 万多个，只占 0.5%左右，绝大多数是分散的个体农机户，经营规模小，组织化程度低，服务能力弱。今后要鼓励、支持、引导、培植农机大户和农机专业合作组织发展，推广使用标准农机专业合作社章程，规模大、机制活、服务能力强、服务质量高的农机服务组织要发挥龙头带动作用，整合农机服务资源，提高农机服务组织化程度，使农机服务更加经济有效。二是提高服务能力和服务质量，扩大服务领域，创出农机服务品牌。农机服务在追求效益时要坚持以人为本，树立服务兴农意识，讲求安全、可靠、优质、诚信、用户口碑好，创出远近闻名的农机服务品牌。新阶段要把创建服务品牌作为农机服务上台阶的重要标志。三是健全农机服务市场，完善农机服务体系。新阶段要推进农机作业、流通、维修、运输、信息等服务市场综合配套发展，规范市场秩序，拓展服务规模，提高服务水平，推进农机服务产业化进程。

5. 加强职业技能培训，充分发挥人机协调工程优势

农村有丰富的人力资源。新阶段农业机械化发展是一个增机育人、转人的运动变化过程，每年有几百万、上千万人要从农业转移到非农产业。加强职业技能培训，充分发挥农村人力资源优势和机械化优势是十分重要的战略任务。着力点应从两方面入手：一方面是农机专业技术培训。农民是建设社会主义新农村、发展现代农业的主体，建设现代农业要培育造就一批又一批有文化、能操作使用现代农业技术装备、会经营的新型农民，使他们成为农村发展先进生产力的优秀代表和靠先进科技勤劳致富的带头人；另一方面是农民转移就业培训。为农民向非农产业转移培育和输送一批又一批有一定科技文化素质和技能的产业劳动生力军，使发展现代农业与发展二、三产业协调，城乡发展协调。农机系统要充分发挥具有培训基地、师资力量、设备条件和培训经验等优势，把农机人才培训与农民转移就业培训结合起来，既为发展农机化培养人才，也为发展二、三产业培养输送人才，为国民经济和社会发展作出更大贡献。有些地区已在这方面积累了经验，效果很好。因此，新阶段在增加现代农业装备，推进农业机械化时，要把培育建设有专业技能的人才队伍摆在更加突出的战略位置，大幅度增加人力资源开发的投入力度，努力推进增机育人、转人、人机协调工程。这是落实科学发展观，统筹城乡发展，促进人的全面发展，实施人才强国、科教兴农战略，推进农机化开创新局面的一件大事，一定要抓紧抓好。

6. 跟上时代要求，大力加强农业机械化理论建设

在新起点上开创农业机械化发展新局面，必须以科学理论为指导。农业机械化系统认真贯彻落实科学发展观，联系农机化实际加强理论建设的历史使命，显得比过去任何时候都更为重要和紧迫。在中国特色社会主义理论体系指导下，农业机械化理论建设要贯穿一条主线，不断回答和解决实践提出的三个基本问题。一条主线是：高举中国特色社会主义伟大旗帜，走中国特色农业机械化发展道路。三个基本问题：一是什么是农业机械化？（定义界定）为什么要发展农业机械化（发展动力问题，为什么要发展？为谁发展？）；二是发展什么样的农业机械化？（发展目标、道路、模式选择问题）；三是怎样发展农业机械化？（发展理念、思想路线、发展战略、政策策略问题。如，发展阶段、任务要求、发展原则、重点、结构、规模、布局、步骤、体制、机制、政策，等等。在经济全球化、发展开放型经济的国际环境下，统筹国内发展和对外开放，中国农业机械化如何发展？等等一系列重大理论和实际问题）。正确认识农业机械化的发展规律，不同地区、不同时代，有不同的农业机械化。发展永无止境，认识和创新永无止境，任何发展都是在一定的时空条件下进行的。正确解决发展中的矛盾和制约，要坚持解放思想，实事求是，与时俱进，勇于创新，才能使农业机械化发展道路越走越宽广，农机化效益越来越高，农机化对国民经济和社会发展的贡献越来越大。

附表　2007 年全国及各省、市、自治区人均 GDP 情况

地区	人民币/元	美元/元
全国	20 169	2 652
上海	66 110	8 694
北京	56 044	7 370
天津	43 000	5 655
浙江	37 130	4 883
江苏	33 000	4 340
广东	28 600	3 761
山东	28 000	3 682
福建	25 424	3 343
辽宁	25 110	3 302
内蒙古	21 430	2 818
河北	20 000	2 630
黑龙江	18 455	2 427
吉林	18 040	2 372
山西	17 002	2 236
新疆	15 450	2 032
湖北	15 040	1 978
河南	15 000	1 973
海南	13 630	1 792
湖南	13 123	1 726
重庆	13 097	1 722
陕西	12 843	1 689
青海	12 809	1 685
宁夏	12 695	1 670
江西	12 400	1 631
四川	11 708	1 540
西藏	11 567	1 521
广西	11 417	1 501
安徽	11 200	1 473
云南	10 450	1 374
甘肃	9 550	1 256
贵州	6 750	888

资料来源：根据全国和各省、市、自治区 2007 年国民经济和社会发展统计公报数据整理。人民币按平均汇率 7.604 3∶1 折合美元。暂缺港澳台相关数据。

祝《现代农业装备》再创辉煌

（2008 年 4 月 8 日）

2003—2008 年是《现代农业装备》杂志以崭新形象为我国积极发展现代农业奉献拼搏、开拓创新的五年，取得了可喜的不凡业绩。如今，《现代农业装备》已成为我国农业机械行业中颇有影响力、得到广泛认可和读者厚爱的重要杂志，成为行业杂志中广受关注的一个新亮点。在此，特表示衷心的祝贺和崇高的敬意！

《现代农业装备》新闻性与学术性兼备，很有特色，可读性强。它的特别策划、综合新闻和行业焦点独具匠心，用具有时代特色的视角和观点来报道、展示、解读广东和全国农业机械化、现代化的进程、重大事件、重要人物和事业成就，传播行业信息，发出行业声音，它为发展我国农业现代化呐喊、呼唤、欢呼；它的研究学苑、技术话廊和市场速递、信息资讯把科技进步与市场开拓结合起来，具有学术性、研讨性和市场化、国际化视野。栏目新颖，内容广泛，中外兼容，信息量大，很有朝气，生动活泼。编辑部把"传播行业呼声，提升行业的社会责任感，品茗行业在现代农业发展中的内涵"作为核心工作的办刊理念，反映出他们开阔的视野、与时俱进的观念和对所从事的事业具有高度的责任感和使命感，这是他们不畏艰难，努力办好杂志的动力之源和勇气所在。期刊的字里行间闪烁出他们的燃烧激情。他们的心与行业紧密相连。农机行业为有这样一个朝气蓬勃、充满活力、责任心强的传媒群体而感到高兴和自豪。

2008 年，是我国农机行业全面贯彻党的十七大精神，深入贯彻落实科学发展观，在农业机械化发展跨入中级阶段的新起点上向前迈进的开局年。希望《现代农业装备》更好地发挥媒体、平台、渠道多种功能，上好新高度，办出新水平，做出新贡献。向世界发出中国现代农业的声音，展示中国现代农业装备的风采，为农业装备领域领导管理人员、科研教育人员、生产营销人员构筑一个追求探索，求真务实，互促共进，共创辉煌的交流平台和信息渠道，为推进我国农业现代化进程做出更大的贡献！期盼你们取得更大成功，再创新辉煌！

本文是作者为《现代农业装备》改版五周年撰文。刊于《现代农业装备》2008 年第 4 期。

我国农业机械化发展的三大成就

（2008年6月23日）

改革开放30年来，我国农业机械化发展取得了许多前所未有的成就，开创了中国特色农业机械化发展的新局面，成果辉煌。带里程碑性质的三大成就将载入史册：一是小麦生产率先实现了全程机械化；二是全国农业机械化发展总体上进入了中级阶段；三是中国进入了增机减人（育人、转人）发展现代农业的新时代。

一、小麦生产全程机械化

从1979年9月农业机械部召开全国小麦收获机械化座谈会，1980年1月国务院批转农业机械部《关于积极发展小麦收获机械的报告》算起，中央集中力量突出抓小麦生产全程机械化，有领导地打好小麦收获机械化战役，我国用了23年时间，基本解决了小麦生产全程机械化问题。据1979年全国小麦收获机械化座谈会上统计，豫鲁冀三个小麦主产省小麦机播水平50%左右，机收水平才3%～5%。经过23年努力，2002年全国小麦机播水平达73%，机收水平69.9%，成为我国第一个基本实现生产全程机械化的粮食作物，在我国农业机械化发展史上具有里程碑意义。目前，我国小麦生产机械化已经站在新的起点上，向更高水平、更重质量、效益、环保、节约、标准化生产和产业化经营方向发展。今年中央一号文件提出要“加快推进农业机械化”。特别提出要“加快推进粮食作物生产全程机械化，稳步发展经济作物和养殖业机械化”。水稻、玉米、小麦是我国的三大粮食作物，三大粮食作物面积约占粮食作物总面积的75%，产量约占粮食总产量的87%。所以三大粮食作物生产机械化是我国农业机械化最重要、最基本的内容，是保障粮食安全的重要技术支撑，可称为重中之重。1979年，杨立功部长在全国会议上说，有领导地打好小麦收获机械化这一战役既重要又迫切。如今，小麦生产基本实现了全程机械化，我们把它称为我国农业机械化第一战役取得了重大胜利。在此基础上，已不失时机地开展了向水稻、玉米生产全程机械化进军的第二战役，先后召开了推进水稻、玉米生产机械化的全国会议，并列为农机购置补贴重点，积极推进机械化示范基地建设，并已取得重要进展。今年，又召开了全国油菜

本文为作者在农业部农业机械化管理司组织的纪念改革开放30年座谈会上的发言（2008年6月23日）。刊于《农机科技推广》2008年第7期。此文2008年年底获“常发杯”见证农机发展30年有奖征文一等奖。

生产机械化现场会和发展论坛，并将在油菜主产区启动油菜生产机械化试点示范工作，促进粮油生产机械化统筹协调发展。可以预期，认真贯彻落实科学发展观，用统筹兼顾的根本方法，实现三大粮食作物生产全程机械化、经济作物和养殖业机械化得到相应发展之日，就是我国基本实现农业机械化之时。

二、我国农业机械化发展总体上跨入了中级阶段

根据 2007 年 9 月 1 日开始实施的我国农业机械化水平评价发展阶段的划分标准，2007 年，我国耕种收综合机械水平已超过 40%，达 42.5%；乡村农林牧渔业从业人员占全社会就业人员比重小于 40%，约为 38%。这两个指标标志着我国农业机械化发展总体上已从初级阶段跨入了中级阶段，这是我国农业机械化发展史上又一个重要的里程碑，是已经站在新的历史起点上向新阶段迈进的重要标志。表明我国发展农业机械化的物质技术基础、组织运行基础、实践认识基础、农民应用基础和接受认可程度，都比以前大大增强了，上了一个新台阶，进入了一个新的发展阶段。从新中国建立后发展农业机械化算起，我国用 50 多年时间完成了农业机械化初级阶段的历史使命。中级阶段在新的起点上对农业机械化发展的要求更高，任务更艰巨。预期耕种收综合机械化水平从目前提高到 70%，完成中级阶段的历史使命，大约还要 15 年，年均提高幅度 1.9 个百分点以上，从现有基础和发展环境分析，经过努力是可以实现的。实际上，1978 年我国耕种收综合机械化水平为 17%，2007 年达到 42.5%，意味着改革开放以前的 29 年耕种收综合机械化水平累计提高了 17 个百分点，改革开放以来的 29 年耕种收综合机械化水平提高了 25.5 个百分点，发展速度明显加快了。尤其 2004 年我国正式实施《农业机械化促进法》，实行农业机械购置补贴政策以来，中央和地方政府对购置先进适用的农业机械的补贴力度和补贴范围逐年加大，极大地调动了农民购置和使用农业机械的积极性，促进了我国耕种收综合机械化水平迅速提高，近两年提高幅度达 3 个百分点以上，预期 2008 年将达到 44%以上，2009 年将达到 46%以上，提前实现全国农业机械化发展“十一五”规划目标。值得农机战线自豪的是，2007 年我国农业机械化发展进入中级阶段，是农机战线献给党的十七大的一份厚礼。2009 年，提前一年实现全国农业机械化发展“十一五”规划的目标，又将是农机战线献给新中国建立 60 周年的一份厚礼。说我国农业机械化发展总体上已进入中级阶段，是因为我国疆域辽阔，条件复杂，各地发展不平衡，地区差异较大，目前进入中级阶段的地区已形成主流，还有一部分地区尚未进入，还处于从初级阶段向中级阶段发展的进程中。在需求迫切和国家积极发展现代农业政策的推进下，在已有基础上进一步开拓前进，我国农业机械化发展一定会又好又快地完成新阶段的历史使命。

三、中国进入了增机减人（育人、转人）发展现代农业的新时代

我国是世界第一农业大国，在世界农业发展史上曾长期处于领先地位。但由于以手工劳动和经验传承为基础的传统农业及封闭保守的小农经济在中国超长期延续，加之闭关锁国政策使中国与世界隔离，明、清以来，中国农业在世界上由先进变为落后了。生产方式落后，主要依靠手工劳动，农业劳动力占用很多，农业人口占很大比重，农业基础薄弱，农业生产力水平和农民收入很低。农业弱则国弱民贫，农业兴则国兴民富。新中国成立以后，党和政府领导人民为改变我国农业落后面貌作出了巨大努力，提出了农业现代化发展目标和“农业的根本出路在于机械化”的指导思想，也采取了许多实际措施。但由于对我国发展农业机械化的复杂性、艰巨性等国情认识不足，在实践中虽取得了一些进展，也付出了沉重的代价，在一段时期费力很大，未能达到预期效果。到 1978 年，我国农业机械总动力 1.175 亿千瓦，耕种收综合机械化水平才 17%，第一产业从业人员占全社会就业人员的比重还高达 70.9%。1979 年农业机械部向中央报告说，原定的 1980 年基本实现农业机械化的任务已不可能，建议以后不再提这个口号了。改革开放以来，党和政府领导广大农机化工作者认真总结经验教训，坚持解放思想，实事求是，勇于变革，开拓创新，引导农业机械化发展从计划经济轨道转入市场经济轨道，在建设中国特色社会主义的康庄大道上，在中国这样一个农业人口多，人均资源少，农业基础弱的发展中大国，开辟了中国特色农业机械化发展道路，取得了前所未有的巨大成就和效果。

我国农业发展长期对劳动力数量增多有依赖性，在 20 世纪 90 年代开始发生了由依赖占用消耗劳动力向依靠科技进步和农业装备的根本性转变。1991 年，我国第一产业就业人员达到最高峰时为 3.91 亿人，占全社会就业人员的比重为 59.7%，乡村农林牧渔从业人员也达到最高峰，约为 3.42 亿人，占全社会就业人员的比重为 52.2%。那时，我国农业机械总动力已拥有 2.94 亿千瓦。耕种收综合机械化水平仅 25.6%。也就是说，约 3/4 的农业作业还靠人力手工生产方式完成。这以前的几十年，我国农业机械化发展经历了一段增机又增人的发展时期，农业机械化在促进农业科技进步，提高农业抗灾防灾能力和综合生产能力，保障粮食安全中发挥了重要作用，但对活劳动的替代作用长期未能显示出来。这种在世界农机化发展史上很少见的现象，是由我国农业生产条件复杂，农业基础薄弱，人均耕地少，生产方式落后，生产力水平低的国情决定的。我国改造传统农业，发展现代农业的任务，比已经实现农业机械化、现代化的国家要复杂得多，艰巨得多，付出的代价也大得多。正如毛泽东主席 1955 年曾分析指出，我国农业的社会革命和技术革命是结合在一起进行的。“中国只有在社会经济制度方面彻底地完成社会主义改造，又在技术方面，在一切能够使用机器操作的部门和地方，统统使用机器操作，才能使社会经济面貌全部改观。由于我国的经济条件，技术改革的时间，比较社会改革的时间，会要长一点。”（毛泽东：《关于农业合作化问题》1955 年 7 月 31 日）。从 1992 年我国农机总动力达到 3 亿千瓦以上，耕种收综合机械化水平超过 26%以后，

农业生产中人机运动变化过程的主辅地位开始从量变发生质变，20 世纪 90 年代以来，随着农业机械装备增多，农业机械化水平提高，农业劳动力数量开始减少，农业机械替代劳动力的作用开始显现，世界最大的传统农业大国开始了增机减人、农业劳动力比重和数量双下降的历史进程。从 1991 年到 2007 年，我国农机总动力增加了 4.66 亿千瓦；第一产业就业人员减少了 7 800 多万人；第一产业就业人员占全社会就业人员的比重由 59.7%降到 40.6%，下降了 19 个百分点；第一产业亿元增加值的从业人员用量由 7.32 万人减少到 1.08 万人，人力消耗减少了 85%，相应的第一产业劳动生产率提高了 6 倍多（见附表）。也就是说，从 20 世纪 90 年代以来，中国农业发展进入了增机减人发展现代农业的新时代，划时代的拐点（第一产业就业人员占全社会就业人员比重降到 50%以下）出现在本世纪初的 2003 年。这是我国农业现代化发展史上具有划时代意义的一座重要里程碑，也是改革开放、积极发展现代农业的伟大成果，中国农业从业人员占全社会就业人员比重大于 50%的时代一去不复返了。虽然在发展过程中由于条件的变化，增机减人过程还可能出现一些曲折反复，但只会是局部的或暂时的，增机减人的大趋势已不可逆转。用现代农业生产要素代替传统农业生产要素，用现代物质条件装备农业，用机械化生产代替传统人力手工生产，用农业机器（物化劳动）代替人力（活劳动），把巨大的自然力和科学技术并入生产过程，必然大幅度提高农业劳动生产率，提高农业整体素质和效益，现代农业比传统农业对国民经济和社会发展的基础作用和贡献必将越来越大，不仅向社会供给量足质优品种多样化的农产品，而且还为加速工业化、城镇化进程，向社会提供从农业节约出来的劳动力、土地和水等社会资源。发展现代农业，向社会输送从农业转移出的劳动力的过程，也是一个培养新型农民（能使用操作现代生产工具，有科技文化知识和经营能力）和向社会培养输送有一定技能的产业大军的过程，使更多的人能从事非农产业工作，在更广阔的领域创造更多的社会财富，更有利于统筹城乡经济社会和谐发展。所以，新时期发展现代农业不仅是农业增机减人的过程，也是育人转人的过程，使社会经济结构更加优化，资源利用更加合理，经济社会更加繁荣和谐，人民生活更加幸福。实践证明，2004 年以来，我国农机总动力年增加 3 000 万～4 000 万千瓦，第一产业就业人员年减少 1 200 多万人，农机化发展完全有能力为实现全国“十一五”规划提出的转移 4 500 万农业劳动力的发展目标提供物质技术支撑，为实现统筹城乡发展，推进社会主义现代化进程的伟大事业提供坚强的物质技术保障。

附表　我国农业机械化发展情况（1978—2007 年）

年份	农林牧渔业从业人员/万人	第一产业就业人员/万人	第一产业就业人员占全社会就业人员比重/%	农林牧渔业从业人员占全社会就业人员的比重/%	农业机械总动力/万千瓦	耕种收综合机械化水平/%	第一产业亿元增加值从业人员用量/（万人/亿元）	第一产业劳动生产率/（元/人）
1978	28 455.6	28 456	70.9	70.9	11 750	17.3	27.55	363
1980	29 808.4	29 808	70.4	70.4	14 746	18.2	21.23	471
1985	30 351.5	31 130	62.4	60.9	20 913	17.3	12.14	824
1990	33 336.4	38 914	60.1	51.5	28 708	24.1	7.69	1 301
1991	34 186.3	39 098	59.7	52.2	29 387	25.6	7.32	1 366

年份	农林牧渔业从业人员/万人	第一产业就业人员/万人	第一产业就业人员占全社会就业人员比重/%	农林牧渔业从业人员占全社会就业人员的比重/%	农业机械总动力/万千瓦	耕种收综合机械化水平/%	第一产业亿元增加值从业人员用量/（万人/亿元）	第一产业劳动生产率/（元/人）
1992	34 037.0	38 699	58.5	51.5	30 308	26.5	6.60	1 516
1993	33 258.2	37 680	56.4	49.8	31 817	27.4	5.41	1 848
1994	32 690.3	36 628	54.3	48.5	33 803	28.3	3.83	2 614
1995	32 334.5	35 530	52.2	47.5	36 118	29.2	2.93	3 416
1996	32 260.4	34 820	50.5	46.8	38 547	30.4	2.48	4 025
1997	32 677.9	34 840	49.9	46.8	42 016	30.7	2.41	4 145
1998	32 626.4	35 177	49.8	46.2	44 937	31.0	2.37	4 212
1999	32 911.8	35 768	50.1	46.1	48 864	31.8	2.42	4 129
2000	32 797.5	36 043	50.0	45.5	52 317	32.3	2.41	4 146
2001	32 451.0	36 513	50.0	44.4	55 042	32.2	2.31	4 322
2002	31 190.6	36 870	50.0	42.3	57 906	32.3	2.23	4 485
2003	31 259.6	36 546	49.1	42.0	60 447	32.5	2.10	4 756
2004	30 596.0	35 269	46.9	40.7	64 141	34.3	1.65	6 071
2005	29 975.5	33 970	44.8	39.5	68 549	35.9	1.47	6 791
2006		32 561	42.6	38.6	72 636	39.3	1.32	7 597
2007		31 260	40.6	38.0	76 000	42.5	1.08	9 248

资料来源：中国统计年鉴、全国农业机械化统计年报。

注：2007 年统计数据尚未出来，是初步估测数；农林牧渔业从业人员缺 2006 年、2007 年统计数据。

提高引导力　增强亲和力
更好地发挥《中国农机化导报》的重要作用

（2008 年 9 月 17 日）

2005 年 1 月 30 日《中国农机化导报》（以下简称《导报》）正式创立以来，迄今已 3 年 8 个月多了。它是在深入贯彻落实科学发展观，开创中国特色社会主义事业新局面，中央把积极发展现代农业，提高农业综合生产能力作为一项重大而紧迫的战略任务的新形势下应运而生，健康成长的。三年多来，《导报》全体工作人员以开拓创新的精神，为推进我国农业机械化事业又好又快发展奉献拼搏，积极宣传党的路线、方针政策、重大决策部署和各地农机化的发展状况、成就，及时传播国内外农业机械化、现代化领域的事件、人物、信息，及时反映农机化发展中的重点、热点问题和农机人的心声，取得了可喜成绩，作出了重要贡献。《导报》办得有生气、有活力、有特色，影响日益增大，得到农机化行业广泛认可、支持和厚爱，并把农机化信息传播到人民日报，新华社等重要媒体，架起了沟通的桥梁，引起全社会广泛关注，成为全国性行业大报的一个新亮点。在此，特表示衷心的祝贺，致以崇高的敬意！

今年 6 月 20 日，胡锦涛总书记在人民日报社考察工作时，对新形势下加强新闻宣传工作发表了重要讲话，在肯定新闻宣传工作成绩的同时，对更好地发挥新闻宣传工作的重要作用提出了新的更高的要求，寄予了厚望，指明了努力的方向。《导报》这次会议认真学习贯彻讲话精神，努力用实际行动开创新局面，取得新成效。作为《导报》的一名热心、忠实读者，也在学习领会胡锦涛同志的讲话精神，并借这次会议的机会，对《导报》发挥更大作用提两点希望：

一是认真贯彻胡总书记讲话精神，把提高舆论引导能力放在突出位置。我国农业机械化发展刚进入中级阶段。中级阶段既是农机化快速发展期，又是矛盾凸显期，面临的新情况，新问题更趋复杂，发展任务更为艰巨，农机化发展对国民经济和社会主义现代化全局的影响也更加重大，人们对农机化的发展也会有不同的认识，采取的行动也会出现不同的取向，矛盾、问题和斗争将更趋激烈。全国性行业大报的舆论导向作用也越来越突出。在新形势下，《导报》要把提高舆论引导能力放在突出位置，就是要坚持正确舆论导向，把积极宣传党的路线、方针政策和重大战略部署放在突出位置，引导农机战线广大干部群众把思想统一到党的十七大精神上来，把行动落实

本文为作者在《中国农机化导报》2008 年宣传工作会议上的讲话。

到实现农业机械化发展战略目标提出的各项任务上来，在关系农业现代化、关系经济社会发展全局的重大问题、敏感问题、热点问题上，积极引导社会舆论和公众关注点，唱响主旋律，打好主动仗，把好关，把好度，同唱一首歌，推进农机化。记得2005年10月在《导报》召开的广州会议上，我曾建议《导报》要在造势上下工夫。造势，就是要更好地发挥新闻宣传的作用，造唱响主旋律之势。在做好报道性宣传的同时，要充分发挥舆论工具的重要作用，加强引导性，宣传中央精神和好的经验、典型，关注农机化发展中的实际困难和问题，引导大家群策群力去发现问题和解决问题，在开拓创新中求科学发展。学习胡锦涛同志讲话后，我理解引导作用既要着眼于现实，做好纪实性新闻报道，又要放眼未来，加强前瞻性，引导性宣传。党中央把发展作为党执政兴国的第一要务，新闻宣传工作就应把宣传科学发展作为第一要务。尤其在我国农业机械化发展前所未有的战略机遇期，党中央进一步推进农村改革发展，要在大力发展现代农业，不断提高农业综合生产能力方面取得重大突破的关键时期，《导报》应大造抓住机遇，加快发展之势，促进农业机械化又好又快科学发展。

二是《导报》要进一步增强亲和力，更加贴近农机作业服务组织，贴近农机户。胡锦涛同志指出新闻宣传工作要高举旗帜，围绕大局，服务人民，改革创新。必须坚持把实现好、维护好、发展好最广大人民的根本利益作为新闻宣传工作的出发点和落脚点。增强新闻报道的亲和力、吸引力、感染力。坚持贴近实际、贴近生活、贴近群众，把体现党的主张和反映人民心声统一起来，把坚持正确导向和通达社情民意统一起来。学习贯彻重要讲话精神，联系农机行业实际，《导报》应进一步增强亲和力，更加贴近农机作业服务组织，贴近农机户。这是《导报》发挥更大作用，增大发行量的努力方向。

目前我国已有农机化作业服务组织3 650多万个，其中农机户3 600多万个，农机专业户400多万个，《导报》面向基层，深入农机户，发行量还有很大潜在增长空间。最近，在《改革开放30年农业机械化发展大事记候选条目》中，我看到一条是："2005年1月30日，《中国农机化导报》正式创刊。……对农机化全行业宣传，服务于农机管理部门、农机推广、鉴定、监理、科研、教育部门、农机制造业、农机流通业、农机中介组织及合作经济组织。"以上这些方面，这几年《导报》都努力去做了，但服务面向基层、服务农机户显得还不够，还有很大的拓展空间。如果《导报》加强报道农机户的工作生活，多反映农机户的利益要求，反映他们的心声渴求，多宣传农机户中涌现出的先进典型，紧紧抓住与他们所想所为息息相关的事，用通俗易懂，贴近群众的生动语言和事例，进行深入浅出的报道宣传，使《导报》成为广大农机户愿看愿订的报纸。《导报》把农机作业服务组织和农机户作为服务主体，在发行中解决好农机户愿看、愿订、方便订的问题，就能大量进村入户，提高其乡村覆盖率，农机专业户覆盖率，成为农机行业服务农村，服务农民，服务农机人的全国性大报。为我国农业机械化事业做出更大贡献！希望共同努力，祝你们成功！

中国农机化开创新局面的三十年

（2008 年 10 月 17 日）

改革开放 30 年来，我国农业机械化事业在党和政府领导下，坚持解放思想，实事求是的正确路线，以艰辛探索，开拓进取，求真务实，顽强奋进的革命精神，战胜重重困难，破解了农业人口多，人均耕地少，经济底子薄的农业大国快速发展农业机械化的世界难题，探索了一条符合国情的农机化发展道路，开创了中国特色农业机械化发展的新局面。

新局面有三个鲜明的特点：一是农民成为发展农业机械化的主体；二是农机服务社会化成为发展主流；三是依法促进、政策支持取得了巨大成功。我国农机化波澜壮阔的改革发展历史，是从农民的首创精神率先取得突破的。1980 年，安徽省霍丘县 6 户农民集资购买 2 台拖拉机和配套农具，突破了不允许农民购买经营农业机械的禁区，办起了我国第一个农民自主经营的农机站。此举如石破天惊，其首创精神得到中央关注，尊重认可支持，极大地调动了农民自主发展农机化的积极性，促成了农业机械化从计划经济体制下以国家办为主到社会主义市场经济体制下农民成为发展农机化主体的成功转变，开创了农机化蓬勃发展的新局面。在农民家庭经营规模小的国情下，农机服务社会化既适应家庭承包经营对农机化需求的特点，又符合发展现代农业机械化生产的要求，特别是政民合力推进农机跨区作业服务，使农机化由封闭式经营发展到开放式经营，走出了中国特色农业机械共同利用和高效利用的发展道路，创造了世界农机化发展史的奇迹。2004 年，政府开始实施农机购置补贴政策，《农业机械化促进法》的颁布实施，深受拥护和欢迎。此后，支持力度逐年加大，补贴规模、机具种类和补贴范围逐年拓宽，补贴标准逐渐提高，成效十分显著。今年中央一号文件提出“加快农业投入立法”，体现了党的主张与人民意愿的高度统一，强化法治保障标志着依法促进我国农业机械化发展走上了法治轨道。

新局面有三个突出标志：一是 20 世纪末我国开始进入增机减人（育人、转人）发展现代农业的新时代；二是 21 世纪初我国小麦生产基本实现了全程机械化；三是 2007 年我国农业机械化发展总体上进入了中级阶段。这三个标志反映了改革开放以来我国农机化发展的光辉历程，是我国农机化发展史上具有历史意义的三座里程碑。中国农业增机又增人，从业人员占全社会就业人员比重大于 50%的时代一去不复返了。我们已经站在新的历史起点上，向发展现代农业的新高度

本文为作者在农业部农机化司举办的纪念农业机械化改革发展 30 年“中国农业机械化发展论坛”上的发言。刊于《中国农机化导报》2008 年 10 月 27 日 4 版。

继续前进。

新局面最显著的成就是实现了农业机械化快速发展。1978 年，我国耕种收综合机械化水平为 17%，农业机械总动力 1.18 亿千瓦，农林牧渔业从业人员占全社会就业人员比重 70.9%；2007 年，耕种收综合机械化水平提高到 42.5%，农机总动力增加到 7.69 亿千瓦，农林牧渔业从业人员占全社会就业人员比重降至 38%。数据表明，改革开放前 29 年与改革开放以来 29 年比较，农机化发展速度明显加快了。尤其是 2004 年实施《农业机械化促进法》和农机购置补贴政策以来，耕种收综合机械化水平年均提高 2.3%，2007 年高达 3.2%，农机总动力年均增加 4 100 多万千瓦，都创历史新高。中国已成为世界农机化发展的新亮点，国际知名农机公司都看好中国，纷纷角逐中国农机大市场，中国农机也已经走向世界。中国农业机械化的发展，不仅使中国农业走上了现代化之路，为推动农村经济社会全面发展作出了重大贡献，而且为世界粮食和食品安全，为世界现代农业的发展也作出了积极贡献。

党的十七届三中全会指出，我国已进入加快改造传统农业、走中国特色农业现代化道路的关键时刻，我们开会纪念农业机械化改革发展 30 年，就是要深入学习、贯彻落实科学发展观和党的十七届三中全会精神，在总结农业机械化改革发展宝贵经验的基础上，坚持继续解放思想，实事求是，与时俱进，更加自觉、更加坚定地推动我国农业机械化又好又快发展，使我国现代农业建设取得显著进展，农业综合生产能力和农民收入明显提高，为开创农村工作和农机化发展的新局面，实现 2020 年的目标任务而努力奋斗！

新形势要求现代农业发展取得新突破

（2008 年 10 月 25 日）

党的十七届三中全会的成功召开，对全国农村改革发展意义非常重大，对农机化发展同样具有重要而深远的意义。当前大家都在认真学习贯彻党的十七届三中全会精神，正确认识把握形势，努力破解新的矛盾，应对新的期待，开创新的局面。借此次论坛的机会，把我的学习体会与大家进行交流。

一、对新形势的认识

党的十七届三中全会指出，我国总体上已进入以工促农、以城带乡的发展阶段，进入加快改造传统农业，走中国特色现代化道路的关键时刻，进入着力破除城乡二元结构，形成城乡经济社会发展一体化新格局的重要时期。特别强调农业基础仍然薄弱，最需要加强；农村发展仍然滞后，最需要扶持；农民增收仍然困难，最需要加快。这是对当前发展阶段性特征准确和精辟的概括。会议重申要把解决好农业、农村、农民问题作为全党工作重中之重，给农机化的快速发展提供了坚实而强劲有力的指导和保障。

我们对新形势的认识可以概括为：三个“进入”，两个“前所未有”，需要二“加”一“扶”。

三个“进入”：一是我国总体上已经进入以工促农，以城带乡的发展阶段。支农扶农、强农惠农的力度会越来越大，日渐加强，而且不会减弱；二是进入加快改造传统农业，走中国特色农业现代化道路的关键时刻，农业机械化发展已进入中级阶段，农业现代化的步伐正在加快，坚定走中国特色农业现代化道路的基本方向不容逆转；三是进入着力破除城乡二元结构，形成城乡经济社会发展一体化新格局的重要时期。统筹城乡协调发展，建设社会主义新农村是前进方向和战略任务。

两个“前所未有”：这是胡锦涛总书记的精辟概括，一是机遇前所未有，二是挑战前所未有。对我们农机行业来讲，中央把解决好“三农”问题作为全党工作的重中之重，坚持工业反哺农业、城市支持农村、多予少取放活的方针，国家对农业的支持保护政策和法律法规日益加强。十七届三中全会之后，财政补贴还会进一步加大，金融支持的新局面正在展开，允许农民按照依法自愿

本文为作者在第八届中国农机论坛暨第六届亚洲农机峰会上的演讲（2008 年 10 月 25 日　郑州）。刊于《中国农机化导报》2008 年 11 月 10 日 8 版。

有偿原则，以多种形式流转土地承包经营权，发展多种形式的适度规模经营等一系列重大举措，是发展现代农业的最好时期。推动农村改革发展和现代农业发展，具有许多的有利条件。

二“加”一“扶”：十七届三中全会，把农村改革发展中面临的诸多困难和挑战，精辟地概括为三个“仍然”和三个“最”，即农业基础仍然薄弱，最需要加强；农业发展仍然落后，最需要扶持；农民增收仍然困难，最需要加快。加强、加快、扶持，这就是“三农”最需要的二“加”一“扶”，这是十七届三中全会发出的非常明确的信息。大家形容“农字号”的机会频现，政策倾斜，积极引导更多的资金和社会资源投入农业农村。2008 年前三个季度的统计，第二产业回落 3 个百分点、第三产业回落 2.4 个百分点，第一产业提升了 0.2 个百分点。说明第一产业得到加强，发展现代农业是农村发展的新亮点。当前大的环境如自然灾害频发、粮食食品危机、能源石油危机以及金融风暴，对我们都有冲击；对农机自身来讲，还存在着农业技术装备的有效供给不足，与迫切发展现代农业的供需矛盾凸现。所以说挑战是前所未有的，但我们要在危机中看到机会，农业是国家必保的、是要加强的产业，现代农业的发展是我们的基本方向。总之，机遇使我们看到光明的前景。农机战线经常说，农机化的春天到了，令人欢欣鼓舞；但挑战又使我们感到形势严峻，当前困难的局面已经开始显现，还会继续存在，我们应有充分的准备，积极应对挑战，争取新的胜利。

二、面临的新任务

十七届三中全会提出的目标和任务，到 2020 年，一是现代农业建设要取得显著进展；二是农业综合生产能力要明显提高；三是国家粮食安全和主要农产品供给要得到有效保障；四是农民人均纯收入要比 2008 年翻一番。联系农机化的实际对“显著进展”和“明显提高”有令人向往的发展愿景和非常丰富的解读空间，在农村改革发展的新形势、新期待、新要求下，农机化的战略地位将进一步增强，作用会更加凸显。发展现代农业、提高农业综合生产能力，离不开农业机械的助推，农业机械化大有可为；加之，现代农业的发展和农业综合生产能力的提高也必将大力促进我国农机化的发展，使农机行业获得新的发展良机。初步测算，农民人均纯收入比 2008 年翻一番，大概要达到 1 万元左右。也就是说，从改革开放初期的万元户到 2020 年人均万元收入。新任务的要求非常明确、具体，对于农业机械化也必然产生新的需求。

三、创新突破求发展

面对新形势、新挑战、新任务，农机化应采取的对策，从理论上讲，我们要抓住和用好重要战略机遇期，采取有效对策。积极应对挑战，克服困难，为建设小康社会的宏伟目标提供农机化支撑，做出更大的贡献。概括一句话，就是要创新突破求发展。当前面临的形势和机遇是前所未有的。我们不能够因循守旧，必须抓住前所未有的新机遇，应对前所未有的新挑战，创新突破求发展。

胡锦涛总书记在河南考察时强调，当前和今后一个时期，推进农村改革发展的关键，是要在大力加强制度建设、大力发展现代农业、大力发展农村公共事业三个方面取得重大突破。抓好发展这个第一要务，推动科学发展，大力加强制度建设，在党的十七届三中全会《决定》中已经有了很明确的表述。

对于农机企业来讲，有利于自身发展的机会各有不同，要注意结合自身的特点，抓好着力点、突破口，开创新局面，取得新发展，突破求发展包括三个方面，一是产品突破，二是服务突破，三是合作突破。

产品突破包括两点，一是产品的品种、性能要取得新突破，适应结构调整和产业升级的需要；二是产品的质量和可靠性要取得新突破，提高用户的满意度和信誉度。在农机化发展“火”的时候，需求量增多的时候，更要注意抓产品的质量和可靠性，减少投诉。服务突破包括技术服务、销售服务和售后服务，在这方面创出特色、创出品牌。做好服务的同时还要强调职业道德建设，要有社会责任，要有良心。合作竞争要取得新的突破，面对危机，要合作共赢，通过大家共同努力，渡过难关。产品突破、服务突破是企业增强内力的问题，合作突破是要善于借助外力和外部资源，要有新的竞争观念和竞争机制。合作突破包括产学研合作，建立产学科研战略联盟；主机企业与零件企业合作、联盟；生产与流通合作；区域间的合作以及国内外的合作。要用好两种资源，开拓两个市场。要发展开放型经济，广开合作渠道，优势互补，合作共赢，取得更大效果。我希望合作之花结出合作之果。通过大家的共同努力，解决好我国农业技术装备需求与有效供给不足的矛盾，在立足扩大国内市场的同时，进军国际市场，努力提高国内有效供给的保障能力和国际竞争力，开创农机化发展的新局面。总之通过创新突破求发展，迈上新台阶，取得更大的效益，做出更大的贡献。

抓好创新突破　开创农垦农机化发展新局面

（2008 年 11 月 27 日）

感谢农垦农机化分会，农垦农机化发展研讨班的盛情邀请来参加我国农垦系统这次盛会。这次会议在党的十七届三中全会后及时召开，是农垦系统认真学习贯彻十七届三中全会《决定》精神的一次重要会议。农垦农机化是我国农业机械化的重要方面军，起着国家队和排头兵的重要作用，对我国农业机械化、现代化事业，做出了重大贡献。我对农垦农机化也很关注，魏克佳局长曾送我一整套农垦系统资料，我也到黑龙江垦区、新疆生产建设兵团一些农场调研了解一些情况，并为新疆建设兵团农业工程硕士研究生班的学员讲过课，指导过新疆班的硕士研究生，但对农垦农机化深入调研还不够。今天应邀来讲讲农垦农机化发展有关问题，我想结合学习十七届三中全会精神，对农垦农机化发展谈一些认识，与大家交流、研讨。我讲的题目是：抓好创新突破，开创农垦农机化发展新局面！讲三个问题：

一、农垦农机化是我国农业机械化的国家队和排头兵

国家队和排头兵的作用主要表现在以下方面：一是农垦农业机械化水平比农村高。2007 年，我国农村耕种收综合机械化水平达 42.5%，其中机耕水平 58.9%，机播栽水平 34.4%，机收水平 28.6%；农垦耕种收综合机械化水平达 77.4%，其中机耕水平 91.3%，机播栽水平 75.4%，机收水平 60.9%。农垦耕种收综合机械化水平比农村高 34.9 个百分点。总体看，广大农村的农业机械化发展刚进入中级阶段，农垦农机化发展已进入高级阶段。二是农垦农机装备水平比农村高。不仅表现在单位耕地面积（或劳均）农机装备量农垦比农村高，更重要的是装备的质，结构、机具配套比、农机装备的科技含量、档次都比农村高。农垦农机装备的精准化、信息化水平比农村高得多，在国内居领先地位，有些装备已接近国际先进水平。三是农垦农机人员素质、农机基础设施建设、农机管理水平比农村高。建设了一支有文化、懂技术、善管理、会经营、作风硬、肯吃苦、能战斗的农机队伍。四是农业综合生产能力，农业劳动生产率及相应的人均纯收入，农垦系统也比农村高。2007 年，农垦系统人均收入 5 731 元，农村农民人均纯收入 4 140 元。农垦比农村高

本文为作者在全国农垦农机发展研讨会上的讲话摘要（2008 年 11 月 27 日　河南洛阳）。

1 591 元，约高 38.4%。

总之，农垦农场在现代农业建设中，对周边农村的示范带动作用日益显现（黑龙江农垦总局负责人调任黑龙江主管农业副省长，把农垦建设现代农业的经验带到广大农村，开展场县共建）。今年中央一号文件特别提出，要“支持农垦企业建设大型粮食和农产品生产基地，充分发挥其在现代农业建设中的示范带动作用”。说明农垦发展现代农业的示范带动作用得到了中央的充分肯定。

二、新时期对农垦农机化的使命提出了新要求

新中国建立以来，农垦农机化出色地为发展光荣而艰巨的农垦事业，为农垦完成屯垦戍边、保障农产品供给的伟大使命提供了物质技术支撑，功勋卓著。进入新时期，适应国内外形势的新变化和顺应党和国家的新期待，对农垦系统的使命又提出了新的更高的要求，这就是在我国进入全面建设小康社会、加快推进社会主义现代化的新的发展阶段，农垦系统要从新的历史起点出发，在肩负屯垦戍边、保障农产品供给重大使命的基础上，再肩负起时代赋予的率先实现农业现代化的崇高使命。

在我国加入 WTO 后，建设和完善社会主义市场经济，对外开放日益扩大，全面参与经济全球化，面临的国际竞争日趋激烈，机遇和挑战都前所未有的新的历史条件下，我国已进入加快改造传统农业，走中国特色农业现代化道路的关键时刻，我国农业不仅要保障粮食和食品安全，保障国内供给，还要积极参与国际竞争，对世界作出应有贡献。这就要求农垦农机化不仅要提高农业综合生产能力，农产品供给保障能力，还要为提高农业整体素质、可持续发展能力和国际竞争力作出新贡献。去年中央一号文件提出“开发农业多种功能，健全发展现代农业的产业体系” 的新要求，指出“农业不仅具有食品保障功能，而且具有原料供给、就业增收、生态保护、观光休闲、文化传承等功能，建设现代农业，必须注重开发农业的多种功能，向农业的广度和深度进军，促进农业结构不断优化升级”。十七届三中全会《决定》明确指出，“发展现代农业，必须按照高产、优质、高效、生态、安全的要求，加快转变农业发展方式，推进农业科技进步和创新，加强农业物质技术装备，健全农业产业体系，提高土地产出率、资源利用率、劳动生产率，增强农业抗风险能力、国际竞争能力、可持续发展能力。”农业机械化要适应新的要求，为开发多功能农业，为发展、健全现代农业产业体系提供物质技术支撑，要求比过去高多了。

三、新使命要求农垦农机化取得新突破，开创新局面，作出新贡献

1．新阶段谋划发展要四比

一是与自己过去比。从发展进程看到成绩、看到进步，坚定信心，继续前进；二是与农村比。

看到先进性和示范带动作用，增强责任感、使命感和领先意识；三是与中央要求比。看到与中央要求还有差距，清醒地认识到加快走中国特色农业现代化道路的紧迫性和艰巨性；四是与国际先进水平比。进一步认识到我国还处于社会主义初级阶段，农业生产力还不发达，与世界先进水平还有很大差距。缩小差距，实现振兴的任务十分光荣又很艰巨。我们必须抓住机遇，加倍努力，开拓奋进，加快现代化建设步伐。提高农业整体素质和国际竞争力。

2. 转变思路，创新驱动，开创发展新局面

新形势、新任务要求农垦农机化取得新突破，必须要有新的发展思路，力求在创新驱动中开创新局面。

实践无止境，创新无止境。首先在发展思路上要有新突破。例如，发展方式由开垦型向效益型转变，由增产型向增产增收型转变。不仅重视量的增长，更加注重质量和效益的提高和可持续发展；制度建设由计划经济型向社会主义市场经济型转变，由封闭半封闭型向全方位开放型转变，与周边农村的关系由相互独立型向相互结合型转变，由农场经济向发展区域经济转变。农机化要为实现以上转变提供物质技术支撑，必须在四个方面取得新突破：一是技术创新取得新突破。既引进消化应用国际先进技术装备，又加强自主创新能力建设，研制应用自主创新的农机新装备。在结构调整、产业升级的关键农机技术装备取得新突破，在节约型先进适用农机装备取得新突破，在环境保护型先进适用农机装备取得新突破；二是体制机制深化改革，制度建设取得新突破。如深化农场公司制、股份制改革，建立健全现代企业制度，发展多种形式的合作经济等；三是人才建设取得新突破。农场员工是推进城乡统筹社会主义新农村建设的生力军，是建设发展现代农业的产业大军，农垦系统应成为农机化人才的培育基地和摇篮，要在培育一批有文化、懂技术、会操作使用先进农业生产装备、会经营的新型农民方面取得新突破，为现代农业发展培育产业大军和提供人才保障；四是理论建设取得新突破。贯彻落实党的十七大精神，既要走出中国特色农垦农机化发展道路，又要形成中国特色农垦农机化发展理论，使实践上升到理论，理论指导实践，在理论建设上为开创农垦农机化发展新局面作出贡献！

农业机械化与农民收入翻番

（2008 年 11 月 29 日）

党的十七届三中全会《决定》关于在新形势下推进农村改革发展的目标任务中，提出到 2020 年，“农民人均纯收入比 2008 年翻一番”，成为举世关注的一大亮点。这也是《决定》提出到 2020 年农村改革发展 6 个方面的基本目标任务中，唯一有明确定量要求的目标任务。由此可以领会到中央对加快解决农民增收困难问题的决心更大了，要求更高了。联系农业机械化战线实际，认真学习贯彻党的十七届三中全会精神，要深入研究发展农业机械化与农民增收的关系，以及农机化如何为促进农民增收作出积极贡献。基本认识是：新形势下破解农民增收困难，必须加快改造传统农业，积极发展现代农业，大力推进农业机械化。

一、农民增收正由依赖人畜力向依赖农机转变

进入新世纪以来，尤其是 2004 年实施《农业机械化促进法》，把农机购置补贴列入强农惠农支持政策以来，农民增收正由依赖人畜力向依赖农机转变（见表 1）。

表 1　农民人均纯收入、农业从业人员、农机总动力变化情况

年份	农民人均纯收入/元	比上年增减/元	农林牧渔业从业人员/万人	比上年增减/万人	占全社会就业人员比重/%	比上年增减/%	农业机械总动力/万千瓦	比上年增减/万千瓦
1999	2 210	+48	32 912	−285	46.1	−0.1	48 864	+3 927
2000	2 253	+43	32 798	−114	45.5	−0.6	52 317	+3 453
2001	2 366	+113	32 451	−347	44.4	−1.1	55 042	+2 725
2002	2 476	+110	31 991	−460	43.4	−1.0	57 906	+2 864
2003	2 622	+146	31 260	−731	42.0	−1.4	60 447	+2 541
2004	2 936	+314	30 596	−664	40.7	−1.3	64 141	+3 694
2005	3 255	+319	29 976	−620	39.5	−1.2	68 549	+4 408
2006	3 587	+332	29 326	−650	38.4	−1.1	72 636	+4 087
2007	4 140	+553	28 730	−596	37.3	−1.1	76 879	+4 243

资料来源：中国统计年鉴、全国农业化机械化统计年报。

注：2006 年、2007 年农林牧渔业从业人员是推算数。

本文为作者在“农业机械化与中国农村改革高层次论坛”上的讲话（2008 年 11 月 29 日 北京）。刊于《中国农机化》2009 年第 1 期。

由表 1 看出，与农民人均纯收入逐年提高的数据相呼应的数据是，农林牧渔业从业人员及其占全社会就业人员的比重在逐年下降，而农机总动力在逐年上升。

表 2 列出了 2007 年农民人均纯收入排名前 5 省市与后 5 省，百户农村居民拥有役畜头数的数据。比较看出，农民人均收入高的省市役畜头数较少：农民人均纯收入低的省役畜头数较多。

表 2　农民人均纯收入与拥有役畜头数情况比较（2007 年）

地区	农民人均纯收入/元	全国排名	百户农村居民拥有役蓄头数/头
上海	10 145	1	0
北京	9 440	2	1.33
浙江	8 265	3	1.70
天津	7 010	4	6.17
江苏	6 561	5	2.03
青海	2 684	27	52.50
陕西	2 645	28	16.93
云南	2 634	29	62.42
贵州	2 374	30	68.71
甘肃	2 329	31	69.72

资料来源：中国统计年鉴。

以上两组数据，从全国历年发展情况和分省比较，用事实说明了我国农民增收正由依赖人畜力向依赖农机转变，我国农业发展和农民增收，进入了增机减人发展现代农业的新时期，农机已成为促进农民增收的关键要素。

二、农业机械化促进农民增收的作用从两方面充分体现

一是农业机械化改变了传统农业生产方式，增强了促进农民增收的能力。也就是说，增强现代农业基础，提高农民的科技素质和生产能力，才能富裕农民：二是农业机械化节约和解放出劳动力去从事二、三产业，开拓了促进农民增收的新渠道。也就是说，用机械化生产方式提高农业劳动生产率，减少农民数量，才能富裕农民。

农业机械化大大提高了节本增效能力，提高了资源利用转化率、土地产出率和劳动生产率，因而促进了农民增收。这是因为在农业生产中使用机器代替手工工具，用自然力来代替人力，以自觉运用现代物质技术装备和科学技术来代替传统经验生产，改变了农业生产方式，克服了人的体力、器官的限制和经验的局限，减少人畜力等传统生产要素投入，增加科技、机器等现代生产要素投入，必然大幅度提高农业综合生产能力和农业资源利用的“三率”，促进农业增效和农民增收，这是现代农业的发展方向。由此我们对 2007 年关于积极发展现代农业的中央一号文件精神可以有更深入的理解。文件指出，“发展现代农业是社会主义新农村建设的首要任务，是以科

学发展观统领农村工作的必然要求。”推进现代农业建设，“是促进农民增收的基本途径”。把“用现代物质条件装备农业”放在“六用”之首。2008 年中央一号文件再次强调“没有农业现代化就没有国家现代化”，要“加快推进农业机械化”。指出“推进农业机械化是转变农业生产方式的迫切需要”，要“加快推进粮食作物生产全程机械化，稳步发展经济作物和养殖业机械化”。党的十七届三中全会《决定》把走中国特色农业现代化道路作为新形势下深入贯彻落实科学发展观，推进农村改革发展的基本方向。

实践证明，农民人均纯收入高的省市，农业机械化水平和农业劳动生产率也较高，工资性收入占农民人均纯收入的比重较大，第一产业就业人员占全社会就业人员的比重较小，城镇居民收入与农民收入差距较小，统筹城乡发展较好，城乡一体化新格局正在逐步形成；农民人均纯收入低的省区，农业机械化水平和农业劳动生产率也较低，工资性收入占农民人均纯收入的比重较小，第一产业就业人员占全社会就业人员比重较大，城镇居民收入与农民收入差距较大，城乡二元结构造成的深层次矛盾也较为突出（见表 3）。

表 3　2007 年农民收入、农业机械化水平、农业劳动生产率比较

地区	农民人均纯收入/元	其中：家庭经营纯收入占/%	工资性收入占/%	耕种收综合机械化水平/%	第一产业就业人员占全社会从业人员的比重/%	一产劳动生产率/（元/人）	城乡收入比（以乡为 1）
上海	10 145	7.4	72.5	40.2	6.1	18 929	2.33
北京	9 440	24.4	59.4	43.4	5.9	15 507	2.33
浙江	8 265	42.1	48.5	31.7	19.2	14 222	2.49
天津	7 010	42.2	51.1	70.0	18.0	14 145	2.33
江苏	6 561	39.1	52.5	63.9	22.7	19 112	2.50
青海	2 684	55.1	29.5	40.2	44.4	6 803	3.83
陕西	2 645	50.9	39.2	36.1	48.5	6 354	4.07
云南	2 634	72.5	19.8	4.5	64.8	4 970	4.36
贵州	2 374	55.6	35.7	3.8	52.9	3 697	4.50
甘肃	2 329	61.3	30.8	25.2	54.4	5 159	4.30

资料来源：据中国统计年鉴、全国农业机械化统计年报资料整理。

三、农机人是发展现代农业的新生力量和带头人，也是农村居民收入较高的群体

据 2007 年统计资料，活跃在农村中的农机化作业服务人员约 4 360 万人，约占农业从业人员的 15%，已经形成一支发展现代农业的产业大军。农机人是农村中科技文化知识较高，能操作使用现代农业机器装备，会经营的新型农民。他们是立志于新农村建设的职业农民，年龄大多在 30～50 岁。他们在农村专业化分工中选择了干农机，他们的特点是对农机有兴趣，有专长，爱

农机，干农机。虽累一点，但很开心。他们是建设社会主义新农村、发展现代农业的生力军和带头人。最近到浙江台州调研，农机人解答了长期困扰我们的一个难题：今后谁来种地？靠“三八六一”部队？不，主要是靠农机人。台州民营经济、二、三产业发展快，抛荒地都由农机人干了，因此台州农机人出了一个全国劳动模范。农机户组成了农机合作社（他们叫全程机械化生产合作社），村里的地都出租给农机合作社种了。耕地有偿流转到合作社，实行规模经营。村长说，去工厂干活的挣了工资，地出租了还能收租金。农机合作社扩大了经营规模，提高了经营效益。我们调研的一个农机合作社，在人均5分耕地的地区，作业服务范围达2万多亩耕地，农机服务人员约20人，人均服务范围1 000亩地，取得了规模效益。村里也减少了分户种植的水电费。省了事还增了收，农机人的收入水平在村里居中上，在农业产业中居上游，高出一般农民收入20%～30%。这也是农机户富有生机活力的基本原因。可以预见，在农业机械化进入中级阶段以后，在国家强农惠农政策的大力支持下，随着粮食生产全程机械化的加快推进，经济作物和养殖业机械化的积极发展，农业生产中机械化生产方式从初级阶段的辅助地位向中级阶段的主导地位转变，农业机械化必然成为新时期保障粮食和食品安全，促进农民增加收入的重要物质技术支撑。

到2020年，农民人均纯收入比2008年翻一番，将达到1万元以上，人均GDP比2000年翻两番，将达到4 000美元以上，要求农业耕种收综合机械化水平提高到70%。也就是说，21世纪头20年，是全国人民取得全面建设小康社会新胜利的20年，也是农业机械化取得中级阶段新胜利的20年，是现代农业建设取得显著进展，农业综合生产能力明显提高，农民增收加快的20年。农业机械化要为夺取全面建设小康社会新胜利、为农民人均纯收入翻番作出更大贡献！

农机购置补贴促进了稳粮增收强基础

（2009 年 2 月 8 日）

2004 年以来，历年中央一号文件都把农机购置补贴纳入强农惠农政策的重要内容，补贴力度逐年加大，补贴范围日益拓宽，补贴成效十分显著，体现了党和政府的主张与人民意愿的统一，成为社会关注度和受益面很高的一项政策。符合国情，深得民心，作用巨大，意义深远。

一、农机购置补贴把推进粮食生产全程机械化作为重点，提高了农业综合生产能力，保障了国家粮食安全

20 世纪 90 年代末，我国粮食生产突破了 5 亿吨大关，人均粮食达到 400 公斤以上，丰年有余，给农业结构进行战略性调整带来了良机。但由于粮食生产比较效益较低，在结构调整中出现了对粮食生产重要性认识不足，忽视粮食生产的现象。21 世纪初，曾出现粮食面积、产量双下降，2003 年粮食面积、产量降至 1990 年以来最低点，人均粮食降到 333 公斤，敲响了粮食安全警钟。中央及时采取了保障国家粮食安全的战略举措。今年中央一号文件又特别强调必须切实增强危机意识，果断采取措施，坚决防止粮食生产滑坡。2004 年开始实施并逐年加强的农机购置补贴政策，就是重要战略举措之一。

农机购置补贴政策把推进粮食生产全程机械化作为补贴重点，提高了农业综合生产能力和粮食安全支撑保障能力。从全国看，2004—2008 年，农机购置补贴力度越来越大，中央财政的补贴金额从 0.7 亿元连年翻番至 40 亿元，地方财政补贴也从 3.4 亿元逐年增至 16.5 亿元，购机补贴大大激发了农民购机的积极性，同期农民购机投入也从 237.5 亿元逐年增至 341.16 亿元。现代农业装备增多，农业生产方式改变，农业综合生产能力提高，粮食产量连续 5 年增产，2008 年创 52 870 万吨历史最高纪录。全国人均粮食从 2003 年 333 公斤逐年提高到 400 公斤左右（见表 1）。实践证明，我国人均粮食保持在 370 公斤以上，则基础较安稳，达到 400 公斤以上，则日子更好过。库有粮，心不慌，基础强，百业旺。农机购置补贴推进农机化，为保障国家粮食安全作出了积极贡献。

从粮食主产区看，我们用 2007 年粮食面积 310 万公顷以上，粮食产量 1 800 万吨以上，即

本文曾以“农机购置补贴：稳粮增收强基础”为题，在《中国农机化导报》2009 年 3 月 2 日、3 月 9 日分（上）（下）两期连载。

占全国粮食总产量3.5%以上的13个粮食主产省（河南、山东、黑龙江、江苏、四川、安徽、河北、湖南、吉林、湖北、江西、辽宁、内蒙古）2003年与2007年的统计数据与全国数据进行增量比较，更可看出农机购置补贴对推进农业机械化和保障粮食安全的巨大效果。2007年比2003年，财政对13省农机购置投入增量占全国农机购置投入总增量的64%，直接效果是13省农机购置投入的增量占全国农机购置投入总增量的72%，大于64%，大大超过其他省份（粮食产销平衡区10省约占23%，粮食主销区8省约占5%），显出财政重点投入的带动效应：一是调动了农民增加农机购置投入、发展农机化的积极性；二是推动了社会对农机化投入。实施农机购置补贴政策后，13省农民购置农机投入增量占全国农民购置农机总投入增量的75.4%；在农机购置投入增量中，农民投入的增量约占总增量的80%。13省农机装备水平和农机作业水平提高幅度也明显超过其他省份：13省农机总动力和农业机械原值增量都占全国总增量的75%以上；大中型拖拉机增加88万台，约占全国总增量的82%；水稻机动插秧机增加9.2万台，约占全国总增量的95%；稻麦联合收获机增加21.69万台，约占全国总增量的90%；玉米联合收获机增加2.13万台，约占全国总增量的95%；机耕面积增加892万公顷，约占全国总增量的82.8%；机播面积增加1 056.6万公顷，约占全国总增量的87.6%；机收面积增加1 285.5万公顷，约占全国总增量的86.5%；耕种收综合机械化水平提高了近12个百分点，比全国平均增幅约高2个百分点。

表1　我国粮食生产情况

年份	粮食产量/万吨	比上年增减/万吨	粮食面积/10^3公顷	比上年增减/10^3公顷	人均粮食/公斤
1990	44 624.3	+3 869.4	113 466	+1 261	390.3
1991	43 529.3	−1 095.0	112 314	−1 152	375.8
1992	44 265.8	+736.5	110 560	−1 754	377.8
1993	45 648.8	+1 383.0	110 509	−51	385.2
1994	44 510.1	−1 138.7	109 544	−965	371.4
1995	46 661.8	+2 151.7	110 060	+516	385.3
1996	50 453.5	+3 791.7	112 548	+2 488	412.2
1997	49 417.1	−1 036.4	112 921	+373	399.7
1998	51 229.5	+1 812.4	113 787	+866	410.6
1999	50 838.6	−390.9	113 161	−626	404.2
2000	46 217.5	−4 621.1	108 463	−4 698	364.7
2001	45 263.7	−953.8	106 080	−2 383	354.7
2002	45 705.8	+442.1	103 891	−2 189	355.8
2003	43 069.5	−2 636.3	99 410	−4 481	333.3
2004	46 946.9	+3 877.4	101 606	+2 196	361.2
2005	48 402.2	+1 455.3	104 278	+2 672	370.2
2006	49 804.2	+1 402.0	104 958	+680	378.9
2007	50 160.3	+356.1	105 638	+680	379.6
2008	52 870.9	+2 689.7	106 793	+1 155	398.0

资料来源：根据中国统计年鉴和统计公报数据整理。

注：①2008年人均粮食为估测数；

②我国粮食产量1996年第一次突破5亿吨，至2008年已有5年达5亿吨以上，说明我国已具备生产5亿吨以上的粮食生产能力。

13 个粮食主产省农业机械化水平及增幅总体上居全国前列。大体上 4 年平均增幅全国为 2.25%，粮食主产区 3%，粮食主销区 2.3%，产销平衡区 1.1%，粮食主产区提高最快。2007 年，全国耕种收综合机械化水平高于 50%的省有 11 个，粮食主产区占 8 个。农机作业水平提高，农业生产方式由传统向现代转变，大大提高了粮食生产能力，使 13 个粮食主产省增产的粮食约占全国粮食总增量的 99%，13 省总计人均粮食达 487 公斤，比全国平均水平多 108 公斤，人均粮食比 2003 年增加约 96 公斤（见表 2）。以上数据说明，农机购置补贴首先以推进粮食生产全程机械化为重点，再逐步向其他领域扩展的举措是正确的，积极稳妥，富有成效，有力地保障了国家粮食安全，也为支撑国民经济平稳较快发展作出了重大贡献。

表 2　13 个粮食主产省与全国有关数据比较

项别	全国		2007 年比 2003 年增加	13 粮食主产省		2007 年比 2003 年增加	13 省增量占全国增量比率/%
	2003 年	2007 年		2003 年	2007 年		
财政农机购置投入/亿元	4.11	33.62	29.51	2.62	21.50	18.88	64.0
农业机械购置总投入/亿元	223.69	350.60	126.91	156.97	248.51	91.54	72.1
农民购置农机投入/亿元	215.09	311.71	96.62	152.02	224.85	72.83	75.4
农业机械总动力/万千瓦	60 446.62	76 878.65	16 432.03	43 263.37	55 727.15	12 463.78	75.9
农业机械原值/亿元	3 361.60	4 634.50	1 272.90	2 364.50	3 322.90	958.40	75.3
大中型拖拉机/万台	97.26	204.80	107.54	72.21	160.24	88.03	81.9
机动水稻插秧机/万台	5.95	15.63	9.68	5.82	15.02	9.20	95.0
稻麦联合收获机/万台	33.29	57.45	24.16	28.25	49.94	21.69	89.8
玉米联合收获机/万台	0.41	2.66	2.25	0.33	2.46	2.13	94.7
机耕面积/10^3 公顷	60 943.64	71 715.35	10 771.71	46 544.10	55 462.67	8 918.58	82.8
机耕水平/%	46.90	58.90	12.00	56.70	71.70	14.40	
机播面积/10^3 公顷	40 714.41	52 781.31	12 066.90	33 008.80	43 575.00	10 566.20	87.6
机播水平/%	26.70	34.40	7.70	32.00	41.10	9.10	
机收面积/10^3 公顷	27 360.94	42 223.61	14 862.67	23 111.77	35 966.33	12 854.56	86.5
机收水平/%	19.00	28.60	9.60	24.00	35.30	11.30	
耕种收综合机械化水平/%	32.50	42.50	10.00	39.50	51.40	11.90	
粮食面积/10^3 公顷	99 410.00	105 638.00	6 228.00	68 548.70	76 156.40	7 607.70	
粮食产量/万吨	43 069.50	50 160.30	7 090.80	30 578.70	37 640.20	7 061.50	99.6
人均粮食/公斤	333.30	379.60	46.30	391.50	487.40	95.90	

资料来源：根据中国统计年鉴，全国农业机械化统计年报资料整理。

注：13 省粮食面积增量大于全国粮食面积增量，是因为其他省市还有粮食面积减少情况。

二、农机购置补贴推进了农机化进程，增强了现代农业基础，提高了支撑国民经济快速发展的能力，促进了农民增收

2003 年前几年，我国耕种收综合机械化水平年提高幅度在 0.15 个百分点左右徘徊，2004 年实施农机购置补贴政策后，连续 5 年增幅都在 1.6 个百分点以上，近 3 年连续高达 3 个多百分点，

发展现代农业、改造传统农业的进程明显加快了。2007 年我国农业机械化发展水平总体上进入了中级阶段，2008 年全国耕种收综合机械化水平已超过 45%，提前两年实现了“十一五”全国农机化发展规划目标。在小麦生产基本实现全程机械化的基础上，水稻机收水平已超过 50%，水稻机插秧、玉米机收、油菜机收、各地优势农产品特色农机化，都呈现出快速发展态势，取得了突破性进展。将先进适用、技术成熟、安全可靠、节能环保、服务到位的农机具纳入补贴目录，补贴范围覆盖全国所有农牧业县（场），带动了先进农机普及应用和农机工业发展。目前，农机工业增长势头强劲，农机市场产销两旺，农机流通红红火火，农机作业向广度和深度发展，现代农业基础加强，农业从业人员素质提高，一支拥有 4 300 多万人的现代农业产业大军正在发展壮大，土地生产率、农业资源利用率、农业劳动生产率明显提高，从农业节约出的人、地、水资源支持了工业化、城镇化发展。2004—2007 年，我国第一产业从业人员减少了 5 100 多万人，年均减少 1 200 多万人；第一产业增加值增加了 1 万多亿元，年均增加 2 811 亿元；粮食产量增加 7 090 多万吨，年均增加 1 773 万吨。第一产业劳动生产率 2007 年达 9 315 元，比 2000 年翻了一番多，提前 3 年达到“十一五”全国农业机械化发展规划目标，农业对国民经济快速发展的支撑能力明显增强了，也促进了农民增收。2001—2003 年，农民人均纯收入年增幅只有 110～146 元，2004 年后年增幅提高到 300 多元、550 多元，2008 年比上年增加 621 元，农民人均纯收入提高与耕种收综合机械化水平的提高呈正相关（见表 3）。

表 3　我国农民人均纯收入、耕种收综合机械化水平变化情况

年份	农民人均纯收入/元	比上年增减/元	耕种收综合机械化水平/%	比上年增减/%
2000	2 253	+43	32.30	
2001	2 366	+113	32.18	−0.12
2002	2 476	+110	32.33	+0.15
2003	2 622	+146	32.47	+0.14
2004	2 936	+314	34.32	+1.85
2005	3 255	+319	35.93	+1.61
2006	3 587	+332	39.29	+3.36
2007	4 140	+553	42.47	+3.18
2008	4 761	+621	45.85	+3.38

资料来源：中国统计年鉴及统计公报、全国农业机械化统计年报。

从统计信息可知：粮食主产区农业机械化水平相对较高，农民人均纯收入总体上居中等水平。农业机械化水平较高是由于有效益驱动和政策推动两大动力，这也是推动农民增收的双引擎。粮食主产省农民收入能保持中等收入水平，这是稳粮保安全的基本经济支撑和能以保持平稳较快发展的重要原因。如果我们把 2007 年农民人均纯收入 5 000 元以上的省市划为较高收入水平（全国有 7 个省市），3 500～5 000 元划为中等收入水平（有 15 个省），3 500 元以下划为较低收入水平（9 个省全在西部地区），则 13 个粮食主产省中有 1 个（江苏）属于较高收入水平，其余 12 个省都属于中等收入水平（见表 4）。农民收入较高的 7 个省市，农民收入构成中大多以工资性收入为主，尤其上海高达 72.5%，其次才是家庭经营收入。粮食主产省除江苏农民工资性收入大于家庭经营收入外，其余 12 省农民人均纯收入都是以家庭经营收入为主，一般占总收入的 50%以上，高的达 70%，工资性收入一般在 40%以下，低的只有 17%，如吉林、内蒙古、黑龙江。由此可以说明两个问题：一是在我国国情及政策扶持下，粮食主产区农民以家庭经营收入为主，基本能保持中等收入水平，近年来农民收入增幅较大，13 省中有 8 个省农民纯收入增值大于全国平均水平，农机户的收入比一般农户又约高两成；粮食主产省的城乡收入差距都低于全国平均水平，已有 4 省出现城乡收入差距缩小趋势。这些都是粮食生产能稳定发展，粮食安全能得到保障的重要原因。二是由于粮食主产区农民收入以家庭经营收入为主，农民收入水平及增长态势基本能反映出我国农民收入水平及增长的总体态势，所以抓好了粮食主产区农业生产的稳定发展和农民收入持续增长，就抓住了全国农业生产稳定发展，保证国家粮食安全、主要农产品有效供给和农民收入持续较快增长的龙头和命脉。

表 4　我国农民人均纯收入地区划分（2007 年）

序号	I 类地区（较高收入水平）	农民人均纯收入/元	序号	II 类地区（中等收入水平）	农民人均纯收入/元	序号	III 类地区（较低收入水平）	农民人均纯收入/元
1	上海	10 145	8	. 山东	4 985	23	广西	3 224
2	北京	9 440	9	. 辽宁	4 773	24	新疆	3 183
3	浙江	8 265	10	. 河北	4 293	25	宁夏	3 181
4	天津	7 010	11	. 吉林	4 191	26	西藏	2 788
5	. 江苏	6 561	12	. 黑龙江	4 132	27	青海	2 684
6	广东	5 624	13	. 江西	4 045	28	陕西	2 645
7	福建	5 467	14	. 湖北	3 997	29	云南	2 634
			15	. 内蒙古	3 953	30	贵州	2 374
			16	. 湖南	3 904	31	甘肃	2 329
			17	. 河南	3 852			
			18	海南	3 791			
			19	山西	3 666			
			20	. 安徽	3 556			
			21	. 四川	3 547			
			22	重庆	3 509			

资料来源：根据中国统计年鉴资料整理。

注：“.”为粮食主产省。

必须认识由于还存在农业生产方式落后，农民经营规模小，粮食生产比较效益较低，自然、市场风险较大和当前农民工就业形势严峻等实际问题，粮区农民收入总体上还处于中等偏下水平，13 省中只有 5 个省农民人均纯收入高于全国平均水平，还有 8 个省低于全国平均水平。加快推进农业机械化，转变农业增长方式，妥善应对国际金融危机对我国农业和农村发展的负面影响和冲击，努力促进农民收入持续较快增长，是我们必须解决好的重大课题，农业机械化任务艰巨，大有可为。

三、加大投入更要用好投入，新高度有新期待，也是新考验

今年中央财政投入农机具购置补贴资金达100亿元*，增幅为去年的2.5倍，创历史新高。这样大幅度增长农机具购置补贴资金，是把扩大内需保增长促发展，稳粮、增收、强基础、重民生的大政方针落到实处的果断举措，深受拥护和欢迎。在高兴的同时，必须增强责任感和忧患意识，投入空前加大了，意味着农机战线肩负的使命和责任更大了，面临着更为艰巨的新考验。

在新形势下，用好补贴资金要不辜负党和国家的重托，人民的期待，要成功办好大事，妥善应对难事，把好事办好，提高投入效果，为加快推进农业机械化上好新台阶，保障国家粮食安全和主要农产品有效供给，促进农民增收做出更大贡献。为此，要抓好三个结合：

一是把加大农机购置补贴与扩大内需，加快推进农业机械化结合起来，开创农机化发展新局面。既要扩大补贴范围和覆盖面，又要因地制宜，中央财政与地方财政结合、互补，办一些过去由于资金不足想办、该办而未能办的事情，特别要着眼于解决好农民最关心、农业生产需求最迫切、最现实的农机化关键问题，集中力量办一些大事，使强农惠农、积极发展现代农业的好政策落到实处，见到实效。在新形势下，要认真贯彻落实科学发展观，用统筹兼顾的根本方法，既抓好推进粮食生产全程机械化，为发展粮食生产提供强有力的农机化物质技术支撑，确保粮食生产机械化上好新台阶，又积极为推进农业结构战略性调整，实施新一轮优势农产品区域布局规划，支持各地优势农产品生产提供农机化支持；既加快推进平原地区农业机械化，又积极发展适合丘陵山区的农机化；既加快推进大田作业机械化，又积极发展园艺设施农业机械化；既实施农机具购置补贴，又开展重点环节农机作业补贴试点；努力拓展农机化新领域，抓好新增长点。在增加农机装备，拓展作业领域的同时，还要着力抓好人员培训，培育一支有技能、会经营、积极发展现代农业的产业大军，培育一大批发展先进生产力、勤劳致富的新型农民。增机、育人，开创稳粮、促优、发展有各地特色农业机械化的新局面。

二是把加大农机购置补贴与发展振兴农机工业和农机流通结合起来，强化现代农业物质支撑和服务体系。要努力解决好适应结构调整、产业升级要求的先进适用农机具有效供给的问题。农机工业必须坚持自主创新，以技术改造，淘汰落后，品牌建设为重点，化压力为动力，推进结构调整和产业升级。通过农机补贴目录准入规则导向把关，把先进适用、质量可靠、价格合理、服务到位的农机产品供给用户，做好农机流通和售后服务，使农机在使用中能充分发挥其功能，使农民得到实实在在的好处，实现农民、企业、政府都满意。

---

*2009年3月，在全国人大会议上温家宝总理在政府工作报告中说，中央财政今年安排农机具购置补贴资金增至130亿元。

三是把政府引导性投入与市场机制结合起来，使财政投入发挥“四两拨千斤”的作用。财政加大农机购置补贴力度，引导作用传导到市场主体，有利于增强市场信心，调动各方面的积极性，把对农机化的潜在需求转变为积极行动的现实需求，有利于扩大内需保增长促发展。政府加大投入，既调动了农民投入发展农机化的积极性，又减轻了农民投入负担，促进了农民通过发展现代农业增加收入。农机市场需求增大，购买能力增强，又推动了农机工业和农机流通业发展。所以，政府引导性投入与市场机制结合起来，财政资金的引导作用传导到市场主体，可起到“四两拨千斤”的作用，政策力与市场力的有效结合，可用大手笔加快推进农业机械化发展，使投入型增长转变为结构型、效益型增长。正如温家宝总理在剑桥大学的演讲中说：“既要发挥市场这只看不见的手的作用，又要发挥政府和社会监管这只看得见的手的作用。两手都要硬，两手同时发挥作用，才能实现按照市场规律配置资源，也才能使资源配置合理、协调、公平、可持续。”财政引导性投入的成效是对政府宏观调控能力、执政能力的一种检验，要做到政策性定位，市场化运作，专业化管理。既要掌握好投入方向、投入重点及根据发展情况投入重点的适时转移，又要把握好投入的力度，使政府投入恰到好处。避免出现投入不足带动作用弱或投入过度反而出现负效应等问题，目前有的地方反映补贴不够用，有的地方反映补贴用不了，就是值得重视的情况。在补贴资金分配时，“钢要用在刀刃上”。按照政府补贴要公开、透明、公正、简便的要求，在实践中进一步健全完善农机购置补贴办法，增强补贴办法的规范性、可操作性和方便性，完备运行机制，使中央 100 亿元的投入能带动农民和社会几百亿元的投入，使农民受益，企业得利，农机化实现又好又快发展。中央一号文件指出，2009 年可能是我国经济发展和农村发展最为困难、极为艰巨的一年，做好农业农村工作具有特殊重要的意义。农机战线要共同努力，坚定信心，战胜各种困难和挑战，向党和人民交一份满意的答卷，以优异的成绩迎接新中国成立 60 周年！

创造无愧于历史的新业绩 迎接新中国成立60周年

（2009年3月25日）

2009年，农机行业要抓住机遇，迎难而上，创造无愧于历史的新业绩，迎接新中国成立60周年！

今年，中央按照宏观调控要快、重、准、实的要求，增强调控的预见性、针对性和有效性，果断地大幅度增加农机具购置补贴投入，中央财政安排130亿元资金，比上年增加90亿元，这在历史上是前所未有的。中央把加大农机购置补贴，作为扩大内需保增长，调整结构上水平，改善民生促和谐的重要措施之一，表明了中央加快推进农业机械化、积极发展现代农业的决心和厚望。农机行业的责任，就是绝不辜负中央的重托和人民的期望，把补贴资金用好，使财政投入效果最大化。

补贴对农机市场的影响，出现了几种说法。一是补贴对农机市场利好，是前所未有的机遇，也是前所未有的挑战和严峻的考验。我们一定要抓住机遇，面对挑战，用好用活补贴，取得企业增加销售、获得利润，农民得到实惠、增加收入，农机化实现又好又快发展，政府民众都满意的实际效果。农机购置补贴是强农惠农、利国利民的大好事、大实事，我们一定要把好事办好；还有一种说法是补贴是拉动农机市场需求的"强心剂"，会形成"寅吃卯粮"、集中购买的强大动力，使未来的需求提前释放，会出现市场"浮躁"、"井喷"现象；再一种说法是农机市场对补贴的依赖性很大，已形成"补贴市场"。已出现一些不符合市场规律、不符合市场规则的现象，农机市场过度依赖补贴，行政化现象严重，有些农机主管部门在执行购机补贴政策过程中出现违规或乱收费现象，甚至腐败。

我们冷静分析市场，积极面对市场，我比较赞同第一种意见。农机补贴是好事，我们要把好事办好。这里引用温家宝总理在剑桥大学的演讲"用发展的眼光看中国"中的一段话，"真正的市场化改革，绝不会把市场机制与国家宏观调控对立起来。既要发挥市场这只看不见的手的作用，又要发挥政府和社会监督这只看得见的手的作用。两手都要硬，两手同时发挥作用，才能实现按照市场规律配置资源，也才能使资源配置合理、协调、公平、可持续。"温总理在今年政府工作报告中强调要用好用活补贴资金，他语重心长地说，"我们的每一分钱都来自人民，必须对人民

本文为作者在2009年农机政策与市场报告会上的讲话（2009年3月25日 山东潍坊）。刊于《中国农机化导报》2009年4月6日7版。

负责。”农业部、财政部高度重视农机购置补贴政策实施，联合印发了实施方案，最近农业部又下发《关于进一步加快实施农机购置补贴政策的紧急通知》，宗锦耀司长发出了“致各省区市农机局主要负责人的公开信”。刚才刘宪副司长在会上代表农机化司发表了讲话，作出了承诺。这一切，都说明政府在加大补贴、实施补贴两手抓，两手都很硬。出现“补贴市场”及一些不正常现象是发展中的问题，要在发展中解决。这些现象和问题是随农机购置补贴力度日益加大而发生，也要随补贴政策和办法日益健全和完善而解决。回顾一下 2004 年开始实施农机购置补贴政策以来农机购置投入构成的变化，可以帮助我们认识一些问题。2004 年，我国农机购置总投入 249.2 亿元，其中中央财政投入才 7 800 万元，占 0.31%，地方财政投入 5.59 亿元，占 2.24%，农民投入 237.5 亿元，占 95.3%。可见当时财政投入尤其是中央财政投入的比重很小，这只看得见的手的作用已开始发挥，但不那么大。到 2007 年，全国农机购置总投入已达 350.6 亿元，比 2004 年多 101.4 亿元，其中中央财政投入 20.17 亿元，占 5.75%，地方财政投入 13.45 亿元，占 3.84%，农民投入 311.7 亿元，占 88.9%。可以看出几个问题：一是实施农机购置补贴政策以来，全社会对农机购置总投入大大增加了，政策推进农机化的带动作用和实施效果很明显；二是中央财政投入持续大幅度增加，而且发生了财政投入由地方大于中央到中央大于地方的重要变化；三是农民仍是投入主体，农民购置农机的积极性还在提高，农民购置农机的投入由 2004 年的 237.5 亿元增加到2007年的311.7亿元。但农民投入在总投入中所占的比重在逐年下降，由95.3%降到88.9%，即发生了农民投入占总投入的比重小于 90%的转折；四是每年投入增量的变化。2004 年，中央投入增量只占总投入增量的 0.24%，地方投入增量占总增量的 8.62%，农民投入增量占总增量的 88%；2007 年农机购置投入增量构成变为中央占 43.7%，地方占 8%，农民占 52.3%。也就是说，在投入增量构成中，地方变化不大，中央增量比重大幅上升，农民投入增量比重明显下降。这个趋势 2008、2009 年更明显。总体来说，各种投入都在促进农机化发展，但近年来政策投入的作用、看得见的手在市场中的作用，尤其是中央投入的作用日益增大。政府投入加大，就必然跟上一系列保障财政投入能实现政府战略意图的规章、制度、办法等政策实施的行政手段，市场行政化的迹象就出现了。因为有补贴，农民对政府有期待，农民购置农机的时机选择就要与政府的补贴措施相适应，政府投入资金到位的时间也有程序和过程，这些都影响到农机市场运行。政府投入越大，影响就越大。就出现了农机市场形成“补贴市场”的说法。实际上是两只手都在农机市场中发挥作用，作用大小在发生变化。投入构成的变化，反映了两只手作用大小的变化。在农机市场运行中，市场化的作用与行政化的作用一直在博弈、在磨合、在协调。出现一些市场秩序不规范、市场监管和执法不到位、乱收费及社会诚信体系不健全等不符合市场规律、规则的情况并不奇怪，要在坚持发展社会主义市场经济大方向的市场化改革实践中加以整治、规范。刚才刘宪副司长在会上讲的“八个不得”，承诺要采取公开透明，阳光操作，便民便企，社会监督等措施，就是针对性很强的规范市场秩序，加强市场监管和执法的一些举措。大家反映今年农机购置补贴到位时间就比往年早，在实践中有改进。改革的方向是使两只手的作用在市场化改革中形成合力而不是对立，要取得按照市场规律有效配置资源的效果，这是必须坚持的基本点。政府正确把握宏观调控的方向、重点、力度和节奏，正确履行政府职能，才能使市场机制与国家宏观调控都能很好地发挥作用。坚持市场化改革方向，才能真正实现按照市场规律配置资源，使所谓的“补贴市场”，回归到真正市场化的、健全的、充满生机活力的农机市场。所以，不能把农机补贴当做“强心剂”。这个好政策是强农惠农、扩大内需、拉动市场、利国利民、加快推进农机化的“助推器”和“健身方”。政策支持力度越大，社会影响越大，农机人的责任也越大。有一句话供农机行业同仁共勉：我们一定要用好补贴做贡献，共享补贴成果。切莫乱用补贴栽跟头。今年中央补贴 130 亿元用好用活了，带动作用和实际效果显现了，就说明我们经受住了重大考验，有这个需要也有这个能力在扩内需、调结构、上水平、促增收中作出农机人的重要贡献。今年做好了，明年的日子就好过，不会折腾。

企业要在国内国际两个市场中把握好自己的定位和努力方向。目前国内农机市场供需的主要矛盾还是需求旺盛与有效供给不足的问题。生产技术性能较成熟、适销对路农机产品的企业，特别要注意把好质量关。越在市场需求旺盛，订货量大，职工加班加点都“忙不过来”的时候，越要注意保证产品质量，讲求质量第一和企业诚信、社会责任。要牢记温总理在视察常发集团时的教诲，“农民买一件农业机械不容易，一定要保证质量。”要用优质产品来保障有效供给，并做好售后服务。不要在好形势下忽视产品质量和服务，自己砸自己的牌子。对自主创新能力较强的骨干企业，领军企业，既要为扩大内需作贡献，又要为开拓国际市场作贡献。调结构，上水平，产品优化升级，努力实现温总理对农机企业的殷切期望，“你们应该有大的志向，中国应该生产出世界上最好的农业机械”。

在分析市场时，要注意市场是由需求和供给两方面组成的。市场需求和供给都有内在的客观规律，每年的增长是有限度的。市场需求还表现出刚性和弹性的区别。农民购买农机是有选择、有理性的，农民购买农机的投资能力也是有限度的。国家由于战略需要，又有财政实力，以前欠账较多，在需要应对国际金融危机冲击，发挥社会主义能集中力量办大事的优越性时，可以成倍翻番地加大农机投入，增加有效需求，加强薄弱环节，中国农村的容量是很大的。随着政府对农机的投入增加，农民对农机的投入也会适度加大，但增加的倍数就没有中央财政投入那么多，这就是农机投入增量构成中央财政明显加大，农民投入增量比重下降的原因。农民购买农机时，一般来说，技术性能较成熟，已得到农民认可欢迎，进入了农机补贴通用类目录的农机产品，在补贴资金支持下，市场需求的刚性较强。而技术性能还不那么成熟，农民接受程度还处于观望态度的农机产品，市场需求的弹性就比较大。企业要认真了解农民的需求，不断开发出先进适用、价格合理、质量可靠、农民需要的农机产品，市场就会越来越繁荣兴旺。

继续健全完善农机化促进政策，推进政策体系建设。我国已进入工业反哺农业、城市支持农村的发展阶段。2008 年，我国人均 GDP 已超过 3 000 美元，达 3 414 美元；财政收入已超过 6 万亿元，达 61 316.9 亿元；人均财政收入已达 4 600 多元。中央很重视健全和完善农业支持保护制度，强化对农业发展，特别是现代农业发展的制度保障，建立和健全强农惠农的长效支持机制。2008年的中央一号文件已提出“加快农业投入立法”，由政策支持上升到立法支持，法制保障。近年来，已出台一些促进农业机械化发展的支持政策，农机具购置补贴力度加大，并在实施中逐渐完善；含农机在内的装备制造业振兴支持政策在逐步出台，如增值税转型，提高出口退税率，《技术进步和技术改造项目产品》关键性技术研发支持政策，企业技术改造支持政策，中小企业支持政策以及金融支持政策等。但政策还不完善，不配套，还未形成政策体系。制度设计还需在实践检验中进一步改进和完善。我们要大声呼吁为农机生产、流通、使用等三方面的发展振兴创造良好的政策环境，做到“三促进”。政策有一个酝酿、制定、出台的形成和完善过程，目前对加快发展现代农机流通业的政策支持相当薄弱，业界发出了怕被边缘化的呼声，急需重视支持。我们要积极行动起来，通过大声呼吁、开展研究、提出建议等多种方式，力促农机生产、流通、使用三促进政策体系和实施规范逐渐建立和完善起来，大家要共同努力。

2009年对农机战线是考验严峻的关键年。农机制造、流通、使用要八仙过海，各显神通，齐心协力，以优异成绩迎接新中国成立60周年！要制造出最好的农机产品供给市场；用最好的服务为“三农”服务，讲求诚信，开拓市场，激活市场，扩展市场；农机作业领域、作业规模都要上新的台阶，达到新的高度，开创新的局面！经过深入研究，我预期今年全国耕种收综合机械化水平将接近或跨越50%的门槛，预示着我国农业生产方式将发生机械化生产方式的比重首次大于传统生产方式比重的根本性转变，此趋势已不可逆转。实现这个历史性的跨越，将是我国农业机械化发展史上具有重大意义的标志性成就！将是农机战线献给新中国成立60周年的一份厚礼！让我们共同努力，奋力拼搏，勤奋创业，诚信做事，创造出无愧于历史的新业绩，把伟大的农业现代化、机械化事业又好又快地向前推进！

关于推进丘陵山区农业机械化的一些思考

（2009 年 6 月 15 日）

2008 年、2009 年连续两个中央一号文件都在“加快推进农业机械化”的条文中，突出把研发、推广适合丘陵山区的先进适用的农业机械列为重要内容。这表明在农业机械化发展的新阶段，推进丘陵山区农业机械化已上升到重要位置，中央的重视已达到前所未有的高度。农机化分会和农机界主流单位共同举办这次“丘陵山区农业机械化发展论坛”，就是要认真学习领会中央精神，顺应形势发展的需要，对为什么在新时期要加快推进丘陵山区农业机械化和怎样推进丘陵山区农业机械化发展等重大问题进行交流研讨，以利于提高认识和积极行动，推进我国丘陵山区农业机械化又好又快地科学发展。全国农机化发展论坛专题讨论丘陵山区农业机械化发展问题，这是第一次。今后还会有第二次，第三次，更多次。祝会议成功！

借此机会，我想对推进丘陵山区农业机械化发展问题，谈一些认识和思考，抛砖引玉，探讨交流，共促发展。

一、新时期推进丘陵山区农业机械化的重要意义

对新时期可以从三个层面来加深认识：一是指 21 世纪头 20 年，是加快推进我国社会主义现代化伟业的重要战略机遇期。机遇前所未有，挑战也前所未有，必须抓紧用好，锐意进取，战胜困难，完成时代赋予的崇高使命。二是指我国总体上已实行“三个进入”的重要时期。1. 我国总体上已进入以工促农、以城带乡的发展阶段，初步具备了加大力度扶持“三农”的能力和条件，出台的强农惠农政策已取得明显成效，力度不断加大，强化农业基础的长效机制正在加快构建，农业支持保护体系正在不断完善。2. 我国已进入加快改造传统农业，走中国特色农业现代化道路的关键时刻，发展现代农业已列为社会主义新农村建设的首要任务，成为用科学发展观统领农村工作的必然要求。3. 我国已进入着力破除城乡二元结构，形成城乡经济社会发展一体化新格局的重要时期。统筹城乡经济社会发展，统筹工业化、城镇化、农业现代化建设，构建新型工农、城乡关系，已经作为加快推进现代化的重大战略。三是指我国农业机械化发展总体上已进入中级

本文为作者在“丘陵山区农业机械化发展论坛”上的主题报告（2009 年 6 月 20 日 四川成都）。刊于《中国农机化导报》2009 年 6 月 15 日 8 版，收入《丘陵山区农业机械化发展论坛文集 2009 论坛》。

阶段。农业机械化已经站在新的历史起点上向更大规模、更广领域、更高水平发展，在作业领域和地域空间上，正向广度和深度进军。实践越来越清晰地向我们展示出发展前景，中国可望在21世纪20年代基本实现农业机械化，成为21世纪世界农业机械化发展的新亮点。这20年是我国农业机械化的黄金发展期，农机人大有可为，前辈人提出的理想目标，将由当代人实现，任务既艰巨又光荣。我们必须肩负重任，创造出无愧于历史，无愧于时代的新业绩，又好又快地完成农业机械化中级阶段的历史使命，并继续向高级阶段推进，与时俱进地从胜利走向新的胜利。

在新时期，为什么把推进丘陵山区农业机械化提升到重要位置呢？这是发展的必然要求和必解难题。其重要意义可以从重要性和艰巨性两方面来认识。从重要性分析推进丘陵山区农业机械化，是新时期完成农业机械化发展中级阶段历史使命的必然要求。在我国960万平方公里国土资源总土地面积中，山地约占33.3%，丘陵接近10%，平原约占12%，盆地接近19%，高原约占26%。目前我国农业机械化的发展状况是：平原地区处于领先地位，水平较高，发展较快，多数已经进入了中级阶段并在加快发展，有的已进入高级阶段向更高水平发展；而丘陵山区农业机械化发展明显落后，水平较低，发展较慢，多数仍处于初级阶段，与平原地区差距扩大，区域发展不平衡问题日益突出。也就是说，在占国土面积31%的平原、盆地地区农业机械化发展已进入中级阶段，有的正向高级阶段发展的基础上，如果占国土面积43%以上的丘陵山区农业机械化还未得到大力推进，未取得重大进展，则我国基本实现农业机械化的历史使命就会推迟完成。所以，全国总体上进入农业机械化发展中级阶段以后，比以往任何时候都更迫切需要、都更有条件支持农业机械化由平原地区向丘陵山区推进，当前已是我国加快推进丘陵山区农业机械化迈出重大步伐的关键时刻，这是发展的必然要求，也是有国际经验可借鉴的客观规律，也符合先易后难、适时推进的发展原则。

从艰巨性分析，是完成农业机械化发展中级阶段历史使命的必解难题。推进丘陵山区农业机械化的难度比平原地区大，这是由丘陵山区的自然、经济条件决定的。一般来说，丘陵山区有如下共同特点：（1）山区土地面积大，但耕地较少（表 1），地块小而分散，地面高差大，机具田间作业及转移都比平原困难；（2）山间道路窄小且崎岖不平，交通运输比平原困难；（3）水土流失严重，急需进行综合治理，处理好经济增长与资源环境的关系，加强基础设施建设。但经济条件较差，资金非常困难；（4）农业资源较丰富，开发潜力大（木本粮油、干鲜果品、茶叶、药材、山珍特产及宜牧草场等）。但先进适用的农机产品短缺，有效供给困难；（5）经济发展水平和农民收入都比平原地区低。总之，中央对我国“三农”问题的艰巨性和迫切性做出的最精辟概括是“三个仍然、三个最”。对丘陵山区而言，建议再加“三个更”。即，农业基础仍然薄弱，最需要加强，丘陵山区更需要加强；农村发展仍然滞后，最需要扶持，丘陵山区更需要扶持；农民增收仍然困难，最需要加快，丘陵山区更需要加快。推进丘陵山区农业机械化比平原地区难度更大、更为艰巨。但在新时期，又是我国农业机械化发展潜力很大的新兴地区，是有多种潜在需求，扩大内需大有可为的新增长点。可以说，新时期推进农业机械化的难点在丘陵山区，潜力也在丘陵山区，着力推进丘陵山区农机化，就抓住了新时期农机化发展的新增长点。所以，大力推进丘陵山区农业机械化，是我国农业机械化中级阶段的必解难题。

表 1　我国主要山地丘陵区耕地占总土地面积比重

分区名	耕地占总土地面积比重/%
长白山千山林农区	10.8
冀晋豫山地丘陵区	18.0
山东低山丘陵区	37.7
鄂豫皖丘陵山区	24.7
湘赣浙低山丘陵区	14.8
五岭武夷山区	8.7
华南沿海丘陵区	17.2
川云贵丘陵盆地区	18.5
西南林特产区	9.1
滇南热作区	6.9
黄土高原中部丘陵沟壑区	19.0

资料来源：中国农业机械化区划，1985 年版。

二、推进丘陵山区农业机械化的几点思考

推进丘陵山区农业机械化的办法很多，仁者见仁，智者见智，方方面面可以有很多不同的举措。我对丘陵山区农业机械化发展的战略选择问题、技术路线问题、队伍建设问题有一些思考，借此机会与大家交流，仅供参考。

1. 丘陵山区农业机械化发展宜选择“合、通、特”战略

发展战略选择是指对发展带全局性、根本性的谋划。因此，战略选择要善于审时度势，具有很强的时空性，随时间和空间不同而作出不同的选择。就丘陵山区的共性而言，适宜选择“合、通、特”发展战略。

合，指农业机械化发展的动力机制要形成内力奋进与外力助推的合力推进态势。丘陵山区发展没有自身的努力奋进不行，内因是发展变化的根据，要有愚公移山，奋发图强，改变山区落后面貌，不达目的誓不罢休的革命奋进精神，充分调动广大干部群众发展农业机械化的积极性、主动性，努力开创发展农业机械化的新局面。与此同时，由于种种困难制约，山区发展没有外力帮助支持也不行，特别是需要国家扶持。外力帮助是山区发展变化不可缺少的条件，外因通过内因而起作用。因此，在新时期，国家促进农业机械化的政策应适当向丘陵山区倾斜。好比人拉着一辆沉重的车很吃力地在爬坡，这时有人帮助推一把就上去了。内力外力形成合力推进，良性互动的强大发展动力，有利于推进丘陵山区农业机械化加快发展，逐步缩小与平原地区的差距，这是

被国内外实践所证明的成功经验。

通，指农业机械化发展要着力解决丘陵山区交通运输困难这个制约经济发展的关键问题，也就是要着力解决好关系农民切身利益的，农民最关心、最直接、最期盼、最现实的重大问题。山区发展要交通运输先行，要做到人通、物通、信息通。通则活，活则兴，兴则富。生意兴隆通四海，才能财源茂盛达三江。农机化发展牵住了“通”这个牛鼻子，就抓住了促进丘陵山区发展和农民增收的关键。解决好丘陵山区的交通问题，既是保障山区发展由封闭走向开放的物质技术基础，又是促进农民增收的必要条件；既是解决山区发展突出矛盾的迫切需要，又是增强山区发展活力和后劲的战略选择。在这方面，农机化大有可为，交通运输先行必须作为农机化发展的重大举措优先抓好。

特，指丘陵山区在市场竞争中发展要以特取胜。丘陵山区农业资源丰富，有优势的农产品各具特色，农业机械化要为山区农产品发挥特色优势，发展效益农业提供物质技术支撑。用现代物质条件装备农业，提高农业素质、效益和竞争力，发展有特色的农业机械化。在“特”字上做好文章，是贯彻“因地制宜、经济有效”原则，充分发挥自身优势，在市场竞争中由小变大，由弱变强，走出山区，走向世界的行之有效的发展策略。对丘陵山区，可通过规划引导，政策扶持，示范带动等办法，支持培育一批特色明显，竞争力强，“一村一品”的特色专业村或特色专业乡镇，农机化是大有用武之地的。所以，丘陵山区农机化发展有别于平原地区，要走出有自身特色的农业机械化发展道路。

2. 丘陵山区农机化技术路线选择要做到两个结合

一是机械化与产业化结合；二是轻便、安全与节约、环保结合。机械化与产业化结合，指机械化要支撑产业化，产业化要带动机械化，二者相辅相成，互促发展。农机化的发展眼光要跳出就农机化谈农机化的局限，要站在更高层次用产业化的眼光来开阔视野，抓住机会，谋求农机化的更大发展。以资源优势为基础，以市场需求为导向，按从生产到投放市场提高农产品竞争力的产业化要求，构建现代农业产业体系，抓好产前、产中、产后关键环节的农机化支撑。例如，基础设施建设，选种、育苗、耕整地、种植、灌溉、植保、管理、收获、运输、分级、保鲜、包装、储存、加工、检测等技术装备，要因地制宜做好选择和优化组合，解决好有效供给问题，既增机，又育人，打基础，抓关键，重实效，真正做到中央要求的用现代物质条件装备农业，用现代科学技术改造农业，用现代产业体系提升农业，用现代经营形式推进农业，用现代发展理念引领农业，用培育新型农民发展农业，发挥出特色优势，提高农业素质、效益和竞争力。轻便、安全与节约、环保结合，是指在机具选择上要适应山区农机作业条件较差的特点，把轻便、安全作为先进适用机具的基本要求，同时，要与治山治水和生态建设要求结合起来，发展节约型、环保型农业机械化。

3. 丘陵山区农机服务要抓好两支队伍建设

一是农机作业服务队伍建设；二是农机中介服务队伍建设。农机作业服务队伍建设是发展农机化的基础性、根本性建设，是走中国特色农业机械化道路的必然要求。在人均耕地少，户均经营规模小的国情下，通过农机作业服务，农民不需要户户都买农业机械，但都可以享受到农机作业服务，用上农业机械，分享到发展现代农业的文明成果。通过农机作业服务，既提高了农机具的利用率，又减轻了农民购置农机具的负担，做到了节本增效，使农机服务组织、服务人员和接受服务的农民双方都取得了经济效益，实现了“双赢”。农机作业服务队伍建设一般要经历规模由小到大，水平由低到高的发展历程。开始时出现个别的农机户，有效益后农机户逐渐增多，并出现农机大户，在此基础上进一步提高组织化程度，提高服务能力和服务效益，出现农机合作社。必须认识“星火可以燎原”。这支队伍的农机人掌握了先进生产工具，成为农村中懂技术，会使用操作机器又会经营服务的新型农民，他们在农业生产中用机械化生产方式改变了传统的人畜力手工生产方式，成为山区发展先进生产力的优秀代表和依靠科技进步勤劳致富的带头人，是丘陵山区发展现代农业，改变落后面貌的生力军。最近农业部农机化司在郑州召开的全国农机专业合作社建设经验交流会上提出，到 2015 年力争每个乡镇至少有一个农机专业合作社。对丘陵山区而言，既是喜讯可增强动力，又有难度和压力，必须认清形势迎难而上，把农机作业队伍建设这件大事，作为发展农机化的重大战略举措抓紧抓好。

农机中介服务队伍建设，既是市场经济条件下，建立新型农业社会化服务体系，发展现代农业的客观要求，是农机作业服务队伍的有益补充，又是符合农机化发展较落后地区实际的必然选择。落后地区发展与先进地区比较，落后地区的发展路径一般要经历先引进，借力发展到抓培育，自主发展两个阶段。“引进来”是发展初期的重要选择，迫切需要培育农机服务经纪人和农机中介服务组织，加快农机中介服务队伍建设。在这方面，我国组织农机跨区作业服务，积累了从组织措施，政策支持，信息服务，市场规范，到操作运行，诚信服务的丰富经验，卓有成效。最近，全国农机跨区作业工作会议在总结经验的基础上，明确提出了农机跨区作业“要着力提高作业组织水平，做到作业区域明确、服务半径适度、服务对象稳定、作业收益合理”的新要求，把农机跨区作业服务的组织化、信息化、规范化水平提升到一个经济高效合理的新高度，农机中介服务要更好地发挥更大的作用。丘陵山区要学习借鉴先进的成功经验，把推进农机化发展的事情做得更好。

以上两支队伍的建设都要抓好专业培训，要把增机与育人结合起来统筹运作，才能取得更好的效果。

总之，推进丘陵山区农业机械化是新阶段我国农业机械化发展具有全局战略意义的一件大事，当前正处于有利于加快发展，迈出重大步伐的关键时刻，我们一定要不失时机地从发展战略选择、技术路线选择、队伍建设等各个方面积极推进，努力开创农机化发展的新局面，在新的领域取得农机化发展的新胜利，为又好又快地完成我国农业机械化发展中级阶段的历史使命做出新的更大的贡献！

一个体系　四座里程碑

农机战线向新中国60华诞献厚礼

（2009年6月25日）

研究中国农业机械化发展60年，不能不联系中国农业装备万年发展史。马克思在考察人类劳动资料的遗骸后，对用劳动资料划分经济时代有一句名言："各种经济时代的区别，不在于生产什么，而在于怎样生产，用什么劳动资料生产。劳动资料不仅是人类劳动力发展的测量器，而且是劳动借以进行的社会关系的指示器。"（马克思：《资本论》第一卷，人民出版社，1975年版，第204页）中国农业生产和农业装备的发明、制造、使用，具有万年以上的悠久历史。新中国成立60年来，开启了一个新的发展时代，已构筑起一个体系和四座里程碑，是农机战线献给新中国60年华诞的厚礼！

一、万年悠久历史，近60年开启了一个新时代

广义的农业装备，是指在农业生产过程中用以改变和影响劳动对象的物质资料和物质条件，包括用来对劳动对象进行加工的生产工具装备和用来做容器的设施、设备。2001年12月出版的《中华农器图谱》，图文并茂地记述了中华民族从远古到20世纪末约1万年间各历史时期发明创造的农业生产器具的发展轨迹。据古文献记载、考古发现和当今现状，中国农业装备从原始至现代演变的万年历史，大致可划分为四个发展时代：（1）原始农器时代，近6 000年（约公元前8000年—公元前2100年），史称石器时代；（2）古代农器时代，近4 000年（约公元前2100年—公元1840年），史称传统农器时代；（3）近代农器时代，约110年（公元1840—1949年）；（4）当代农器时代（公元1949年至今已60年，此时代尚在继续）。以新中国成立为新起点，中国农业装备开启了发展当代农器的新时代。

原始农器是人类历史初期利用天然的或经过简单加工的木头、石块、骨头、贝壳等材料制成的农业器具。据古文献记载，中国人民从采集渔猎生活向农耕发展的农耕文明始于神农氏。《白虎通·号》记载："古之人，皆食禽兽肉，至于神农，人民众多，禽兽不足，于是神农因天之时，

本文刊于《中国农机化》2009年第4期；《中国农机化导报》2009年7月20日8版。

分地之利，制耒耜，教民农作。”原始农器结构简单，种类不多，如木耒、木耜、石刀、石斧、木刀、骨刀、骨针、石杵、石臼、石矛、弓箭、弹丸、套索、鱼钩、网、石犁等，动力是人力。农器在劳作中不断发展。正如马克思所说，“劳动过程只要稍有一点发展，就已经需要经过加工的劳动资料。”例如，开始用尖木棒来掘土，后来发展成耒。耒是把尖木棒用火烤弯成一定弧度，并在下部安上小横木，以便脚踩用力，入土时比尖木棒便于用力又省力。再后来又发明了耜。耜是用石斧劈削而成的木器，呈板形，有木柄，下设脚踏横木，类似后来的锹。耜用于生产后，由“刀耕火种”发展为耜耕。《周易正义·系辞下》记：“神农氏作，斫木为耜，揉木为耒，耒耨之利，以教天下，盖取诸益。”再后，创造出了石器时代最先进的破土农器——石犁。使用耒、耜掘土是由上而下间歇式作业掘土，功效较低。使用石犁是由后向前连续式水平作业翻土，功效大提高。石犁结构比耒、耜复杂，它已初步具有动力、传动、工作三要素特征，可以说是耕犁发展的最早雏形。

传统农器比原始农器又有很大进步。农器材料由木、石、骨等天然材料发展到木、石与铜、铁等金属材料并用，铁制农器大量发展；农业动力从使用人力发展到使用人力、畜力、水力、风力等多种动力；农器种类从只有掘、耕、砍、收、磨、杵、臼等简单农器发展为耕整、播种、中耕、植保、灌溉、收获、加工、贮藏、运输、畜牧、捕鱼、狩猎等多种农器。从夏、商、周到唐、宋、元的 3 000 多年间，中国传统农器不断创新、发展、完善。从材料上，约公元前 3000 年，中国发明了炼铜技术，西周末年，发明了炼铁技术。金属最初主要用于制造兵器和礼器（鼎等），随着冶炼技术的发展，才用于制造农器，如锄、铲、镰、犁等。大约在商、周时青铜开始用于制造农器，到春秋战国时期，农业上才开始使用铁制农器。金属农器出现是农器发展史上的重大创新。尤其铁制农器的大量制造使用，用铁能制造结构较为复杂，功能更好的农器，促进了中国农器的大发展。铁犁出现后，农业上开始使用畜力耕地。把以前只用于奉祭、享宾、驾车、犒师的牛，用来耕地，畜力耕犁在汉代逐渐完善，其构件齐全，性能良好，还传入了东南亚。在结构上，逐渐形成了适应中国北方旱耕和南方水田耕作的农器体系。适应北方旱作的传统农器在汉代已基本形成。随着中国经济发展重心逐渐南移，适应南方稻田耕作的传统农器在唐代基本形成。例如，将北方直辕犁改进为适于南方的曲辕犁，形成了中国传统耕犁的北南结构。从汉代到元代的 1 500 多年间，中国传统农器不断创新，世代相传，逐渐完善，在世界处于领先地位。一些中国农器传入了东南亚、日本、欧洲，在世界农业装备发展史中，中国农器占有重要位置，创造了农业文明的辉煌篇章，做出了重大贡献。

但是，由于以手工劳动和经验积累为基础的局限性，以及从 15 世纪开始明清两代闭关锁国的封闭性，影响了中国农业装备技术的进步和发展。中国传统农器到元代就基本定型了，明清两代技术变革和进步处于停滞不前状态，使中国传统农器使用比西方延续了更长的时间。而西方由于工业革命兴起，农器变革和技术进步加快，在 19 世纪三四十年代，先进国家的农器发展已开启了半机械化时期。半机械化指农业动力虽然仍是劳畜力为主，但大部分传统手工劳动工具已被新发明、制造和广泛采用的农田作业机具所取代，功能更好，工效更高。中国与西方比较，在农器发展中由先进变为落后了。这是很深刻的历史教训。这也证明了马克思在《资本论》中论述“机器的发展”的科学性。他指出以手工劳动为基础的生产部门，往往通过经验积累找到适合于自己的技术形式，并在实践中使它逐步完善。“一旦从经验中取得合适的形式，工具就固定不变了；工具往往世代相传达千年之久的事实，就证明了这一点。”而“现代工业从来不把某一生产过程的现存形式看成和当作最后的形式。因此，现代工业的技术基础是革命的，而所有以往的生产方式的技术基础本质上是保守的。”“劳动资料取得机器这种物质存在方式，要求以自然力来代替人力，以自觉应用自然科学来代替从经验中得出的成规。”（马克思：《资本论》第一卷，第 533 页、第 423 页）农业装备技术由简单到复杂、由低级到高级、由单一领域向更多领域发展，由经验上升到科学，是历史的必然。科学发展滚滚向前，永不停息。潮中人先进则快，后进则慢，不进则退，有史为鉴。

近代农器时期是中国农业装备由传统农器向现代农器转变的过渡时期。从 1840 年到 1949 年史称中国近代 100 多年中，中国农器发生了从传统农器开始向半机械化、机械化近代农器的转变。1840 年鸦片战争后，中国封闭的国门痛苦地被炮火轰开了，中国农村农业与家庭手工业紧密结合的小农经济也受到巨大冲击，由自给自足的封闭状态逐渐向与市场供需息息相关的开放方向转变。出现了民众呼吁振兴农业的呼声。最具代表性的是 1894 年孙中山在《上李鸿章书》中，最早提出了中国宜购买外国先进农器而仿制的主张（《孙中山选集》，人民出版社，1986 年版），及 1896 年陈炽在《续富农策》一书中，提出改变中国传统的农业生产方式，采用西方农业经营方式和生产技术的主张。在民众呼声的压力下，清政府开始提倡“兼容中西各法”发展农业，开始对西方农业科学技术和农业装备引进和应用，并派留学生出国学习。从 19 世纪 90 年代开始，中国从国外引进的农业装备主要是农业固定动力机械、抽水机及农产品加工机械，称为“西洋农器”。在引进西洋农器的同时，国内也进行改良传统农器和创造新式农器。1911 年辛亥革命成功后，清末出国的留学生相继回国，农业院校开展了农机具教学科研工作，农具研究机构和农具制造厂相继建立，相关书籍和刊物出版发行，使中国近代农器从引进、仿制向改良创新有了一定程度的发展。这个时期，农业动力从使用人力、畜力、水力、风力发展到开始使用机、电动力，农器材料从铁、木到大量采用经过加工的金属材料和化工材料。农器种类除本国研制以外，开始引进外国农业装备来应用、仿制、改进。

当代农器时期指从新中国成立至今还在继续发展的时期。当代农器指中国农业装备发生了由人畜力手工工具转变为机器的现代农业装备体系。《中华人民共和国农业机械化促进法》明确规定，“本法所称农业机械，是指用于农业生产及其产品初加工等相关农事活动的机械、设备。”当代农业动力出现使用人力、畜力减少而使用机、电动力大增的重大变化；农业装备从传统农器演变为当代农器，表现为结构从简单到复杂，且更为合理；功能从比较单一到多种功能，不断增强；作业从单机、单项作业到一机多用，复式作业，更加节能、高效、环保；品种和数量不断增多，领域不断拓宽，逐渐形成系列产品，成套装备，机器体系，各类农业装备几乎涵盖种植业、林业、畜牧业、渔业等产业的产前、产中、产后各个领域，可以说，如今从陆地到水域，从地面到天空的农业作业，都已用上了相应的农业装备；农业装备的科技水平不断提高，在新型农机产品中，运用现代电子技术、激光技术、液压技术、计算机技术、遥控和智能化等高新技术的产品相继出现，农机产品向系列化、标准化、通用化、个性化、节能环保、高效、安全方向发展，缩小了与先进发达国家的差距，我国研制出的农业装备有些已经达到了国际同类机具的先进水平，中国制造的农业机械越来越多地销往国外，走向世界，为世界农业装备发展做出了积极贡献。当代中国的农业装备正在迅速改变落后面貌，开启了一个奋起振兴的新时代，正在谱写新的辉煌篇章。

二、六十年业绩辉煌，构筑了一个体系四座里程碑

人类社会的发展，就是先进生产力不断取代落后生产力的过程。在农业生产方式的改革过程中，传统生产方式代表陈旧落后方面，机械化生产方式代表新兴先进方面。新陈代谢规律是新兴方面由小变大，由初期处于次要和附属地位发展到后来处于主导和支配地位；而陈旧方面则由大变小，由前期处于支配地位逐步演变成归于消亡的东西，最终退出历史舞台。新中国成立 60 年来，我国农业机械化生产方式经历了由小变大，从弱变强的发展历程，农业机械化在农业生产中从初期起辅助作用，处于次要地位，逐渐发展到如今起主导作用，取得支配地位，开创了中国发展现代农业的新时代。60 年从创业到发展的历程大体可分为两个阶段：前 30 年（1949—1979）艰苦创业，探索前进，为当代中国农业机械化发展奠定了重要基础；后 30 年（1979—2009）改革开放，创新发展，走出了中国特色农业机械化发展道路。60 年取得了多方面的成就和历史性进步，业绩辉煌，集中起来可归结为构筑了一个体系和四座里程碑，是农机战线献给新中国 60 华诞的厚礼！

一个体系指逐步建立、健全和完善的、符合中国国情的农业机械化发展体系。含农机管理、教育培训、科研鉴定、农机制造、技术推广、流通维修、作业服务、信息服务、安全监理和法律法规体系。目前，全国农机管理机构有 3 万多个（2007 年为 31 629 个），已形成从中央、省、地（市）、县到乡（镇）的农业机械化管理体系；农业机械化教育培训体系含高等农机化教育（本科生、研究生）、中等农机化教育、农机管理人员培训和农民农机化技术培训，已有高等院校农机化工程专业 30 多个，农机化中专学校近 60 个和各类农机化培训学校 2 000 多个；科研开发和试验鉴定体系有国家级、省级、地市级农机化科研机构 100 多个，试验鉴定机构 50 多个，还有 200 多家农机制造企业建立了技术开发中心；技术推广和安全监理体系有国家级、省级、地（市）级、县级农机化技术推广机构 2 450 多个，农机安全监理机构 2 900 多个；农机制造体系已有 8 000 多家农机制造企业，2007 年有规模以上企业 1 849 家，能够生产包含种植业机械、畜牧业机械、林业机械、渔业机械、农产品加工机械、农业运输机械和可再生能源利用机械装备等 7 个门类

65 大类农机产品，其中种植业机械就有 14 大类 113 中类 468 小类 3 500 多种农机产品。已基本形成我国农机制造工业体系，主要产品品种和产量已基本能满足我国农业生产需要，除少量大型农业机械产品需进口外，国产农机产品的市场满足度达 90%以上，基本自给。在国际上，我国主要农机产品总量指标已位于世界前列，农机销售收入仅列美国之后，比欧盟中任一个单独国家（德、意、法等）和日本都高，中国农机产品已销往世界 200 多个国家和地区；农机流通、维修体系已基本形成，全国已有农机流通企业 7 500 个，县以下网点 7.5 万个，大中小型农机专业市场 120 多家，农机供油站、点 3 万多个，农机维修厂、点 23.2 万个；农机化作业服务体系不断健全和完善，各类农机作业服务组织达 3 760 万个，从业服务人员 4 360 万人，拥有农业机械总动力已从新中国成立初期的 8 万千瓦发展到 8.2 亿多千瓦，拖拉机从 200 多台发展到 1 900 多万台，联合收获机发展到 70 多万台，机动水稻插秧机发展到 20 多万台，中国特色的农机跨区作业服务正向大规模、高水平、多领域、广范围、规范化、信息化发展；已建立中国农业机械化信息网和各种宣传渠道，创办中国农机化导报及多种农机化期刊，形成了有特色的中国农机化信息服务体系，为科学决策，为农机用户和农民提供及时、有效的农机化信息服务；以《中华人民共和国农业机械化促进法》颁布实施为标志，我国农业机械化法律法规体系日臻完善。至今，已出台的农业部及省级政府农机化行政规章有 41 部，省级地方性农机化法规有 37 部，这些法律法规已基本形成中国农业机械化法律法规体系框架，还在进一步健全、完善。60 年建立起这 10 个方面较为完整、富有生机活力的农业机械化发展体系，是一项伟大的系统工程和建设基业，这个体系经历了从计划经济体制向社会主义市场经济体制变革的实践考验，为中国农业机械化又好又快地健康发展奠定了制度基础、组织运行基础、物质技术基础和法治保障，是中国农业机械化、现代化事业发展的最新成果和宝贵财富。

四座里程碑指中国农业机械化发展史上具有历史意义的重大标志性成就。新中国成立 60 年来，积极推进农业机械化，使中国农业面貌发生了根本性的重大变化，有四座里程碑性质的标志性成就将载入史册：一是中国农业发生了增机减人（育人、转人）的历史性转折，开启了农业从业人员占全社会就业人员比重小于 50%的新时代；二是主要农作物生产中，小麦生产首先实现了全程机械化；三是我国农业机械化发展总体上进入了中级阶段；四是耕种收综合机械化水平首次超过 50%，我国农业生产方式发生了有史以来机械化生产方式的比重大于传统生产方式比重的根本性变革。

1．农业从业人员数量及其占全社会就业人员比重双下降，开启了农业从业人员占全社会就业人员比重小于 50%的新时代

中国是世界第一农业大国，自古以来农业发展对农业劳动力增多有很强的依赖性，农业从业人员长期高居全社会各行业的首位，是世界上农民最多的国家。1970 年前，我国第一产业就业人员占全社会就业人员的比重都在 80%以上（1952 年为 83.5%，1970 年为 80.8%），1980 年为

70.4%，1990年还高于60%（为60.1%）。1991年，第一产业就业人员达历史最高峰3.91亿人，占全社会就业人员的比重为59.7%，乡村农林牧渔业从业人员也达最高峰，约为3.42亿人，占全社会就业人员的比重为52.2%。那时，我国农业机械总动力已拥有2.94亿千瓦，耕种收综合机械化水平为25.6%。也就是说，约3/4的农业作业量还靠人畜力传统生产方式完成。由于我国人多地少，农业生产条件复杂，农村经济相对落后，生产力水平低的国情，使我国在1992年前经历了一段世界农机化发展史上罕见的增机又增人的发展时期，我国改造传统农业，发展现代农业的任务，比已经实现农业机械化、现代化的国家要复杂得多，艰难得多，付出的代价也大得多。从1992年我国农机总动力达到3亿千瓦以上，耕种收综合机械化水平超过26%以后，农业生产中人机力量的变化开始从量变发生质变。20世纪90年代以来，随着农机装备增幅加大，农业机械化水平提高，农业劳动力数量开始减少，农业机械替代劳动力的作用开始显现出来，中国农业发展发生了由长期依赖人力向当今依靠科学技术和农业装备的根本性转变，世界上最大的传统农业大国，开始了增机减人，农业劳动力比重和数量双下降的历史进程，是农业人机要素结构、社会从业结构和经济结构的历史性重大变革。以50%为划时代的拐点，1993年，乡村农林牧渔业从业人员占全社会就业人员比重已降至50%以下（为49.8%），2007年降至38%；2003年，第一产业就业人员占全社会就业人员比重已降至50%以下（为49.1%），2007年降至40.6%。此下降趋势还在继续。由此可见，中国农业从业人员占全社会就业人员比重大于50%的时代一去不复返了。这是我国农业发展史上具有划时代意义的一座里程碑。也是改革开放，大力推进农业机械化，积极发展现代农业的伟大成果。1991—2007年，我国农机总动力增加了4.75亿千瓦，第一产业就业人员减少了7 800多万人，第一产业就业人员占全社会就业人员比重由59.7%降到40.6%，下降了19个百分点。虽然在发展中由于形势和条件的变化，增机减人过程还可能出现一些曲折反复，但只会是局部的、暂时的，用现代农业生产要素代替传统农业生产要素，用现代物质条件装备农业，增机减人的大趋势已不可逆转。必须认识，现代农业比传统农业对国民经济和社会发展的基础作用和贡献将越来越大，不仅向社会供给量足质优品种多样的农产品，而且还为加速工业化、城镇化进程提供从农业节约出来的劳动力、土地和水等社会资源。推进农业机械化，既是培养能使用操作现代生产工具，用机械化生产方式进行生产的新型农民的过程，也是向社会输送从农业转移出的劳动力的过程。这是增机减人的过程，又是育人转人的过程，既加强了农业基础，又可以使更多的人能从事非农产业，在更广阔的领域创造更多的社会财富，有利于统筹城乡经济社会发展，使结构更加优化，资源利用更加合理，经济社会更加繁荣和谐，人民收入更高，生活更加幸福。

2．小麦生产首先实现了全程机械化

我国农作物种类繁多，农业机械化水平总体还不高。粮食作物是最主要的农作物，粮食作物面积占农作物总播种面积的70%左右，保障粮食安全是国家的重大战略任务，粮食作物生产机械

化是我国农业机械化最重要、最基本的内容。2008 年中央一号文件明确提出要“加快推进粮食作物生产全程机械化”。我国的三大粮食作物是水稻、玉米、小麦，面积约占粮食作物总面积的 75%，产量约占粮食总产量的 87%，所以，推进三大粮食作物生产机械化是保障粮食安全和粮农收益的物质技术支撑，是我国农业机械化的重中之重。

本着先易后难的原则，国务院从 1980 年开始集中力量以小麦机收为重点，推进小麦生产全程机械化。经过 20 多年的努力，2002 年全国小麦机播水平达 73%，机收水平 69.9%，成为我国第一个基本实现生产全程机械化的大宗农作物。开启了农作物生产全程机械化的新纪元，由生产环节机械化，发展到生产全程机械化，在我国农业机械化发展史上具有里程碑意义。目前，我国小麦机播、机收水平已超过 80%，小麦生产机械化已经站在新的起点上，向更高水平、更重质量、效益、环保、节约、标准化生产和产业化经营方向发展。小麦生产全程机械化是我国农业机械化第一战役取得的重大胜利，在此基础上已不失时机地开展了向水稻、玉米生产全程机械化进军的第二战役，并已取得重要进展。可以预期，从小麦生产全程机械化，发展到粮食作物生产全程机械化及各地特色农作物生产机械化已指日可待，我国农业机械化发展将在科学发展观的指导下，建立起新的历史丰碑。

3. 我国农业机械化发展总体上进入了中级阶段

根据农业部发布、2007 年 9 月 1 日开始实施的我国农业机械化水平评价发展阶段的划分标准，2007 年，我国耕种收综合机械化水平已超过 40%，达 42.5%，超过 40%的省（直辖市、自治区）已有 17 个；农业劳动力（乡村农林牧渔业从业人员）占全社会就业人员比重已小于 40%，约为 38%，小于 40%的省市有 13 个。这两个指标标志着我国农业机械化从创业到发展，总体上已从初级阶段跨入了中级阶段，这是我国农业机械化发展史上又一个重要的里程碑，是站在新的历史起点上向新阶段迈进的重要标志。按发展规律来说，中级阶段是农业机械化快速发展的成长期，表明我国发展农业机械化的物质技术基础、组织运行基础、实践认识基础、农民应用基础和接受认可程度都比以前大大增强、提高了，上了一个新台阶。对农业机械化发展速度、质量和效益的要求更高了，农业机械化向更大规模、更广领域、更高水平发展，向广度和深度进军的任务更为光荣和艰巨。具体表现在：农机作业正由生产环节机械化向生产全程机械化发展，“瓶颈”环节成为主攻重点；农业机械化与农业产业化结合，由产中向产前、产后延伸；种植业机械化发展重点由耕整、排灌、植保机械化向种植、收获、收后处理、加工机械化发展；农业机械化新增长点由小麦向水稻、玉米，由粮食作物向经济作物，由种植业向养殖业，向各地优势农产品机械化、产业化发展，形成各具特色的农机化发展格局；农业生产要素配置由传统向现代发展，增机、减人、育人、转人进程加速；农业机械化发展模式由资源开发型向资源节约型、环境友好型提升，为农业增长方式由投入型增长向效益型增长转变提供更强有力的农业机械化物质技术支撑；农机化经营向市场化、社会化、产业化发展，农机化服务使服务组织和受服务农民双受益，成为农民增收新亮点；农机化管理走上法治轨道，依法兴机，投入保障、体制保障、法治保障增强；农业机械化生产方式在农业生产中由辅助地位向主导地位演变，农村面貌出现四新：新装备、新农民、新生产方式、幸福新生活。由于我国疆域辽阔，条件复杂，各地发展不平衡，地区差异还较大。目前进入农机化发展中级阶段的地区虽已形成主流，先进地区已向高级阶段迈进，但还有部分地区仍处于从初级阶段向中级阶段发展的进程中，总体发展态势是速度都在加快。在需求迫切，自身努力和国家大力推进扶持下，预期完成中级阶段历史使命的日期会加快到来。在“十一五”快速发展的基础上，再有两个五年规划期的奋力拼搏，可望在 2020 年左右完成中级阶段的历史使命。那时，农机战线将再建起一座新的里程碑，以跨入农机化发展高级阶段的新业绩，迎接建党 100 周年。中国在 21 世纪 20 年代初基本实现农业机械化，完成中级阶段的历史使命并进一步向高级阶段迈进，将成为世界农业机械化发展的新亮点。

4．耕种收综合机械化水平首次超过 50%，意味着我国农业生产方式发生了有史以来机械化生产方式的比重大于传统生产方式比重的根本性变革

耕种收综合机械化水平超过 50%，标志着在农业生产中，机械化生产方式已取得主导和支配地位，是我国农业机械化发展史上一座具有重大历史意义的里程碑。

需要说明的是，迄今尚无我国耕种收综合机械化水平超过 50%的统计资料和权威发布，那么，耕种收综合机械化水平首次超过 50%的时间是在何时？依据何在？目前这座里程碑是否已经建成？反复研究的结论是，中国耕种收综合机械化水平首次超过 50%的时间是在 2009 年，这座里程碑将在今年建成。有此研究结论但尚无统计数据和权威发布的原因，是由于研究具有的预见性、超前性与统计数据确认的滞后性有时间差，引致权威发布一般都是在研究结论（预见）被实践证实之后。所以，此研究结论的最后证实和权威发布，大概应在今年第四季度甚至年底或明年年初。现在我们最关心的是研究结论的依据。依据有三：一是根据近年来我国农业机械化的发展态势，2009 年耕种收综合机械化水平会比去年提高 3 个百分点以上。由于国家加大扶持力度，农民发展农机化的积极性空前高涨，农机化投入大幅度增加，2007 年、2008 年连续两年耕种收综合机械化水平都以年提高 3 个百分点以上的幅度快速上升，今年投入力度更大，广大干部、群众推进农机化工作比往年更积极、更扎实，今年耕种收综合机械化水平提高幅度肯定会高于往年，提高 3 个百分点已成定局，从开春以来的农机化工作和小麦机收的成效已经得到证实；二是根据农业部发布实施的农业机械化水平评价标准规定的耕种收综合机械化水平计算方法。按标准规定，耕整地机械化程度（机耕水平）计算公式的分母是“应耕地面积”，而不是以前用的“耕地面积”。这更符合国家倡导的科学种田原则，目前各地正因地制宜地推广免耕播种技术，已有一些耕地不需要每年都耕。不需要耕的面积不应计入分母，所以“应耕地面积”为“耕地面积减免耕播种面积”。用“应耕地面积”做分母计算出的“机耕水平”，比用“耕地面积”做分母算出的“机耕水平”更符合实际，更科学，对工作更具有指导性。从 2000 年到 2008 年，我国免耕播种面积从 3 556

千公顷增加到 11 401 千公顷，增加了 3 倍多。所以用耕地面积算出的机耕水平比实际水平低，应该用部颁标准计算方法进行修正。例如，2007 年全国农业机械化统计年报按“耕地面积”算出的机耕水平为 58.89%，而用部颁标准按“应耕地面积”算出的机耕水平为 63.73%，计算误差为 4.84 个百分点。进一步算出的耕种收综合机械化水平，统计年报为 42.47%，用部颁标准算出为 44.41%，相差 1.94 个百分点。2007 年我国耕种收综合机械化水平达到 44.41%是符合实际的。以此为基点推算，2008 年再提高 3 个百分点应大于 47.4%，那么，2009 年超过 50%已成定局；三是耕地面积数每年都有变化，采用统计年鉴或年报的数据往往由于滞后性而出现误差，应该用当年国土资源部发布的国土资源公报数，更具有权威性和准确性。例如，全国农业机械化统计年报 2000—2005 年连续 6 年的耕地面积都采用 1996 年全国普查公布的耕地面积数 130 039.2 千公顷，显然与实际情况不符。实际情况是耕地面积逐年在减少，2005 年已减至 122 047 千公顷，比 1996 年少 7 992 千公顷。用 1996 年的耕地面积数做分母算出的机耕水平比实际机耕水平低 3.29 个百分点。这种误差必须修正，也可以修正。2006 年、2007 年虽有改进，用了前一年国土资源部公布的耕地面积数，但还未能用当年的实际耕地面积数，误差比以前小了，但还有一些误差，仍需要进一步改进。综上所述，用正确的统计数据和标准计算方法，计算出的耕种收综合机械化水平，我国 2007 年已达到 44.41%，根据近几年我国农机化的发展态势，2008 年、2009 年耕种收综合机械化水平年提高幅度都在 3%以上，因此，得出 2009 年我国耕种收综合机械化水平将首次超过 50%的结论是可信的，是有实践依据的，是科学的。今年跨过 50%的门槛一定能实现。农机化战线奋发努力，一定会在今年建成这座新里程碑，用最新成就向新中国成立 60 周年献礼！

中国农业机械化的发展态势及政策环境

（2009 年 7 月 30 日）

尊敬的澁澤会长，

女士们，先生们，朋友们：

下午好！

非常感谢日本农业机械学会举办这次交流活动，有机会同日本农机界的老朋友、新朋友相聚交流，共叙情谊，十分高兴。借此机会，我谨向长期以来为推进中日农机交流合作作出贡献的各界朋友，表示崇高的敬意！致以诚挚的问候！

这次应邀访问日本的目的，是学习日本发展农机工业和农业机械化的宝贵经验，就推进农业机械化发展的有关问题相互交流，增强共识，增进友谊。为推进中日两国农机界交流与合作，为推进农业机械化在亚洲和世界的发展，做一些有益的事。所以，我们把这次访日之行，称为“友谊之旅”，“学习之旅”，“促进之旅”。希望我们共同谱写中日农机交流合作的新篇章。

中日两国地理相近，文化相通，经济互补性强，有着举世罕见的两千多年的交往史，具有进行友好交流合作的良好自然、人文条件和历史渊源。中日两国农机界也有长期交流合作的基础和经验。实践证明，中日两国人民都有勤劳、智慧的品格和进取、创新的精神。好学求新，开放包容，博采众长，学以致用，奋发有为，是我们不断进步的动力源泉。所以，交流有利促进发展，合作有利促进共赢。

日本是 20 世纪世界上已经实现农业机械化的国家之一，是亚洲最先实现农业机械化的国家。日本农村的农作方式，已不是诗人大坪恭先生在《田家冬景》*中描述的女人捣粗布，男人舂稻禾的情景了，而是已经机械化、现代化了。日本是最早制定、实施《农业机械化促进法》的国家。日本的农机工业在世界上也有重要地位，有久保田、洋马、井关、三菱等国际知名农机企业，竞争力强，很有特色。日本农机的先进技术和依法促进农业机械化发展的经验，有许多地方值得中国学习借鉴。

本文为作者应日本农业机械学会邀请，在东京举办的专场报告会上的演讲（2009 年 7 月 30 日下午 东京）。日本“农机新闻”等几家报纸专题报道。

注*：田家冬景 大坪恭

荒路夜深人不过 唯闻农舍数声歌

二婆交杵捣粗布 一叟分灯舂晚禾

在20世纪北美洲、欧洲、亚洲主要发达国家已经实现农业机械化的基础上，进入21世纪，世界农业机械化的发展格局正在发生重要变化，发展的新增长点正向亚洲、拉丁美洲转移，中国已成为21世纪世界农业机械化发展的新亮点。中国有世界上最大的农机需求市场，也是世界上重要的农机生产大国，充满生机活力，中国的农业机械化正在加速发展。

在世界多极化、经济全球化深入发展的大环境下，用开放共赢的眼光看世界，看中日关系，可以得出中国需要日本，日本也需要中国的共识。中国可以从日本农业机械化的发展中得到启示和帮助，日本农机产业也可以从中国农业机械化发展中获益。中日两国农机交流与合作，不仅有利于两国农机工业、农业机械化、现代化的发展，为两国人民造福，而且也有利于为推进亚洲和世界农业机械化的新发展，做出积极贡献。中日两国农机界携手合作共进，成为互利共赢的合作伙伴，是大势所趋，人心所向，是时代的潮流，历史的必然。凡有识之士，都可以自觉地为此做出贡献。我想，这也是日本朋友盛情邀请我们访日和我们很高兴接受访日邀请的重要原因。借此机会，我从中国农业机械化的发展态势和政策环境两个方面简要介绍一下中国农业机械化的发展情况。

一、中国农业机械化发展态势

2009年是新中国成立60周年。60年来，中国农业机械化取得了巨大发展。概括地说可归结为：构建了中国农业机械化发展体系，农业装备水平、农机作业水平有很大提高。发展态势是速度在加快，结构在优化，水平在提高，贡献越来越大。中国农业机械化发展总体上进入了中级阶段。

1. 构建了中国农业机械化发展体系

这个体系是逐步建立、健全和完善的、符合中国国情的农业机械化发展体系。含农机管理、教育培训、科研鉴定、农机制造、技术推广、流通维修、作业服务、信息服务、安全监理和法律法规等10个方面，如下所示。

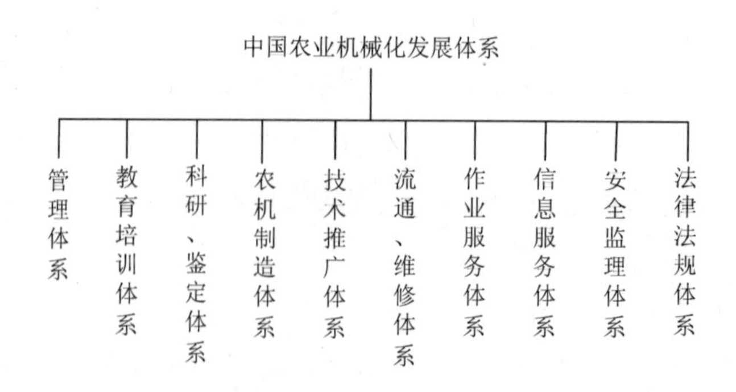

目前，全国农机管理机构已形成从中央、省、地（市）、县到乡（镇）的农业机械化管理体系；农业机械化教育培训体系含高等农机化教育（本科生、研究生）、中等农机化教育、农机管

理人员培训和农民农机化技术培训；科研开发和试验鉴定体系有国家级、省级、地市级农机化科研机构 100 多个，试验鉴定机构 55 个，还有 200 多家农机制造企业建立了技术开发中心或战略规划部；技术推广和安全监理体系有国家级、省级、地（市）级、县级农机化技术推广机构近 2 500 个，农机安全监理机构近 2 900 个；农机制造体系已有 8 000 多家农机制造企业，其中年销售收入大于 500 万元人民币的企业近 1 850 家（其中民营企业约占 85%），能够生产 14 大类、3 500 多种农机产品，主要产品品种和产量能满足国内市场 90%以上的需要，农机制造工业体系基本形成。20 世纪 90 年代以来，美国、日本、欧洲、韩国的著名农机企业约翰迪尔、凯斯纽荷兰、久保田、洋马、井关、克拉斯、爱科集团、东洋、赛迈道依茨等纷纷进入中国建立合资或独资企业，加快了中国农机工业国际化进程；全国已有农机流通企业 8 300 多家，县以下经销点近 8 万个，大中小型农机专业市场 120 多家，农机供油站、点近 3 万个，农机维修厂、点 22 万多个，农机流通、维修体系基本形成；农机化作业服务体系不断健全、完善，各类农机作业服务组织、农机户有 3 850 万个，农机作业服务人员已有 4 800 多万人，中国特色的农机跨区作业服务正向大规模、多领域、规范化、信息化发展；已建立中国农业机械化信息网、创办《中国农机化导报》、多种农机化期刊和各种宣传渠道，形成了农机化信息服务体系；2004 年，《中华人民共和国农业机械化促进法》颁布实施，至今，已出台农业部及省级政府农机化行政规章 41 部，省级地方性农机化法规 37 部，基本形成了中国农业机械化法律法规体系框架，还在进一步健全完善，中国农业机械化发展已进入有法可依、依法促进的法治轨道。实践证明，这个较为完整、富有生机活力并在不断健全完善的农业机械化发展体系，适应发展需要，为中国农业机械化发展奠定了制度、组织基础，物质技术基础，提供了法治保障。

2. 农业装备水平

1949 年，中国农业装备主要是传统的人畜力手工生产工具，功能落后且单一，现代农机具很少。当时，全国农业机械总动力仅 8.1 万千瓦，其中固定的排灌动力机械占 89%，拖拉机只有 200 多台。如今，中国农业生产中使用的农业机械数量和品种大增。2008 年，全国农机总动力达 8.22 亿千瓦，为 1949 年的 1 万倍，平均每公顷耕地已有农机动力 6.7 千瓦；农用拖拉机 2 000 多万台，其中大中型拖拉机近 300 万台，小型拖拉机 1 722 万多台，平均 1 000 公顷耕地已有大中型拖拉机 25 台，小型拖拉机 142 台；全国有拖拉机配套农具 3 237 万多部；水稻插秧机 20 万台；农用排灌动力机械 2 000 多万台；机动喷雾（粉）机 356 万台：联合收获机 72 万台，其中稻麦联合收获机 67 万台；农产品加工机械 1 100 万台；畜牧养殖机械 545 万台；林果业机械 9.5 万台；渔业机械 194 万台；农用运输车 1 320 万辆；农田基本建设机械 38 万台；农用飞机 89 架。可以说，目前中国农村拥有的农机装备品种几乎涵盖种植业、林业、畜牧业、渔业生产的各个领域，如今从陆地到水域，从地面到天空的农业作业，都已经用上了相应的现代农业装备。从增量看，2008 年比 2007 年全国农业机械总动力增加 5 300 多万千瓦；拖拉机增加 187.6 万台（其中大中型拖拉机增加 94.7 万台，小型拖拉机增加 92.9 万台，可看出拖拉机结构正由小型向大中型优化）；大中型拖拉机配套农具增加 125.5 万台，小型拖拉机配套农具增加 52.7 万台；排灌动力机械增加 108.6 万台；机动喷雾（粉）机增加 60 多万台；水稻插秧机增加 4.3 万台；稻麦联合收获机增加 9 万多台，玉米联合收获机增加 2 万多台；农用运输车增加 25 万辆。农业机械购置年总投入已达 400 多亿元，农业机械原值近 5 200 亿元，比上年增加 557 亿元。用现代物质条件装备农业，已形成当代中国一大发展潮流。在国际金融危机冲击下，中国机械工业今年一季度产销增速比去年同期回落 20 多个百分点，但农机行业产销增长 20 多个百分点，受农民欢迎的农机产品产销两旺。尤其大中型拖拉机，联合收获机、插秧机等，增幅都在 28%以上。农业装备水平在迅速提高。

3. 农机作业水平

2002 年，中国小麦生产已基本实现全程机械化，这是中国农业发展史上最先基本实现生产全程机械化的大宗粮食作物。目前，小麦耕种收综合机械化水平已超过 80%，小麦生产机械化正向更高水平、更重质量、效益、环保、节约、标准化生产和产业化经营方向发展。中国的主要粮食作物水稻、玉米也在由生产环节机械化向生产全程机械化发展，2008 年水稻、玉米耕种收综合机械化水平都已超过 51%，主要的制约环节水稻是机插秧刚接近 14%，玉米是机械收获刚达 10%，这些“瓶颈”环节已成为主攻的重点。中央一号文件已把“加快推进农业机械化”列为重要内容，明确提出“加快推进粮食作物生产全程机械化，稳步发展经济作物和养殖业机械化”。各地正因地制宜地向主要粮食作物生产全程机械化和有优势的特色农产品生产机械化进军。近几年全国耕种收综合机械化水平年提高幅度都在 3 个百分点以上，2009 年全国耕种收综合机械化水平将接近或超过 50%，标志着中国的农业生产，机械化生产方式的比重将超过传统生产方式的比重，机械化生产方式已取得主导和支配地位在迅速兴起，传统生产方式正退居次要地位，在逐步减少，直至退出历史舞台。尤其值得一提的是，在农户很多，户均耕地经营规模小的国情下（户均耕地约 0.48 公顷），积极发展农机服务组织，开展农机社会化服务，促进农机共同利用，符合中国国情，是坚持市场化、社会化、产业化方向，用现代经营形式推进农业，提高农机利用率和经营效益，开展农机服务的经营者和接受服务的农民双受益的有效途径。今年 6 月，农业部发文《关于加快发展农机专业合作社的意见》，指出“农机专业合作社将农机经营者有效组织起来，开展农机社会化服务，加强农机拥有者和使用者的紧密联结，扩大了农机作业服务规模，提高了机械利用率和农机经营效益，有效解决了农业机械大规模作业与亿万农户小规模生产的矛盾。”目前，中国有农机化作业服务组织 16.6 万个，农机户 3 833 万个，其中农机化作业服务专业户 422 万个，从事农机作业服务的人员 4 800 多万人，约占乡村人口的 6.5%。这些人是农村中有文化，懂技术，体力强，能操作使用现代农业生产装备，会经营的新型农民，他们是农村中建设新农村、发展先进生产力的带头人，是发展现代农业的生力军。他们不仅为本村本乡服务，还组织起来开展跨区作业服务，今年全国投入小麦收获的联合收获机 44 万台，比上年增加 2 万台，其中 28 万台参加跨区作业，比上年增加 1 万台，占总投入量的 63.64%，小麦机收水平达 84%，投入水稻跨区作业的联合收获机 14 万台，投入玉米跨区作业的联合收获机 2.4 万台，农机跨区作业规模之大，投入农机之多，前所未有。跨区机耕、机播也有新突破。中国自 1996 年国务院 5 部门首次组织大型联合收获机跨省跨区作业以米，已有十多年跨区作业的经验。实践证明，效果很好，深受农民欢迎。目前，农业部发出了关于做好农机跨区作业工作的通知，在总结经验的基础上，要求农机跨区作业向拓展作业领域，扩大范围和规模，提高质量和效益方向发展，向适度规模、多领域、规范化、信息化发展进一步做到作业区域明确、服务半径适度、服务对象稳定、信息服务及时、作业收费合理、作业市场规范、服务双方共赢，努力把农机跨区作业的组织化、信息化、规模化水平，提升到一个经济高效合理的新高度。

4. 中国农业机械化发展总体上进入了中级阶段

中华人民共和国农业部 2007 年发布实施了农业机械化水平发展阶段划分标准，把农业机械化发展阶段划分为初级阶段、中级阶段、高级阶段。

表 1　农业机械化发展阶段划分

阶段	评判指标及范围	
	耕种收综合机械化水平/%	农业劳动力占全社会从业人员比重/%
初级阶段	＜40	＞40
中级阶段	40～70	40～20
高级阶段	＞70	＜20

引自 NY/T　1408.1—2007。

依据这个标准，2007 年，中国耕种收综合机械化水平达 42.5%，已超过 40%；农业劳动力（乡村农林牧渔业从业人员）占全社会从业人员比重为 38%，已小于 40%。这两个指标标志着中国农业机械化发展总体上已从初级阶段跨入了中级阶段。农业机械化以更快的速度，向更大规模、更广领域、更高水平发展；农机作业由生产环节机械化向生产全程机械化发展，“瓶颈”环节成为主攻重点；农业机械化与产业化经营结合，由产中向产前、产后延伸；种植业机械化发展重点由耕整、排灌、植保机械化向种植、收获、收后处理、加工机械化发展；农业机械化新增长点由小麦向水稻、玉米转移，由粮食作物向经济作物，由种植业向养殖业、向各地优势农产品机械化、产业化发展，形成各具特色的农机化发展格局；农业机械化发展模式由着重提高生产能力的资源开发型向提高能力与质量、效益并重的资源节约型、环境友好型提升，为农业增长方式由投入型增长向效益型增长转变提供了强有力的农业机械化物质技术支撑；农机化经营向市场化、社会化、产业化发展，农机化服务使服务组织和受服务的农民双受益，成为农民增收的新亮点；农机化管理走上法治轨道，依法兴机，加大投入，法治保障增强。必须注意，说总体上已进入中级阶段，是因为中国地域辽阔，条件复杂，各地发展不平衡，地区差异还较大。目前进入中级阶段的省区已形成主流。2007年，耕种收综合机械化水平超过40%的省（直辖市、自治区）已有17个，农业劳动力占全社会从业人员比重小于40%的省市有13个，有部分地区农业机械化发展已进入高级阶段，此趋势还在加速。但还有一部分地区仍处于初级阶段，处于从初级阶段向中级阶段发展的进程中。总体来说，中国农业机械化已进入快速发展成长期，发展现代农业已列为推进社会主义新农村建设的首要任务，是以科学发展观统领农村工作的必然要求。在需求迫切，积极努力，国家大力推进扶持下，2009年中国耕种收综合机械化水平已接近跨过50%这个大台阶，标志着农业机械化生产方式在农业生产中由辅助地位上升到主导和支配地位，农村面貌出现了四新：新装备、新农民、新生产方式、幸福新生活。下一个目标将是耕种收综合机械化水平达到70%以上，农业劳动力占全社会从业人员比重降到20%以下。从发展态势分析，预期可望在2020年左右实现这个目标，完成农业机械化发展中级阶段的历史使命，并向高级阶段迈进。目前制约发展的主要矛盾，是对农业机械产品多方面的迫切需求与适应结构调整需要和产业升级要求的农机产品有效供给不足的矛盾，努力保障现代农业发展需要的先进适用农机产品的有效供给，用现代物质条件装备农业，是新阶段发展农业机械化十分光荣而又艰巨的任务。

二、中国农业机械化发展的政策环境

21世纪头20年，是中国加快推进社会主义现代化建设的重要战略机遇期，中国总体上已进入以工促农、以城带乡的发展阶段；进入加快改造传统农业，走中国特色农业现代化道路的关键时刻；进入着力破除城乡二元结构，形成城乡经济社会发展一体化新格局的重要时期。统筹城乡经济社会发展，统筹工业化、城镇化、农业现代化建设，构建新型工农关系、城乡关系，积极发展现代农业，是国家加快推进现代化进程的重大战略。目前，已基本具备了加大力度扶持“三农”的能力和条件，2008年，国内生产总值已超过30万亿元人民币，人均GDP已超过3 000美元，达3 400多美元，出台的强农惠农政策已取得明显成效，力度不断加大，强化农业基础的长效机制正在加快构建，农业支持保护体系正在不断健全、完善。从农业机械化自身发展规律，耕种收综合机械化水平大于40%后，进入了快速发展成长期，从发展的环境条件是重要战略机遇期，中国农业机械化发展迎来了历史上最好的政策环境，机遇前所未有。所以人们称之为黄金发展期。具体体现在两大方面：一是有法可依，依法促进。2004年颁布实施了《中华人民共和国农业机械化促进法》，立法目的明确规定“鼓励、扶持农民和农业生产经营组织使用先进适用的农业机械，促进农业机械化，建设现代农业”。法律明确规定了农业机械化发展的指导思想和方针：“县级以上人民政府应当把推进农业机械化纳入国民经济和社会发展计划，采取财政支持和实施国家规定的税收优惠政策以及金融扶持等措施，逐步提高对农业机械化的资金投入，充分发挥市场机制的作用，按照因地制宜、经济有效、保障安全、保护环境的原则，促进农业机械化的发展。”法律明确农民和农业生产经营组织是发展农业机械化的主体，对农业机械有自主选择权和自主经营权。政府应担当起促进农业机械化发展的扶持主体责任，发挥纳入规划，财政支持，加大投入，政策优惠，金融扶持，信息服务，人才培养等方面的职能作用，做到充分发挥市场机制作用与正确发挥政府职能相结合，合力推进农业机械化又好又快发展。《农业机械化促进法》的颁布实施，使促进农业机械化发展的政策措施，有了法律依据和保障，主管部门和各省的相应政策法规相继出台，形成了中国农业机械化法律法规体系框架。促进农业机械化发展，进入了有法可依，依法促进的法治轨道，极大地推进了中国农业机械化快速、健康发展。二是政策扶持，措施有力，卓有成效。2004 年以来，连续 6 个中央一号文件把实施农机购置补贴政策并逐年加大补贴力度，建立、健全促进农业机械化发展的支持保护体系和投入保障长效机制，大力提高农业机械化水平，加快推进农业机械化等列为强农惠农政策的重要内容。中央财政对农民和直接从事农业生产的农机服务组织购置农机具的补贴资金，从 2004 年的 0.7 亿元逐年上增至 2009 年的 130 亿元，6 年翻 7.5 番。这样大规模持续增加农机具购置补贴是史无前例的。将先进适用，技术成熟，安全可靠，节能环保，服务到位的农机具纳入补贴目录，补贴范围覆盖到全国所有农牧业县（场），带动了先进农机具的普及应用，促进了农机工业发展。由于措施有力，到位及时，成为社会关注度和受益面很高的一项政策，成效十分显著。第一，深得民心，农民拥护，调动了农民购买农机，使用农机，发展农业机械化的积极性，农业装备总量增加，结构优化，农业机械化水平迅速提高。财政加大农机购置补贴力度，调动了农民购机用机的积极性，农民购置农机的投入从 2003 年的 215 亿元增至 2008 年的 341 亿元，带动全社会农机购置总投入 2008 年达 409 亿元，2008 年农业机械总动力达到 8.22 亿千瓦，比上年增加 5 300 多万千瓦，大中型拖拉机增量 94.73 万台，超过了小型拖拉机增量 92.9 万台，水稻插秧机增加 4.3 万多台，稻麦联合收获机增加 9 万多台，玉米联合收获机增加 2 万多台，耕种收综合机械化水平提高 3 个百分点以上，水稻机械栽植水平提高 2.7 个百分点，玉米机收水平提高 3.4 个百分点，这些总量增加，结构优化的具体表现，都是前所未有的巨大进展；第二，农机购置补贴把推进粮食生产全程机械化作为重点，提高了农业综合生产能力和粮食安全支撑保障能力，为保障国家粮食安全作出了贡献。用全国统计数据与 13 个粮食主产省（粮食面积 310 万公顷以上，粮食产量 1 800 万吨以上的河南、山东、黑龙江、江苏、四川、安徽、河北、湖南、吉林、湖北、江西、辽宁、内蒙古）统计数据进行增量比较，2007 年比 2003 年，财政对 13 省农机购置投入增量占全国农机购置投入总增量的 64%，直接效果是 13 省农机购置投入的总增量占全国农机购置投入总增量的 72%，13 省农民购置农机投入增量占全国农民购置农机投入总增量的 75.4%，都大大超过 64%，显示出财政重点投入的带动效应十分明显。13 省农机装备水平和农机作业水平的提高幅度也明显超过其他省份：13 省农业机械总动力和农业机械原值增量都占全国总增量 75%以上：大中型拖拉机增量占全国总增量 82%，水稻机动插秧机增量占 95%，稻麦联合收获机增量占 90%，玉米联合收获机增量占 95%，机耕面积增量约占 83%，机播面积增量约占 88%，机收面积增量面积约占 87%，耕种收综合机械化水平比全国平均增幅约高 2 个百分点。农业机械化水平及增幅总体上居全国前列。农业生产方式由传统向现代转变，大大提高了粮食生产能力，13 个粮食主产省增产的粮食约占全国粮食总增量的 99%。13 省总计人均粮食达 487 公斤，比全国平均水平多 108 公斤。为保障国家粮食安全做出了重要贡献；第三，农业机械化发展减少了农业从业人员，提高了农业劳动生产率，增加了农民收入。从 1991 年到 2008 年，全国农业机械总动力增加 5.28 亿千瓦，第一产业从业人员减少 8 700 万人，第一产业劳动生产率提高 7.6 倍，农民人均纯收入提高 5.7 倍。世界上最大的传统农业大国，从 20 世纪 90 年代开始，农业发展发生了由长期对增多农业劳动力有很强的依赖性，向当今依靠科学技术和现代农业装备的根本性转变，开始了增机减人，农业劳动力比重和数量双下降的历史进程。1991 年第一产业从业人员达历史最高峰 3.91 亿人之后开始下降，2003 年第一产业从业人员占全社会就业人员的比重降至 49.1%，这是一个划时代的拐点，中国农业从业人员占全社会就业人员的比重大于 50%的时代一去不复返了。2007 年已降至 40.8%，此趋势还在继续。虽然在发展中由于形势和条件的变化，增机减人过程还可能出现一些曲折反复，但只会是局部的、暂时的，用现代农业生产要素代替传统农业生产要素，用现代物质条件装备农业，增机减人的大趋势已不可逆转；第四，推进农业机械化发展加强了现代农业基础，支持了工业化、现代化进程，为统筹城乡协调发展提供了强有力的物质技术支撑。现代农业比传统农业对国民经济和社会发展的基础作用和贡献越来越大，农业综合生产力的提高，不仅向社会供给量足、质优、品种多样化的农产品，而且还为加速工业化、城镇化进程提供从农业节约出来的劳动力、土地、水等社会资源。推进农业机械化，既是培养能操作使用现代农业生产装备，用机械化生产方式进行生产的新型农民的过程，也是向社会输送从农业转移出的劳动力的过程；既是农业增机减人的过程，又是育人及向非农产业转移人的过程；既加强了农业基础，提高了农业素质，又为使更多的人向非农产业转移，在更广阔的领域创造更多的财富提供了条件，有利于统筹城乡经济社会发展，使社会经济结构更加优化，资源利用更加合理，经济社会更加繁荣和谐，人民收入更高，生活更加幸福。1991—2008 年农业机械总动力增加 1.8 倍，第一产业从业人员减少 22%，第一产业增加值增加 5.4 倍，第一产业劳动生产率提高 7.6 倍，第一产业从业人员占全社会从业人员的比重下降 20.5 个百分点，农民人均纯收入提高 5.7 倍，城镇人口增加 2.95 亿人，达 6.07 亿人，城镇人口比重提高近 19 个百分点，达 45.7%，粮食总产量增加 9 320 万吨，达历史最高水平 52 870 万吨，人均粮食达 398 公斤，比 1991 年高 22 公斤。有力地支撑了非农产业和整个国民经济的快速发展。在此期间，国内生产总值提高了 12.8 倍，二、三产业增加值都提高了 15 倍，人均 GDP 从 356 美元提高到 3 414 美元，总体经济水平进入了 3 000 美元以上的发展阶段。但值得注意的是，城乡收入差距仍在扩大，城乡收入比（以乡为 1）由 1991 年的 2.40 增大到 2008 年的 3.32。中央一号文件对解决中国“三农”问题的艰巨性和迫切性做出的最精辟的概括是“三个仍然、三个最”：“农业基础仍然薄弱，最需要加强；农村发展仍然滞后，最需要扶持；农民增收仍然困难，最需要加快。”在解决“三农”问题的进程中，推进农业机械化的任务光荣而艰巨，大有可为。发展在加快，困难虽不小，上下齐努力，前景很光明。

女士们，先生们，朋友们，以上我把中国农业机械化发展的最新进展情况向各位作了简要介绍，以诚交友，力图有助于日本朋友更多地了解一些中国农业机械化发展情况。我们来日本也想更多地了解日本农业机械化的发展情况和经验。通过相互交流、沟通，增进了解，加强友谊与合作，促进发展和进步。实现交流促发展，合作利共赢之目的。愿我们的交流与合作愉快，我们共同种下的友谊之树常青，地久天长。谢谢！

農機新聞　（第三種郵便物認可）　平成21年(2009年)8月4日

農機学会

世界最大の農機市場　中国の機械化戦略は　協力は両者のメリットに

農業機械学会ワークショップ「中国の農業機械化戦略」が7月30日、さいたま市内の生研センターにおいて開催され、農業機械化が急速に進む中国の最新情報に触れようと農機メーカーなどの関係者多数が出席し熱心な情報交換を行った。

ワークショップの冒頭に、主催者を代表して同学会の瀧澤栄会長が「本日の交流が日中両国にとって刺激的かつ実りのあるものになることを期待する」と挨拶した。さらに、同学会の利渕信行企画委員長、農研機構の行本修理事がそれぞれの立場から挨拶した。

講演は中国における農業機械化において多方面で活躍している中国農業

白人朴教授

農地集積を推進　経済対策実施本部　米粉・飼料用米生産も

政府は7月28日、第5回緊急雇用・経済対策実施本部会合を開催し、各府省庁より雇用および経済対策の実施状況が説明された。

石破農林水産大臣は会合の中で、10a当たり8万円が助成される「米粉・飼料用米の生産拡大事業」（168億円）について「田植えが終わってもまだ間に合うこととし、直接現地に出向いて行う

農家と行政

1990年代の初め

農業機械学会ワークショップ

中国の農業機械化戦略

平成21年7月30日

主催：農業機械学会

協賛：（独）農研機構生研センター

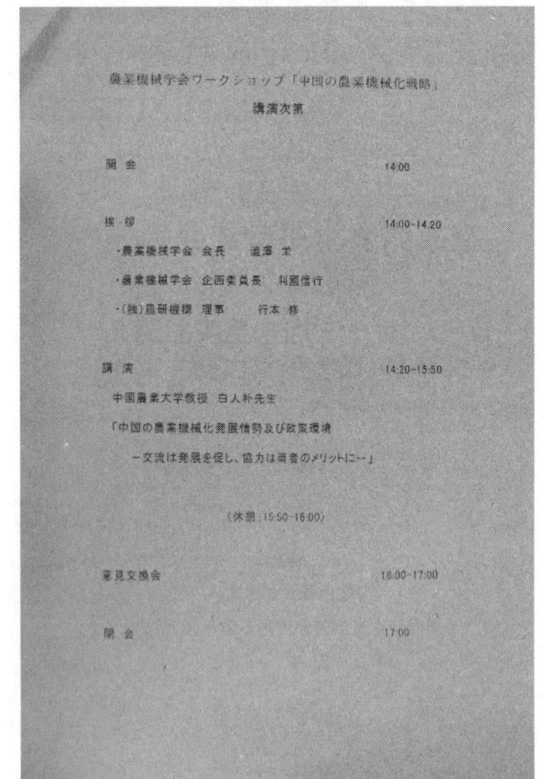

農業機械学会ワークショップ「中国の農業機械化戦略」

講演次第

開会　14:00

挨拶　14:00~14:20

・農業機械学会　会長　瀧澤 栄

・農業機械学会　企画委員長　利渕信行

・（独）農研機構　理事　行本 修

講演　14:20~15:50

中国農業大学教授　白人朴先生

「中国の農業機械化発展情勢及び政策環境

ー交流は発展を促し、協力は両者のメリットにー」

（休憩：15:50-16:00）

意見交換会　16:00-17:00

閉会　17:00

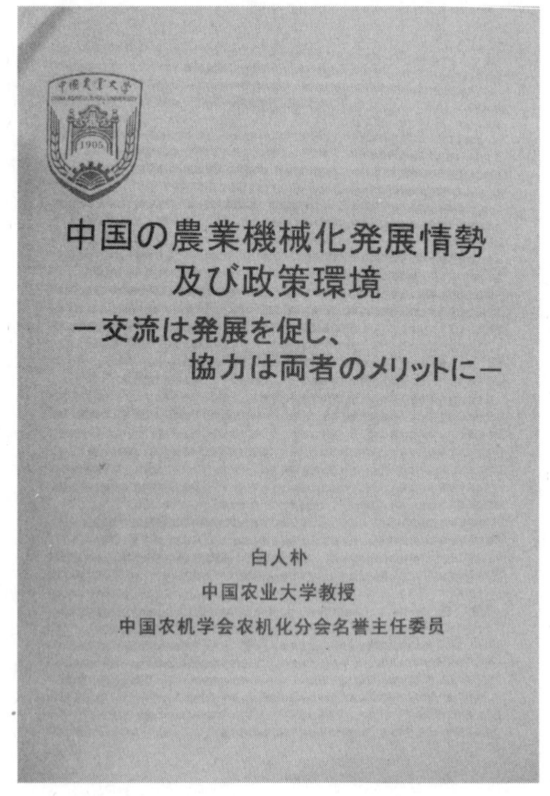

中国の農業機械化発展情勢及び政策環境

ー交流は発展を促し、協力は両者のメリットにー

白人朴

中国农业大学教授

中国农机学会农机化分会名誉主任委员

加强农机流通建设与农业机械化发展

（2009 年 8 月 1 日）

很高兴应邀参加这次座谈会。围绕加强农机流通建设与农业机械化发展，我讲三个问题，供大家参考。

一、在农机化黄金发展期，农机人任重道艰

大家都把 21 世纪的头 20 年称为我国农机化发展的重要战略机遇期、黄金发展期。2007 年我国农机化发展已经进入了中级阶段，预期经过努力，到 2020 年可能完成中级阶段的历史使命。也就是说，到 21 世纪 20 年代，我国农业机械化将向高级阶段进军。这 20 年是农机人可以大有作为的 20 年，我们一定要不负使命，把握机遇，勇挑重担，开拓前进，为我国的农业机械化和农业现代化事业做出新的重大贡献。在黄金发展期，到 2020 年，我国耕种收综合机械化水平将由现在的 50%左右提高到 70%，农业劳动者占全社会就业人员比重将由 40%降到 20%，这就是增机减人的社会发展轨迹和农业机械化发展的历程。

我国农业机械化发展进入中级阶段以后，发展环境是两个前所未有。

（1）机遇前所未有。主要表现在三个方面，一是从大环境看，中国总体上已经进入了以工促农、以城带乡的发展阶段，已经进入着力破除城乡二元结构，形成城乡经济社会发展一体化新格局的重要时期。我们国家已经具备了加大力度扶持“三农”、积极发展现代农业、加快推进农业机械化的能力和条件。目前我国人均 GDP 已经超过 3 000 美元，进入了世界 3 000 美元以上的俱乐部，这是一个巨大的转变。我国人均 GDP 达到 1 500 美元的时候就开始进入了反哺期，现在已经达到 3 000 多美元。财政收入已超过 6 万亿元，国家外汇储备已超过 2 万亿美元。所以国家对农机购置补贴的规模和力度都达到了空前的高度。中国农业机械化的发展迎来了历史上最好的法制环境和政策环境。二是从农机化自身的发展情况看，中国已进入加快改造传统农业、走中国特色农业现代化道路的关键时刻，农业机械化中级阶段进入快速发展成长期的客观规律，加快发展势不可挡。已呈现如下明显标志：其一，在主要粮食作物中，小麦已基本实现了生产全程机械

本文为作者在我国农机行业服务“三农”战略与政策研究暨现代企业经营营销理念经验交流座谈会上的演讲（2009 年 8 月 1 日 苏州）。《中国农机化导报》2009 年 8 月 17 日 5 版以“振兴农机流通要抓好几个着力点”为题报道。

化。小麦耕种收综合机械化水平，2002 年已达到 70%，2008 年达到 83.8%，开启了我国农作物生产全程机械化的新纪元。目前，小麦生产机械化已经站在新的起点上，向更高水平、更重质量、效益、环保、节约、标准化生产和产业化经营方向发展，并有力地推进了水稻、玉米生产主攻机械化的“瓶颈”环节，向全程机械化进军；其二，我国耕种收综合机械化水平，近几年年增幅都超过 3%，预期今年综合机械化水平将达 50%左右，这意味着我国农业生产方式将发生有史以来机械化生产方式的比重大于传统生产方式比重的根本性变革，标志着在农业生产中，机械化生产方式取得主导和支配地位的大趋势已不可逆转。这是农机人献给新中国成立 60 周年的一份厚礼；其三，我国农业机械购置的总投入 2008 年已经超过了 409 亿元，2009 年预计会超过 600 亿元。农民购置农机的投入，2008 年超过 341 亿元。农业机械的总动力连续四年年增量超过 4 200 万千瓦，2008 年增加 5 300 万千瓦。拖拉机连续两年增加超过 100 万台，2008 年出现大中型拖拉机增加比小拖还多的情况。联合收割机 2008 年增加了 8.5 万台，水稻插秧机 2008 年增加了 4.3 万台。农业机械原值 2008 年增加了 557 亿元。这些都是超历史的；其四，我国农机化的发展已经建立起符合中国国情、富有生机活力，并且不断健全完善的农业机械化发展体系。这个发展体系包括了管理体系、教育培训体系、科研鉴定体系、农机制造体系、技术推广体系、流通维修体系、作业服务体系、信息服务体系、安全监理体系和法律法规体系。这也是新中国成立 60 年来集农机化发展之大成，为中国农机化发展奠定了制度组织基础、物质技术基础、群众基础，提供了法制保障。三是从国际化平台上看，国际农机资源大量涌入中国。世界上的几大农机公司都在争抢中国的农机市场，这对于我们充分利用两种资源促进中国农机化发展也是前所未有的机遇。

（2）挑战前所未有。在众多的矛盾挑战面前，我们研究问题时要注意抓住主要矛盾。目前制约农机化发展的主要矛盾是，农机产品多方面的迫切需求与适应结构调整和产业升级需要的先进适用的农机产品有效供给不足的矛盾。挑战是很严峻的，也是前所未有的。所以说，在黄金发展期，农机人的任重道艰，要实现农业机械化又好又快发展，我们的任务很光荣，也很艰巨。用现代物质条件装备农业，是中央一号文件中提出的“六用”之首，从中可以看出农业机械有效供给的重要性。有力保障现代农业发展需要的先进适用的农机产品有效供给，是新阶段发展农业机械化十分艰巨而又光荣的任务。保障农业机械的有效供给离不开农机的生产，也离不开农机的流通。加强农机流通的建设，既是流通行业自身发展的需要，责无旁贷，又是国家发展全局的战略需要。所以国家产业调整和振兴规划中，包涵装备制造和现代物流的重要内容。要着力解决制造、物流行业发展中存在的突出矛盾和问题，加快转变发展方式，拓展新兴的服务领域，推进结构调整和优化升级。

二、推进农业机械化需要发展农机大流通

人类社会要发展流通，用经济学、社会学来解释，就是流通可以使人们在社会分工中通过交

易来发挥比较优势，减少机会成本，使大家共同受益。因为人与人之间存在着差异，不同的行业也存在着差异，这种差异可以使人从事他所爱好、擅长的工作。不同的人从事不同的工作，相互之间就会有比较优势，分工会出效益。有社会分工，就需要相互交易。所以说，市场经济社会就是人们相互依存的社会，有不同的生产，不同的消费，就有交易。交易能够使人可以享用他需要而自己又不生产的产品，可以发挥自己的比较优势，用较低的机会成本从交易中获益。有交易，就会有流通，流通可以使更多的人获益，实现“共赢”，可以实现国家经济的繁荣。所以中国的对联中有一句话：生意兴隆通四海，财源茂盛达三江。通则活，通则兴；不通则衰，不通则死。流通是在生产与消费之间解决供需矛盾，协调供求关系不可缺少的重要环节。越是社会化的大生产，就越需要社会化的大流通。许多商品都不是厂家直接销售给用户，而是通过流通渠道销售给用户，就是因为专门从事营销的流通行业在流通方面有比较优势，可以提高交易的质量，降低交易成本。所以，发展现代流通业要念好“三字经”：省、值、效。省，就是通过流通减少交易成本，使用户感到做这笔交易省了钱；值，就是提高交易质量，使客户感到这笔交易很值，有钱花得值的感受；效，就是要提高交易的效率和效益，做到便捷、及时，实现“共赢”。省、值、效就是一减少、两提高。要以此作为流通行业的基本要求，这是搞好搞活流通行业、推进改革发展的基本要求和努力方向。

三、振兴农机流通要抓好几个着力点

加强农机流通建设的办法很多，仁者见仁，智者见智，会上有很多好的经验交流。我建议当前要抓好三个着力点：

一要创新理念。流通行业的发展要由适应和满足需求向创新需求、引导潮流转变。扩大消费需求，一方面要充分把握国家的发展战略和引导方向着力点，要发挥政府的主导作用和调控能力，完善支持政策，优化发展环境。我们要了解国家的政策，用好国家的政策，把握好国家引导的方向重点和着力点。另一方面，要把国家战略与用户需求结合起来，努力改善消费的预期、消费的意识、引领潮流。要培育和发展新兴的农机热点，拓展农机的发展空间，尽最大的努力来激发和释放用户的消费潜能。既要促进农机需求的增长，又要引导农机结构的升级，开发潜在的农机需求，拓展发展空间，引导农机的发展潮流。创新理念，就是要寻求营销要素的突破，要有效地培育新的农机发展热点。李竹林副总经理介绍久保田的做法就有这样的含意。

二要创新模式。要由传统的营销模式向现代的经营模式、流通模式转变。如由服务营销向合作营销转变发展，进行营销组合。竞争促进步，合作利共赢。要把竞争与合作结合起来，开展厂商联盟、联手促销、网络营销、连锁经营、品牌营销、重点营销、热点营销等。2008 年中央一号文件在“加快推进农业机械化”中有两句话，一句是“加快推进粮食作物生产全程机械化”。所以要围绕粮食生产的全程机械化开展营销，突破点要抓好水稻机插秧和玉米机收。第二句话是

“稳定发展经济作物和养殖业机械化。”所以经济作物机械化正在有条件的发展。比如油菜机收的发展等。要注重各个地方有特色的优势农产品对农机的需求。把握不同的需求开展重点和热点营销，要把市场秩序的规范化、有序化和特色营销，即个性化营销结合起来。在发展模式方面各地都会有不同的创新，这样就可以拓展我们的发展空间，开创新的发展局面。

三要加强基础建设。主要指四大建设。(1) 体系建设。包括两个方面，一是体制保障，二是机制活力。农机流通的主管部门不明确是个大问题，要花大力量争取尽快解决，要力争把农机流通纳入农机化“十二五”规划中去。(2) 设施建设。设施建设应该做到软硬结合，硬件的设施，包括平台即大市场、展会、网络、渠道以及装备设施等。软件的基础建设，近两年中国农机流通协会也抓了，包括战略研究，政策研究，要发出我们的呼声，向各有关部门，向行业传达我们的信息、我们的愿景等。(3) 人才建设。要培养现代农机流通的人才，目前学校里可能没有专门的专业培养，但可以像吉峰农机一样，与院校建立定向培养合作协议，要为农机流通培养人才。(4) 信息建设。现代流通必须要实现信息化。当前农村信息化已经在作规划，这是以前没有的。信息化建设对于现代农机流通非常重要。

总之，抓好着力点就是要着力解决制约农机流通发展的一些最紧迫、最关键、大家最关心的问题。任务是艰巨的，只要大家共同努力，有决心、有信心，一定可以取得进展和成效，前景是光明的。加强农机流通建设一定会为推进农业机械化发展做出新的更大贡献。

贡献巨大　成就辉煌
开启中国农业发展新时代的六十年

（2009年9月28日）

新中国农业机械化发展六十年，是在百废待兴的基础上，在人多耕地少，经济底子薄，各地条件复杂多变，发展农业机械化的艰巨性、复杂性、繁重性举世罕见的国情下，党和政府领导人民奋力拼搏，战胜各种困难曲折，探索前进，开拓创新，取得历史性辉煌成就的六十年，是世界上具有悠久历史的农业大国，不甘落后，奋起振兴，技术革命与社会革命相结合，改变传统，走向现代，开启农业发展新时代的六十年。今天首发的两部重要历史文献：《中国农业机械化重要文献选编（1949—2009）》和《中国农业机械化科技发展报告（1949—2009）》，是新中国成立以来农业机械化发展的历史记录，是全面反映中国农业机械化发展历程和状况的最新成果，既记载了农业机械化发展的伟大历程和光辉业绩，也反映了前进途中的困难、艰辛、挫折。这两部重要历史文献的正式出版，是献给新中国六十华诞的珍贵礼物，对当代和后代农业机械化工作者了解历史，借鉴历史，求真务实，奋发振兴，具有重要而深远的意义。对于坚定不移地坚持改革开放，推动科学发展，帮助世界了解中国和中国走向世界，促进国际交流与合作，也有重大意义。

新中国农业机械化从创业到发展极不平凡的六十年历程，大体可分为两个阶段：前三十年（1949—1979）艰苦创业，探索前进，为中国农业机械化发展奠定了重要基础；后三十年（1979—2009）改革开放，实事求是，创新发展，开辟了中国特色农业机械化发展道路，开创了快速发展、科学发展的新局面，谱写了中华民族农业发展史上的新篇章。集六十年之大成，以农业机械化为起点的现代农业革命，中国正在实现从传统农业生产方式为主导向机械化生产方式为主导转变的历史性巨变，农业机械化发展总体上已经从初级阶段跨入了中级阶段，并加速向高级阶段迈进，中国已经进入了减少农民，增加机具装备，积极发展现代农业的新时代。实现机械化后农民自豪地说，“过去干活三弯腰，现在我们站起来了！”如今，我国已经建立了较为完整、符合国情的含农机管理、教育培训、科研鉴定、农机制造、技术推广、流通维修、作业服务、信息服务、安全监理和法律法规等10个方面的农业机械化发展体系，农业机械化发展已

本文为作者在新中国农业机械化发展60年座谈会上的发言（2009年9月28日 北京）。《中国农机化导报》2009年10月12日以“中国已成为世界农机化发展新亮点”为题刊登了这篇发言。

进入法治轨道；已经形成能生产 3 500 多种农机产品，基本满足国内市场 90%以上需要的农机制造工业体系；已经拥有 4 800 多万人的农机作业服务产业大军，不求共有，但求共享，有效解决了在亿万农户小规模生产基础上实现农业机械共同利用，推进农业机械化发展的难题，为提高农业综合生产能力，为国家粮食安全和农业振兴提供了强大的物质技术支撑，为我国解决温饱、实现小康做出了重要贡献！中国已经成为 21 世纪世界农业机械化发展的新亮点。我们要十分珍惜这来之不易的伟大成就，更加坚定信心和决心，在新的历史起点上，使中国特色农业机械化道路越走越宽广，为加快实现社会主义现代化，再创新的辉煌！

我国农机化发展中需要注意的几个问题

（2009 年 10 月 23 日）

新中国农业机械化发展 60 年，是世界上具有悠久历史的农业大国不甘落后，奋起振兴，开启农业发展新时代的 60 年。是以农业机械化为起点的现代农业革命，正在实现从传统农业生产方式为主导向机械化生产方式为主导转变的历史性巨变的 60 年。我国农业机械化发展总体上已经从初级阶段跨入了中级阶段，并加速向高级阶段迈进，中国已经进入了减少农民、增加机具装备、发展现代农业的新时代。大家都说目前我国农机化发展态势很好，迎来了前所未有的战略机遇期、黄金发展期。在大好形势下，我们还必须清醒地看到农机化发展中前所未有的挑战，艰巨性、复杂性、繁重性和难度也空前地增大了。面对新的目标、任务、困难、风险、机遇和挑战，农机人要有高度的历史责任感、使命感和紧迫感，既要有坚定的决心、信心，看到光明的发展前景，又要有忧患意识，在前所未有的机遇和挑战面前，不负使命，勇于承担和应对，谋求和实现更大更好的发展。当前，有几个值得注意和思考的问题，提出来大家共同研讨。

一、在区域差异大、不平衡发展中，要善于抓住商机

进入中级阶段以后，我国农机化发展最显著的特点是速度加快，总量增大，结构改善，效益提高。据已出台的统计数据，2008 年比 2007 年，我国耕种收综合机械化水平提高幅度大于 3%，农机总动力增加 5 300 多万千瓦，大中型拖拉机增加 94 万多台，联合收获机增加 11 万多台，水稻插秧机增加 4 万多台，农业机械原值增加 557 亿多元，总额近 5 200 亿元，农业机械购置投入增加 58.66 亿元，总额达 409 亿元。相应地第一产业从业人员持续减少，农业劳动生产率首次突破 1 万元，达 11 092 元，比上年提高近 2 000 元。都创造了历史最高纪录。2009 年发展更快，中央财政投入农机购置补贴资金达 130 亿元，比上年增加 90 亿元。农机化发展呈现出勃勃生机、充满活力、空前活跃、阔步前进的新局面。形势喜人也愁人，在欢声笑语中也听到了叫苦叫累发愁的声音。对一个企业而言，不仅要关注全国农机化发展的大形势，更关注与自身发展密切相关的市场细分，关注自己在大市场中的商机、主攻方向、应占位置和实际效益。

本文为作者在第九届中国农机化论坛暨第七届亚洲农机峰会上的演讲（2009 年 10 月 23 日 安徽合肥）。刊于《中国农机化》2009 年第 6 期。选入《2009 年中国农业机械化年鉴》。

中国疆域辽阔，有广阔的农机市场，农机化发展容量很大，潜力很大。但由于各地发展农机化的自然条件、技术经济条件差异很大，区域发展不平衡性较为突出。2008 年，耕种收综合机械化水平大于 40%的省、市、自治区有 19 个，其中 14 个已达 50%以上，4 个已达 70%以上，最高的黑龙江省已达 80%以上；而耕种收综合机械化水平小于 40%的还有 12 个省，其中最低的云南、贵州分别仅为 8%、4%。农业机械购置投入最多的河南、山东、安徽三省分别为 38.3 亿元、36.7 亿元、35.1 亿元，最低的青海省不到 1.2 亿元。农机购置地方财政投入最高的江苏、黑龙江两省分别为 2.6 亿元、2.28 亿元，最低的云南、青海两省还不到 600 万元。国情的复杂性也蕴含着包容性、多样性强，对农机需求供给提供了不同类型、不同层次的空间和多样性商机，各地因条件不同而对农机化有不同的需求。平原、山区、丘陵有不同的需求，旱作、水作有不同的需求，技术经济条件不同，所处发展阶段不同，对大、中、小，高、中、低农机产品有不同的需求。粮食生产全程机械化，有的正主攻水稻，有的正主攻玉米，有的在主攻马铃薯；经济作物生产机械化，有的正主攻油料（油菜籽或花生），有的在主攻棉花，有的在主攻甘蔗；有优势的地区，在主攻蔬菜、花卉设施农业机械化，畜禽、水产养殖机械化。各有特色，绚丽多彩。总之，农业机械化发展与保障粮食安全和促进农业增效、农民增收及地区经济发展紧密相连，很重视因地制宜，经济有效。从总体发展格局而言，有主流与非主流之分。从企业而言，抓住商机就是要善于在发展大潮中发挥自己的优势、特长去适应相应的需求，找准自己的位置，用各尽所能去最大限度地适应各取所需。大型骨干企业可在扩大内需中发挥领头羊、排头兵作用，中小企业可发挥所长，形成特色，在相应领域形成小气候，在市场中占有不可取代的重要位置。真实的市场是复杂的，在复杂的市场中能抓住商机，就是在实践中领悟和掌握了“真实世界的经济学”。在市场竞争中，企业要在发挥优势中取得主动权，积极应对，抓住商机，瞄准客户群，打出优势牌，开拓市场。在有所作为中乘势而上，取得新的突破和新的成效。

二、在机遇与挑战面前，要把握好取胜之道

我国农机化发展已经进入快速成长期，已经拥有世界上最庞大的农机化产业大军。目前农机制造企业有 8 000 多家，其中规模以上的企业有 1 850 多家；农机流通企业有 8 300 多家，县以下农机经销点 8 万多个；各类农机作业服务组织、农机户 3 850 万个，农机作业服务人员 4 800 多万人。它们都在社会主义市场经济中遵循优胜劣汰的规律运行，竞争是很激烈的。在机遇与挑战面前，企业可以从生存和发展的实际情况出发，选择低成本战略、产品差异化战略、企业重组或联合战略，在激烈竞争中，正确选择战略和及时进行战略调整是企业取胜之道。战略可以根据时务作出不同的选择，但无论选择什么战略，最根本的，是要坚持两优：用优质农机产品进入市场，用优质服务温暖用户和农民的心。创造产品和服务的名优品牌，是企业在市场竞争中取胜之根本。任何时候都不能忘了这个根本。农民、用户是优质产品和优质服务最好的检验员、宣传员

和助销员，农民最直接、最朴实的反映，使人印象深刻，影响很大。先进适用，质量可靠，市场认可，服务周到，用户满意，是最基本的取胜之道。千万不能机遇来了，订单多了，市场火暴晕了头，挑战面前忘了道，绝不能见小利忘大义，以次充好，滥竽充数，忽视服务，自己砸自己的牌子，丧失了企业的信誉。人间正道是沧桑。在改革和创新中发展，要坚守企业的社会责任，讲诚信，有企业家的良心，用优质产品和优质服务在市场竞争中取胜。

三、在遵循规律与政策支持下科学发展，要坚持两个基本点

一是自觉遵循规律，二是强化政策扶持。把市场作用与政府职能有效结合起来，形成推进农机化科学发展的强大合力。

（1）自觉遵循规律。

自觉遵循规律，是指农业机械化要实现科学发展，必须遵循市场经济规律和农机化自身发展的客观规律。发挥市场在资源配置中的基础性作用，是社会主义市场经济的改革方向。在市场经济条件下，农民已成为发展农业机械化生产、经营和投入的主体，享有生产、经营和投入的自主权和选择权。农民对农机化的投入是较理性的，一般遵循需要、可能、合算三原则，不需要不会投入，不可能（无能力）不会投入，不合算不会投入。在购机补贴政策激励、支持下，补贴预期和时机选择对农民购置农机的投入行为有较大影响，抓住了补贴时机就积极投入，错过了补贴时机就暂不投入或待机投入。这都是农民有自主权、选择权，理性行为的一种表现。政府实施补贴政策，是为实施国家经济发展战略，履行政府经济调节和公共服务职能的重要举措，有利于引导社会资金流向，弥补市场缺陷，通过引导、调节、带动，实现全社会资源配置的最优状态。市场机制对资源配置起基础性作用，政府职能对资源配置起引导、调节作用，补贴政策是为实施国家发展战略，满足社会公共需要提供资金保障。二者各有其功能定位，优势互补，共促发展。在实际运行中，政府补贴力度越大，对市场各方的行为影响越大，以至于近年来农机购置补贴力度连年大幅度增加后，出现了农机市场将变成农机补贴市场的担忧和质疑。实际上，我国农机市场的发展正沿着社会主义市场经济的改革方向开拓前进，已见成效。虽然农机购置补贴对市场供需双方行为的影响力在增大，但它只起引导、调节作用的职能没有变，市场对资源配置起基础性作用没有变，农民是发展农机化的主体地位没有变，农民在农机化生产、经营和购置投入中享有的自主权和选择权没有变。这个判断可用农机购置的实际情况来证明。据2008年和2007年的统计数据，2008年中央财政对农机购置的投入比2007年翻了一番多，增幅为122.9%，而农民对农机购置的投入并没有与中央投入成比例地大幅度增加，增幅为9.45%，呈现出较为稳定的农机购置投入增长态势，近6年来年增幅平均为10%。2008年中央对各省的农机购置补贴都大幅度增加了，但有9个省、市农民投入出现了比上年下降，2个省持平。这在一定程度上反映了农民的投入能力和投入预期，农民投入是比较理性的，是有自主权的。也在一定程度上反映出各地农机化发展

的实际情况和客观规律，反映出农机市场的承载力和运行力，反映出市场配置资源的基础性作用。在实践中我们要不断深化对社会主义市场经济规律的认识，在更好发挥市场在资源配置中的基础性作用和形成有利于科学发展的宏观调控体系方面取得新的重大进展。所以，坚持社会主义市场经济的改革方向，不断把改革继续向前推进，自觉遵循经济规律和自然规律，是推进农机化科学发展必须坚持的基本点。

（2）强化政策扶持。

强化政策扶持，是指要坚决贯彻落实中央的支农强农惠农政策，把发展现代农业作为社会主义新农村建设的首要任务，作为以科学发展观统领农村工作的必然要求。要用现代物质条件装备农业，加快推进农业机械化。

强化政策扶持，要不断加大政策支持力度，增加农机具购置补贴种类，提高补贴标准，扩大扶持范围，将农机具购置补贴覆盖到所有农业县（场）。坚持和完善农机购置补贴制度，健全长效机制，逐步形成稳定规范的制度。不断强化和完善强农惠农的支持保护体系。最近国务院常务会议提出，启动实施保护性耕作工程和基层农技推广体系建设，继续加大对高产创建活动的支持力度，对技术推广、专业化服务等给予补助，实施土壤有机质提升和深松作业补贴。是强农惠农支持保护体系建设的新进展。我们要增强责任感和使命感，这些工作必须坚持努力推进，丝毫不能动摇，不能放松，不能减弱。当前尤其要在加大投入的同时，做好用好投入的各项工作，取得最好的投入效果。要把党和政府的支农强农惠农政策真正落实到农民和农机人身上，使他们切实受益，衷心拥护。所以，强化政策扶持，是推进农机化科学发展必须坚持的又一个基本点。

对在政策执行中出现的一些新情况、新问题，要高度重视，认真研究，有效解决。提出要坚持和完善购机补贴制度是基于以下认识：一是农机购置补贴制度是在加快推进社会主义现代化的新时期应运而生，是前所未有、举世公认、深受农民拥护和欢迎的好制度，必须坚持下去。二是新制度在实践中必然有一个健全和完善的过程，不可能一蹴而就。具有活力的好制度，是能自我矫正，自我完善的制度，应当在实践中与时俱进地加以健全和完善。三是公共资源管理是长期困扰人们的一个世界性难题，虽然很复杂很难办，人们总能用智慧找到解决问题的最佳途径。今年的诺贝尔经济学奖得主是该奖于 1968 年设立 41 年来首位女性得主，现年 76 岁的奥斯特罗姆教授的突出贡献，就是因研究《公共事务治理之道》向传统公共资源管理理论提出了挑战，在新制度经济学领域开发了公共事务管理的创新制度理论有突出成就而获奖。我国农机战线的同志们发扬求真务实、开拓进取精神，坚持解放思想，实事求是，与时俱进，勇于创新，是有能力把农机购置补贴制度健全和完善好的。我们要为此共同努力，期待取得新的进展和令人满意的成果。

总之，在新的历史起点上大家要共同努力，抓住机遇，面对挑战，克服困难，开拓前进，创造出无愧于历史的新业绩，开创出农机化发展的新局面！

依法促进　科学发展

（2009 年 10 月 30 日）

《农业机械化促进法》施行以来，我国农机化发展进入了有法可依、依法促进的法治轨道，为农业机械化又好又快地科学发展创造了法治环境，提供了法治保障。我国农业机械化的发展速度、质量、水平、经济社会效益和社会影响度，都达到了空前的高度，加快进入了中级阶段，并向高级阶段积极推进，开创了前所未有的新局面，成为 21 世纪世界农机化发展的新亮点。

2008 年与 2004 年相比，我国农机总动力增加 1.8 亿千瓦，大中型拖拉机增加 188 万台，大中拖配套农具增加 246.3 万部，小型拖拉机增加 254.4 万台，小拖配套农具增加 477 万部，联合收割机增加 33.7 万台，水稻插秧机增加 13.3 万台，农业机械原值增加 1 544.6 亿元，用现代物质条件装备农业取得前所未有的巨大进展，农机数量大增，结构优化，发展现代农业的物质技术基础大大加强。中央和地方对农业机械投入大幅度增加，农民购置农业机械的积极性空前高涨，2008 年比 2004 年，我国农业机械购置年总投入增加 160 亿元，其中中央财政投入增加 44 亿多元，地方财政投入增加 11.6 亿元，农民投入增加 103.7 亿元。2008 年农业机械购置总投入达 409.26 亿元，2009 年更有大幅度增长，中央财政投入农机购置补贴资金达 130 亿元。财政扶持鼓励了农民使用农业机械的积极性，农业机械的使用面积和使用范围大增，耕种收综合机械化水平 5 年提高了 12 个百分点，尤其近两年提高幅度都在 3 个百分点以上，创造了历史最高纪录。在此期间，机耕面积增加了 2 756 万公顷，机播（栽）面积增加了 1 469 万公顷，机收面积增加了 1 703 万公顷，农机作业产业大军已达 4 814.5 万人，农民享受到了比以往任何时候都更多的现代文明成果。与此同时，第一产业从业人员减少了 4 615 万人，用于农业生产中的生产要素发生了巨大变化，活劳动减少了，物化劳动增多了，增机减人使农业生产方式发生了根本性变革，农业劳动生产率大幅度提高了，第一产业增加值增加了 12 587.3 亿元，第一产业劳动生产率提高了 5 021 元，2008 年达 11 092 元，首次突破 1 万元。相应地，粮食总产量从 4.7 亿吨提高到 5.29 亿吨，农民人均纯收入从不到 3 000 元提高到近 4 800 元。农业机械化提高了农业综合生产能力，促进了增产、增收。

实践提高认识，大家都说《农业机械化促进法》是强农兴农惠农护农的好法律，促进了“共

本文为作者在纪念《中华人民共和国农业机械化促进法》施行 5 周年座谈会上的发言（2009 年 10 月 30 日 北京）。《中国农机化导报》2009 年 11 月 9 日 5 版以“落实促进法 开创新局面”为题刊登。

赢”，农民得实惠，企业得效益，政府得民心，必须坚决贯彻落实，切实认真执行。因为《农业机械化促进法》立足促进，通过法律形式肯定了在实践中行之有效的政策措施，确立了我国农业机械化发展的指导思想、基本原则和方向，坚持以人为本、因地制宜、经济有效、保障安全、保护环境的原则，促进农业机械化发展，建设现代农业。强化了国家对农业机械化发展的保障措施，为不断解放和发展农村生产力，提高农业综合生产能力，推进农业机械化提供了法律保障，反映了现代农业发展的客观趋势和农民的根本利益、要求，体现了党的主张与人民意愿的统一，对巩固加强我国农业的基础地位，促进农业、农村和城乡经济全面、协调、可持续发展，都具有十分重要的意义。

我们要认真学习、深刻领会立足促进的立法精神，准确掌握和坚决贯彻落实法律规定，总结依法促进农业机械化发展的施行经验，坚持与时俱进，抓紧相关配套法规、政策、条例的制定工作，加快农业投入立法，健全完善农业支持保护政策法规体系，加强部门之间的协调配合，在新的起点上为促进我国农业机械化事业上好新的台阶做出更大的贡献！

祝贺与希望

（2009年12月3日）

很高兴应邀来参加“现代农业产业工程集成技术与模式研究”项目启动会议。首先，向项目启动表示热烈祝贺。这个项目在我国农业发展新阶段立项及时，应运而生。来之不易，意义重大。承担项目研究任务的同志肩负重任。作为项目咨询专家组的成员将尽力支持项目研究工作，祝愿并期待项目取得圆满成功！

2007年中央一号文件明确提出了积极发展现代农业的方针任务，农业部加快构建现代农业产业工程体系，是认真贯彻落实中央精神的重大战略举措，本项目是构建现代农业产业工程体系的重要工程技术支撑。项目根据中央文件提出的“六用三提高”的精神，既抓住了通过发展现代农业保障粮食安全这个事关全局的战略重点，又统筹兼顾、与时俱进地注重推动经济发展方式转变和经济结构调整，为实现优势农产品布局规划提供工程技术支持；既立足国内，提高农业综合生产能力和农产品需求供给保障能力，又放眼世界，提高农业国际竞争力，促进农业增产增效，农民增收。项目设计从农产品生产、加工储藏到流通服务、环境保护，对7个方面开展工程集成技术及模式研究，是迄今为止综合性、系统性最强，规模最大，内容最丰富的现代农业产业工程研究项目。项目团队阵容强大，精英聚集。项目研究思路清晰，重点突出，目标和实施步骤明确。但难度也很大。国家投入大，一方面说明重视，另一方面对项目的要求也高，期望也很大。希望经过努力，能交一份国家和人民满意的高质量、高水平答卷。为此，作为农业工程战线的一员老兵，对项目研究工作提三点建议，也可以说是三点希望：

一是要有高境界。就是要有对国家、对人民、对事业高度负责的责任感和使命感，要注意农业的基础性和公益性，求真务实，勇于创新地进行研究，追求我国现代农业科学发展的真理。切忌急功近利和浮躁。要用研究成果为加快现代农业发展，为改变农业落后面貌，为从根本上解决好“三农”问题，促进我国由农业大国变成农业强国提供科学研究支持，为科技兴农作出贡献！

二是要有高起点、高标准要求，要抓实。本项目是在我国人均GDP已超过3 000美元，正向超过5 000美元迈进的发展阶段进行的研究项目，是在工业化、信息化、城镇化、市场化、国际化深入发展，农业机械化发展已进入中级阶段，农业、农村正经历着深刻变化的新时期进行的

本文为作者在“现代农业产业工程集成技术与模式研究”项目启动会议上的讲话（2009年12月3日 北京）。

研究项目，必须站在新的历史起点，新的高度上开展研究，拿出新的有指导作用的研究成果。这就要求做到现实性、针对性与前瞻性、超前性结合，技术先进适用与引领发展兼顾，要把提高自主创新能力作为中国特色科技发展的战略基点和调整产业结构、转变发展方式、提高发展质量和效益的中心环节，要善于利用国内国外两种资源，结合中国国情，把集成创新与原始创新、引进消化吸收再创新结合起来，构建因地因时制宜，具有特色的现代农业产业工程集成技术与模式，并要抓实。对提出的理论模式，要在试验示范基地进行实践检验，在实践中加以改进和完善。

三是要有团结奋进、勇于创新的团队精神和团结协作的运行机制。构建现代农业产业工程技术体系，是艰巨复杂的科技工作，是一个庞大复杂的系统工程。必须有坚持解放思想，实事求是，勇于创新，不怕困难，团结合作，开拓进取精神的优秀团队，才能担当如此重任。强调团队集体作用是复杂系统研究工作的有效形式，单干是不行的。有一个思维活跃，各尽所能，分工负责，互助互促，不争名利，讲求奉献，机制良好，团结奋进的研究群体，是攻克难关，取得成功的关键要素和组织保障。我们要学习航天团队的经验，学习钱学森精神：一心报国，为国为民。淡泊名利，无私奉献。要牢记钱老的话，作为一名科技工作者，如果人民对我的工作满意的话，那才是最高的奖赏。总之，希望项目启动后，有高境界、高起点、高标准、严要求，有团结奋进的团队精神，攻克一个又一个难关，取得一个又一个胜利，祝项目取得圆满成功，为我国农业现代化又好又快发展作出重大贡献！

谢谢大家！

关于健全完善农业机械购置补贴制度的研究

（2010 年 3 月 24 日）

2004 年，有两个载入中国农业机械化发展史册的重大事件：一是中央一号文件首次将农业机械购置补贴纳入国家支农强农惠农政策的重要内容，催生了农业机械购置补贴政策及相应的《农业机械购置补贴专项资金使用管理办法》出台，正式成为国家农业支持保护体系的重要组成部分，开辟了国家财政支持、促进农业机械化、建设现代农业的新途径；二是颁布实施了《中华人民共和国农业机械化促进法》，使中国农业机械化发展，进入了有法可依、依法促进的法治轨道。法律明文规定，“中央财政、省级财政应当分别安排专项资金，对农民和农业生产经营组织购买国家支持推广的先进适用的农业机械给予补贴。补贴资金的使用应当遵循公开、公正、及时、有效的原则。”以贯彻落实中央文件精神和《农业机械化促进法》为开端和契机，初步建立起中国农业机械购置补贴制度框架，迄今已运行实施 6 年多，并在实践中不断巩固、完善和加强。中国农业机械购置补贴制度建设及实施运行情况，可概括为三句话：制度基本形成，实施成效显著，还需健全完善。

一、中国农业机械购置补贴制度基本形成

中国农业机械购置补贴制度，从 2004 年初步建立以来，在实施运行中不断丰富和完善，目前已基本形成比较全面、运行有效、财政投入稳定增长的支农强农农业机械购置补贴制度。

比较全面指现行农业机械购置补贴制度基本回答和解决了为什么补贴、补什么补给谁、补多少怎么补 3 个基本问题，体现出三性：政策性（履行政府财政职能，提供财政资金保障，弥补市场缺陷，满足社会公共需要，引导社会资金流向，优化社会资源配置效率、实现国家战略意图）、针对性（从实际出发，设立符合国情的促进农业机械化和现代农业发展的农业机械购置补贴专项资金）、科学性（符合中国国情与符合 WTO 规则有机结合，既与国际接轨，又有中国特色，因地制宜，与时俱进，可行有效）。运行有效指实施效果显著，体现了党的主张与人民意愿相统一，人民拥护、欢迎，政府满意。财政投入稳定增长指坚持落实工业反哺农业、城市支持农村和多予

本文刊于《中国农机化》2010 年第 2 期；《中国农机化导报》2010 年 5 月 3 日 7 版。

少取放活的方针，把建设现代农业作为贯穿新农村建设和现代化全过程的一项长期艰巨任务，财政对农业机械购置补贴的投入支持力度一年比一年大，已形成用现代物质条件装备农业、强化农业基础、促进现代农业建设的长效投入保障机制和财政支农资金稳定增长机制。这是农业机械化领域在改革发展中坚持理论创新和实践创新所取得的制度建设最新成果，是形成中国特色农业机械化发展道路和中国特色农业机械化理论体系的重要组成部分，是在党的领导下农机战线不懈探索实践的心血和智慧结晶。制度形成并不是一蹴而就，而是多年探索，历尽艰辛，来之不易。我们要倍加珍惜，长期坚持并不断健全、完善。

中国农业机械购置补贴制度的建立和形成，有政策依据、法律依据、理论依据、研究支持和实践基础。从 2004 年以来连续 7 个中央一号文件，是建立和形成农业机械购置补贴制度的政策依据，《中华人民共和国农业机械化促进法》是法律依据，公共财政理论是理论依据，农业部农业机械化管理司组织《我国农业机械购置补贴政策研究》的研究成果提供了研究支持，6 年农业机械购置补贴政策的实施实践是制度建立和形成的实践基础，前所未有的新制度是在加快推进社会主义现代化的新时期应运而生。

从中国农业机械化发展进程分析，农业机械购置主体经历了国家独办、集体为主、农民为主的探索实践不同历程。改革开放以来，在经济体制从传统的计划经济体制向社会主义市场经济体制转变的过程中，市场对资源配置起基础性作用得到发挥，农民和农业生产经营组织是发展农业机械化的主体，也是投资购置农业机械的主体地位逐渐明晰和确立，形成了以农民为主体、政府引导扶持、社会力量广泛参与的多元化农机购置投入机制。但在市场经济条件下，如何发挥政府在农机资源配置中的职能作用有一个认识和探索过程。到 2003 年，全国农业机械购置总投入为 223.69 亿元，其中农民投入 215.1 亿元，占 96.2%，农民是购置农业机械的主体地位充分体现。对于当年人均纯收入才 2 622 元的农民来说，能拿出 215 亿元来购买农业机械，真是难能可贵的了不起的大事。说明农民对用现代物质条件装备农业、发展农业机械化有迫切需求和很高的积极性。但购置农业机械往往一次性投资较大，特别是大中型农业机械价格较高，对收入低、购买力弱的农民来说，仅靠自身积累自发购买确实能力有限，难度很大，资金困难是制约农民购机的主要因素，是影响农业现代化进程的主要经济性障碍，迫切需要国家给予扶持。在出现大中型拖拉机有许多需要报废更新，增量又明显减缓的情况下，从 1998 年开始到 2003 年，中央财政每年投入 2 000 万元，作为用于大中型拖拉机更新购置补贴专项资金，先后在 13 个省（区、市）实施。但这只是杯水车薪，中央财政用于农机更新购置补贴的专项资金只占农机购置总投入的 0.09%，投入规模和实施范围太小，且是一事一议的专项补贴措施，没有形成稳定增长的财政投入长效保障机制，不能满足财政支持发展现代农业、促进农业机械化的社会公共需要，难以发挥财政投入引导社会资金流向，优化资源配置的职能，难以弥补社会资金投入农机难的市场缺陷。面对这个难题，需要通过理论创新和实践创新来进行突破、化解。2003 年，农业部农业机械化管理司决定组织“农业机械购置补贴政策研究”课题，要求课题研究工作要与政府政策制定工作紧密结合，为科学制定我国农业机械购置补贴政策及其专项资金使用管理办法服务。强调两个目的：一是为国家财政安排农业机械购置补贴专项资金提供政策研究支持，特别是补贴力度如何加大，如何形成稳定支持的长效机制；二是为《中华人民共和国农业机械化促进法》有关条款的设立提供研究支持。此项研究成果理论联系实际，参考国际经验，重在符合国情，从多角度为制定科学、合理的农业机械购置补贴政策及实施管理办法提供了理论依据和研究支持，为建立中国农业机械购置补贴制度做出了重要贡献。

从实践创新分析，在贯彻落实农业机械购置补贴政策的实施过程中，中国农业机械购置补贴制度建设经历了从无到有，补贴规模（力度）从小到大，补贴机具的种类由少到多，补贴实施范围从部分重点地区到覆盖全国所有农牧业县（场），补贴标准由低到高，补贴制度从建立实施到充实、加强、调整、健全的形成过程。具体表现在：

（1）为什么补贴（补贴目的）。2004年，在农业部、财政部贯彻中央一号文件精神和中央决策部署，共同制定的《农业机械购置补贴资金使用管理办法（试行）》中，第一章第一条开宗明义地阐明："为鼓励和支持农民使用先进适用的农业机械，加快推进农业机械化进程，提高农业综合生产能力，促进农民增收，中央财政设立农业机械购置补贴专项资金。"在以后的几个中央一号文件中，进一步提升到按照统筹城乡发展，推进社会主义新农村建设，积极发展现代农业，稳粮、增收、强基础、重民生的要求，巩固、完善、强化支农、惠农、强农政策，坚持和完善农业补贴制度和财政投入稳定增长的长效机制，健全国家对农业和农民的支持保护体系的新高度。由农业综合生产能力建设专项补贴资金提高到长效补贴制度建设和支持保护体系建设的新高度，使我们对为什么补贴有了新的认识，设立农业机械购置补贴资金，建立健全农业机械购置补贴制度，意义十分重大。

（2）补什么补给谁。补贴机具种类由2004年重点补贴以粮食生产为主的6大类机械，逐步扩大到粮棉油作物及特色经济作物、养殖业、林业等的12大类45个小类180个品目纳入补贴范围，覆盖农牧渔业生产急需的关键环节所有的农业机械，并重点向农业生产急需的薄弱环节倾斜。在中央补贴农机具种类范围的基础上，各省（区、市）可根据需要，自行选择不超过20个品目的其他类机具纳入中央财政购机补贴范围。中央补贴机具范围开始不允许各省自行增加补贴品目，在实施中为适应我国农业生产条件复杂，各地差异性较大的实际需要，2008年、2009年分别允许各省可根据需要自行增加不超过5个品目和10个品目的其他类机具纳入中央财政补贴机具范围，实施效果各地反映很好，2010年允许自增范围扩大到20个品目；补贴对象包括农民个人、农场（林场）职工、农机专业户和直接从事农业生产的农业生产经营组织。在推进农机服务市场化、社会化、产业化、规范化、规模化进程中，农机购置补贴资金向农机专业合作社、农机大户倾斜，加大了对农机专业合作组织、农机大户的扶持力度；补贴实施范围从2004年粮食主产区16个省（区、市）的66个县及部分农垦农场，扩大到覆盖全国所有农牧业县（场）。在加大粮食主产区、南方丘陵山区和血吸虫防疫区补贴力度的同时，逐步完善适合牧区、林区、垦区特点的补贴政策；补贴结构应中央财政补贴与地方财政补贴统筹安排，合理配合，逐渐形成中央补贴为主导，地方补贴配套补充并兼顾地方特点的补贴规模及结构。

（3）补多少怎么补。中央财政农业机械购置补贴资金规模由 2004 年 7 000 万元逐年持续大幅度增加到 2010 年的 155 亿元，7 年翻了 7.7 番多；补贴标准逐步提高，对部分高性能、大马力农机具的单机补贴适当提高了最高限额标准，并进一步突出了补贴重点。例如，2010 年，将大型联合收割机、水稻大型浸种催芽程控设备、大型烘干机单机补贴限额提高到 12 万元；大型棉花采摘机、甘蔗收获机、200 马力以上拖拉机单机补贴额可到 20 万元；农业机械购置补贴资金管理暂行办法及年度实施指导意见由农业部、财政部共同制定组织实施，并有明确分工：农业部负责项目组织管理，财政部负责资金落实与监督管理。管理办法对补贴资金实施管理的指导思想、主要目标、基本原则、实施范围及规模、补贴机具及补贴标准、补贴对象、经销商选择确定、申报、下达、发放程序、工作要求都有明文规定，确立了以“五项制度”为核心的操作办法，即补贴机具目录制、补贴资金省级集中支付制、受益对象公示制、执行过程监管制、实施效果考核制及相应的管理办法等一系列规章制度，并在实施中严格规范操作，强化监督管理，确保落实到位，不断改进、健全、完善。在管理办法实施过程中，一些与之相关或配套的规章制度及管理设施相继出台，如农业部、财政部、发改委共同制定的《国家支持推广的农业机械产品目录管理办法》，农业部《农业机械质量投诉监督管理办法》、农业部《关于加快发展农机专业合作社的意见》先后发布实施，农业机械购置补贴监管纪律“三个严禁”、“八个不得”的制定实施，全国农机购置补贴管理系统、全国农机购置补贴信息系统的开发开通，补贴资金启动实施进度和结算办法的改进，补贴效果评价、补贴机制的动态调整，等等，使农机购置补贴资金使用管理更加规范，效率不断提高，这一切，标志着中国农业机械购置补贴制度基本形成。

二、实施成效显著

实施农业机械购置补贴政策是一种政府行为，考察其实施成效应看其是否履行了政府职能，是否达到了补贴的目的要求。6 年多的实施成效非常显著，可概括为三个方面：

一是建立健全了农业机械购置补贴制度，使其成为我国强农惠农支持保护体系的重要组成部分。形成了一个长期有效的好制度是政策实施的最大成效，这是我国农业机械化制度建设的最新成果和宝贵财富。因为这不是一时一事的成效，而是履行了国家支农强农惠农政策的政府资源配置职能，开辟了国家财政支持、促进农业机械化发展、建设现代农业的新途径，为用现代物质条件装备农业提供稳定增长的财政资金保障和制度保障，弥补了社会资金投入农机难、需求迫切而投入不足的市场缺陷，满足了推进现代化进程的社会公共需要，促发展，得民心，形成制度的重大意义是带根本性、长期性的。制度建设的社会经济效益是难以计量的无价之宝。中国农业机械购置补贴制度的建立和形成，由认识成果、实践成果凝结成制度成果，丰富了中国特色农业机械化发展道路的内容，是形成中国特色农业机械化理论体系的重要组成部分。

二是引导社会资金流向，优化资源配置效率成效显著。农业机械购置补贴政策实施以来，全社会用于购置农业机械的资金大幅增加，全国农业机械购置总投入从2003年的223.69亿元，增加到2009年的600多亿元，翻了1.36番。其间，2006年突破了300亿元大关，2008年突破了400亿元大关，2009年突破了600亿元大关，6年上了3个台阶，连闯3关。推动了资源要素向农业、农村配置。其中农民个人用于农业机械购置的投入，从215.1亿元增加到452多亿元，增加了237亿元，也翻了一番多，引导带动作用十分显著。投入强度（每公顷农作物播种面积农业机械购置费）由147元增加到384元，翻了1.3番。与此同时，带动了农机工业产销两旺，农机工业总产值2005年突破了1 000亿元大关，2009年又突破2 000亿元大关，达2 300亿元，6年闯过两大关，成效空前。随着投入的增加，农业装备总量大幅增加，装备结构不断优化，科技含量明显提高，农业生产条件大大改善。我国农机总动力从6亿千瓦增加到8.75亿千瓦，大中型拖拉机从97万台增加到350多万台，联合收获机从36.2万台增加到近86万台，大马力、高性能、复式作业机械保持较高增幅，经济作物、畜牧、林果及农产品产后处理加工机械、适应结构调整、资源节约和环境友好的农业机械装备得到较快发展。

三是达到补贴目的要求、实现国家战略意图成效显著。在加快推进农业机械化进程方面，我国耕种收综合机械化水平从2003年的32.5%提高到2009年的49.1%，年均提高2.76个百分点。尤其近4年，创造了连续4年年增幅在3个百分点以上持续快速发展的历史新纪录，是历史上提高速度最快的发展时期。尤其长期滞后的玉米机收，2009年比上年玉米机收水平提高了7个百分点，快速发展是实施农业机械购置补贴政策以来最显著的成就。与此相应的是，第一产业劳动生产率从4 756元提高到1.2万多元，翻了一番多，农业综合生产能力大幅度提高；在提高粮食生产能力，确保国家粮食安全方面，农机购置补贴重点一直坚持向粮食作物生产机械化倾斜，为粮食连续6年实现稳定增产提供了强有力的物质技术支撑，粮食总产量从4.3亿吨增加到5.3亿吨，增加了1亿多吨，创造了连续3年粮食总产量稳定在5亿吨以上的历史纪录，人均粮食从333公斤提高到398公斤，农业机械化做出了重要贡献，农机购置补贴功不可没；在转变农业发展方式方面，农业生产要素发生了传统要素减少现代要素增多的显著变化，表现为二增二减，农业机械增多，能操作使用现代农业生产装备的新型农民增多，传统农民减少，农用役畜减少。2003—2009年，我国农业机械原值从3 361.6亿元增加到5 800多亿元，农业劳均农机原值从1 075元增加到2 000多元，农业机械总动力年均增加4 500多万千瓦。与此同时，乡村农机作业人员从3 742万多人增加到5 000多万人，年均增加210多万人，这是一支能操作使用现代农业生产装备，开展农机作业社会化服务，有文化、懂技术、会经营的新型农民，是建设社会主义新农村，积极发展现代农业的生力军和带头人。而农业从业人员总量却从3.126亿人减少到2.61亿人，减少了5 100多万人，传统农民大大减少了，新型农民增加了，农业生产和发展方式正在发生巨大变化，农业劳动生产率提高了。与此相应的是，每百户农村居民平均拥有的役畜从35.5头减少到25头，减少了10头。农业生产对传统要素的依赖减弱了，对现代要素的依赖大大增强了。耕种收综合机械化水平即将突破50%，在大于50%的区间运行，这标志着在农业生产中机械化生产方式取得主导和支配地位的大趋势已不可逆转，在农业机械购置补贴政策的支持下，“十一五”农业机械化发展目标已提前实现，农业机械化中级阶段的历史任务将加速完成；由于农业生产方式、发展方式发生了重大变化，节本增效、促进农民增收的效果也很明显：2003—2009年，第一产业亿元增加值农机动力用量从3.57万千瓦减少到2.47万千瓦，减少了1.1万千瓦，第一产业亿元增加值农业劳动力用量从1.8万人减少到0.74万人，减少了1.06万人，投入效率提高了，产出多了，促进农民人均纯收入从2 622元提高到5 153元，接近翻了一番。农业机械购置补贴政策一举多效的政策效应举世公认，实施成效达到了补贴目的要求，履行了政府职能，实现了国家战略意图，受到民众欢迎拥护，这就是大家常说的取得了三满意的政策效果：农民得实惠、企业得效益、政府得民心。

三、健全完善农业机械购置补贴制度的着力点

实践永无止境，创新永无止境，对在实施中已取得巨大成效的现行农业机械购置补贴制度，既要坚持、珍惜，又要不断健全、完善。因为新制度在实施实践中必然有一个健全完善的过程。在实践中出现了一些新情况、新问题，在一片叫好声中也听到不少意见和要求改进的建议，需要及时认真研究，切实有效解决。深得民心的好制度具有广泛的社会关注度和自我矫正、自我完善的活力，应当在实践中坚持解放思想，实事求是，运用智慧，勇于创新，与时俱进地不断健全和完善。

制度的健全完善是艰巨复杂的长期任务，并非一日之功。在制度建设中，要坚持公开、公正、及时、有效的原则，把握公平、效率两个基本点。农业机械购置补贴制度实施6年多了，是应当下力气进一步健全完善的时候了。来自各方面的意见反映出不同角度的诉求，要注意抓住群众最关心、最迫切、反映最强烈的主要问题，作为当前健全完善的着力点，例如补贴力度、重点、服务、纪律等四个方面的问题。

一是补贴机制由加大投入向稳定增加投入与用好投入并重提升。农业机械购置补贴从无到有，从少到多，补贴力度不断加大。在政策指导上，一直坚持继续加大投入力度，建立健全财政支农资金稳定增长机制，今年财政投入力度要比上年增大。前阶段的实践证明，稳定、强化扶持政策是完全正确、非常必要的。2010年，中央财政农机购置补贴资金已经达到155亿元，这是一个新高度、新起点。在这个新基础上，补贴机制如何由加大投入向稳定增加投入与用好投入并重提升，成为健全完善购机补贴制度的重要问题。也就是说，大家不仅关注稳定增加投入，更要关注科学投入、用好投入了。实践中，目前补贴总量仍不能满足补贴需求，应坚持财政投入稳定增长机制，继续增加农机购置补贴投入。与此同时，应加强统筹规划，合理确定补贴资金规模，

把加大投入提升为科学投入、用好投入。因为，需求无限性与供给有限性是客观规律，财政补贴总是有限度的。这就要求我们把国家财政的钱花在刀刃上，用有限的财政补贴资金，发挥最大的财政投入效果，经得起实践和历史的检验，在实现国家推进农业机械化、强农惠农战略意图，确保农业机械化更加快速、协调、可持续发展中，发挥更大的财政投入作用。科学投入要适度投入，更要用好投入。少了不行，推进力不足，投入用不好，会造成资源浪费。究竟补贴多少？加大投入多少？如何用好？还应当在量的把握和规定方面加强研究支持增强科学性。因此，在制度建设上，要加强定性与定量相结合的研究，从供求平衡要求，补贴力度与国民经济发展和农机化自身发展规律相适应，以及不同发展阶段有不同需求的战略高度，为健全财政投入稳定增长机制，为制定科学投入决策提供定量研究支持。与此同时，在制度建设中还应加强补贴成效评价研究，建立科学的评价方法和规范的评价制度，完善补贴动态调整机制，为用好补贴资金提供研究支持和制度保障。在制度建设中，用好投入要求在增加农机购置投入时，相应增加农机化技术推广经费投入，增加关键环节农机作业补贴投入，加强农机手培训，加强农机鉴定、监理、维修等农机公共服务能力建设，切实履行好政府引导、鼓励、支持、统筹协调等公共服务职能。

二是补贴重点向战略产业、急需环节、弱势地区倾斜。健全完善农业机械购置补贴制度，必须深入贯彻落实科学发展观，用统筹兼顾的根本方法，突出重点，兼顾一般，重点突破，全面推进。在坚持行之有效的农机购置补贴资金向粮食及优势农产品主产区倾斜，向主要农作物生产薄弱环节机具倾斜，向农机服务组织和农机大户倾斜的基础上，进一步发挥补贴政策的宏观调控作用，按照“存量适度调整，增量重点倾斜”的原则，把保增长与调结构结合起来，向推进结构优化调整倾斜，向转变发展方式急需政府资金支持的弱势地区倾斜。建议针对不同地区实行差别对待政策。在全国耕种收综合机械化水平进入大于50%的发展时期后，地区差异大，缩小地区差距的问题凸显出来。弱势地区指推进农业机械化的自然和经济条件很困难，目前农机投入强度和农业机械化水平都很低，是急需国家扶持的地区。以 2008 年的统计资料为例，全国耕种收综合机械化水平为 45.85%，最高的黑龙江已达 83.5%，最低的贵州才 4.1%；全国农民人均纯收入为 4 761 元，最高的上海已达 11 440 元，最低的贵州、甘肃分别为 2 797 元、2 724 元；全国平均农业机械购置投入强度为 261.9 元/公顷，其中财政投入强度为 39.8 元/公顷，中央财政投入强度为 28.8 元/公顷，最高的上海农业机械购置投入强度为 556.1 元/公顷，财政投入强度为 330.5 元/公顷，中央财政投入强度为 29.6 元/公顷，最低的贵州农业机械购置投入强度仅 112.7 元/公顷，约为上海的 1/5，其中财政投入强度为 25.6 元/公顷，约为上海的 1/12，中央财政投入为 17.3 元/公顷，约为上海的 58.45%。可见差距之大。农业机械购置补贴适当向弱势地区倾斜，增大向需求迫切、能力不足地区的雪中送炭力度，应列入健全完善农业机械购置补贴制度、调整优化补贴结构的重要内容。例如，对贫困地区、血吸虫重点防疫区和地震灾区等区域的补贴力度，建议补贴比例可加大到 50%。这是新时期服务全局发展战略，促进区域协调发展和实现社会公平，优化全社会资源配置效率的重要举措。

三是运作机制由管理型向服务型转变。在农业机械购置补贴政策实施中，政府要正确履行社会管理和公共服务的职能，按照建设人民满意的服务型政府的要求，为补贴对象和市场主体创造良好的政策执行环境，提供良好的公共服务，真正做到公开、公正、及时、有效，维护社会公平正义，让农民和企业得到实实在在的好处。总体来看，补贴实施人民是满意的，普遍叫好声是反映民意的主流声音。但在一些地方也听到了“政策好，程序多，办事难”的强烈呼声和“啥时候办事不再这么难啊！”的一些诉求。政策执行要做到民有所呼，政有所应，为受众排忧解难。因此，在制度建设中要按照“目标清晰，受益直接，简便高效”的要求，认真梳理研究解决民众反映强烈的突出问题，在简化程序，提高效率，惠民便民等方面下工夫。政府要到位，不缺位也不越位，改进办法，健全完善制度，着力提高补贴政策实施效率，努力提高政策执行力和公信力，把好事办好，真正做到既惠民又便民高效，让人民更满意。

四是严明纪律，加强政策执行力度。对为保障政策实施已出台的一系列规章制度和纪律规定，要加强执行力度和督导检查，做到令行禁止，为确保国家目标、补贴目的实现提供纪律保障。要强化问责制，对失职渎职，不作为和乱作为的要依律追究责任。在政策实施中，要推进政务公开，增强透明度，保障人民群众的知情权、参与权、表达权、监督权，绝不允许利用补贴资金为单位和个人谋取私利。强化审计等专门监督，高度重视人民群众监督和新闻舆论监督。对勤勉尽责、敬业有为的应建立奖励制度。总之，在制度建设和纪律建设中，要以为民、务实、廉洁、高效的行为和业绩，让人民放心，让人民和政府都满意。

关于市场与补贴的一些认识

（2010年4月25日）

关于农业机械购置补贴与市场关系的讨论，应以辩证唯物论的知行统一观为指导，坚持实事求是。从实际出发，从感性到理性，从现象到本质，从实践上升到理论，形成对客观事物的正确认识，并用正确的理性认识来指导实践。

一、对市场与补贴的基本认识

在社会主义市场经济体制中，市场对资源配置起基础性作用，是资源配置的主体。生产什么、为谁生产、生产多少、如何生产等基本问题，是由市场机制来解决的。市场经济活动遵循价值规律，适应供求关系变化，发挥竞争机制和价格杠杆等功能，把资源配置到效益较好的地方去。实践证明，市场经济是资源配置的有效方式。因此，我国经济体制改革的目标取向是建立充满活力的社会主义市场经济体制。实践也证明，市场本身也存在一些不能很好地满足社会公共需要的缺陷。以农业机械购置为例，技术进步和发展现代农业，是加强农业基础的社会公共需要，迫切要求用现代物质条件装备农业，积极推进农业机械化，加快转变农业发展方式。农民也有发展农机化的迫切要求和积极性。但购置农业机械往往一次性投资较大，特别是大中型农业机械价格较高，对收入低、购买力弱的农民来说，仅靠自身积累自发购买确实能力有限，难度很大。需求虽很迫切，但资金困难在市场上就不能成交，资金困难成为制约农民购置农机的主要因素，因而也是不能满足发展先进生产力要求，加快推进农业现代化进程社会公共需要的主要经济性障碍。这就是市场缺陷，需要政府履行职能加以解决。市场经济条件下，政府在资源配置中的职能是满足社会公共需要，弥补市场缺陷，提供公共物品或服务。也就是说，政府的根本任务，是解决仅通过市场机制满足不了或满足不好的社会公共需要的问题。市场在资源配置中起基础性作用，政府起公共性、弥补性作用（引导、带动、补助、支持、调节），二者各有定位，功能互补。政府不能缺位，也不越位。市场自身能解决的问题，政府不干预。市场自身不能或不能很好解决的问题，政府要履行职能加以解决。

本文为作者在2010年农机政策与市场报告会上的讲话（2010年4月25日 宁夏银川）。刊于《农机科技推广》2010年第4期。《中国农机化导报》2010年5月17日3版以“实践中看补贴与市场”为题摘要刊载。

农业机械购置补贴，就是政府履行满足社会公共需要的资源配置职能和促进社会经济发展的宏观调控职能，通过财政资金再分配的补贴手段，为落实统筹城乡发展，工业反哺农业、城市支持农村的方针，为满足积极发展现代农业，用现代物质条件装备农业，加快推进农业机械化的社会公共需要，弥补社会资金投入农机困难的市场缺陷，提供必要的财政资金支持，以引导社会资金流向发展现代农业，优化社会资源配置效率，推动资源要素向农业、农村配置，为实现国家战略意图，促进现代化目标实现，提供财政资金保障。

综上所述，对市场与补贴的基本认识是：在社会资源配置中，市场起基础性作用，政府起公共性、弥补性作用。二者各有定位，功能互补，良性互动，可优化社会资源配置效率，实现国家发展战略和人民意愿，促进经济社会发展和市场繁荣。

二、实践中看补贴与市场

从 2004 年以来，连续 7 个中央一号文件都将农业机械购置补贴纳入国家支农强农惠农政策的重要内容，《农业机械化促进法》对农业机械购置补贴作了明文规定，催生了我国农业机械购置补贴制度的建立，并在实施运行中不断健全和完善。农业机械购置补贴政策及相应的补贴制度，已经成为国家农业支持保护体系的重要组成部分。财政对农业机械购置补贴的投入支持力度一年比一年大，已形成用现代物质条件装备农业、强化农业基础，促进现代农业发展的长效投入保障机制和财政支农资金稳定增长机制，实施成效显著，体现了党的主张与人民意愿的统一，取得了农民得实惠、企业得效益、政府得民心的三满意效果。普遍叫好是反映民意的主流声音。但随着补贴力度年年加大，在政府作用不断加强的同时，如何充分发挥市场基础性作用的问题，日益引起大家关注。几年实践中，市场基础性作用的发挥与政府职能的良性互动，有一个磨合、协调、适应过程。总的趋势是坚持充满活力的社会主义市场经济体制改革方向，使市场和政府都能很好地发挥作用，最终实现按市场规律有效配置资源。正如温家宝总理在剑桥大学的演讲“用发展的眼光看中国”中所说，“真正的市场化改革，绝不会把市场机制与国家宏观调控对立起来。既要发挥市场这只看不见的手的作用，又要发挥政府和社会监督这只看得见的手的作用。两手都要硬，两手同时发挥作用，才能实现按照市场规律配置资源，也才能使资源配置合理、协调、公平、可持续。”我国农业机械购置补贴实践证明，二者的良性互动关系在不断增强。表现在以下几方面：

（1）政府职能凸显。一是由一事一议的专项补贴措施，发展成稳定增长的投入长效支持机制，建立健全农业机械购置补贴制度，已成为我国强农惠农支持保护体系的重要组成部分。为促进农业机械化发展提供稳定增长的财政资金保障，满足社会公共需要的投入支持力度逐年增大。中央财政农业机械购置补贴资金规模，从 2004 年的 7 000 万元，逐年持续增大到 2010 年的 155 亿元，7 年翻了 7.7 番多，在历史上是空前的；二是引导社会资金流向农机，弥补社会资金投入农机难的市场缺陷成效显著。农业机械购置补贴政策实施以来，全社会用于购置农业机械的资金大幅增加，全国农业机械购置总投入从2003年的223.69亿元，增加到2009年的609.7亿元，6年上了300亿元、400亿元、600亿元3个台阶，闯过3大关，推动了资源要素向农业、农村配置。其间农民用于农业机械购置的投入，从215亿元增加到452.84亿元，增加237.76亿元，引导带动作用十分显著。与此同时，带动了农机工业产销两旺，农机工业总产值2005年突破1 000亿元大关，2009年又突破2 000亿元大关，达2 300亿元，成效空前，成为成功应对国际金融危机冲击，实现逆势快速增长的佼佼者。三是优化资源配置效率，用现代物质条件装备农业成效显著。随着投入的增加，现代农业装备总量大幅增加，装备结构不断优化，科技含量明显提高，农业生产条件大大改善。2003—2009年，我国农机总动力从6亿千瓦增加到8.75亿千瓦，大中型拖拉机从97万台增加到350多万台，联合收获机从36.2万台增加到近86万台，大马力、高性能、复式作业机械保持较高增幅，粮食、经济作物、畜牧、林果及农产品产后处理加工机械，适应结构调整、资源节约和环境友好的农业机械装备，都得到前所未有的较快发展。每公顷农作物播种面积农业机械购置投入强度从147元增加到384.4元，翻了1.3番。四是实施国家推进农业机械化发展战略成效显著。在加快推进农业机械化进程方面，我国耕种收综合机械化水平从2003年32.5%提高到2009年49.1%，年均提高2.77个百分点。尤其近4年，创造了连续4年年增幅在3个百分点以上持续快速发展的历史新纪录，是历史上提高速度最快的发展时期，快速发展是实施农业机械购置补贴政策以来最显著的成就；在提高粮食生产能力，确保国家粮食安全方面，农机购置补贴重点一直坚持向粮食作物生产机械化倾斜，为粮食连续6年实现稳定增产提供了强有力的物质技术支撑，粮食总产量从4.3亿吨增加到5.3亿吨，创造了连续3年粮食总产量稳定在5亿吨以上的历史纪录，农业机械化为保障国家粮食安全做出了重要贡献，农机购置补贴功不可没；在实施加快转变农业发展方式战略方面，农业生产要素发生了传统要素减少现代要素增多的显著变化，表现为二增二减：农业机械增多，能操作使用现代农业生产装备的新型农民增多，传统农民减少，农用役畜减少。2003—2009年，我国农业机械原值从3 361.6亿元增加到5 800多亿元，农业劳均农机原值从1 075元增加到2 000多元，农业机械总动力年均增加4 500多万千瓦。乡村农机从业人员从3 742万多人增加到5 000多万人，年均增加210多万人。而农业从业人员总量从3.126亿人减少到2.61亿人，减少了5 100多万人，每百户农村居民平均拥有的役畜从35.5头减少到25头，减少了10头。传统农民大大减少了，新型农民增加了，农业机械增多了，农用役畜减少了。农业生产对传统要素的依赖减弱了，对现代要素的依赖大大增强了，农业生产和发展方式正在发生前所未有的巨大变化，耕种收综合机械化水平即将突破50%，在大于50%的区间运行，这标志着在农业生产中机械化生产方式取得主导和支配地位的大趋势已不可逆转。在农业机械购置补贴政策支持下，“十一五”农业机械化发展目标已提前实现，农业机械化中级阶段的历史任务将加速完成；由于农业生产方式、发展方式发生了重大变化，农业综合生产能力大幅度提高，节本增效，提高劳动生产率，促进农民增收的效果十分明显：2003—2009年，第一产业亿元增加值农机动力用量从3.57万千瓦减少到2.47万千瓦，减少了1.1万千瓦；第一产业亿元增加值农业劳动力用量从1.8万人减少到0.74万人，减少了1.06万人；第一产业劳动生产率从 4 756 元提高到 1.2 万多元，翻了一番多。投入效率提高了，产出多了，促进农民人均纯收入从 2 622 元提高到 5 153 元，突破了 5 000 元大关，接近翻了一番。综上所述，农机购置补贴政策实施成效非常显著，一举多效，政府职能凸显。

（2）市场基础作用相应发挥。最明显是农民购机行为表现出相当理性。在农机市场中，农民是发展农业机械化生产、经营和投资农机的主体，享有经营和投资农机的自主权和选择权。作为经济人的农民，对农机化投入的理性表现一般符合需要、可能、合算三原则，不需要不会投入，不可能（无能力）不会投入，不合算（无效益）不会投入。农民购置农机的投资能力是有限的，有好处、有效益才会投入。据 2004—2008 年统计资料，随着中央农机购置补贴力度持续加大，农民购置农机的投入全国总体上也在持续增加，但投入增幅并不一定随财政增幅成倍加大而成倍加大，而是在财政投入大增时，农民投入增幅相对较平稳。进一步分析各省农机购置的投入情况，发现农民对农机购置的投入并不一定跟着政府补贴的增加而增多，而是有增有减。5 年中只有 6 个省（市、区）是持续增加，有 24 个省（市、区）在不同年份出现过农民农机购置投入下降情况，其中有 12 个省份下降过 1 次，7 个省份下降过 2 次，4 省（区）下降过 3 次，1 市下降过 4 次。最明显是 2006 年，中央财政农机购置补贴比上年翻了一番，但出现有 14 个省（市、区）农民购置农机投入比上年下降。由于农民投入下降的影响，其中 9 个省（市、区）的农机购置总投入也下降。2008 年，中央财政农机购置补贴资金大幅度增加到 40 亿元，比上年又翻了一番，也出现 9 个省份农民投入下降，导致其中 5 个省（区）农机购置总投入下降。农民的行为说明，有自主权的农民对农机投入是比较理性的。在一定程度上反映了农民的投入能力和投入预期，反映出各地农机化发展的实际情况和地区差异等客观规律，反映出农机市场的承载力和运行力。总之，这表明市场对资源配置起基础作用的客观规律在发挥作用。实践启示我们，虽然中央财政农机购置补贴资金占农机购置总投入的比重明显增大了（由 2004 年只占 0.32%增大到目前已占 25%以上），但农民是农机购置投入主体的地位仍没有变（农民投入仍占总投入 70%以上），农民在农机购置中享有自主权和选择权仍没有变（得到相关法规保护）；虽然农机购置补贴力度加大对市场供需双方行为的影响力明显增大了，但政府补贴只起公共性、弥补性作用（引导、带动、支持、调节）的职能定位仍没有变，而且，在农机市场中，有国家补贴的农机具，还有国家不补贴的农机具，交易都在进行，最终对农机总投入多少起决定性作用的还是受市场规律影响的农民。在补贴力度加大的同时，市场在资源配置中的基础性作用仍在相应发挥的客观规律，任何时候都不容忽视。对农机企业来说，既要关注政府政策导向，又要研究市场的实际需求，对农民的现实需求与潜在需求通盘研究，作出符合实际的科学判断，才能抓住机遇，应对挑战，掌握主动，加快发展。所以，在补贴力度加大时，也不能只盯着补贴过日子，不能只唯上，还要密切研究市场，要唯实。充分发挥市场在资源配置中的基础性作用，是社会主义市场经济的改革方向，在市场竞争中自觉遵循经济规律和自然规律，关注市场作用与政府职能结合的强大合力，把握住努力方向和着力点，用先进适用的产品和优质服务去开拓、占领市场，是开创新局面、创造新业绩必须坚持的基本点，也是实现科学发展的取胜之道。

（3）补贴制度在实践中不断健全、完善。实践永无止境，创新也永无止境。对在实践中已大见成效的现行农业机械购置补贴制度，既要坚持、巩固，又要不断健全、完善。在市场经济大潮中，市场行为和政府行为要很好协调，形成推进发展的强大合力，有一个磨合、适应过程。要做到既充分发挥市场在资源配置中的基础性作用，又切实履行政府职能，不缺位也不越位，真正实现良性互动，必须做到三个坚持：一是必须坚持改革方向。在补贴力度加大时，对市场、政府作用的功能定位不能动摇，不能错位，要真正做到功能互补，良性互动，两手都硬，使资源配置更合理、公平、可持续；二是坚持公开、公正、及时、有效原则。在实施中不走样。做到廉政为民，充满活力，改进办法，简化程序，提高效率，落实到位，在既惠民又便民上下工夫，既要公平，又讲效率，把好事办好。使补贴运作机制由管理型向服务型转变，努力提高政策执行力和公信力，让人民更满意；三是坚持求真务实，在改革创新中不断健全、完善购机补贴制度。对制度实施中出现的问题，要及时认真研究，切实有效解决。尤其是群众反映最迫切、最强烈的突出问题，要作为制度建设改进、健全和完善的重点。急民之所急，想民之所想，解民之所忧，减民之所困，使好政策发挥出最大的惠民、便民效果。例如，农业机械购置补贴政策实施以来，补贴力度（资金规模）不断加大，已形成稳定增长的财政投入长效保障机制；补贴实施范围从部分重点地区扩大到覆盖全国所有农牧业县（场）；补贴机具种类从以粮食生产为主的 6 大类扩大到粮棉油作物及特色经济作物，养殖业、林业等 12 大类 45 个小类 180 个品目机具，几乎覆盖农林牧渔业生产急需的关键环节所有的农业机械；补贴重点向粮食生产，产业结构、装备结构、地区布局调整和提高组织化程度倾斜；对部分地区（重灾区、重点血防疫区）和部分高性能、大马力农机具适度提高补贴标准；贯彻落实因地制宜、经济有效原则，扩大地方自主权，各省（区、市）可在全国统一补贴的农机品目之外，根据当地农业发展需要，自行增加不超过 20 个品目的其他机具列入中央资金补贴范围；保障农民自主权和选择权，对农民年度内补贴购买农机具的数量不作全国统一限制，补贴产品经销商由农机生产企业自主提出推荐，报省级农机主管部门统一公布，供农民自主选择。农民可以在省域内跨县自主购机，同一产品销售给享受补贴的农民的价格不得高于销售给不享受补贴的农民的价格；加强信息化服务和推进信息化管理，全国农机购置补贴管理系统、全国农机购置补贴信息系统开发开通；补贴资金启动、实施进度和结算办法的改进，农民高兴称为“及时雨”（提早启动，预拨资金，分上半年、下半年两批落实到位，加快实施进度和结算速度），农机生产企业提前安排生产，保障供货及时；加强纪律制度建设，强化监督管理，“三个禁止”、“八个不得”的制定实施；等等，都证明农机购置补贴制度是能自我矫正和完善、具有活力的好制度，是在实践中不断地与时俱进、健全完善的。总之，要以改革创新为动力，按照目标清晰，受益直接，公开公正，简便高效的要求，使农机购置补贴制度建设和实施更加充满活力，富有效率，有利发展，为推进我国农业机械化又好又快发展，提供强有力的制度保障和持久的推进力量，让农民、企业和政府都满意。

给任洪斌董事长的一封信

（2010 年 5 月 25 日）

任总：

您好！

今天很高兴在《人民日报》2 版看到记者采访您的报道“致力建设装备业‘航母’，国机集团必须承担起振兴中国机械工业的责任，将向着以装备制造业为主体的方向进行结构调整和转型，继续加强自主创新能力，推动行业进步。”有责任感、使命感，有气派。很好！

从关注的角度，也提一点建议，就是目标定位的提法问题。“国机集团发展装备制造业，把目标定位在紧跟国际先进制造技术、填补国内空白上。”似可把“紧跟国际先进制造技术”改为“积极参与国际竞争”。因为，国机集团要扛起振兴中国机械工业的大旗，必须提高两个能力：一是满足国内需求的供给保障能力，努力填补国内空白；二是提高国际竞争力，在国际竞争中占有相当的地位。积极参与国际竞争，是由制造大国向强国迈进的必然要求。因此，必须由“紧跟国际先进制造技术”向自主创新、形成有特色优势的中国制造技术转变，创造出具有国际影响力、有自主知识产权、中国制造的世界知名品牌。在世界机械工业格局中，形成中国特色产品，打出中国品牌，从国际竞争的高度定位，以差异化战略而不是“紧跟”战略在世界占有独特的地位。

以上建议，仅供参考。

祝国机集团成功！

白人朴

2010.5.25．下午 5 时

“十一五”我国农业机械化发展成就辉煌

（2010年6月5日）

“十一五”是我国农业机械化发展取得重大进展的五年，是有史以来发展速度最快的五年，是农机化作用显著增强、效益明显提高的五年，成就辉煌。我国农业机械化发展已站在新的历史起点上继续向前迈进。主要标志有五：一是提前超额实现了规划目标，成效显著；二是我国农业机械化发展水平迈上了新台阶，整体跨入了中级阶段，先进地区已向高级阶段迈进；三是耕种收综合机械化水平跨过50%的历史转折点，这是中国农业发展史上又一座重要的里程碑；四是实现了农业机械化与农机工业协调发展，互促共进；五是形成了历史上最好的农机化法制、政策和发展环境。附表1列出了全国农业机械化发展“十一五”规划目标提前超额实现情况，成效十分显著，堪称空前。其他四个标志分述如下：

1.“十一五”我国农业机械化发展已进入中级阶段，在新的历史起点上向前迈进

衡量中级阶段、高级阶段的两个指标是：耕种收综合机械化水平40%～70%（中级）、大于70%（高级）；农业劳动力（指农林牧渔业从业人员数）占全社会从业人员比重40%～20%（中级）、小于20%（高级）。2007年，我国耕种收综合机械化水平达42.5%，已大于40%；农业劳动力占全社会从业人员比重约38%，已小于40%。标志着我国农业机械化发展总体上已进入中级阶段，已在新的历史起点上继续向前迈进。分省来看，耕种收综合机械化水平超过40%的省（自治区、直辖市），2007年有17个，2009年达19个；达70%以上的2007年有2个，2009年达4个；第一产业从业人员占全社会从业人员比重小于40%的省（自治区、直辖市），2007年有11个，2009年达15个；小于20%的2007年为4个，2009年达5个。可见，部分先进地区的农业机械化发展，已率先向高级阶段迈进。中级阶段是发展的成长期，表现出发展数量增长，发展速度加快，发展质量提高，发展格局改善，发展效益趋好，总体发展水平比初级阶段上了一个新台阶。

2. 耕种收综合机械化水平超过50%，农业生产方式发生了历史巨变

“十一五”规划预期目标是耕种收综合机械化水平达到45%。此目标2008年已提前实现，达

本文入编2010年中国农业机械化论坛《“十二五”农业机械化发展战略论文集》。

到45.85%，预计2010年将首次超过50%，达到52%左右。这标志着中国农业生产方式发生了有史以来机械化生产方式比重首次大于传统生产方式的历史巨变，机械化生产方式已经在农业生产中取得主导和支配地位，形成现代农业发展的新的物质技术基础。这个重大转折，意味着农业生产要素正在发生先进替代落后、现代改造传统的根本性转变。有些先进地区农用役畜已经完全退出了农业生产的历史舞台。增加农业机械装备、培育会操作使用现代农业装备的新型农民，减少传统农民、减少农用役畜的大趋势正在加速，积极发展现代农业、大力推进农业机械化的历史潮流已不可逆转。

耕种收综合机械化水平提高与农机服务产业化进程加快相辅相成。“十一五”期间，各类农机服务组织和农机户以年均增加150万个的增幅蓬勃发展。2009年，各类农机作业服务组织近20万个，农机专业户450万个，农机专业合作社1.3万个。尤其农业部《关于加快发展农机专业合作社的意见》出台后，农机专业合作社更加迅猛发展，农机服务模式不断创新，领域不断拓宽，服务功能不断增强，机制更加灵活，市场进一步规范，服务质量不断提升，效益显著提高，在农业增产增效和农民增收中发挥出越来越大的作用。农机社会化服务成为中国特色农业机械化发展道路的重要内容，解决了农业机械高效利用与亿万农户小规模生产的矛盾，使农机经营者能够有组织地应对千变万化的市场，适应农民需求开展有效的农机化服务，从而使农机经营者和用户双受益。2009年，全国农机化服务经营总收入已达3 800亿元，比2005年约增加1 200亿元。活跃在乡村的农机从业人员已超过5 000万人，约占第一产业从业人员的1/6，已成为建设社会主义新农村，积极发展现代农业的一支富有活力的强大生力军。

3. 农业机械化与农机工业协调发展，互促共进，效益明显

在中央积极发展现代农业，大力推进农业机械化，强调用现代物质条件装备农业的方针指引下，农业机械购置补贴实施力度空前加大，农业机械化与农机工业实现了互促共进、协调发展。全国农业机械购置年总投入从“十五”末不到300亿元，猛增到目前已超过600亿元；农机购置投入强度（每公顷农作物播种面积年农机购置投入），从“十五”末不到200元，增加到目前已接近400元；每公顷播面拥有农机动力从“十五”末4.4千瓦，增加到目前5.6千瓦；全国农业机械总动力从“十五”末6.84亿千瓦，增加到2009年8.75亿千瓦。2008年已提前实现了规划要求2010年达到8亿千瓦的预期目标，预计2010年全国农业机械总动力将达9亿千瓦以上；农机化作业领域由种植业向畜牧业、渔业、林果业和设施农业全面扩展，由产中向产前、产后延伸，由平原向丘陵山区推进，展现出农机市场的广阔空间。与此相应，农机工业呈现出产销两旺的发展局面。农机工业总产值在2005年突破1 000亿元大关的基础上，2009年又突破2 000亿元大关，达2 300亿元，增幅在我国机械工业13个行业中列第一位。扩大内需成功应对国际金融危机严重冲击，卓有成效地在国际农机市场下滑的情况下，实现了逆势增长。我国已成为世界农机制造大国，主要农机产品品种和产量已能满足国内市场90%以上的需要。正在努力向由大到强、实现振兴方向转变。高性能、

大马力农机产品依赖进口的局面正在发生改变。2009 年，中国一拖集团已成功推出具有自主知识产权的首台东方红牌 300 马力大型拖拉机。“十一五”期间，农机品牌建设取得重要进展。2006 年，有 8 个拖拉机产品（大中拖 4，手扶拖拉机 4）列为中国名牌产品；5 个拖拉机产品、6 个联合收获机产品被选为中国“最具市场竞争力品牌”。与此同时，2006 年也成为我国农机进出口从贸易逆差转为顺差的转折年，农机出口额首次超过了进口额。中国农机军团积极参与国际竞争，向国际市场进军的态势方兴未艾。

农业机械化对农业和国民经济持续发展的综合保障能力进一步增强，实现了速度、质量、效益同步增长。主要表现在：规划要求农业机械化“为实现 2010 年全国农业劳动生产率比 2000 年翻一番提供支撑”的目标已于 2007 年提前实现，如今已大大超过预期。2007 年，我国第一产业劳动生产率达 9 315 元/人，比 2000 年 4 146 元/人翻了一番多，2009 年达 12 193 元/人，预计 2010 年将为 2000 年的 3 倍多。与此同时，第一产业从业人员年均减少 1 000 多万人，农村居民每百户平均拥有的役畜头数，从 2000 年的 42 头降到 2008 年的 26 头，减少了 16 头。有些先进地区农用役畜已经完全退出了农业生产的历史舞台。用现代物质条件装备农业的力度加大了，乡村农机从业人员以年均 230 万人的增幅递增，占乡村从业人员的比重由“十五”末 8%上升到 10%以上，新型农民增多了，农业生产装备和生产条件改善了，促进了农业生产大发展和农业效益大提高，农业机械化对农业和国民经济持续快速发展的支撑和保障能力明显增强；农机化快速发展是中级阶段的重要特征，“十一五”期间，全国耕种收综合机械化水平，史无前例的连续三年（2007—2009）年提高幅度在 3 个百分点以上，创造了快速发展的历史纪录；在快速发展的同时，效益明显提高：第一产业亿元增加值农机动力用量从 2000 年的 3.52 万千瓦，减少到 2009 年的 2.46 万千瓦，减少了 30%，节能降耗取得重要进展；第一产业亿元增加值劳动力用量从 2000 年的 2.41 万人，减少到 2009 年的 0.83 万人，减少了 65.6%，为工业化、城镇化和二、三产业发展提供了有力支撑；农业机械化发展，农业综合生产能力提高，为粮食产量连续三年稳定在 1 万亿斤以上提供了强有力的物质技术支撑，农业机械化为保障国家粮食安全和粮农增收作出了巨大贡献；农业劳动生产率提高促进了农民增收，全国农民人均纯收入 2008 年比 2000 年翻了一番多，2009 年突破了 5 000 元大关，达到 5 153 元，农业机械化功不可没。

“十一五”期间，农机安全生产水平有较大提高，平安农机创建活动深入开展，农业机械事故明显下降。2005—2008 年，农业机械事故年死亡人数，从 1 064 人减少到 322 人，年均下降 32.9%，实现了规划要求下降 10%以上的农机安全生产目标。

4．形成了我国历史上最好的农机化发展环境

从发展环境分析，“十一五”期间承前启后，形成了我国历史上最好的农机化法制、政策和发展环境。

“十五”期间，《中华人民共和国农业机械化促进法》正式颁布实施，使我国农业机械化发展，

进入了有法可依、依法促进的法治轨道。从 2004 年起，中央一号文件将农业机械购置补贴纳入国家支农强农惠农政策的重要内容，农业机械购置补贴政策正式成为国家农业支持保护体系的重要组成部分。为开创农机化发展新局面，形成农机化发展法制、政策环境奠定了良好基础。

“十一五”期间，《农业机械化促进法》在全国深入贯彻实施，相关配套政策、规章相继出台，农业机械购置补贴力度年年加大，中央财政农业机械购置补贴资金从 2004 年的 0.7 亿元，逐年增加到 2010 年的 155 亿元，达到历史新高度。带动全社会农机购置总投入从 249 亿元，增加到 600 多亿元，翻一番多。国家实行工业反哺农业、城市支持农村的方针，随着经济发展和财政实力的增强，反哺和支持力度越来越大。政策深得民心，实施成效显著，体现了党的主张与人民意愿相统一，深受农民、农机企业和广大农机工作者的拥护、欢迎。最近，国务院常务会议讨论并原则通过了《关于促进农业机械化和农机工业又好又快发展的意见》，这个文件是在贯彻实施《农业机械化促进法》，我国农业机械化取得巨大成就的基础上诞生的。在“十一五”末出台，深入贯彻落实科学发展观，全方位统筹兼顾，突出重点，把促进农业机械化与促进农机工业发展结合起来，把推进农机社会化服务与推进现代流通体系建设结合起来，把农业机械化与信息化建设结合起来，对促进和指导 21 世纪第 2 个 10 年我国农业机械化更好更快发展，具有重大战略意义。总之，在“十五”奠定的基础上，“十一五”进一步健全、完善、提升，形成了我国历史上最好的法制、政策和发展环境，为“十二五”更好更快发展奠定了坚实、良好的基础。

附表 1　全国农业机械化发展“十一五”规划目标实现情况

规划目标	实现情况
我国农业机械化发展水平迈上一个新台阶，整体进入中级阶段，有条件的地区率先进入高级阶段	2007 年，我国耕种收综合机械化水平 42.5%，农业劳动力占全社会从业人员比重 38%，整体已进入中级阶段。 2009 年，耕种收综合机械化水平达 70%以上的省（市、自治区）有 4 个；第一产业从业人员占全社会就业人员比重<20%的省市有 5 个。有条件的地区已率先进入高级阶段
农业机械化对农业和国民经济持续发展的综合保障能力进一步增强，为实现 2010 年全国农业劳动生产率比 2000 年翻一番提供支撑	2007 年，全国第一产业劳动生产率 9 315 元/人，比 2000 年 4 146 元/人翻了一番多。 2009 年，全国第一产业劳动生产率已达 12 193 元/人。 预计 2010 年将为 2000 年的 3 倍多
农业机械总量稳步增长。农业机械总动力预期达到 8 亿千瓦，农业机械装备结构进一步优化	2008 年，全国农业机械总动力达 8.219 亿千瓦，2009 年达 8.75 亿千瓦。预计 2010 年将达 9 亿千瓦以上。农业机械装备结构明显优化：大马力、高性能、复式作业机械保持较高增幅，经济作物、畜牧、养殖、林果及农产品产后处理加工机械、适应结构调整、资源节约和环境友好的农业机械装备得到较快发展
农业机械化水平明显提高。耕种收综合机械化水平预期达到 45%	2008 年，全国耕种收综合机械化水平达 45.85%。预计 2010 年将超过 50%达到 52%左右，这是农业机械化生产方式在中国农业生产中取得主导和支配地位的重要里程碑
农机服务产业化进程明显加快	各类农机服务组织和农机户以年均增加 150 万个的增幅蓬勃发展。2009 年，农机作业服务组织已近 20 万个，农机专业户 450 万个，农机专业合作社 1.3 万个。农机服务模式不断创新，领域不断拓展，功能不断增强，机制更加灵活，市场进一步规范，服务质量不断提升，效益显著提高，全国农机化服务经营总收入已达 3 800 亿元，比 2005 年约增加 1 200 亿元

规划目标	实现情况
农机安全监管能力明显增强。农业机械事故死亡人数下降10%以上	农机安全生产水平有较大提高，平安农机创建活动深入开展。2005—2008年，农业机械事故年死亡人数，从1 064人减少到322人，年均下降32.9%
农业机械化自主创新能力和技术应用水平明显提升。逐步推出一批具有自主知识产权的农业机械化技术和具有竞争能力的先进适用、安全可靠、价格合理的农业机械产品	农机品牌建设取得进展。2006年，有8个拖拉机产品（大中拖4个，手扶拖拉机4个）列为中国名牌产品；5个拖拉机产品、6个联合收获机产品被选为中国“最具市场竞争力品牌”。 纳入国家农机购置补贴范围的农机产品明显增多。由2004年重点补贴以粮食生产为主的6大类农业机械，逐步扩大到粮棉油作物及特色经济作物、养殖业、林业等12大类45个小类180个品目的农业机械，各省还可以根据需要自行增加不超过20个品目的农业机械纳入中央财政补贴范围。 农机化发展推动农机工业产销两旺。农机工业总产值在2005年突破1 000亿元大关的基础上，2009年又突破2 000亿元大关，达2 300亿元。增幅在我国机械工业13个行业中列第一位。成功应对国际金融危机严重冲击，卓有成效地实现了逆势增长。 我国农机制造工业体系基本形成，已成为世界农机制造大国，正在努力向由大到强、实现振兴方向转变。 主要农机产品品种和产量能满足国内市场90%以上的需要。农机出口额2006年首次超过了进口额，成为农机进出口从贸易逆差转为顺差的转折年。农业装备产业技术创新战略联盟已取得阶段性成果。高性能、大马力农机产品依赖进口的局面正在发生改变。中国一拖集团已成功推出具有自主知识产权的国产首台东方红牌300马力大型拖拉机

“十二五”我国农机化发展展望

（2010年6月5日）

跨入新世纪的头十年，中国农机人继往开来，求真务实地抓住和用好了战略机遇，面对挑战，奋力拼搏，创造了无愧于历史的业绩，开创了前所未有的农机化发展新局面，良好的发展态势为第二个十年更好更快发展奠定了坚实基础。在即将进入第二个十年的时候，农机人必须清醒地认识历史和时代赋予的更加艰巨的崇高使命。“十二五”是承前启后、继往开来，确保实现2020年奋斗目标的发展关键期，也是机遇好、挑战大的矛盾凸显期和战略转型期。面对新的机遇、挑战和使命，我们必须深入贯彻落实科学发展观，在中国特色农业机械化道路上，继续推进农机化事业取得新的更大成就，努力为现代农业和国民经济持续快速健康发展做出新的更大的贡献。

当前，全国、各地都在研究、编制“十二五”规划。《中华人民共和国农业机械化促进法》规定，“县级以上人民政府应当把推进农业机械化纳入国民经济和社会发展计划”。中央一号文件提出要“积极发展现代农业”，“大力推进农业机械化”。所以，编制好规划，是贯彻落实中央精神，依法促进农业机械化的非常重要的任务，一定要抓紧抓好。

从研究角度，编制规划必须坚持以科学发展观统领农业机械化发展全局，把中央精神与农机化发展实际结合好。规划要体现全局性、战略性、政策性、指导性和可操作性，把“十二五”继续发展与“十一五”发展衔接好，注意发展的连续性和与新形势、新要求相适应的推进性。因此，对“十二五”我国农机化的发展，要研究农机化自身发展的内在规律性（内因是变化的根据），还要研究农机化的发展环境（外因是变化的条件，外因通过内因而起作用），准确把握新起点上农机化发展的新特点、新要求，找准制约发展的主要矛盾和问题，提出进一步发展的指导思想、发展目标、重点、格局及促进发展、实现目标的主要措施。“十二五”是2010年到2020年间的关键五年，对新世纪第二个十年的发展，对全面实现2020年的宏伟战略目标，具有承前启后的关键作用。在这个发展关键期，又是矛盾凸显期和战略转型期，农机化发展任务十分光荣和艰巨。所以，“十二五”农机化发展要有新的思路和举措，要努力开创农机化发展的新局面。

综合分析农机化自身发展规律和发展环境，可以对“十二五”农机化的发展前景作出如下初步预测：

本文为作者在2010年中国农业机械化论坛：“十二五”农业机械化发展战略主题会上的讲话（2010年6月5日 广西柳州）。刊于《中国农机化》2010年第4期。选入《2010年中国农业机械化年鉴》。

（1）新起点。“十二五”期间，全国耕种收综合机械化水平在 50%以上的新起点向前发展。发展区段在 50%～64%。年平均提高幅度在 2.5 个百分点左右。在保持发展连续性、稳定性的同时，更加注重提高发展质量和效益，把调整结构、转变发展方式，产业优化升级放在更加突出的位置，为国民经济增长保持 8%左右，第一产业增加值增幅保持 6%左右，提供农业机械化支撑。

（2）新特点。成长期（快速发展）与转型期（结构调整、矛盾凸显）交融，由投入型增长（重在量的增长）向结构效益型增长（重在质量、效益提高）转变。农业机械化肩负着保粮食安全与促农民增收双重任务，既要提高综合生产能力，促进增产保安全，又要提升农业比较效益，调结构促增收保稳定。在新时期，对增收、增效的要求更高，但增收比增产更难，调整结构、提高效益比提高能力、增加产量更难。既要加快发展速度，又要提高发展质量和效益，但提高发展质量和效益，比加快发展速度更难。农机化发展要把在加快速度中调整，与在调整中加速结合起来，更加注重提高发展质量和效益。在前进道路上还存在不少困难和问题，主要矛盾仍然是结构调整、产业升级、国际竞争对农机新技术、中高端产品需求迫切与有效供给不足的矛盾。在新起点上，适应结构调整和产业升级需要的先进适用农机装备有效供给不足，高端产品对外依赖度大的矛盾更加凸显。但总体来说，还是机遇前所未有，挑战前所未有，机遇大于挑战。我们要紧紧抓住机遇，主动应对挑战，在拼搏解难中开创新局面，做出新贡献。

（3）新环境。“十二五”期间，我国人均 GDP、产业结构、就业结构、城乡结构、支持政策和制度建设、第一产业劳动生产率和农民收入将发生以下变化：

——GDP 增幅保持 8%，人均 GDP 将为 4 000～7 000 美元。先进地区人均 GDP 已达 1 万美元以上。农业机械化要为我国进入上中等收入国家的新需求，提供物质技术支撑；

——第一产业增加值占 GDP 比重将在 10%左右运行，“十二五”后期将降到 10%以下。比重下降，支撑能力增强，国民经济对增强现代农业基础、统筹城乡发展的要求越来越迫切，工业反哺农业、城市支持农村的能力和力度也日益增大；

——就业人口将为 7.8 亿～8 亿，“十二五”末将突破 8 亿。第一产业从业人员将降至 3 亿以下。第一产业从业人员占全社会就业人员比重将逐渐降到“十二五”末的 30%以下，人员减少了，对劳动者的素质要求提高了。传统农民减少了，新型农民会大量增多。也就是说，“十二五”期间，随着用现代物质条件装备农业力度加大，农业装备水平的提高，农机手培训等阳光工程深入开展，会操作使用和经营管理现代农业装备的新型农民会大量增加；

——随着城镇化加速，城乡结构会发生历史性重大变化。“十二五”期间，我国城镇化率将实现突破 50%的历史转折。城镇人口大于乡村人口的历史巨变将在“十二五”期间发生，“十二五”末我国城镇人口将超过 7 亿。这对现代农业发展将产生新的迫切需求。对农产品数量、质量、品种、结构，对节约资源，改善环境，发展生态农业、资源节约型农业、环境友好型农业，都提出了新的更高的要求。统筹城乡发展，城市支持农村的力度会空前加大。也要求农业机械化为城镇人口超过 50%以后提供强有力的物质技术支撑；

——支持政策将更加有力，农业机械购置补贴制度将更加健全完善。根据中央一号文件要“建立促进现代农业建设的投入保障机制”，“建立健全财政支农资金稳定增长机制”，“加快构建强化农业基础的长效机制”，“要用现代物质条件装备农业”，“扩大农机具购置补贴规模、补贴机型和范围”的精神和“存量适度调整，增量重点倾斜的原则”，在中央财政农业机械购置补贴资金已达155亿元的基础上，大家都很关注“十二五”怎样继续稳定增长？从国民经济增幅保持8%对农机化的需求进行测算，“十二五”期间中央财政投入农业机械购置补贴的资金总量需达1 000亿元。比较合理的安排是在2010年155亿元的基础上，再逐年增加15亿元，年增幅8%左右。这样安排符合中央逐年增大支持力度，健全财政支农资金稳定增长机制、促进现代农业建设的投入保障机制、强化农业基础的长效机制精神，也较符合农机化发展成长期需求旺盛的实际，财政也有支持能力，所以是必要的，也是可行的，对保持政策连续性和提高财政投入有效性是可取的。健全完善农业机械购置补贴制度，指不仅要增加补贴力度，更要使补贴资金真正落实到位，公平公正，提高效率，减轻运行负担和降低运行成本，还要用好投入，使国家财政资金发挥更好的投入效果，真正起到引导调节、优化社会资源配置效率的作用，把好事办好。

“十二五”期间，国家对农业机械化的财政支持，将在加大农业机械购置补贴力度的基础上，向组合配套支持推进。如，购机补贴、作业补贴、燃油补贴、基础设施建设、研发创新支持等，《农业机械化促进法》第六章扶持措施的四条法规，将更全面地贯彻实施。农业机械化的法制、政策和发展环境将趋向更好。

“十二五”期间，第一产业劳动生产率将提高到2万元/人以上，与全社会劳动生产率的差距，将由目前1∶3.7左右逐渐缩小到1∶3左右。相应地农民人均年纯收入将逐步提高到“十二五”末超过1万元。农业机械化发展将为农民增收做出重要贡献。农民收入提高了，会成为加快农业机械化发展的重要社会经济条件。“十二五”期间二者互促互动关系，将达到一个新高度、新境界。

（4）发展思路及着力点。农业机械化发展要坚持不懈抓住两条主线：保障国家粮食安全，促进农民增加收入。围绕主线在保增长、调结构、扩领域、上水平、促增收上下工夫。农业机械化发展水平要上一个新台阶（耕种收综合机械化水平提高到60%以上，第一产业劳动生产率提高到2万元/人以上），发展格局进一步优化，开创出发展新局面。为此，要抓好8个着力点：

一是粮食生产全程机械化取得新突破。在小麦生产已基本实现全程机械化的基础上，粮食生产全程机械化的主攻作物是水稻、玉米、马铃薯。“十一五”期间，水稻、玉米生产机械化最薄弱的环节水稻机械种植、玉米机收水平已达20%左右，已经出现实现全程机械化的县市，从技术成熟度和农民认可两方面已取得可喜进展，可以说已开始进入成长期。“十二五”将会取得新突破，即将会分别出现率先实现水稻、玉米生产全程机械化的先进省。马铃薯生产全程机械化，在购机补贴和西部大开发支持力度加大的情况下，也会取得重要进展。重点突破，全面推进，“十二五”要为加快推进全国粮食作物生产全程机械化及粮食产业化工程建设，促进粮食增产、粮农增收，做出重要贡献。

二是主要经济作物生产机械化与产业化取得明显进展。中国农业机械化科学研究院建议把我国12种有区域比较优势，种植面积和产量居世界前列，在全球贸易中有重要地位和影响的经济作物，列为加快推进优势特色经济作物生产机械化的发展重点。对业界和领导部门都很有参考价值。这12种经济作物是：油菜、棉花、花生、大蒜、生姜、茶叶、甘蔗、苹果、柑橘、板栗、枣、花卉。“十二五”期间，对这些有优势特色的主要经济作物的农业机械化发展，要从资金、装备和人才上，加大支持力度，积极推进，取得明显进展。要注意与地区经济发展结合，机械化与产业化结合，发展各地特色农业机械化。用统筹兼顾的根本方法，正确处理好粮食生产机械化与经济作物生产机械化协调发展的关系。农业机械化要为产业结构调整，优化布局，促进地区经济发展和农民增收做出新贡献。

三是畜牧、养殖业机械化取得新进展。农业机械化为发展农区畜牧业，农牧交错区畜牧业、牧区畜牧业、草山草坡畜牧业、淡水养殖业、海水养殖业提供物质技术支撑。

四是进一步优化区域农机化发展格局。近年来，在深入实施积极推进东部率先，西部大开发，东北振兴，中部崛起，区域协调发展战略的基础上，国务院又与时俱进地进行了新一轮区域发展战略布局，批复了一系列省级区域发展规划，把省级区域发展规划上升为国家战略，体现了国家用有重点的发展实现均衡发展，推进区域协调发展的大局观和战略布局。农业机械化发展要适应区域分工与协调发展的新形势和新要求，从贯彻实施国家战略的新高度，进一步优化空间布局，按照因地制宜、经济有效、保障安全、保护环境、突出重点的原则，结合各地资源禀赋，围绕优势农产品产业带建设和特色农业经济发展的要求，大力推进农业机械化发展，逐步形成各具特色的农业机械化区域发展新格局，谱写新形势下农机化区域发展新篇章。

五是进一步提高农业装备水平。用现代物质条件装备农业，提高农业装备水平有量的增长和质的提高。在农业机械总动力已达9亿千瓦的基础上，“十二五”期间提高农业装备水平要更加注重质的提高。即在改善装备结构，扩展装备领域，提高装备科技水平，在推广先进适用、节能、降耗、环保、安全、有自主知识产权的机具上取得新进展，达到新高度。

六是要抢占人才发展先机，坚决贯彻实施人才优先发展战略。最近，全国人才工作会议确立了人才优先发展战略布局。标志着在整个经济社会发展战略布局中，人才处于优先发展的重要位置，我国人才发展进入了优先发展的新阶段。坚持“四个优先”：人才资源优先开发、人才结构优先调整、人才投资优先保证、人才制度优先创新，是中国人才发展的重大历史机遇。农机化系统有5 000多万人的队伍，有近6 000亿元的各种农机装备，是代表先进生产力的发展方向，是建设社会主义新农村的强大生力军。但人员素质不同，同样的机具装备，不同的人使用管理经营效果大不一样。在大量增加现代农业装备的同时，急需加大人才培养力度、创新人才培养模式、提高人才培养质量、大幅度提升各类农机人才整体素质和能力。“十二五”要抓住实施人才优先发展战略的历史机遇，进一步加强实施阳光工程，完善农业机械化教育培训体系。从加强农机化专业人员在职培训，农机从业人员职业技能和生产经营技术培训，提高农机化高等教育质量和水平等各方面采取新举措，开创农机化人才建设新局面，为推进农业机械化又好又快发展提供强有力的人才保证。

七是把农机社会化服务提高到一个新水平。坚持市场化、产业化方向，发展有利于农机共同利用、高效利用的农机社会化服务，是中国特色农业机械化发展道路的重要内容，要不断健全完善。“十二五”要在加强服务体系建设，提高组织化程度，提高服务能力、服务质量和服务效益等方面下工夫，再上新的台阶。尤其要把农机化综合服务体系建设（作业服务、中介服务、流通服务、维修服务、推广服务、培训服务、信息服务），农机专业合作社建设，农机服务品牌建设，提高到一个新水平。

八是进一步提高农机行业对外开放水平。在新起点上推进农业机械化发展，必须要有全球眼光，统筹农业机械化的国内发展和对外开放，加强对外交流与合作，不断提高对外开放水平。坚持互利共赢原则，充分利用国内外资源，开拓国内、国际两个市场，以开放促发展。世界看好中国，中国走向世界已经成为新的时代潮流，中国已经成为 21 世纪世界农机化发展的新亮点。我们必须抓住机遇，积极为推进中国农业机械化又好又快发展和世界农业机械化的新发展做出历史性贡献。

关于《农业机械化水平评价 第二部分：养殖业》（征求意见稿）的修改建议

（2010年10月20日）

农业部南京农业机械化研究所
农机化发展研究中心王忠群主任：

您好！很高兴收到《农业机械化水平评价　第二部分：养殖业》（征求意见稿）。这是我国农业机械化水平评价工作，继种植业之后在养殖业领域的最新进展，是一件具有开创性的工作，国内外尚无同类标准借鉴。你们做了大量工作，很有成效。从征求意见稿、编制说明和实证分析已可看到，通过征求意见进一步修改，此标准不久可望出台，肩负起填补空白的重任。希望你们继续努力，克服困难，坚持研究创新，早日完成，为促进我国养殖业机械化又好又快地发展做出贡献！预祝成功！

以下提出一些对征求意见稿的修改建议，仅供参考。

1．范围

宜改为“本部分适用于养殖业机械化水平的评价”。

理由：与标准名称、术语定义相应。

2．术语和定义

养殖业

建议改为：指对猪、牛、鸡、鱼等经济动物进行畜禽养殖、水产养殖，以取得养殖产品的生产经营产业。

3．评价指标　这是难点，也是创新点

农业机械化水平评价是一个整体，分种植业、养殖业两部分是因为既有共性，又各有特点。因此，在评价指标设置上，既要把握共性，又要突出特点。共性主要体现在评价指标框架上，建立以农机作业程度为基础（反映农机应用水平和有用效果大小）、能力为保障（用现代物质条件装备农业的农机装备水平和人员素质等农机化支撑保障能力，也是政策支持的着力点）、效益为核心（农机化效益是对农机化合乎目的性程度的评价）的农业机械化水平评价指标体系。因此一级指标应设 3 个：养殖业综合机械化水平[综合，指育种（苗）、喂养、收获]、养殖机械化综合保障能力（装备水平、人员素质等综合保障能力）、养殖机械化综合效益。

建议把征求意见稿中的“养殖机械化效率”指标，改设为“养殖机械化综合保障能力”。其二级指标可设：劳均机械装备原值、单位养殖量机械装备动力、受专业培训人员的比重等。

突出特点主要体现在具体评价指标（二级指标）应突出养殖业特点，与种植业评价指标有所不同。所以，农业机械化水平评价指标的总体框架是一致的，两部分有共性，有衔接，但具体指标又不同，才有必要分种植业部分、养殖业部分。

农业机械化水平评价，要体现宏观性、指导性和可操作性。指标设置既要全面、科学，又要规范、可行。由于实际情况非常复杂，本标准是推荐性行业标准而不是强制性标准。与微观评价不同的是，指标设置要与统计衔接，评价计算数据有统计资料支持；要综合性强，不宜太多、太细。因此建议还是设二级指标，不宜设三级指标。例如，征求意见稿细分的二级指标牲畜、禽类、鱼类养殖机械化水平可删去，统一归为一级指标“养殖业综合机械化水平”；三级指标分类的饲喂机械化水平，可综合设为二级指标“饲喂机械化水平”。养殖机械化综合效益的二级指标可设：劳均养殖数量、劳均产量或产值、劳均利润等。

指标权重，参照值可通过统计分析和调研得出。

以上建议，仅供参考。

特此

致礼！

白人朴

2010.10.20

附：王忠群主任的回函

尊敬的白教授：您好！

来信收到。作为我国农机化发展研究领域的知名专家，您在百忙之中给我们提出如此中肯而宝贵的意见，我们不胜感谢，我们将认真研究并采纳您的意见。同时，感谢您站在我国农业机械化领域的高度对我们工作给予的充分肯定，我们会按照您的希望，高质量地完成该标准的制定工作。

祝您永远开心快乐！健康长寿！

致礼！

王忠群

2010-10-21

“十二五”我国农机化发展态势分析

（2011 年 3 月 25 日）

在全国人大审议通过大家热切期盼的“十二五”规划之际，有必要结合农机化的发展态势进行深入分析。我国正处于由传统农业向现代农业转变的加速期，“十二五”仍然是农机化发展可以大有作为的重要战略机遇期，持续快速发展是大势所趋。“十二五”又是全面建设小康社会、确保实现宏伟目标的关键时期，是农机化中级阶段发展进程中的矛盾凸显期。重要特点是快速成长与发展转型交融，既要加快发展，又要调整结构、转型升级；既要发展速度快，又要发展质量高、效益好。在加快发展时，不得不承受转型的阵痛。真是机遇空前好，难度空前大。在贯彻落实以科学发展为主题，以加快转变发展方式为主线的农机化实践中，总体发展态势可以概括为四新：新基础、新环境、新起点、新格局。

一、新基础

“十一五”期间，中央作出积极发展现代农业的重大战略部署，把发展现代农业作为社会主义新农村建设的首要任务。用现代物质条件装备农业的力度比以往任何时期都加大了，我国农业生产要素发生了“一增二减”的巨大变化：增机、减人、减役畜（见表 1）。

农业生产的新基础表现为现代物质技术基础大大增强了，传统元素减退了。从 2005 年到 2010 年，我国农机总动力约增加 2.35 亿千瓦，达 9.2 亿千瓦；农业机械原值约增加 2 500 多亿元，达 6 450 多亿元；每公顷播种面积农机动力约增加 1.4 千瓦，达 5.8 千瓦；每公顷播种面积农机原值约增加 1 530 元，达 4 000 多元。在此期间，农村拥有的大中型拖拉机由 140 万台增加到 384 万多台，小型拖拉机由 1 540 万台增加到 1 780 万台，联合收获机由 47.7 万台增加到 97 万多台。而第一产业从业人员减少了 5 200 多万人。值得注意的是，在第一产业从业人员减少的同时，乡村农机从业人员在增多，2010 年比 2005 年约增加 1 100 万人，达 5 270 多万人，这是一支新型农民大军，占第一产业从业人员的比重由 12%提高到 18%，传统农民减少了，掌握现代生产工具进行生产的新型农民增多了，农民的科技文化素质大大提高了。与此同时，百户农村居民拥有役

本文刊于《农机科技推广》2011 年第 3 期，《中国农机化导报》2011 年 3 月 28 日。

畜由近 30 头减少到不到 25 头，减少近 5 头。有些先进地区已进入役畜完全退出农业生产领域的无役畜时代。小麦主产区机械收获取代了人工收割，农民家庭已不再备用镰刀。我国农业已建立起以现代物质技术要素为主要支撑的新基础，现代物质技术要素的比重和作用大大增强，对传统人畜力的依赖程度大大减弱。“两会”期间，代表、委员提出“明天我们靠什么种田”的问题，发出“现代农业不靠 386199 部队”的强烈呼声，都说明农业发展已经离不开农机化了。这个比以往任何时候都更为坚实的农业新基础，是“十二五”农机化势必加快发展的强有力保障。

表 1　2005 年以来农机、农劳、役畜变化情况

年　份	2005	2006	2007	2008	2009	2010#
农机总动力/万千瓦	68 549.35	72 635.96	76 878.65	82 190.41	87 496.10	92 000.00
比上年增减/万千瓦	+4 408.43	+4 086.61	+4 242.69	+5 311.76	+5 305.69	+4 504.00
农业机械原值/亿元	3 947.70	4 279.15	4 634.51	5 191.86	5 819.77	6 450.00
比上年增减/亿元	+300.45	+331.45	+355.46	+557.35	+627.91	+630.00
第一产业从业人员/万人	33 970.00	32 561.00	31 444.00	30 654.00	29 708.00	28 708.00
比上年增减/万人	−1 299.00	−1 409.00	−1 117.00	−790.00	−946.00	−1 000.00
乡村农机从业人员/万人	4 128.06	4 256.24	4 488.70	4 814.49	5 023.91	5 274.00
比上年增减/万人	+189.53	+128.18	+232.46	+325.79	+209.42	+250.00
乡村农机从业人员占第一产业从业人员比重/%	12.15	13.07	14.28	15.71	16.91	18.40
百户农村居民拥有役畜/头	29.33	28.75	27.50	26.00	25.39	24.40
比上年增减/头	−5.50	−0.58	−1.25	−1.50	−0.61	−0.99

资料来源：中国统计年鉴、全国农业机械化统计年报。

注：＃2010 年数据为预计数。

二、新环境

“十二五”我国农机化发展环境将越来越好，但发展难度也越来越大。随着国家经济实力大大增强，对农机化的需求和支持力度将持续增大，实现稳定增长。2010 年，中国 GDP 超过日本，上升为世界第二经济大国。“十二五”规划提出经济增长预期目标为年均 7%，仍居世界发展前列。“十一五”末中国人均 GDP 已超过 4 000 美元，“十二五”人均 GDP 将为 4 000～7 000 美元，进入上中等收入国家行列。先进地区人均 GDP 已在 1 万美元以上，进入高收入水平俱乐部。“十二五”规划要求在经济年均增长 7%的同时，城乡居民人均收入年均实际增长超过 7%。两个同步首次写入国家发展规划，对发展质量要求更高了，对转变发展理念和发展方式的要求更迫切了。农业机械化要为进入上中等收入国家的发展新需求，提供物质技术支撑。既要保障粮食和食品安全，又要提高品质，增强多样性，还要促进农民增收，而且对促增收的要求越来越高。2010 年，国家财政收入已达 8.3 万亿元，支农能力大大增强。中央财政投入农机购置补贴资金达 155 亿元，还增设了深松等作业补贴资金，加大了基础设施建设资金，支持购机与支持用机结合，财政支农

在向组合配套支持推进，这是新的进展。“十二五”财政实力将进一步增强，可以为支持农机化快速健康发展提供更加强有力的财政支持保障。根据《中华人民共和国农业机械化促进法》第六章扶持措施的四条法规，根据中央一号文件要“建立促进现代农业建设的投入保障机制”，“加快构建强化农业基础的长效机制”，“要用现代物质条件装备农业”的精神，以及《国务院关于促进农业机械化和农机工业又好又快发展的意见》，“十二五”对农机化的支持力度将进一步加大，除财政支持外，金融信贷支持也将取得新进展，促进农业机械化发展的法规、政策将更加健全完善，发展环境趋向更好。

随着工业化、信息化、城镇化、市场化、国际化的深入发展，结构调整和产业升级力度加大，对农机化的需求将更加迫切，对保障农机有效供给的要求更高。从产业结构、就业结构、城乡结构变化分析，第一产业增加值占 GDP 比重“十二五”期间将降至 10%以下，“十二五”末降到 8%左右。比重下降，意味着支撑能力增强。即农业基础对整个国民经济现代化的支撑能力在增强。国民经济对统筹城乡发展，增强现代农业基础的要求也更为迫切，工业反哺农业、城市支持农村的能力和力度都将日益增大；“十二五”期间，第一产业从业人员将由目前的 2.87 亿人逐渐降至 2.4 亿左右，占全社会就业人员比重将由 37%左右降到 30%以下。如果“十二五”末降到 28%左右，则为 2020 年降到 20%左右打下了良好基础。与此同时，随着用现代物质条件装备农业的力度加大，农业装备水平不断提高，农机手培训等阳光工程深入开展，会操作使用和经营管理现代农业装备的新型农民会大量增加，到“十二五”末，农机大军可能发展到 6 000 万人左右，约占第一产业从业人员的 25%。也就是说，“十二五”末在第一产业从业人员中，将有 1/4 是农机人。中国农业的面貌将大为改观了。“十二五”期间，我国城乡结构将发生重大变化，城镇化率将实现突破 50%的历史性转折。也就是说，城镇人口大于乡村人口的历史巨变将在“十二五”期间发生，“十二五”末我国城镇化率将达到 52%左右，城镇人口将超过 7 亿，年均增加约 1 500 万人。这对农产品数量、质量、品种、结构，对节约资源，改善环境，发展生态农业，高效循环农业，资源节约型农业，环境友好型农业，都提出了新的更高要求。农业机械化要为城镇人口超过 50%以后统筹城乡发展的新要求提供强有力的物质技术支撑。

总之，“十二五”期间农机化的发展环境会更好，发展难度会更大。农机化要在发展中进行调整，在调整中推进发展。农机战线必须坚决贯彻落实中央指示精神，科学判断和准确把握发展变化的新形势、新特点，增强机遇意识，忧患意识，风险意识，责任意识，在前进中坚定必胜信心，善于把握机遇，勇于面对困难挑战，充分利用各种有利条件，创造性开展工作，化解矛盾问题，开创农机化发展的新局面。

三、新起点

“十二五”农机化发展的新起点有两个重要标志：一是耕种收综合机械化水平在大于 50%的

起点上向前发展；二是第一产业劳动生产率在1.4万元/人的起点上向前发展。

2010年，我国耕种收综合机械化水平超过了50%，达52%。这标志着我国农业生产方式发生了有史以来机械化生产方式大于传统生产方式的历史转折，我国农业生产的变革进入了以机械化生产方式为主导的新时代。在这个新起点上，“十二五”我国耕种收综合机械化水平将为50%～60%。预期年均提高幅度2%，为国民经济和农民人均纯收入年均增长7%提供有力支撑。“十二五”是我国农机化中级阶段发展承上启下的关键时期。如果把中级阶段划分为40%～50%、50%～60%、60%～70%三个发展时期，“十二五”正是50%～60%这个关键时期。如果“十二五”末我国耕种收综合机械化水平达到62%左右，则为2020年达到70%以上奠定了坚实可靠的基础，为保障中级阶段历史使命的胜利完成，并向高级阶段发展做出了历史贡献。

2010年，我国第一产业劳动生产率达1.4万元/人，成为历史最高点。这样的劳动生产率保障了农民人均纯收入达到5 919元。在这个新起点上，“十二五”要求第一产业劳动生产率年均增幅大于7%，才能保障农民人均纯收入实际增长超过7%。也就是说，“十二五”末我国第一产业劳动生产率应达到2万元/人以上，这必须通过增机、减人，调结构，转变发展方式才能实现，农机化必须为此做出贡献。农机化发展促进农民增收，农民增收又成为加快农机化发展的重要经济社会条件。与此同时，还要求第一产业劳动生产率与全社会劳动生产率的差距逐渐缩小，城乡收入差距逐渐缩小。“十二五”期间，要使城乡统筹，和谐发展，调整结构，转变方式，农民增收，良性互动的发展关系，达到一个新高度，实现一个新境界。

必须注意的是，由于发展的不平衡性，各地的起点有所不同。例如，目前耕种收综合机械化水平大于70%的已有4个省，处于40%～70%的有15个省，小于40%的还有12个省；第一产业劳动生产率大于2万元/人的已有4个省，1万～2万元/人的有16个省，小于1万元/人的还有11个省。在发展中要从实际出发，因地制宜，因势利导，政策措施上也可有区别，有重点，有倾斜，努力促进区域良性互动，互促共进，实现全面协调可持续发展。

四、新格局

新格局是在以科学发展为主题，以转变发展方式为主线，解决结构性矛盾、区域发展不平衡矛盾中逐渐形成的。新格局反映出发展中的新变化。有些变化在“十二五”前已经开始，发展到“十二五”逐渐形成规模与气候，显示出力度和趋势，呈现出中级阶段发展变化的明显特征。在新格局的“新”中，既蕴含着继承性，又凸显出成长性和变革性，焕发出强大的生命力和勃勃生机。在我国农业机械化生产方式已经取得主导地位，农机化发展和管理已经走上法治轨道的新形势下，“十二五”农机化发展的新格局可概括为：攻粮拓经、由原进山、种养互补、田设结合、造用互促、模式创新。

攻粮拓经，是指粮食作物生产全程机械化仍然是发展的基本点和主攻重点。“十二五”在继续着力推进粮食生产全程机械化的同时，要统筹兼顾向推进经济作物生产机械化开拓发展，经济作物生产机械化，是新阶段农机化发展的重要新增长点。形成粮经协调发展新格局，既保粮食安全，又促地区经济发展、农民增收。

由原进山，指农业机械化发展由平原地区向丘陵山区推进，形成区域协调发展新格局；种养互补，指推进种植业机械化与推进养殖业机械化实现优势互补，形成种养业协调发展新格局；田设结合，指推进大田农业机械化与推进设施农业装备技术现代化结合，形成资源高效、安全利用，结构优化调整，效益大幅提升，资源节约、环境友好，生态安全的发展新格局；造用互促，指认真贯彻落实《国务院关于促进农业机械化和农机工业又好又快发展的意见》，形成农业机械化和农机工业良性互动、互促共进的新格局；模式创新，指在深化改革开放，转变农机化发展方式的进程中，创新发展（技术创新、组织创新、机制创新、路径创新、人才培育创新、服务创新）成为推进发展的强大动力和发展主流，具有中国特色的农机化发展模式，形成与时俱进，不断创新的新格局。

总体来说，“十二五”形成农机化发展的新格局有其客观规律性和必然性，也凝聚着在党和政府领导下，农机人奋力拼搏的不懈努力和智慧结晶，反映出中级阶段农机作业由环节化向生产全程机械化转变，由产中向产前、产后延伸的系统性、成套性转型特征，反映出中级阶段农机化领域由粮食作物向经济作物，由种植业向养殖业，由大田农业向设施农业全面发展，农机化区域由平原向丘陵山区发展，农机化举措由重点推进向重点推进与全面推进结合的扩展性转型特征。反映出农机化技术由低级向中高级转变，高档农机产品由对外依赖度大向增强自主创新能力和有效供给能力，逐渐减少对外依赖转变的新特征。目前我国农机化发展已进入中级阶段中期，先进地区已向高级阶段迈进。发展态势是好的，“十二五”有许多事情要做。农机人要用新担当回报人民的新期待。21 世纪世界农机化发展的重点已向亚洲、拉丁美洲转移，中国已成为世界农业机械化发展的新亮点，农机人要不负众望，肩负起光荣而艰巨的历史使命，在“十二五”期间开创出农机化发展的新局面！为中国、为世界的农业机械化发展做出新贡献！

关注农机化弱势地区的发展

（2011 年 4 月 25 日）

我国农业机械化发展已进入中级阶段中期，总体态势良好。但区域发展不平衡、不协调问题仍很突出，先进地区耕种收综合机械化水平已达 80%以上，弱势地区有的还不到 10%。“十二五”是我国加快转变发展方式的攻坚时期，“全国农业机械化第十二个五年规划”，已把“区域发展更加协调”明确写入发展目标。努力提高发展的全面性、协调性和可持续性，促进区域协调发展，尤其弱势地区农机化的发展，是全面完成农机化发展中级阶段历史使命的攻坚任务，要打好攻坚战。在必须更加注重统筹兼顾的新形势下，对弱势地区应予以特别关注。

一、弱势地区的概念及界定

弱势地区的概念是相对的，界定是动态变化的。一般来说，是指农机化发展难度较大、总体发展水平低于全国平均水平的地区。具体地说，是指耕种收综合机械化水平低于全国平均水平 10 个百分点以上的地区。例如，目前我国耕种收综合机械化水平已达 52%，可以把还小于 40%的地区称为农机化发展的弱势地区。随着我国农机化水平不断提高，弱势地区的界定值也应与时俱进地相应提高。

二、形成弱势地区的原因分析

形成农机化弱势地区有多方面的原因，如自然条件、农业生产条件、社会经济条件及工作因素、历史原因等的综合影响。从 2009 年的统计资料分析，当年全国耕种收综合机械化水平为 49.13%，低于 40%的弱势地区有贵州、云南、重庆、广西、福建、海南、四川、湖南、甘肃、广东、湖北、浙江等 12 个省（见表 1），其中除甘肃外，11 个省都是南方以水稻为主的农业生产区，水田为主，丘陵山区多，田块小，自然条件复杂多变，机械化难度较大。

本文为作者在 2011 年中国农业机械化论坛：“十二五”农业机械化发展方略建议会上的主题报告（2011 年 7 月 23 日 江苏无锡），收入论坛《论文集》。刊于《中国农机化导报》2011 年 4 月 25 日 12 版，《中国农机化》2011 年第 3 期。

表 1　2009 年我国耕种收综合机械化水平情况

地　区	耕种收综合机械化水平/%	地　区	耕种收综合机械化水平/%
全　国	49.13	陕　西	48.34
黑龙江	84.08	山　西	47.10
新　疆	80.06	江　西	47.00
山　东	75.17	青　海	42.60
天　津	68.11	浙　江	35.53
河　南	65.71	湖　北	34.50
内蒙古	65.64	广　东	33.71
河　北	63.60	甘　肃	32.77
江　苏	63.00	湖　南	32.36
北　京	61.80	四　川	28.49
安　徽	59.40	海　南	25.63
辽　宁	58.99	福　建	25.24
上　海	56.98	广　西	23.67
吉　林	56.89	重　庆	21.08
西　藏	54.86	云　南	9.13
宁　夏	50.00	贵　州	6.44

资料来源：根据 2009 年全国农业机械化统计年报资料整理。

而耕种收综合机械化水平大于 40%的 19 个省，除江苏、安徽、上海、江西 4 省市外，15 个省都是旱作为主地区。可见，自然条件和农业生产条件对农机化发展影响很大，是形成先进地区和弱势地区的主要原因。其次，社会经济条件和政策、工作因素，对农机化发展也有重要影响。同属南方水稻为主的江苏、上海，由于社会经济条件较好，对农机投入强度较大，工作到位，农机化发展也较快，水平较高。尤其江苏，是南方农机化发展的佼佼者。安徽、江西虽然总体经济发展水平还不高，地方支持农机化的经济实力还不那么大，但因为是国家粮食主产省之列，在国家农机购置补贴政策重点支持下，农民发展农机化的积极性很高，工作到位，农机化也因势利导地得到较快发展。目前全国农业机械化水平最低的贵州、云南、重庆、广西、四川及北方的甘肃等省，自然条件、经济条件较差都严重制约着农机化发展，农机化投入不足问题尤其突出。用现代物质条件装备农业，比较各地区的农机购置投入不仅要看投入总量，更要看投入强度（即平均每公顷播种面积的农机购置投入），见表 2。

从表 2 可以看出，与农作物总播种面积相近的地区比较，农机购置总投入明显偏低的贵州、四川、云南、重庆、甘肃等省市，是目前我国农机购置投入强度最低的 5 个省。贵州的投入强度约为全国平均水平的一半，约为上海的 1/4。这些省市都属西部地区，急需政策扶持。目前中央对这几省的投入强度也偏低，在新阶段应适当进行一些调整，加大对弱势地区的扶持力度，实施双力驱动，即自身奋发努力（增强内力）与外加扶持推力（加大外力）合力推进，已成为中级阶段中后期攻坚，促进区域协调发展的必要选择。

表 2　2009 年我国农机购置投入情况

地区	农作物总播种面积/10^3 公顷	农机购置总投入/亿元	其中		总投入强度/（元/公顷）	中央投入强度/（元/公顷）	地方投入强度/（元/公顷）
			中央投入/亿元	地方投入/亿元			
全国	158 639.0	609.745	129.244	19.525	384.36	81.47	12.31
河南	14 181.4*	53.057*	8.499	0.950	374.13	59.93	6.70
黑龙江	12 129.2	46.646	12.500*	1.000	384.58	103.06	8.24
山东	10 778.4	47.572	8.723	0.742	441.36	80.93	6.88
四川	9 476.6	19.381	6.000	0.745	204.51	63.31	7.86
安徽	9 036.2	41.075	6.247	0.301	454.56	69.13	3.33
河北	8 682.5	29.596	5.496	0.273	340.87	63.30	3.14
湖南	8 019.3	32.800	6.700	0.190	409.01	83.55	2.37
江苏	7 558.2	31.081	5.368	2.948*	411.22	71.02	39.00
湖北	7 527.5	30.316	6.000	0.313	402.74	79.71	4.16
内蒙古	6 927.8	20.697	5.546	0.555	298.75	80.05	8.01
云南	6 343.9	16.362	2.199	0.161	257.92	34.66	2.54
广西	5 826.5	20.641	3.388	1.065	354.26	58.15	18.28
江西	5 376.4	25.663	4.804	0.224	477.33	89.35	4.17
吉林	5 077.5	27.220	7.839	1.112	536.09	154.39	21.90
贵州	4 780.7	9.327	1.637	0.637	195.10	34.24	13.32
新疆	4 663.8	31.108	8.106	0.448	667.01	173.81	9.61
广东	4 476.0	12.744	2.119	1.031	284.72	47.34	23.03
陕西	4 154.1	16.271	4.700	0.434	391.69	113.14	10.45
甘肃	3 938.6	10.556	2.200	0.164	268.01	55.86	4.16
辽宁	3 919.1	19.694	5.800	0.888	502.51	148.00	22.66
山西	3 717.9	15.705	3.800	0.477	422.42	102.21	12.83
重庆	3 308.3	8.841	2.300	0.243	267.24	69.52	7.35
浙江	2 504.8	13.138	2.689	1.261	524.51	107.35	50.34
福建	2 258.0	9.599	1.800	0.361	425.11	79.72	15.99
宁夏	1 226.7	5.364	1.505	0.286	437.27	122.69	23.32
海南	829.4	3.659	0.630	0.126	441.16	75.96	15.19
青海	514.1	2.509	0.700	0.159	488.04	136.16	30.93
天津	455.2	2.257	0.600	0.180	495.83	131.81	39.54
上海	396.1	3.068	0.400	1.433	774.55*	100.99	361.78*
北京	320.1	2.132	0.600	0.721	666.04	187.44*	225.24
西藏	235.1	1.667	0.400	0.100	709.06	170.14	42.54

资料来源：根据中国统计年鉴、2009 年全国农业机械化统计年报资料整理。

注：* 为该项指标最高值。

三、促进弱势地区农机化加快发展的几点建议

农业机械化发展进程一般是由环节化⟶全程化⟶全面化。环节化指发展初期，农业机械只在某些农作物的某些生产环节应用，人畜力作业的传统生产方式在农业生产中仍居主导地位的初级发展阶段。全程化指农机化进一步向主要农作物生产过程全程机械化发展，人畜力传统生产方式逐渐减少甚至退出农业生产历史舞台，机械作业在农业生产中由小变大，由少变多，由弱变强，逐渐上升为居主导地位的支配力量，成为起主导作用的中级发展阶段。全面化指农机化进一

步向更高水平、更广领域、更大范围的高级阶段发展。即，向农机作业领域全面化及农机作业区域全面化发展。农机化由粮食作物向经济作物发展，由种植业向养殖业发展，由产中向产前、产后延伸，由大田作业向设施农业拓展，由平原地区向丘陵山区推进。因此，在发展进程中农机化的发展瓶颈有“环节瓶颈”和“区域瓶颈”之分。农机化中级阶段初期（耕种收综合机械化水平40%～50%）的主攻任务是推进主要作物生产全程机械化，发展瓶颈主要是“环节瓶颈”，主攻薄弱环节机械化。如水稻机械种植，玉米机收，等等。进入农机化中级阶段中后期（耕种收综合机械化水平 50%～70%），农机化由主要作物生产全程机械化向全面机械化进军，既是完成中级阶段历史使命的必然要求，也是进一步向高级阶段迈进的必要基础。由全程化向全面化发展，除“环节瓶颈”外，“区域瓶颈”问题凸显出来。实现区域协调发展迫切要求主攻农机化发展难度较大、水平较低的弱势地区的农业机械化。

弱势地区农作物总播种面积约占全国的 37.4%，第一产业从业人员较多，约占全国的 46.9%，而目前拥有农机总动力约占全国的 29.3%，拥有农机原值约占全国的 29.6%，播面顷均农机动力比全国平均少 1.2 千瓦，播面顷均农机原值比全国平均少 765 元。农用役畜还较多。加大农机投入的需求非常迫切。促进弱势地区农机化发展事关全国大局，在攻坚时期尤显重要，意义重大。在全面完成我国农机化中级阶段历史使命的中后期，加快推进弱势地区农机化发展的攻坚任务十分迫切、光荣、艰巨。既要打好攻坚战，又要打好持久战。为此，特提五点建议：

一是扶持政策适度向弱势地区倾斜。在农机购置补贴政策实施范围已覆盖到全国所有农牧业县（场），中央补贴规模已达 175 亿元以上的新起点上，继续坚持贯彻执行建立“三农”投入稳定增长机制、促进现代农业建设的投入保障机制和构建强化农业基础的长效机制的中央精神，“十二五”期间全国平均中央农机购置投入强度应在每公顷 110 元以上稳定增长。因此，建议农机购置补贴政策在新起点上实施增量倾斜政策。即中央农机购置补贴资金的增量部分，适度向弱势地区倾斜。农机购置补贴政策由“三倾斜”（向优势农产品主产区、关键薄弱环节、农民专业合作组织倾斜），调整为“四倾斜”，即增加向农机化弱势地区倾斜。逐步使中央对弱势地区的投入强度，增补到全国平均水平，甚至略高一些。既保持大局的稳定增长，又稳中有调，积极稳妥地加大对弱势地区的投入力度，逐步缩小投入差距，促进区域协调发展。这样做，是在区域发展差距扩大的态势尚未根本扭转的情况下，加快推进区域协调发展和公共服务均等化的必要措施。犹如在锦上添花与雪中送炭的补贴实践中，加大雪中送炭的支持力度，更符合农机化发展的实际需求，符合统筹兼顾的原则，符合投入稳定增长注重实效的精神，优化财政对农机的投入结构，对进一步提高财政投入的宏观调控力度和效果，改变区域发展不平衡、不协调的局面，提高财政补贴的有效性，是必要的，也是可行的。

二是适当加大对中小型农机具的补贴力度。实施补贴政策初期，由于补贴资金总量较小，补贴范围有限，补贴机具偏重大中型是必要的政策选择。如今，在补贴规模不断增大，范围已覆盖到全国所有农牧业县（场），补贴机具种类不断扩大拓宽的新形势下，适当加大适合水田地区、丘陵山区需要的中小型农业机械及装备设施补贴力度的时机到了，这是健全完善农机购置补贴政策的优化选择。相应的补贴办法实施与改进，也应适合丘陵山区特点，做到既惠民，又便民。

三是进一步加大推进农机社会化服务的支持力度。农机社会化服务是中国特色农业机械化发展道路的重要内容。特别农机化发展弱势地区，大多是丘陵山区多，田块小而分散，农户经营规模较小的地区，在农户无须家家配置农机的情况下，迫切需要有农机服务组织去为农户服务，使无机农户也能用上农机，共享现代工业文明成果，有机服务与无机享用互利共赢，共同受益。目前，在农机化作业服务组织中，有一定规模和服务能力，拥有农机原值20万~50万元的农机服务组织所占比重，全国平均约为26%，弱势地区仅约为12.5%，不及全国平均水平的1/2。可见，加大对弱势地区农机社会化服务组织的支持力度，加强农机服务品牌建设，把购机补贴与农机作业补贴结合起来，应列为新阶段扶持政策的着力点和新亮点。

四是加大对弱势地区农机化示范引导和人员培训的支持力度。农民是发展农机化的主体，是投资购买和使用农业机械的主体，“农民自主”是中国特色农业机械化发展道路的首要内容。农民很重实际，眼见为实，注重效益。农民对农机的认可度和接受程度是推进农机化发展不可或缺的重要因素，农民认可的东西才能快速推广传播。因此，在改造传统农业，推进农业机械化，发展现代农业的进程中，加强农机化示范基地建设，进行示范引导带动，是实践证明有效的成功经验，对弱势地区显得尤为重要。农业部已加大了农机化示范基地建设的力度，各省市应积极借势推进，建设省级示范基地，带动地市和县级示范基地建设，增强示范辐射功能，加快农机化发展进程。与此同时，要加大农机人员培训支持力度，增机必须与育人结合，加强农机化人才队伍建设。尤其是乡村农机从业人员，是新型农民的代表，是发展现代农业，建设社会主义新农村的生力军。目前我国乡村农机从业人员已形成5 200多万人的产业大军，占第一产业从业人员比重已从2005年的12%提高到2010年的18%，此比重随着农机化的发展还在提升，这是一支很重要的发展现代农业的主力军。但农机化弱势地区仍显得相对薄弱，其比重比全国平均水平约低6个百分点，既反映出差距，又说明有发展潜力。增加农机人员数量是大势所趋，加强培训，提高农机人员素质，是新时期农机化工作应加强的重点。实践证明，同样的农机，不同水平的人使用效果大不一样。弱势地区要改变落后面貌，必须下大力气把农机人才队伍建设抓紧抓好。

五是弱势地区农机化发展要走跨越发展之路。不能甘居落后，跟在别人后面亦步亦趋。要奋力拼搏，发挥比较优势，突出特色，统筹兼顾粮食作物和优势特色产业协调发展，加强农机化示范基地建设，注重典型引路，创新发展。要加大表彰农机化先进单位和模范人物的力度，树立自己的典型。在全国农机化发展大格局中，要发挥独特优势，勇拿单项冠军。弱势地区农机化发展潜力很大，大有希望。各地发展思路和战略选择好了，勤奋努力实干，定能在农机化进程中实现跨越发展，为本地区、为全国作出更大贡献！

高举旗帜前进　再创新的辉煌

（2011 年 5 月 2 日）

黑龙江农垦，是我国农业现代化的一面旗帜，是我国农机化发展的排头兵和领路者，举世公认。黑龙江农垦的发展历程，是我国农业现代化建设一个方面军的缩影，光彩夺目。从开发荒无人烟的“北大荒”，到建成富饶先进的“北大仓”，农垦人建立了一座又一座里程碑，展示出正确的道路，为人敬仰。凡是到垦区参观访问过的人，无不为之振奋和敬佩，开阔了眼界，增强了促进农机化发展的信心，看到了发展农机化的希望和力量。

几十年来，农垦人走出了一条艰苦奋斗，善于学习，虚怀若谷，开放包容，自强不息，创新发展的道路，也就是引进、消化、吸收、创新之路；树立了一种精神，就是排难奋进，自强不息的创业精神和勤劳智慧，与时俱进的创新精神；涌现出一代又一代的英雄模范人物和管理领军人物，创造了国内领先，世界一流，具有中国农垦风格的光辉业绩。他们为国家富强，为人民幸福做出的重大贡献将永载史册。垦区发展农业机械化、建设现代农业的经验，凝聚了几代农垦人不断探索实践，勇于开拓创新的智慧和心血，是我国农机化发展成果中的优等品和宝贵财富。垦区应当继承发展，也值得其他地区学习借鉴。在新时期，黑龙江农垦更要勇于承担起光荣的历史使命，扮演更积极的引领角色。

垦区发展先进生产力的进程，使发展方式实现了从传统农业向现代农业的巨大转变。建立的一整套行之有效，有中国特色的农机使用管理规章、制度和办法，充分发挥了农业机械的巨大功能、作用和威力。如今，黑龙江农垦田间作业综合机械化水平已达 97%，科技进步贡献率已达 56%的新高度，在全国领先。创造了全国最高的农业劳动生产率和农产品商品率。2009 年，垦区人均生产粮食 35 400 公斤，高于 15 个发达国家人均生产粮食 25 000 公斤的水平；职工人均供养人口的能力已与发达国家先进水平相近。2010 年，黑龙江垦区粮食总产量达 363.6 亿斤，其中商品粮 339 亿斤，商品率高达 93.2%。为保障我国粮食安全做出了突出贡献。规模化农业创造的奇迹使人们由最初的惊叹变成现在的成功、自豪和自信。黑龙江垦区已成为我国农业机械化水平最高、科技贡献率最高的著名优质农产品生产基地、加工基地、出口创汇基地和粮食战略后备基地，成为我国生态优良，综合实力雄厚，农机化事业发展的先进示范区，发挥着越来越

本文为作者应邀为黑龙江农垦 60 年而写的专题文章。以“弘扬拼搏精神 再创新的辉煌”为题发表于《中国农机化导报》2011 年 5 月 2 日黑龙江农垦农机化发展专版。

大的先行示范作用和辐射带动作用。

垦区深化改革的进程，使95%的农机产权归农场职工所有，农机工人成为投资、经营、风险、收益的主体，充分调动了职工自主发展农机化的积极性。垦区创造性地实行了具有垦区特色的“大农场套小农场双层经营”体制，实现了规模化、集约化经营，提高了经营效益。农业机械化的发展，使直接从事农业生产的人不断减少而经营规模不断扩大，大大提高了农业劳动生产率，推动了二、三产业发展，推进了城镇化进程和各项社会事业全面发展，统筹城乡协调发展使垦区由“北大荒”变成了我国东北边疆发达的新型社区。以人为本，幸福和谐。日子越过越好，生活越来越富裕，越甜蜜。几十年农垦农业机械化、现代化的发展，既是生动画卷，又是壮丽史诗；既是英雄赞歌，又是鲜活教材。激励着人们努力去开创更加美好的未来。

如今，垦区站在新的起点上高举旗帜继续前进，正在谋划和实现新的跨越，谱写更加辉煌的新篇章。在国家政策支持下，加大现代农业装备工程用现代物质条件装备农业的力度，以高技术、新装备为新起点，综合采用最新的农业装备技术和信息化、自动化技术，使垦区在发展观念、农业规模化和新技术应用方面都有新的提高。截至2010年，黑龙江垦区已经装备了331个旱田现代农业装备示范区，人均耕种土地的能力已经达到发达国家水平，过去经营1.5万亩的管理单位，向经营4万亩以上的管理单位整合。垦区农机化发展正在实施6个延伸：由旱田向水田延伸、由产中向产前和产后延伸、由地上作业向空中作业延伸、由粮食作物向经济作物延伸、由种植业向畜牧业延伸、由垦区内向垦区外延伸。由地面作业向空中作业延伸的航化作业，是现代农业发展的重要手段和一大趋势，是发展立体化大农业的需要。目前黑龙江农垦通用航空公司已拥有8种机型51架农用飞机，航化作业能力达到1 500万亩，开办了全国第一个农业航空学校，培养农业航空飞行员，成为屹立于世界之林的国内最大的农林专业航空公司，已在保障粮食增产和护林作业方面做出了重大贡献，取得了良好的经济、社会效益。总之，黑龙江垦区农业机械化正在进一步向生产过程全程化和农业领域全面化进军。农机化的滚滚铁流，已形成有坚必摧、无往不胜的全面发展大趋势。

创新发展是黑龙江垦区推进农业机械化的一大特色，是引领发展的不竭动力和灵魂。玉米收获因地制宜地采取冬收新方式，逐步形成了一套玉米生产全程机械化新体系，效益大增。水稻可以在黑龙江垦区高纬度地区种植，得益于大棚旱育秧技术和电热自动调温技术及智能化自动控制技术的开发应用和推广。探索出适合北方寒地水稻种植特点的水稻全程机械化技术模式，使垦区水稻栽培从催芽、播种、移栽、管理到收获、储运、加工，都实现了机械化。2009年，垦区水稻生产综合机械化水平已达95.3%，大大高于全国55.3%的平均水平。大豆大垄密植得到农机化的有力支撑。装备大马力拖拉机，全面实施“深松、免耕、少耕”为基本措施的耕作制度，农业机械化走上了生态环保、绿色低碳的资源节约型、环境友好型发展道路。

在新时期，黑龙江农垦的发展理念提升到“发展自己，辐射周边，带动全省，走向世界”的新高度。农垦农机事业拓展了新的发展空间，绘制出一幅由垦区内向垦区外延伸发展的新蓝图，诠释出黑龙江农垦在更大范围内发挥更大作用的新构想。黑龙江省委认真贯彻落实胡锦涛总书记“发展现代大农业”的指示精神，及时提出了场县共建的目标。进一步发挥垦区优势，扩大现代农业覆盖面，黑龙江农垦农机事业正在谱写更好更快更大发展的新篇章。垦区拓宽视野，走向世界，农垦农机已走向东三省，走到了俄罗斯、菲律宾、巴西。但首先是走遍黑龙江省，融入全省经济，为在更大区域、更大范围建设现代化大农业，实现优势互补，推进城乡一体化发展开创新局面，实现新跨越。开展场县共建，农机是开路先锋，从垦区农机跨区作业，实行“三代”服务开始（代耕、代种、代收）发展到“五代”服务（代耕、代育、代种、代管、代收）。实践证明，这是拉动周边农民加速推进农业机械化最有效、最能快速产生对比效应的战略举措。由于互利双赢，农民拍手称快，强烈要求参与场县共建，把土地交给村里统一经营，他们可以出去经商、打工挣更多的钱，一举两得。场县共建，互补共荣，探索出建设现代化大农业，推进城乡一体化进程的新途径，黑龙江农垦正在发挥优势做出新贡献！再创新辉煌！这一切，都令人肃然起敬。我们要向农垦人学习，祝他们取得更大成功！

关于《畜牧业机械化水平评价指标体系》的意见和建议

（2011年7月4日）

农机化司产业发展处：

来函收悉。组织“畜牧业机械化水平评价指标体系”研究很重要，抓得好。从“征求意见稿”看是下了工夫、尽了力的。对已取得的进展应当肯定。对此稿进一步修改提出一些意见和建议如下：

一、畜牧业机械化水平评价要以《中华人民共和国畜牧法》有关规定为法律依据。如，改良品种，转变生产方式，保障畜禽产品质量安全，鼓励和扶持发展规模化养殖，提高畜牧业综合生产能力，发展优质、高效、生态、安全的畜牧业等作为评价畜牧业机械化水平指标选择的重要依据。范围界定在畜禽养殖。

二、提供的指标体系框架，较偏重高效指标。优质在“畜牧养殖规模化程度”中有一定反映，但缺“育种机械化”指标；生态在“粪便处理机械化率”中有一定反映（环保）；安全指标还是空白，如“疫病防治机械化”指标，还有“畜产品运输机械化”与产品质量安全关系都很大。因此，建议指标体系中，应设置畜禽育种机械化、饲料生产与加工机械化、饲喂机械化、粪便处理机械化、疫病防治机械化、畜产品采收机械化、畜产品运输机械化等相应指标，从优质、高效、生态、安全的要求形成指标体系。

三、从畜牧业机械化发展的物质保障（用现代物质条件装备农业）和人才保障（人才培训）角度，在畜牧业机械化综合保障能力方面建议增设相应的指标。

以上意见和建议，仅供参考。

白人朴

2011年7月4日

为刘成果同志祝寿致辞

（2011 年 7 月 19 日）

今天大家欢聚一堂，一是对刘部长为“东方红创新基金”题字表示感谢，二是为刘部长七十大寿表示祝贺。

刘部长生日是哪一天？至今还对我们保密。杨敏丽通过买飞机票的身份证号查看，但又说身份证上的日期不准确。各人过生日的习惯还有公历、农历之分。我也向徐丹华和门秘书询问过，他俩至今也没有告诉我具体日期。可喜的是刘部长同意在六七月份安排聚会一次就可以了，不要问是哪一天。所以我们经过反复协商，在中国农业大学工学院韩鲁佳院长、杨宝玲书记，中国一拖集团赵剡水董事长、李有吉副总经理的大力支持下，就在今天安排了这样一次聚会，把两件喜事结合在一起，很有意义。又有亲情，很温馨。

刘部长为“东方红创新基金”写了四个字：“趣 志 灵 勤”。这四个字包含了创新四要素，也指明了创新两途径。兴趣与志向结合，灵感（悟性、天分）与勤奋结合，才能培育出创新型人才，创造出创新性成果。四个字写了两幅，一幅挂在中国农大工学院创新办公室，一幅放在一拖集团博物馆。这是培养创新型人才、建设创新型企业的宝贵精神财富，立人兴业，代代相传。刘部长对创新事业的关注和支持，我们永远铭记在心，深表敬意：万分感谢，功在千秋！

刘部长已经七十高龄，身体健康！为人豪爽，诗词书法一流。既是农机界老前辈，又是农机人的老朋友。德高望重。如今已进入“随心所欲而不逾矩”的人生境界。

我们祝他健康长寿！幸福快乐！全家幸福！

把知识、关爱和真心交给学生

（2011 年 9 月 10 日）

1957 年，白人朴考入北京农业机械化学院农业机械化专业，从此与农机化结下一世情缘，将自己的一生都献给了农机化事业。白人朴说："能够亲自参与并见证中国农机化的发展进程，我感到非常光荣和幸福。我的幸福感来源于人生有三乐：学习乐、育人乐、研究乐。"作为一个老师，看到自己的学生成才，心里实在是有说不出的欢喜。这种欢喜，便是"育人之乐"。

成才有真经　"趣 志 灵 勤"缺一不可

虽然白人朴是 1960 年提前调出参加教研室工作的，但他与教师这个职业的缘分却发轫于一年之前。在他念大学二年级的时候，学校计划将其调到中国人民大学进修，作为预备教师重点培养。助学金也由每月 16.5 元提高到 39 元。但当白人朴接到报到通知后，却陷入了矛盾之中，因为中国人民大学没有农机化专业。"作为一名党员，我必须无条件服从组织的安排，可是我发自内心地热爱农机化，对所学专业有不舍之情。"于是他向校党委写信，汇报了自己的思想情况。时任北京农业机械化学院党委副书记的白力行看了汇报之后，做出了让白人朴继续留校学习农机化专业的决定。使他非常感动。1960 年，学校又将白人朴列入了预备教师名单，这次的单位不再是中国人民大学，而是北京农业机械化学院农机化系拖拉机教研室，白人朴非常高兴，一边工作一边学习，用一年时间通过考试完成了两年的学习任务，于 1961 年提前毕业正式成为了一名人民教师。

至今，白人朴从教已经 50 余年，始终把教书育人作为教师的天职，在实践中积累了丰富的教育经验，总结了一套帮助学生成才的有效方法。为了培养创新型人才，今年白人朴建议中国一拖集团在中国农大工学院设立"东方红创新基金"，得到了国机集团和中国一拖集团的大力支持，基金成功设立并启动。白人朴请中国奶业协会理事长、原农业部副部长刘成果为基金项目题了四个字：趣、志、灵、勤。这四个字正是白人朴历经 50 多年淬炼而得的育人真经："趣"，就是学生自己要有兴趣，这是天性使然，属于自发行为；"志"，要有志气、有志

本文为《中国农机化导报》记者张桃英在教师节期间的采访报道。刊于《中国农机化导报》2011 年 9 月 12 日 6 版。《现代农业装备》2011 年第 9 期转载。

向，由自发变成自觉；“灵”，指的是灵感、悟性；“勤”，是要勤奋努力，刻苦用功。要有灵感悟性，还要有勤奋。白人朴说，这四个字，涵盖创新的四个要素，同时也指明了创新的两条途径：一是兴趣和志向相结合，实现自发到自觉的转变；二是灵感要和勤奋相结合，才能做到有志有为——这是创新型人才的成才之路。

白人朴对于教育的真谛也有独到的见解。在他看来，为人师，需要做到三着想：为国家着想、为学校着想、为学生着想。国家需要人才，人才需要培养；学校是培养人才的重地，教师则是培养人才的园丁，所以国家的兴盛、未来的希望都寄托在学生身上，教师必须因材施教，以挖掘学生潜力、发挥学生所长、为学生创造良好的成才环境和条件为己任，把知识、关爱和真心交给学生。

启发式教学 激发学生无限潜能

白人朴认为，要发现和培养出学勤业精人品好的优秀人才，好的教学理念和方法必不可少。老师，就是要善于进行启发式教学，宽严适度，充分调动学生的积极性、主动性和创造性。尤其是对于那些悟性高、基础好的学生，更要注意激发他们的潜能，帮助他们把自己的聪明才智尽情释放出来，实现人生的价值和理想。

中国农业大学副校长傅泽田便是一个典型。1981 年，傅泽田还是北京农业机械化学院农业机械化专业的一名学生，遵照学校安排前往山西省永济县开展农机化调研完成毕业论文，他的指导老师正是白人朴。当时国内刚刚开始进行技术经济分析及区划研究，傅泽田此前在下乡插队期间曾在生产队里做过会计，对数学计算和经济知识有一定基础，碰巧又看到了刚出版的刘天福和白人朴合写的《农业机械化技术经济基本知识》一书，很感兴趣，根据相关材料就开始着手写论文。当白人朴巡回指导来到永济之际，傅泽田的论文已经写了一万多字，但偏重理论分析，联系永济县实际不够。白人朴看出作者很有潜力，当即鼓励傅泽田结合自己在基层蹲点调研的情况，把理论和实际结合起来，写出一篇出色的毕业论文。

这让傅泽田感到压力很大，对论文进行大的改动需要投入大量精力。而且当时在基层调研，工作和生活条件都较差。傅泽田的难处和顾虑白人朴都看在眼里，他耐心地开导学生说：“你现在的思路可以写出一篇毕业论文，但你在基层第一线调研的优势未发挥出来，这篇论文你可以做得更好，你有能力完成一些更有价值的研究。费孝通通过深入住村调研，写出成名之作博士论文《江村经济》，至今仍是非常珍贵的研究文献，是我们学习的榜样。”经过开导，傅泽田终于下决心克服和战胜困难，站在更高起点，重新撰写自己的毕业论文。

当时用定性与定量结合的方法对农机化进行技术经济分析和发展预测还处于起步阶段，缺乏先例借鉴。细心的白人朴注意到，《山西日报》刊登了一篇报道，说山西省运城市的农业科技人员在头一年冬天小麦播种之时对次年的小麦亩产量做出了预测，当年麦收完成后的实际产量与预测产量误差只有一公斤。他们用什么方法预测得如此准确？白人朴立即带着傅泽田前往运城取经。运城市的科技人员非常热情地接待了他们，并介绍说预测产量首先要掌握播种时的雨情、气温、土壤水分等因素，然后建立数学模型，进行预测计算。触类旁通，傅泽田立即来了灵感，抽丝剥茧般迅速理清了思路，深入调研，定性与定量研究相结合，写出了《永济县农业机械化发展分析与预测》这篇高质量的论文。他是在毕业论文中最早运用技术经济分析方法和预测理论方法进行农机化发展研究的年轻学者，文中的一些研究结论还被永济县当年的政府工作报告采用，在山西省引起了轰动。山西省农机局将该论文铅印两千册在全国发行，并一举获得山西省农机科技进步一等奖。此后多年，山西省对于傅泽田去山西参与和主持科研工作，始终鼎力支持，为他的深造和事业发展奠定了良好的基础。白人朴说："能发现和挖掘出学生潜力，培养出高层次人才的老师，才真正履行了老师的职能，尽到了老师应尽的责任，这是老师的本分。"

因材施教　帮助学生树立信心

对于底子好、悟性高的学生，白人朴固然是尽心尽力。面对那些基础较弱、学习有困难的学生，白人朴同样是一腔爱心、倾囊相授。正是怀着这样的热忱，白人朴培养出了我国第一个也是迄今唯一一个哈萨克族农业工程博士——努尔夏提·朱马西。

努尔夏提来到中国农业大学农业工程专业攻读研究生学位，起源是国家教委、国家民委发起的内地高等学校支援新疆行动。对于这个国家民委选派来的重点培养对象，中国农大极为重视，专门派老师给他开展一对一的教学。但是一个少数民族学员直接来北京进行硕博连读，难度是很大的。努尔夏提很努力，但成绩并不理想。他责任感和自尊心非常强烈，知道自己身负重任，学业不佳令他苦闷，有时周末就与在北京的新疆朋友一起喝酒解闷，有一次竟醉倒在马路旁。

学校获悉这一情况后很担心，研究生部经过研究后提出请白人朴来负责培养努尔夏提。白人朴没有贸然答应，他提出先跟学生见一面，了解了解对方的情况。一番深谈，白人朴掌握了努尔夏提的两大特点：一是阅历丰富，新疆各地他几乎都跑遍了，对于新疆农机化的发展情况很熟悉。二是他的汉语水平不错，沟通能力较强。

"我当即对他说，你是可以学好、学成的，我也由衷地希望你学好、学成。为了实现培养目标，我对你提出两点要求，第一，你本人要高标准地要求自己，千万不要认为自己是少数民族，理所应当要受到照顾。相反，你应该更加努力、更加勤奋。一定要用自己的努力和高质量的博士学位论文证明，不是照顾博士，是有真才实学的、过硬的哈萨克族博士。第二，学位论文要联系新疆的实际。新疆最大的优势不就是棉花吗？你那么了解新疆的实际情况，那你以后就重点研究棉花机械化好了。我会重新为你制订学习计划，一定要理论联系实际，学好用好，要有创新。"白人朴的话，打开了努尔夏提的心扉，增强了他努力高质量完成学业的信心。据学校研究生部反映，谈话后，他好像变了个人，心情开朗多了，学习上也由被动变为主动，常常到中国农科院、中国农业工程院等院所去向棉花专家登门请教，专家看到他是少数民族来虚心请教也乐于帮助他。经过五年的努力，努尔夏提的博士学位论文《新疆棉花生产机械化与产业化研究》通过了答辩，并受到高度评价，取得了博士学位。回到新疆后成为了业内知名的专家，现如今已经是新疆大学的副校长。

“对于那些学习当中遇到困难的学生，老师要根据他的情况来进行指导和帮助，既要帮他树立信心，又要严格要求，同时还要提供具体的帮助。”白人朴如是说。

截至 2010 年，白人朴已经为国家培养了 28 位博士研究生和 30 位硕士研究生，他们在各自的岗位上都挑起了重担，做出了突出的贡献。他们当中，有教授和博士生导师，有重点院校的高层领导，有科研院所的负责人，有知名企业的董事长、总经理和所在省的优秀企业家，有政府官员，还有外交官。每当听到他们取得新的成绩，白人朴心中就充满了喜悦之情和幸福之感。他和学生之间的情意更是日久弥深，不论学生毕业多少年，感情都不曾褪色。白人朴说：“每到教师节，我的学生们，无论是在读的还是在职的，无论是在国外还是国内，都会通过各种方式表达他们的一份心意，亲切的问候和美好的祝愿。你说，作为一个老师，怎么会不感到欣慰和快乐呢？”是啊，身为园丁而桃李满天下，确实是人生一大至乐啊。

指导“十二五”农业机械化发展的纲领性文件

（2011 年 10 月 3 日）

《全国农业机械化发展第十二个五年规划（2011—2015 年）》（以下简称《规划》），是指导“十二五”时期全国农业机械化发展的纲领性文件。认真学习、坚决贯彻落实《规划》精神和统筹部署要求，努力做好“十二五”时期农业机械化工作，确保《规划》目标、任务在机遇与挑战前所未有的新形势下顺利实现，对推进我国农业机械化在新起点上继续又好又快发展，具有十分重要的意义。

一、发展背景指明了“十二五”我国农业机械化大有可为

《规划》开篇就明确指出：“十二五”时期是我国全面建设小康社会的关键时期，是中国特色农业现代化加快推进的重要时期，也是我国农业机械化大有作为的重要战略机遇期。党的十七届五中全会提出“在工业化、城镇化深入发展中同步推进农业现代化，是‘十二五’期间的一项重大任务。”农业机械化肩负着推进农业现代化的历史使命。在“十二五”期间，全国国内生产总值预期年均增长 7%，城镇化率预期将从 47.5%提升到 51.5%，中国将进入城市人口多于农村人口的新时代，迫切要求用现代物质条件装备农业，用培养新型农民发展农业，增强现代农业基础，为工业化、城镇化提供坚强的农业机械化支撑。与此相应，《规划》提出农作物耕种收综合机械化水平在 52%的新起点上，“十二五”期间持续提高到 60%以上，预期年均增长 2%，为国内生产总值年均增长 7%提供农业机械化保障。转变农业发展方式将在领域拓宽和延伸、结构优化、区域协调、质量提升、效益提高、安全环保等方面取得新的重大进展，农业机械化将在推进农业现代化、加快社会主义新农村建设中做出更大贡献！

二、四个必须总结了长足发展的宝贵经验

《规划》在总结“十一五”农业机械化发展成就的基础上，深刻总结了取得成就的宝贵经验，从实践和理论两方面对“十二五”进一步推进农业机械化科学发展都具有重要意义。

本文刊于《中国农机化导报》2011 年 10 月 3 日 4 版。

《规划》指出，“十一五”时期是我国农业机械化发展环境显著优化、政策法规不断健全、发展速度明显加快、地位作用持续增强的五年，是中国特色农业机械化发展道路得以确立并丰富发展的重要时期。农业机械化有效提高了土地产出率、资源利用率和劳动生产率，持续增强了农业综合生产能力，抗风险能力和市场竞争力，为我国粮食生产实现“七连增”以及农业农村经济保持良好发展势头提供了强有力的支撑。成功实现了农业生产方式由人畜力为主向机械作业为主的历史性跨越。成功的实践表明，推进农业机械化必须把保持粮食等主要农产品有效供给作为首要任务；必须把强化法制建设和优化政策环境作为重要保障；必须把转变农业机械化发展方式作为工作主线；必须把培育发展主体和创新完善社会化服务机制作为主要抓手。首要任务、重要保障、工作主线、主要抓手这四个必须，是发展经验的高度概括，凝聚了农机人不懈探索的智慧和心血，是指导农业机械化长足发展最可宝贵的精神财富。

三、指导思想突出了以转变农业机械化发展方式为主线

《规划》全面分析了“十二五”农业机械化面临的机遇和挑战，作出了我国农业机械化正处在加快发展、结构改善、质量提升、领域拓宽重要阶段的综合判断。即处于完成农机化发展中级阶段中期的历史使命，并进一步向中级阶段后期推进的发展阶段。指出在新的起点上要继续保持良好发展态势，加快提升发展质量，关键在于转变发展方式。要以转变农业机械化发展方式为主线，以调整优化农机装备布局结构、主攻薄弱环节机械化、推广先进适用农业机械化技术和装备为重点，在发展中促转变，在转变中谋发展。这既是从农机化发展实际出发，又符合全国“十二五”规划总的要求。在《规划》指导思想中第一次提出了加强两个融合：加强农机农艺融合、加强机械化与信息化融合。全面提出了提高五个水平：进一步提高农机装备水平、作业水平、科技水平、服务水平和安全水平，努力推动农业机械化又好又快发展。转方式、调结构、稳增长、提水平，《规划》表明指导农业机械化发展已经站在新起点、新高度，采取了新措施，进入了新境界。

四、发展目标体现了新要求、新高度、新进展

新要求、新高度体现在以科学发展观为指导，更加注重同步推进、协调发展、质的提高。“十一五”期间，全国国内生产总值年均增长 11.2%，农作物耕种收综合机械化水平年均增长 3.27%。“十二五”规划全国国内生产总值预期目标调整为年均增长 7%，与此相应，农作物耕种收综合机械化水平预期目标调整为年均增长 2%，既符合在工业化、城镇化深入发展中同步推进农业现代化的总体要求，又从实际出发，体现了农业机械化中级阶段中期快速成长与转型升级交融的发展特征要求，既重视保持适当的发展速度，更加注重发展质量和效益的提高；既重视农业装备数量

稳步增长，更加注重推进装备结构合理调整和区域发展协调。在重视量的增长的同时，更加注重质的提高。

新进展体现在发展目标中，在强调水稻、玉米等生产全程机械化取得长足发展的同时，第一次把“主要经济作物机械化生产和现代设施农业取得明显进展，养殖业、林果业、农产品初加工机械化协调推进。”纳入重要内容。领域拓宽的内容首次正式写入规划目标，表明农业机械化发展有新进展，“十二五”在大力推进主要粮食作物生产全程机械化的同时，已开始吹响向全面机械化发展的进军号。

五、主要任务强调了六个更加注重

主要任务凸显出以加快转变发展方式为主线的着力点。一是更加注重调整和优化农机装备结构和布局；二是更加注重推动农业机械化科技进步和提高农机手素质，加大科技创新与技术培训力度；三是更加注重提高农机服务组织化程度，提升农业机械利用率；四是更加注重推广应用资源节约型、环境友好型农业机械化技术；五是更加注重创新农业机械化发展工作机制，加强农机农艺融合，机械化与信息化融合，推进管理机制创新；六是更加注重构建综合配套的农业机械化扶持政策体系，切实增强政策的连续性、协调性和针对性，全方位促进农业机械化发展。

六、区域发展既突出重点特色，又注重协调推进

《规划》按照因地制宜、经济有效、保障安全、节约资源、保护环境、突出重点的要求，围绕优势农产品产业带建设，将全国按东北地区、华北平原地区、长江中下游地区、南方低缓丘陵区、西南丘陵山区、黄土高原及西北地区等六类地区进行分类指导，协调推进不同地区农业机械化发展。

七、三大工程和四大专项更具新意

《规划》列出了保护性耕作工程、农业机械化推进工程、农业机械化生产服务管理信息工程等三大主要工程和农业机械购置补贴专项、农业机械化重大技术试验示范推广补助专项、农业机械化科技创新专项、农业机械化人才队伍建设专项等四个重大专项，项目带动、引领发展，明确具体，是本《规划》的一大特色，使《规划》更具新意，也更加实在。这些工程和专项的落实实施，对推进农业机械化在新的高度创新发展具有重要意义。

八、保障措施全面有力

《规划》从落实完善政策、加大基础设施建设投入力度、完善公共服务体系、推进依法行政、加强组织领导等五个方面提出了《规划》实施的保障措施，既是在已有基础上进一步健全完善，又是在新的条件下有所创新，使政策保障、投入保障、服务保障、法制保障、组织保障协调配套推进，更加全面有力。

“十二五”规划的全面贯彻落实，必将开创我国农业机械化发展的新局面，为工业化、城镇化、农业现代化同步推进做出新贡献！

关于县域发展战略的思考

（2011 年 10 月 27 日）

抓好县域发展战略要解决好两个基本问题：一是认识问题。必须对发展战略有深刻认识；二是行动问题。即如何制定好、实施好发展战略。

一、发展战略的基本概念和重要性

1．什么是发展

两种宇宙观对宇宙发展法则有两种见解：一种是形而上学的见解，认为发展是减少和增加，是重复；另一种是唯物辩证法的见解，认为发展是变化、进化，是对立的统一。毛泽东在《矛盾论》中对“发展”有精辟的阐述。他说：“事物的矛盾法则，即对立统一的法则，是唯物辩证法的最根本的法则。”“差异就是矛盾。”矛盾推动发展。“唯物辩证法的宇宙观主张从事物的内部、从一事物对他事物的关系去研究事物的发展。”“事物发展的根本原因，不是在事物的外部而是在事物的内部，在于事物内部的矛盾性。任何事物内部都有这种矛盾性，因此引起了事物的运动和发展。”“外因是变化的条件，内因是变化的根据，外因通过内因而起作用。”

因此，人们要善于去观察和分析各种事物的矛盾和运动，并善于根据这种分析，找出解决矛盾的方法。作为领导人，要正确制定发展战略，引领发展成功。

2．什么是战略

“战略”原系军事术语，指对战争全局的筹划和指导。后来“战略”一词广泛运用于多个领域，泛指全局性、根本性的重大谋略。如，经济发展战略，社会发展战略，工业发展战略，农业发展战略，交通发展战略，航天发展战略，科技发展战略，教育发展战略，环境保护战略，能源战略，可持续发展战略，人口发展战略，城市发展战略，旅游发展战略，地区发展战略，部门发展战略，企业发展战略，等等。

战略的主要特征：一是具有全局指导性。战略是从全局出发制订的带根本性的谋略，带有方向

本文为作者在建设部市长培训中心主办的培训班上的讲课提纲（2011 年 10 月 27 日）。

指导性。毛泽东在《中国革命战争的战略问题》中说，“战略问题是研究战争全局的规律的东西”，“研究带全局性的战争指导发展规律，是战略学的任务”；二是具有系统主导性。战略是对发展过程中的主要问题（重大问题）进行系统安排和把握，审时度势，着重于抓主要矛盾，解决主要矛盾，带动全局发展。

3．战略的基本内容：战略六要素

战略是在一定历史时期内指导发展的时空统筹谋划，具有时空性。其基本内容包括：战略依据、战略思想、战略目标、战略重点、战略步骤、战略措施。称为战略六要素。

战略依据：法制依据、理论依据、现实依据。制订战略要审时度势，与时俱进，符合时空，引领发展。

战略思想：指导战略的理论原则和观念体系。是整个战略的纲领和灵魂，是战略的总方针，是确定战略目标、战略重点、战略步骤和战略措施的依据。

战略目标：在一定历史时期进行战略活动要达到的预期目标。是整个战略的核心，既是整个战略的归宿，又是制定战略的出发点。战略目标决定着战略重点、战略步骤和战略措施，因为重点、步骤和措施都是根据实现目标的要求而定。

战略重点：对实现战略目标具有关键意义而需要特别加强的部位（内容、环节或部门）。是战略的主攻方向和着力点。在制定发展战略中，一般应从以下几个方面选择战略重点：（1）具有导向意义或重大突破意义的新兴领域；（2）具有竞争优势的领域；（3）牵动全局的枢纽；（4）全局发展的薄弱环节或阻碍全局发展的“瓶颈”。抓住了发展重点，就能带动全局发展。

战略步骤：为实现战略目标，依据客观规律和战略任务的不同而划分的过程阶段和实施步骤。战略步骤有阶段性和连续性。正确划分阶段是战略获得成功的关键性因素之一。如我国的“三步走”战略。

战略措施：为实现战略目标而采取的重大措施。战略措施具有很强的针对性，又具有多元性和配套性。是保障战略取得成功的重要手段。

4．战略的选择性和重要性

差异就是矛盾。理想与现实就有差异，发展战略就是要找到解决理想与现实差异矛盾的办法（谋略）。

战略可以有多种选择。可借鉴（少走弯路），可创新（开拓新路），借鉴与创新相结合，是人类智慧的继承和发展。战略选择是智慧和决心结合的产物。

正确的战略选择非常重要。战略正确则兴：由小到大，由弱变强，取得胜利，成功、兴盛；战略失误则衰：由强变弱，导致失败、衰落。

必须注意，在战略制定之后，战略指导要保证战略实施中排除各种困难和干扰，实现战略意图。包含因势利导地进行战略运筹，战略调整，战略转移和战略转变。

5．国家战略与县域战略

国家战略是统筹国家全局的战略，是全国最高层次的战略，对全国各地区、各部门都有权威性和指导性。

县域战略是在国家战略指导下，结合地方实际，统筹县域全局的地区发展战略。是从属于国家战略，又体现地方特色的地区战略，是从属性与特色性的对立统一。

县域战略是对县域发展带全局性、根本性的谋划，要在国家战略指导下发挥县域优势，突出地方特色，谋划又好又快发展。

二、当前制定实施县域发展战略必须注意的几个要点

一个县要又好又快发展，从战略上必须找到解决理想与现实差异矛盾的办法，筹划出解决发展中问题的谋略。战略依据是国家战略和本县实际。国家已颁布并强化实施国民经济和社会发展“十二五”规划，举全国之力，集全民之智，努力实现规划宏伟发展蓝图。县域发展战略要在国家“十二五”规划指导下，结合县情制定实施，顺应各族人民过上更美好生活的新期待，开创科学发展的新局面。因此，当前制定实施县域发展战略，应该注意抓好“一纲五要点”。

一纲，就是以贯彻落实以科学发展为主题，以加快转变发展方式为主线的总方针，结合本县实际，提出战略指导思想为纲。

五要点指定目标、调结构、优布局、求规模、讲阶段。

1．定目标：定性、定位、定时、定量目标，目标是战略核心，要审时度势科学制定。

2．调结构：就是要调整优化结构，优化整合资源，发挥优势，突出特色，主业带动，配套协调，转型升级，以优取胜。发展方式由投入型增长向结构型增长转变，向结构要效益。

调结构有产业结构（要有主导支柱产业，促进产业优化升级）、技术结构（促进技术进步，提高发展质量和科技水平，向科技要效益）、地区结构（促进区域协调发展，优势互补）、城乡结构（统筹城乡一体化进程）。

新木桶理论：强化优势板块，淘汰劣势板块，突破原有框架，创新发展。

3．优布局：在改革开放、经济全球化趋势加速的新形势下，战略布局要有利于充分有效地利用国内、国际两种资源，开拓两个市场，布局要具有开放性。优化布局要有利于资源要素向优势地域空间聚集，形成不同特色又优势互补、配套协调的功能区，整体具有特色性、配套性和协调性，使布局合理定位，特色突出，实现优势互补，协调发展。对传统布局要保留精华，整体格局要加强创新元素，实现传统与现代的融合，以特取胜，使县域总体更美好、更精彩，取得更大的布局效益。

县域常用的布局模式有增长极发展模式和点轴布局模式。增长极发展模式是以培育特色小城镇，开发区或特色园区为增长极，实现以点带面，带动周边发展的布局模式。点轴布局模式一般是以河流沿岸或道路沿线为轴，沿线建设若干城镇集散点的布局发展模式。选择时要因地制宜。

4．求规模：经济发展要讲求规模效益。规模由小到大与多种因素有关。其中与品牌效应的关系不可忽视。生态旅游城市尤其要着力创品牌，发展品牌经济，做强做大。

5．讲阶段：事物发展过程都有阶段性，不同阶段有不同的发展特征。依据客观规律和战略任务而科学划分实现目标的战略阶段和实施步骤，是战略取得成功的关键要素之一。发展战略要善于把握所处发展阶段，抓住机遇，加快发展。阶段不可能跳过或取消，但过程可能缩短。跨越式发展就是向时间要效益。讲阶段，抓机遇，走捷径，促发展。在新形势下，努力做到党的十七届五中全会提出的“在工业化、城镇化深入发展中同步推进农业现代化”，就可能实现跨越式发展。

开局良好 积极推进

（2011 年 11 月 22 日）

今年是农业机械化发展“十二五”开局年。农机战线认真贯彻落实科学发展观，以加快转变发展方式为主线，在转变中谋发展，成效显著，开局良好。作出开局良好判断的依据是发展态势呈现出七新：

一是农机化生产出现新局面：由主推全程化，向全面化拓展。在耕种收综合机械化水平已超过 50%的新起点上，农机化发展进入了中级阶段中后期，其特点是快速成长与转型升级融合，农机作业由大力推进主要粮食作物生产全程机械化，主攻“瓶颈”环节，进一步向农业全面机械化进军。此阶段增机减人的人机运动变化规律，在农业生产中已不可逆转。今年水稻种植机械化、玉米机收都有新突破，深松整地机械作业、保护性耕作、经济作物生产机械化、现代设施农业装备技术、丘陵山区农业机械化都取得了新进展。农业机械化呈现出由粮食作物向经济作物、由种植业向养殖业、由产中向产前和产后、由大田农业向设施农业、由平原地区向丘陵山区全面发展的新局面。农业机械化的多功能性日益显现，发展态势从初露端倪到渐成气候。农机系统在今春抗旱救灾中也发挥了主力军作用。血吸虫疫区“以机代牛”工程取得新进展，农机化为疫区人民免除了灾难，送去了福音。农机化在农业生产中的主导性、拓展性、协调性进一步增强。在转变发展方式中，不仅有量的增长，更重要的是有结构优化和质的提高。

二是“十二五”农业机械化发展规划有新高度。今年全国农业机械化发展“十二五”规划及与之配套的系列规划相继出台，这些指导全局发展的纲领性文件，规划出“十二五”我国农业机械化的发展蓝图，为新时期我国农机化发展指明了方向，明确了任务，把握了重点，提出了举措。目标、任务、举措都有新高度。全面贯彻落实《规划》，对在新时期推进我国农业机械化实现又好又快发展，具有十分重要的意义。

三是各地贯彻落实《国务院关于促进农业机械化和农机工业又好又快发展的意见》有新举措。2010 年 7 月 5 日国务院《意见》颁布后，全国各地积极制定出台《实施意见》，认真贯彻落实。今年已出台、即将出台《实施意见》的省份有 21 个。其余省份也大都完成了《实施意见》的调研起草工作，正在进一步征求有关部门意见，报省（自治区、直辖市）政府审议通过后颁布实施。这些《实施意见》都结合本地实际，在政策创新、组织创新和制度创新方面有新举措，新突破，

本文为作者在农业部农机化司组织的 2011 年全国农机化形势分析会上的发言。

实施成效日益凸显。

四是农机化科技支撑有新亮点。今年农机科技捷报频传。“农业装备技术创新工程”荣获国家科技进步二等奖，这是农机化领域产学研结合，农机工业发展模式创新的首个“软实力”大奖；“干旱半干旱农牧交错区保护性耕作关键技术与装备的开发和应用”荣获国家科技进步二等奖；农业装备产业技术创新战略联盟成功扩容；“十二五”国家科技支撑计划首批启动的重大项目之一“现代多功能农机装备制造关键技术研究”项目启动；国机集团成为我国机械工业除汽车行业外的首个世界500强企业；中国一拖集团入选国家首批技术创新示范企业；愚公机械公司荣获首届“中国农业科技创新创业大赛二等奖”；“花生机械化收获技术装备研发与示范”项目荣获中华农业科技成果一等奖；按照国家科技创新体系建设思路，“十二五”农业部重点实验室建设工作已经启动，农机类10个重点实验室位列其中；国家发改委等五部委联合公布《当前优先发展的高技术产业化重点领域指南（2011年度）》，确定了优先发展的农机高技术产业化重点；今年几次农机农艺融合研讨会成功举办；农机化示范区建设有新进展；……，这一切，表明坚持把科技进步和创新，作为推动产业升级、推进产学研战略联盟和农机化科技创新体系建设，加快转变发展方式的重要支撑，取得了明显进展和成效。

五是农机社会化服务能力有新提高。农机社会化服务是中国特色农机化发展道路的重要内容，是转变农业发展方式的重要推动力量。今年“三夏”小麦跨区机收出现作业水平、作业质量、作业组织化程度三提高，管理工作有力、有序、有效的实践证明，我国农机社会化服务坚持农民自主、政府扶持原则，在增强能力，适度规模，规范运行，诚信服务，完善机制，提高效益方面都有长足进步。进一步提高了农机服务组织化程度，提高了农机利用率和经营效益，特色道路越走越宽广，在实践中健康发展。

六是农机人才队伍建设有新起色。《全国农业机械化教育培训“十二五”规划》正式发布实施，这是农机化系统实行“人才强农”战略的重大举措。提出了“服务发展、人才优先”的方针，以提升素质和创新能力为核心，以农业机械化管理人才（着力提高政策执行能力）、科技人才（着力提升技术支撑能力）和实用人才（着力提高作业服务能力、培育新型职业农民）三支队伍建设为重点，努力建设符合发展要求的数量充足、结构合理、素质优良的农机化人才队伍，为促进农机化科学发展提供了强有力的智力支撑和人才保障。今年全国各种农机培训班办得有声有色，红红火火，类型多样，规模扩大，内容丰富生动，质量提高，卓有成效，深受欢迎。全国农机技能竞赛相当成功，在全国掀起了学技能、比技能、用技能的热潮。竞赛展示了精神，赛出了风格和水平，产生了技能状元、技术能手、优秀选手，表彰了先进，检验了培训成果，提升了职业素质。

七是对外开放呈现新格局。农机战线对外开放更加积极主动，“引进来”与“走出去”都有新的进展。中国—津巴布韦农业技术示范中心落成；在闻名全球农机业界的2011巴黎SIMA展会上，中国担当了本届展会的荣誉国，并在法国举办了“中国农机化发展前景展望研讨会”；中国一拖集团在法国竞购农机生产企业成功，打破了国外企业垄断国内大马力动力换挡拖拉机的局面，开创了中国农机企业在国外收购农机生产企业的先河；世界著名农机企业纷纷加大在中国的投资力度，建基地，拓市场。提出“现在是进入中国的最佳时点”，要“扎根中国拓发展”（美国爱科），“立足中国辐射亚洲”（法国伊尔灌溉公司），中德现代化示范农场在努力打造中德农业合作“样板”。实施互利共赢的开放战略，农机化对外开放领域和空间在不断拓展，以开放促发展，促改革，促创新，提高安全高效地利用两个市场、两种资源的能力，取得了新成效。

“十二五”是我国农业机械化可以大有作为的重要战略机遇期。积极推进，就是要认清形势，勇担责任，抓住和用好机遇，努力克服前进中的困难，全面贯彻落实“十二五”规划，开创农机化发展新局面！回应人民的新期待，为推进农业机械化又好又快发展做出新的更大的贡献！

粮食八连增与农业机械化

（2011年11月25日）

今年我国粮食总产将迈上55 000万吨的新台阶，实现八连增是大家都很高兴的大喜事。农机战线的同志更加关注粮食八连增与农业机械化的关系，本文对此进行一些分析。

一、从单产与面积对增产的贡献说起

根据2003—2010年统计资料分析，我国粮食持续增产是由于单产提高和面积增加双重作用的结果，见表1。

表1　2003—2010年我国粮食生产情况

年份	2003	2004	2005	2006	2007	2008	2009	2010
粮食产量/万吨	43 069.5	46 946.9	48 402.2	49 804.2	50 160.3	52 870.9	53 082.1	54 647.7
比上年增加/万吨		3 877.4	1 455.3	1 402.0	356.1	2 710.6	211.2	1 565.6
粮食面积/10^3公顷	99 410	101 606	104 278	104 958	105 638	106 793	108 986	109 876
比上年增加/10^3公顷		2 196	2 672	680	680	1 155	2 193	890
粮食单产/（公斤/公顷）	4 332.5	4 620.5	4 641.7	4 745.2	4 748.3	4 950.8	4 870.5	4 973.6
比上年增减/（公斤/公顷）		288.0	21.2	103.5	3.1	202.5	−80.3	103.1
对产量增加的贡献								
面积增加贡献/%		24.5	84.8	22.5	90.7	20.2	100.0	27.7
单产增加贡献/%		75.5	15.2	77.5	9.3	79.8	0	72.3

资料来源：根据中国统计年鉴资料整理。

从表1看出，单产与面积对粮食增产的贡献大小出现高低交错变化情况，这在一定程度上反映了粮食生产受自然条件变化影响较大的特点。传统经验有五年中二增二减一平的说法。现实中每年都出现各地区粮食单产此增彼减的情况。例如，2009年全国粮食每公顷产量有16省减产，15省增产，导致全国平均每公顷产量比上年减少80.3公斤；而2010年全国粮食每公顷产量比上年提高103.1公斤，是由于有17省增产超过14省减产。自然条件变化是不以人的意志为转移的

本文刊于《农机科技推广》2011年第11期，《中国农机化导报》2011年12月12日8版。

客观自然规律。这些年在自然灾害频繁的严峻形势下，我国粮食单产实现了6年增加只一年减少的局面，突破了传统历史轨迹，创造了新的历史纪录，真是难能可贵。也就是说，虽然各地单产有增有减，但全国总体上实现了6增1减，如果粮食面积保持持平，7年中有6年依靠单产提高都可实现粮食增产，只有一年（2009 年）是靠增加面积才实现粮食总量增产。这说明科技进步对粮食增产的作用增强了，而对面积的依赖减弱了。农业生产依赖资源、靠天吃饭的传统正在向依靠科技进步、采用良种良法、节约资源、提高效率的现代生产方式转变。尤其在资源、环境约束压力加大，增加面积已相当困难的新形势下，提高单产对粮食增产就更为重要。这当中农业机械化发挥了重要的物质技术支撑作用。用2003年与2010年的数据对照分析，可得出在目前技术经济水平的生产条件下，面积增加与单产提高对粮食增产的贡献为四六开的结论。即，面积增加的贡献约为40%，单产提高的贡献约为60%，发展趋势是依靠科技进步，提高单产对保障粮食安全、提高粮食总产的作用在进一步增强。

我国粮食总产量已连续5年在5亿吨以上持续增长，“十二五”规划提出粮食综合生产能力达到5.4亿吨以上的新要求。实际上，2010年、2011年已经达到了这个能力。也就是说，如果稳定粮食播种面积，现有生产能力完全可以实现规划目标要求；如果进一步转变发展方式，提高粮食综合生产能力和单产水平，粮食面积还有适度调整的余地，这也有利于调整优化结构。总的发展态势是转变方式，调整结构，增强能力，提高效益，实现粮食增产，农民增收。但在调整时要吸取2000—2003年的教训，要注意适度，不可将面积减得太猛（参考表2）。根据党的十七届五中全会提出“在工业化、城镇化深入发展中同步推进农业现代化”的要求，根据我国国情和实践经验，根据“十二五”规划提出的预期目标，在粮食综合生产能力已达到5亿吨以上的新起点上，要在资源、环境约束的新条件下实施粮食安全战略，增强粮食安全保障能力，在宏观调控上可提出两个基本的假设条件，也就是宏观调控的参考基准线：一是人均粮食以390公斤为基准，二是粮食面积以 106 667×10^3 公顷（16 亿亩）为稳定保障线，两项指标以上下浮动小于 3%为保障粮食安全的正常运行区间。这个条件符合“十二五”规划总人口控制在 13.9 亿以内，粮食综合生产能力达到5.4亿吨以上，也就是人均粮食388.5公斤的要求。如果以粮食面积稳定在16亿亩左右为前提、为基础，则提高单产是粮食安全战略的主攻方向。即提高粮食总产量主要依靠科技进步，转变发展方式，增强能力，提高单产。这种选择既必要可行，又合情合理。“十二五”期间，我国粮食单产水平必须迈上前所未有的全国平均 5 000 公斤/公顷以上的新台阶（这个指标 2010年已经有18个省、市、自治区达到了，全国虽还未达到，但已经接近了），进一步达到5 200～5 300公斤/公顷的新高度、新水平。经过努力是有条件、有能力实现的。粮食面积稳定在16亿亩左右，也有利于高产稳产粮食生产基地建设，进一步强化现代农业基础。可以设想，当人口由 13.4 亿增加到 14 亿、15 亿、16 亿时，粮食单产由每亩 330 公斤提高到 340 公斤（2010 年粮食亩产达到340公斤以上的有17个省）、370公斤（2010年粮食亩产达到370公斤以上的省有10个）、390～400 公斤（2010 年粮食亩产达到 400 公斤以上的省市有 5 个），我国就可以用人均 1 亩粮田，生产出6亿～6.4亿吨粮食，保持人均粮食390公斤左右的水平。还有8亿多亩农作物播种面积，各地可统筹规划，因地制宜地种植其他优势作物，调整优化种植结构，提高种植效益，发展特色经济，促进地区经济发展，农民增收。统筹兼顾，既保障粮食安全，又做到高效发展，实现人民生活富裕，国泰民安。必须指出，在以转变农业发展方式，提高粮食综合生产能力为主导的粮食增产进程中，农业机械化充分发挥抢农时、抗灾害、高效节约地利用光、热、水、肥、土、种等资源的先进生产力作用，对粮食生产实现八连增提供了坚强有力的物质技术支撑，做出了功不可没的重大贡献！今后，在实施粮食安全战略措施中，农机化还将继续发挥更大作用，做出更大贡献！

表2　近21年我国粮食生产情况

年份	粮食总产/万吨	粮食面积/（10^3公顷）	粮食单产/（公斤/公顷）	人均粮食/公斤
1990	44 624.3	113 466	3 932.8	390.3
1991	43 529.3↓	112 314↓	3 875.7↓	375.8↓
1992	44 265.8	110 560↓	4 003.8	377.8
1993	45 648.8	110 509↓	4 130.8	385.2
1994	44 510.1↓	109 544↓	4 063.2↓	371.4↓
1995	46 661.8	110 060	4 239.6	385.2
1996	50 453.5	112 548	4 482.8	412.2
1997	49 417.1↓	112 912	4 376.6↓	399.7↓
1998	51 229.5	113 787	4 502.2	410.6
1999	50 838.6↓	113 161↓	4 492.6↓	404.2↓
2000	46 217.5↓	108 463↓	4 261.1↓	364.7↓
2001	45 263.7↓	106 080↓	4 266.9	354.7↓
2002	45 705.8	103 891↓	4 399.4	355.8
2003	43 069.5↓	99 410↓	4 332.5↓	333.3↓
2004	46 946.9	101 606	4 620.5	361.2
2005	48 402.2	104 278	4 641.7	370.2
2006	49 804.2	104 958	4 745.2	378.9
2007	50 160.3	105 638	4 748.3	379.6
2008	52 870.9	106 793	4 950.8	398.1
2009	53 082.1	108 986	4 870.5↓	397.8
2010	54 647.7	109 876	4 973.6	407.5

资料来源：根据中国统计年鉴资料整理。据权威发布，2011年初步统计粮食总产量57 121万吨，实现八年连增。

二、三个关注点

深入研究粮食八连增与农业机械化的关系，可以从多方面进行论述，仁者见仁，智者见智。本文着重从农机化对粮食增产的支撑力、农机投入重点区的粮食增幅、推进农机化与粮食主产区的持续协调发展等三个关注点进行分析。

1. 在增机减人中实现八连增，凸显农机化的支撑力

从 2003 年到 2010 年，粮食总产量从 4.3 亿吨逐年持续增加到 5.46 亿吨，是在农业机械总动力从 6 亿多千瓦持续增加到 9.28 亿千瓦，农业机械原值从 3 361 多亿元增加到 6 448.8 亿元，第一产业从业人员从 3.62 亿人逐年减少到 2.79 亿人的人机运动变化中实现的。2010 年与 2003 年比较，在农机总动力增加 3.23 亿千瓦，农机原值增加 3 087 亿元，第一产业从业人员减少 8 273 万人的情况下，实现了粮食产量增加 11 578 万吨，第一产业劳均产粮从 1 190 公斤提高到 1 957 公斤，增加了 767 公斤，凸显出农机化对粮食增产的强大支撑力。由于人机变化是在工业化、城镇化加速发展中增机减人，现代要素增多了，传统要素减少了，农业生产方式转变了，农业生产能力不仅没有因减人而减弱，反而因增机大大增强了。这就没有重复 20 世纪 50 年代末、60 年代初农民进城后农业生产力严重不足，国民经济运行困难，又动员进城农民返乡，还动员城里人下乡支农的历史教训，而是出现了农业现代化与工业化、城镇化同步推进，欣欣向荣的协调发展局面。可以说，没有农机装备的大量增加，就不可能减少 8 200 多万农业从业人员，因为不增机又减人就不具备生产 5.46 亿吨粮食的能力，就不能多生产出 1.15 亿吨粮食，工业化、城镇化进程就会受到很大制约和困难。实践证明，中央提出积极发展现代农业，用现代物质条件装备农业，大力推进农业机械化，是提高农业综合生产能力，实现粮食八连增的重要举措，是工业化、城镇化、农业现代化同步推进的有效途径。2004 年开始实施的《中华人民共和国农业机械化促进法》和农业机械购置补贴政策，为粮食八连增提供了强有力的法制保障和政策支持，是完全正确，大见成效，深受民众欢迎和拥护的。

2. 农机投入重点区粮食产量增幅大

农机购置补贴政策一开始就以粮食主产区为重点，国家对粮食状元（标兵）的重要奖品是名牌拖拉机，这都显示出国家对粮食的高度关注。用河南、黑龙江、吉林、内蒙古、山东、江苏、安徽、河北、四川、湖南、湖北、江西、辽宁等 13 个粮食主产省和新疆的资料，与其他 17 省的资料对比分析可以看出，这 14 省的粮食面积约占全国的 73%，农机购置总投入约占全国农机购置总投入的 74%，是农机投入的重点区。从 2003 年到 2010 年，14 省粮食产量由占全国 72.8% 上升到 77.5%，上升了 4.7 个百分点，14 省粮食增量约占全国粮食增量 95%，是粮食产量增幅最大的地区。第一产业劳均产粮由 1 570 公斤提高到 2 432 公斤，增加 862 公斤，比全国平均增量 767 公斤高出 95 公斤；人均粮食从 392 公斤增加到 527 公斤，增加 135 公斤，比全国平均增量多 61 公斤。可见粮食劳动生产率和人均粮食也是增幅最快的地区。2010 年全国人均粮食 400 公斤以上的有 16 省，这 14 个省全部都在 400 公斤以上，对保障国家粮食安全做出了突出贡献。实践证明，农机投入对粮食增产的成效十分明显，见表 3。

表3　14省与全国比较

项别	全国		14省		14省占全国/%	
	2003年	2010年	2003年	2010年	2003年	2010年
农业机械购置总投入/亿元	223.69	706.21	164.85	507.13	73.70	71.80
增量/亿元		+482.52		+342.29		70.94
农业机械总动力/万千瓦	60 446.62	92 780.48	44 237.27	69 113.15	73.2	74.50
增量/万千瓦		+32 333.86		+24 875.88		76.93
农业机械原值/亿元	3 361.59	6 448.81	2 445.43	4 781.92	72.75	74.15
增量/亿元		+3 087.22		+2 336.49		75.68
联合收获机/万台	36.22	99.21	30.89	86.06	85.28	86.75
增量/万台		+62.99		+55.17		87.59
耕种收综合机械化水平/%	32.50	52.30	39.40	63.90		
增量/%		+19.80		+24.50		
第一产业从业人员/万人	36 204.00	27 931.00	19 974.80	17 416.30	55.17	62.35
减量/万人		–8 273.00		–2 558.50		30.93
粮食产量/万吨	43 069.50	54 647.70	31 353.90	42 354.80	72.80	77.51
增量/万吨		+11 578.20		+11 000.90		95.01
粮食单产/（公斤/公顷）	4 332.50	4 973.60	4 483.90	5 256.40		
增量/（公斤/公顷）		+641.10		+772.50		
人均粮食/公斤	333.30	407.50	391.70	526.60		
增量/公斤		+74.20		+134.90		
第一产业劳均产粮/（公斤/人）	1 190.00	1 957.00	1 570.00	2 432.00		
增量/（公斤/人）		+767.00		+862.00		
第一产业劳动生产率/（元/人）	4 801.00	14 512.00	5 724.00	16 076.00		
增量/（元/人）		+9 711.00		+10 352.00		
农民人均纯收入/元	2 622.00	5 919.00	2 624.00	6 052.00		
增量/元		+3 297.00		+3 428.00		
地区生产总值占全国/%					57.74	62.23
人均GDP/美元	1 274.00	4 400.00	1 196.00	4 605.00		
增量/美元		+3 126.00		+3 409.00		

资料来源：根据中国统计年鉴、全国农业机械化统计年报资料整理。

3．推进农业机械化与粮食主产区的全面协调可持续发展

从2003年到2010年，在用现代物质条件装备农业的方针指导下，14省的农业机械购置年总投入从164.845亿元增加到507.131亿元，投入增量约占全国总增量的71%；农业机械总动力

增加 2.4 876 亿千瓦，约占全国总增量 77%；农业机械原值增加 2 336.5 亿元，约占全国总增量的 76%；联合收获机增加 55.17 万台，约占全国总增量的 87.6%；耕种收综合机械化水平提高 24.5 个百分点，比全国平均提高幅度高 4.7 个百分点。与此同时，第一产业从业人员减少了 2 558.5 万人；粮食产量增加 1.1 亿吨，约占全国粮食总增量的 95%；粮食每公顷产量提高 772.5 公斤，比全国平均增量高 131.4 公斤；第一产业劳动生产率由 5 724 元/人提高到 16 076 元/人，增量比全国平均增量多 641 元；农民人均纯收入由平均 2 624 元提高到 6 052 元，增加 3 428 元，比全国平均增量高 131 元；地区生产总值由占全国 57.7%提高到占全国 62.2%，提高 4.5 个百分点；人均 GDP 由 1 196 美元提高到 4 605 美元，增量比全国平均高 283 美元（见表 3）。这些数据表明，农业机械化支撑了 14 省在“不以牺牲粮食为代价”的前提下实现了全面协调可持续发展。既保障了粮食安全，保护了粮农利益，促进了农民增产增收，又实现了整个国民经济持续健康发展。这一方面得益于政府坚定不移地实施粮食安全战略和强农惠农政策，另一方面又得益于调动了农民种粮和发展农机化的积极性。2004 年以来，政府相继实施了包括粮食直接补贴、农资综合直补、良种补贴、农机购置补贴和农机作业补贴等一系列惠农强农政策，初步形成了粮食综合性收入补贴和生产性专项补贴相结合的粮食补贴政策体系，并在进一步健全完善，加大力度，政策效果非常明显。以 14 省为例，中央财政对 14 省农机购置投入增加 112 亿元，带动农民农机购置投入增加 214.6 亿元，全社会农机购置总投入增加 342.3 亿元。政策好，民加力，增产又增收，国泰民安，政府、农民都高兴。

必须清醒地认识到，由于粮食生产自然风险和市场风险都较大，经济比较效益较低而社会效益较高，公益性较强，所以与人均粮食在 200 公斤以下，第一产业从业人员在 30%以下的省市比较（上海、北京、天津、广东、浙江、福建），总体来说，人均 GDP、人均地方财政收入和农民人均纯收入都有较大差距。粮食主产区保持持续健康发展的任务非常艰巨。因此，在我国已进入以工促农、以城带乡的发展阶段，国家已具备加大扶持“三农”的能力和条件下，继续稳定、完善和强化各项支农政策，切实加强农业综合生产能力建设，大力推进农业机械化是完全必要又切实可行的。实践证明，成效是很显著的。尤其是继续加大对粮食主产区的支持力度，对努力转变农业发展方式，提高粮农收入水平，确保国家粮食安全和全社会持续健康发展，都具有十分重要的意义。一定要坚持下去，切实抓紧抓好！

节水灌溉　大有可为

（2011 年 12 月 20 日）

一、充分认识节水灌溉的重要性

1. 水资源供需矛盾日益突出已成为制约发展的全球性重大问题

据估计，地球上的淡水资源总量约为 0.36 万亿立方米，其中 77.2%以冰山和冰帽的形式存在于极地和高山上，难以为人类直接利用；22.4%为地下水和土壤水；江河、湖泊等地面水仅占淡水总量的 0.4%。全球淡水资源十分稀缺，而且地区、季节时空分布不均，至少有 80 个国家，人口占世界 40%的地区，约有占世界 47%的土地处于干旱、半干旱状态，干旱缺水严重制约着农业和经济社会的发展。随着人口增加（2011 年全球人口已超过 70 亿，联合国发布报告预测到 21 世纪末，世界人口将超过 100 亿或增至 150 亿）和工业化、城市化发展，农业用水、工业用水、生活用水都会增多，水资源短缺，供需矛盾将日益突出。建设节水型社会，大力发展节水灌溉的任务已迫在眉睫，刻不容缓。1993 年国际灌溉排水委员会发布了《海牙宣言》，针对全球灌溉用水效率低下的状况，把节水灌溉列为当前应致力的首要任务。多国政府也把提高水资源利用率列为重要议题。我国历来重视水利建设，称“水利是农业的命脉”，把水列为“农业八字宪法”的重要内容。今年中央一号文件《中共中央 国务院关于加快水利改革发展的决定》，把新形势下水利的战略地位提到新的高度。《决定》指出，“水是生命之源，生产之要、生态之基。兴水利、除水害，事关人类生存、经济发展、社会进步，历来是治国安邦的大事”。用“三个不可”，“三性”，“两个不仅”，高度概括了新形势下水利建设更加突出的地位和作用。“水利是现代农业不可或缺的首要条件，是经济社会发展不可替代的基础支撑，是生态环境改善不可分割的保障系统，具有很强的公益性、基础性、战略性。加快水利改革发展，不仅事关农业农村发展，而且事关经济社会发展全局；不仅关系到防洪安全、供水安全、粮食安全，而且关系到经济安全、生态安全、国家安全”。《决定》指出，“要把水利工作摆上党和国家事业发展更加突出的位置，着力加快农田

本文为作者在中国水利企业协会灌排设备企业分会 2011 年会上的讲话（2011 年 12 月 20 日 广东揭阳）。

水利建设，推动水利实现跨越式发展”。我们要认真学习领会和坚决贯彻执行中央精神，推进农田水利建设上好新台阶。

2．我国的基本国情水情决定了发展节水灌溉的重要性和紧迫性

人多水少，水资源时空分布不均是我国的基本国情水情。

（1）人多水少　我国淡水资源总量虽然达到 30 万亿立方米，居世界第六位。但人均淡水资源仅有 2 000 立方米左右，只相当于世界人均量的 1/4，被列为世界上最贫水的 13 个国家之一。中国国土面积约占世界的 7%，人口约占世界的 20%，淡水资源仅占世界的 6%。从降雨量获得的水资源仅占全球淡水的 0.017%。中国供水量约 80%是地表水，约 20%是地下水。目前，我国年平均缺水约 400 亿立方米。

（2）水资源时空分布不均　我国大部分地区属亚洲季风地区，降水特点是东南多，西北少；夏秋多，冬春少；且年际间变化大，形成水资源时空分布不均。

空间分布不均表现为以年降水量 400 毫米等值线为分界线，全国可分为西北部半干旱、干旱区和东南部湿润、半湿润区两大农业区域。西北部半干旱、干旱区气候大陆性强，干旱少雨，一般年降水量都在 400 毫米以下，有些地方仅几十毫米甚至几毫米，且干燥度（最大可能蒸发量与降水量的比值）高，半干旱地区一般都在 1.5～2.0，干旱地区都在 2.0 以上。降水少，干燥度高，往往引起风沙和荒漠。这些地区发展水利灌溉，进行水土保持对农业很重要，有的地区没有灌溉就没有农业。因此，我国农业水资源形势最严峻的地区是北方，耕地的 64%分布在北方，水资源仅占 19%，北方地区人均水资源仅为南方地区的 1/3，全国有 1 261 个易旱县，每年都有不同程度的旱灾损失。例如，黄淮海地区拥有的国土面积约占全国的 10%，水资源占有量仅为全国的 1.5%，由于地表水及地下水资源严重不足，有些地区只有靠超采深层地下水来补足，超采严重的已经形成“地下水漏斗区”，导致出现地面下沉。河北省沧（州）、衡（水）漏斗区，中心区自 1970 年以来地面已经下沉 74.4 厘米。问题的严重性已引起各方高度关切。

时间分布不均表现为季节分布不均，年际间变化大。6—9 月份降雨占全年 70%～80%，常导致暴雨成灾和季节性干旱。多水的南方也有季节性干旱，少水的北方也发生季节性雨涝。年际变化大表现为丰水年与枯水年的降雨量变幅，一般南方丰水年降雨量为枯水年的 2～4 倍；东北地区为 3～4 倍；华北地区为 4～6 倍；西北地区超过 8 倍。有些地区甚至出现连续几年多雨或连续几年少雨的情况。所以旱涝灾害频繁。我国降水分布特点及变化规律是导致旱涝灾害具有普遍性、区域性、季节性和连续性的重要原因。

新中国成立以来，我国水利建设取得了举世瞩目的巨大成就。在充分肯定成绩的同时，必须清醒地认识基本国情水情，尤其是近年来频繁发生的严重水旱灾害，暴露出农田水利等基础设施仍十分薄弱亟待加强的严峻性和紧迫性。今年中央一号文件指出的“四个仍然是”和“三个越来越”，警示我们加大水利建设力度已刻不容缓。文件指出，“洪涝灾害频繁仍然是中华民族的心腹

大患，水资源供需矛盾突出仍然是可持续发展的主要瓶颈，农田水利建设滞后仍然是影响农业稳定发展和国家粮食安全的最大硬伤，水利设施薄弱仍然是国家基础设施的明显短板。随着工业化、城镇化深入发展，全球气候变化影响加大，我国水利面临的形势更趋严峻，增强防灾减灾能力要求越来越迫切，强化水资源节约保护工作越来越繁重，加快扭转农业主要‘靠天吃饭’局面任务越来越艰巨”。因此，作出了“必须下决心加快水利发展，切实增强水利支撑保障能力，实现水资源可持续利用”的重大战略决策。

二、抓住和用好机遇 节水灌溉大有可为

1．抓住和用好水利建设黄金发展期

2011年中央作出加快水利改革发展的决定，对未来10年我国水利建设发展的指导思想、目标任务、基本原则和实施举措作出了明确规定和战略部署，标志着我国水利建设迎来了加快发展的重要战略机遇期，2011—2020年是我国水利建设的黄金发展期，我们必须抓住和用好机遇，实现又好又快发展。

《决定》从我国国情出发，明确提出我国水利改革发展的指导思想是“加快建设节水型社会，促进水利可持续发展，努力走出一条中国特色水利现代化道路”。目标任务是“力争通过5年到10年努力，从根本上扭转水利建设明显滞后的局面”。提出“基本建成水资源合理配置和高效利用体系”。确立了水资源开发利用控制红线，“到2020年，全国年用水总量力争控制在6 700亿立方米以内”（2010年是6 022亿立方米）。确立了用水效率控制红线，“到2020年，农田灌溉水有效利用系数提高到0.55以上”（目前约为0.43）。还提出“十二五”期间新增农田有效灌溉面积4 000万亩等硬任务。我国农田灌溉水有效利用系数从20世纪50年代的0.3左右，提高到目前的0.43左右，即提高0.13用了60年，现在提出今后10年要在目前基础上再提高0.12以上，即10年的提高成效相当于过去60年，任务是很光荣又非常艰巨的。预期目标必须靠科技进步，靠政策推进才能实现。

在政策推进方面，《决定》明确提出要“建立水利投入稳定增长机制”，“加大公共财政对水利的投入”，“加强对水利建设的金融支持”，“广泛吸引社会资金投资水利”，力争今后10年全社会水利年平均投入比2010年高出一倍。明确提出要“发挥政府在水利建设中的主导作用，将水利作为公共财政投入的重点领域。各级财政对水利投入的总量和增幅要有明显提高。进一步提高水利建设资金在国家固定资产投资中的比重。大幅度增加中央和地方财政专项水利资金。”还提出“支持符合条件的水利企业上市和发行债券，探索发展大型水利设备设施的融资租赁业务”，等等。政策推进力度之大，前所未有。

在科技进步推进、强化水利科技支撑方面，《决定》提出要“健全水利科技创新体系，强化基

础条件平台建设，加强基础研究和技术研发，力争在水利重点领域、关键环节和核心技术上实现新突破，获得一批具有重大实用价值的研究成果，加大技术引进和推广应用力度。提高水利技术装备水平”。

从政策推进和科技推动两方面，都可以看到灌溉企业可以大显身手，多做贡献的难得机会和有利发展的良好商机。时势造英雄，这正是各路英雄为国立功，为民造福，为企业赢利的大好时机！

2. 把握好两个着力点

要在节水增效上取得新进展，必须用先进适用的机械技术装备农业，提高水利技术装备水平，加快转变生产方式，切实增强水利支撑保障能力。灌溉企业努力多做贡献，要把握好两个着力点。

一是地区着力点。要为灌区建设、重点县（尤其是产粮大县）农田水利建设、丘陵山区中小型水利建设提供先进适用的灌溉装备。到 2020 年，要基本完成大型灌区、重点中型灌区续建配套和节水改造任务，完善灌排体系。对大中型灌溉排水泵站要实施更新改造。结合全国新增千亿斤粮食生产能力规划实施，在水土资源条件具备的地区，要新建一批灌区，增加农田有效灌溉面积。对农田水利重点县要加强灌区末级渠系建设和田间工程配套，促进旱涝保收高标准农田建设。对革命老区、民族地区、边疆地区、贫困地区的农田水利建设要实行倾斜政策。这都是灌溉企业开拓市场必须关注和因势利导地采取行动的着力点。

二是技术装备着力点。企业技术装备的着力点要体现在推向市场的产品上。节水灌溉技术装备的种类很多，以提高水资源利用率为核心，可分为水资源集蓄保护和调配管理工程技术装备，输水工程技术装备，灌溉工程技术装备，废水（劣质水）再利用工程技术装备等四大类。各企业有各企业的主导产品和主攻方向，可谓各具特色，各占其位，百花争艳。但共同点是，都要拿出性能好，质量优，可靠性强，性价比合适，售后服务好的产品推向市场，努力提高核心竞争力和市场占有率。由产品竞争向品牌竞争发展。不搞低水平重复性竞争，不搞两败俱伤的价格战，在公平竞争中以优取胜，以质取胜，以特取胜。在科技进步和改革创新中求发展。《决定》指出大力发展节水灌溉的引导方向是，“推广渠道防渗、管道输水、喷灌滴灌等技术”。这也是国家支持的重点。

总之，大环境为水利建设发展带来许多积极信号。作为农机战线一员老兵，恭喜大家赶上了英雄大有用武之地的好时代！希望大家各尽其能，大显身手，大展宏图，取得佳绩，再立新功！为我国的水利现代化事业做出新的更大贡献！

咨询服务　尽责尽力

（2012 年 1 月 7 日）

今天是 2012 年第一个周末双休日。在双休日召开中国农业大学中国农业机械化发展研究中心成立周年年会暨咨询委员会第一次会议，符合事物对立统一的矛盾法则，休息日与工作日，闲与忙，是对立的统一，是矛盾普遍性规律的一种表现形式，也是现实生活中的普遍现象。能与在百忙中的专家和领导同志一起参加这次会议，能参加“中心”咨询委员会的工作，感到非常高兴和十分荣幸。咨询委员会的同志一般都是得到大家信任和尊重的领导和老同志，为不辜负业界寄予的厚望，老同志要义不容辞、尽责尽力地为行业发展做一些有益的事。为此，我提几点建议与同志们共勉：

一是尽心尽力为促进我国农机化发展干实事，做好事。

不挂空名，要为“中心”建设，为促进我国农机化发展办一些实实在在的好事。年富力强的同志在前台，唱主角，老同志在幕后做好咨询服务，优势互补，共同为促进农业机械化发展做出贡献！老同志要重事业，轻名利，扶后辈，尽余力。

二是咨询服务要建立和形成“双主动”的机制和氛围。

“双主动”指“中心”负责同志要主动，咨询委员会成员也要主动，用好“中心”这个平台，可主动登门咨询，请来咨询；也可主动送上建议和服务。双主动可多干一些有利于促进我国农机化又好又快发展的事，形成有高度责任感、使命感，敬业有为，群策群力，团结奋进，富有活力的团队和智库。

三是在新形势下促进农机化咨询服务要抓好几个着力点。

咨询工作可做的事情很多，有课题研究咨询、政策建议咨询、各种专题咨询，等等。在农机化发展新形势下，建议促进农机化咨询服务要抓好几个着力点。

（1）更加注重促进科学发展。我国农业机械化发展总体上已进入中级阶段中期，2011 年耕种收综合机械化水平已达 54.8%，第一产业从业人员占全社会就业人员的比重已降至 35%以下，农机化生产方式已在农业生产中居主导地位，作用日益增大。发展环境是我国人均 GDP 已超过 5 000 美元，城镇化率已大于 50%，已经进入上中等收入国家行列，劳动力成本廉价时代已基本

本文是作者在中国农业大学中国农业机械化发展研究中心成立周年年会暨咨询委员会第一次会议上的书面发言。

结束，推动经济可持续发展必须依靠科技进步，加快转变经济发展方式。党和国家把积极发展现代农业作为转变经济发展方式的重大任务，提出了“在工业化、城镇化深入发展中同步推进农业现代化”的新要求。社会对农机化的需求越来越迫切，国家对农机化的支持力度越来越大，农民购买和使用农机的积极性越来越高。农机化正处于快速成长与转型升级交融的发展阶段，有效供给不足与需求迫切的矛盾日益凸显。因此，在农业机械总动力已达9.7亿千瓦，农业机械原值已达7 000亿元以上，年农机购置总投入已超过700多亿元的新形势下，在加快发展的同时要更加注重提高发展质量和效益，农机化发展由投资驱动转变为效益驱动的任务在新时期显得更加艰巨又十分迫切，加大投入更要用好投入，促进好字当头的快速发展，应当成为咨询工作的重点。要认真贯彻落实胡锦涛总书记的指示精神，“深刻认识坚持发展是硬道理的本质要求就是坚持科学发展，用科学发展的眼光、思路、办法解决前进中的问题，创新发展理念、发展模式……切实推动经济社会又好又快发展。”

（2）为加强农机化理论体系建设出力。咨询工作要坚持辩证唯物主义的知行统一观。把实践上升为科学理论，用理论来指导实践。大家公认，我国已探索出中国特色农业机械化发展道路，中国特色农业机械化理论体系建设也取得了可喜进展，但还相对滞后。在中国特色社会主义理论体系指导下，凝结几代农机人不懈探索实践的智慧和心血的中国特色农业机械化理论体系框架已初步形成，初步回答了什么是农业机械化、在中国这样一个地域辽阔、人口众多的发展中大国为什么要发展农业机械化、发展什么样的农业机械化、怎样发展农业机械化等几个基本问题，但还不够系统，不够深入，还需不断延伸和展开，继续努力健全、充实、完善。实践无止境，理论建设无止境。我国农业机械化发展到当今时代，把丰富的农业机械化实践能动地变成科学认识，上升为系统的理论，形成中国特色农业机械化理论体系，进一步用科学理论指导实践，推进我国农业机械化又好又快发展的重任，已经历史地落在当代农机化工作者及其领导部门肩上。“中心”咨询委员会应当为加强农机化理论体系建设出力，把此列为咨询工作的重要着力点。

（3）更加关注农机化弱势地区发展。科学发展的根本方法是统筹兼顾。我国农业机械化发展总体态势良好，但区域发展不平衡、不协调问题仍很突出。先进地区耕种收综合机械化水平已达80%以上，已从主要粮食作物生产全程机械化向农业全面机械化进军。但丘陵山区、贫困地区等农业机械化发展难度较大的弱势地区，耕种收综合机械化水平还较低，有的地区还不到10%。加大力度促进弱势地区农机化发展问题，日益引起领导部门和业界关注。目前农机化弱势地区农作物总播种面积约占全国的37%，而第一产业从业人员约占全国的47%。“十二五”是我国加快转变发展方式的攻坚时期，努力提高发展的全面性、协调性和可持续性，促进区域协调发展，是事关我国农机化发展全局的重大问题，是全国完成农机化发展中级阶段历史使命非常艰巨而又十分紧迫的攻坚任务。是必须打好的攻坚战。对弱势地区，在大力推进主要粮食作物生产机械化的同时，积极开展特色优势农作物生产机械化，健全完善农机化社会服务体系，提高农机社会化服务能力，搞好农机化基础设施建设，加强现代农业基础等任务都更为艰巨。因此，咨询工作对农机化弱势地区应予以特别关注。

（4）关注农机化人才队伍建设。目前我国农机总动力年增 5 000 多万千瓦，年农机购置投入 700 多亿元，农机作业服务人员年增加 220 多万人，农机作业服务人员已形成 5 000 多万人的农机服务大军。这支服务大军，是新型农民的代表，他们由凭经验、使用传统农具的传统农民变成能应用现代科学技术和先进机器装备进行生产而且会经营的新型农民，是农民素质提高的重要体现，是农业转变发展方式的带头人。这支产业大军在农业生产中大大提高了农业劳动生产率，资源利用率和科技进步贡献率，大大增强了农业综合生产能力，提高了综合效益。值得注意的是，每年增加这么多的农业机器，人员培训必须跟上。增机要育人，要练兵。同样的机器装备，新手、老手用起来效果可能大不一样。一定要培养出合格的机手，让他们能操作，会保养，出了故障能处理，才能让先进的机器充分发挥作用，取得最大的效益。还有一个问题是随着工业化、城镇化加速，农村大量青壮年劳动力不断流向城市和非农产业，留在农村的农业劳动力老龄化及后继乏人问题日益突出。因此，加强农机化人才队伍建设，在增机和加强农机社会化服务体系建设的同时，加大培训农机化职业农民的力度，着力培育和吸引高素质人才热爱和从事农业机械化事业，营造留住农村优秀人才的有利环境显得非常重要。这是积极发展现代农业带根本性的战略举措，也是咨询服务应加强的重点。

以上建议抛砖引玉。不当之处，敬请指正。让我们共同努力，为推进我国农业机械化事业又好又快发展，开创发展新局面做出贡献！

加快推进农业机械化

（2012年2月6日）

中共中央、国务院印发《关于加快推进农业科技创新持续增强农产品供给保障能力的若干意见》，是新世纪以来中央指导“三农”工作的第9个“一号文件”。9个“一号文件”一脉相承，又都在新基础上不断完善强农惠农富农政策，创新驱动农业持续快速健康发展。2012年中央“一号文件”紧紧围绕持续增强农产品供给保障能力，突出强调加快推进农业科技创新，在新形势下用农业科技创新，来实现保障农产品有效供给。文件全面分析了农业农村的好形势，清醒地指出了面临的新困难，提出了迎难而上，在高起点上实现新突破、再创新佳绩的新思路、新政策。对加快农业机械化发展也指明了方向，提出了新要求、新举措。农机战线认真学习领会，坚决贯彻落实文件精神，必将大大推动农业机械化的科技创新，实现又好又快发展。

一、清醒认识形势、迎难而上要做到“三个绝不”

2011年，我国耕种收综合机械化水平达到54.8%，对粮食产量和农民收入实现八连增，对加快转变农业发展方式都作出了突出贡献。农业、农村、农业机械化形势好举世公认。但当前国际经济形势复杂严峻，全球经济复苏步伐放缓，气候变化影响加深，我国工业化、城镇化深入发展中（人均GDP已超过5 000美元，进入上中等收入国家行列，要避免陷入“中等收入陷阱”；城镇人口占总人口比重已超过50%，即城镇人口已超过农村人口，农村人口向城市转移步伐加快。2011年我国城镇化率达51.27%，城镇新增就业达1 221万人，创历史新高），耕地和淡水资源短缺约束、人力和生产资料成本上升等压力日益加大，农业发展面临的风险和不确定性明显增多，巩固和发展好形势的任务更加艰巨。文件特别提示告诫大家要始终保持清醒认识，做到“三个绝不”：思想绝不能麻痹，投入绝不能减弱，工作绝不能松懈。要求必须再接再厉、迎难而上、开拓进取，努力在高起点上实现新突破、再创新佳绩。

本文刊于《中国农机化导报》2012年2月6日1～2版。

二、明确提出农业发展的“根本出路在科技”

2012年中央“一号文件”把坚持科教兴农战略提到新的高度。明确提出“实现农业持续稳定发展，长期确保农产品有效供给，根本出路在科技。”特别强调“农业科技是确保国家粮食安全的基础支撑，是突破资源环境约束的必然选择，是加快现代农业建设的决定力量，具有显著的公共性、基础性、社会性。”对实践做出这样精辟的概括和论述，为下决心把农业科技摆上更加突出的位置，突破体制机制障碍，大幅度增加农业科技投入，推动农业科技跨越发展提供了理论依据，推进有理。农业机械是先进科技的载体，农业机械化是现代农业的重要标志。学习文件精神，进一步明确农机化科技创新方向要加强农机关键零部件和重点产品研发，依靠科技创新驱动，为农机工业技术改造、为提高农机产品适用性、便捷性、安全性提供支持，引领支撑现代农业建设。创新重点要面向产业发展需求，着力解决水稻机插秧和玉米、油菜、甘蔗、棉花机收等突出难题和重大关键技术问题，大力发展设施农业、畜牧水产养殖等机械装备，积极推广精量播种、化肥深施、测土配方施肥、高效节水灌溉、保护性耕作等节本增效、先进适用农机化技术，为用现代物质条件装备农业，为农业增产、农民增收、农村繁荣提供农机化科技支撑。

三、不断拓展农机作业领域，探索农业全程机械化生产模式

我国农业机械化发展正处于中级阶段中后期，也是机遇难得的黄金发展期，方兴未艾。成长和转型升级交融，不断拓展农机作业领域，实现农业生产全程机械化是中级阶段发展的主要特征。中央一号文件因势利导，在提出要在“不断拓展农机作业领域，提高农机服务水平”的基础上，站在新的高度，提出了“探索农业全程机械化生产模式”的新要求是一大亮点。探索模式为立足我国基本国情，遵循农机化科技规律，“充分发挥农业机械集成技术、节本增效、推动规模经营的重要作用”指明了努力方向。把保障国家粮食安全作为首要任务，又因地制宜、不失时机地使农机化由粮食作物向经济作物、由大田农业向设施农业、由种植业向养殖业拓展，由产中向产前、产后延伸，“把提高土地产出率、资源利用率、劳动生产率作为主要目标，把增产增效并重、良种良法配套、农机农艺结合、生产生态协调作为基本要求，促进农业技术集成化、劳动过程机械化、生产经营信息化”，构建适应高产、优质、高效、生态、安全农业发展要求的农业机械化技术体系是新时期的努力方向。

四、全面系统、理论性强、政策措施有力是新亮点

2012年中央一号文件，从理论上和政策措施上，显示出很强的理论指导性和可操作性，

形成新亮点。在总体思路上，深入贯彻落实科学发展观，提出同步推进工业化、城镇化、农业现代化，围绕“三强三保”加大强农惠农富农政策力度。“三强三保”指强科技保发展、强生产保供给、强民生保稳定。理论性、指导性很强。在投入上，提出了“三个持续加大”：持续加大财政用于“三农”的支出，持续加大国家固定资产投资对农业农村的投入，持续加大农业科技投入，确保增量和比例均有提高。强调“发挥政府在农业科技投入中的主导作用”，建立投入稳定增长的长效机制，按照增加总量、扩大范围、完善机制的要求，继续加大农业补贴强度，新增补贴向主产区、种养大户、农民专业合作社倾斜。在金融服务、税费优惠、技术推广、社会化服务、教育科技培训、新型农业农村人才培养、农业基础设施和高标准农田建设、现代农业示范区建设、提高市场流通效率等系列措施方面，出台了一系列新政策、新举措，增强了配套性、可行性、有效性，措施有力，体现了稳中求进的精神，是2012年中央“一号文件”的新亮点。把文件精神和举措落到实处，农机战线必将以优异成绩向党的第十八次全国代表大会献上厚礼！开创农业机械化发展的新局面！

关于中国农业机械化发展研究中心建设发展的思考与建议

（2012 年 3 月 6 日）

一、关于“中心”的定位

中国农业机械化发展研究中心（以下简称“中心”），应立足中国、放眼世界研究农业机械化发展问题，成为促进农业机械化健康发展的智库。进入 21 世纪，世界农业机械化发展重点，已从北美、欧洲向亚洲、拉丁美洲、非洲转移。2011 年，中国耕种收综合机械化水平已达 54.8%，农业机械总动力达到 9.7 亿千瓦，农机工业总产值近 2 900 亿元，同比增长 33.74%，农机进出口总额超 110 亿美元，同比增长 27.45%。可谓总量大、发展快、有潜力。在世界经济普遍低迷，国际形势复杂多变的严峻情况下，取得如此进展，凸显出中国已成为世界农业机械化发展的新亮点。因此，“中心”的研究，既要为促进中国农业机械化、现代化发展做贡献，又要为推进世界农业机械化进程做贡献！

二、关于“中心”的功能与特色

在大学设立农业机械化发展研究中心，应围绕三大功能建设发展，形成特色，创建品牌。这三大功能是：培养人才、学科建设、服务社会。

——培养人才。在自身建设上，要培养造就一支水平高、作风硬、贡献大的农业机械化研究团队。团队建设要老、中、青结合，有梯度，有持续性。在面向社会上，还要为社会培养输送农业机械化人才。

——学科建设。围绕中国特色农业机械化理论体系建设进行学科理论建设。当前要抓好两个着力点：一是农业机械化水平评价研究。在种植业机械化水平评价的基础上，进一步开展大农业

本文为作者在中国农业机械化发展研究中心 2012 年工作会议上的讲话。

分类评价及综合评价的研究进程中，为形成中国特色农业机械化评价体系做出贡献；二是探索农业全程机械化生产模式研究。今年中央一号文件首次提出了“探索农业全程机械化生产模式”的重要任务，这是在新形势下提出的新要求。“中心”要适应发展需求，为促进农业机械化因地制宜、分类指导、又好又快发展做出贡献。

——服务社会。通过项目、培训、论坛、交流等多种方式，充分发挥“中心”提供研究支撑和引领服务两大作用，以高质量和诚信服务获得社会、业界的公认和赞誉，形成有影响力和知名度的“中心”特色品牌。

三、关于“平台”建设

“中心”平台和学会平台两个平台要建设好、用好，实现资源整合、优势互补。要站高望远，又要脚踏实地，全面规划，分步推进实施。一定要打好基础，抓出亮点。

四、抓好项目突破和实践基地建设

“中心”工作很多，要力争有所突破。要集中力量办好关系重大，影响力长远的大事，尤其在研究项目上取得重大突破。“中心”要抓好理论与实践结合，软硬结合，理论创新通过实体（基地）实现。要巩固政研结合，拓展研企结合，不仅为政府主管部门科学决策服务，还要为企业发展服务，为发展实体经济服务。“中心”研究不是短期行为，要有长远战略眼光，根基深厚，服务现实，长期坚持不懈，必有所成。农业机械化、现代化是伟大的事业，发展无止境，研究无止境，实践创新永无止境。我们要胸怀大志，有高度的历史责任感、使命感，学习愚公移山精神，一代接一代的研究、实践下去，为实现农业机械化、现代化的伟大事业，研究不息，奋斗不止。

从全程化向全面化推进的进军号

（2012 年 3 月 25 日）

2012 年中央一号文件提出“探索农业全程机械化生产模式”的重要任务，是在新时期吹响了农业由实现主要作物生产全程机械化向推进农业全面机械化的进军号！探索农业全程机械化生产模式，是符合自然规律，农业机械化发展到一定阶段的必然要求，也是在农机化发展战略机遇期可以大有作为的重要举措。农机人要审时度势，抓住机遇，为乘势而上实现又好又快发展做出积极贡献！

一、发展规律，我国农业已进入加快实现主要作物生产全程机械化，并向农业全面机械化进军的发展阶段

马克思研究人类劳动过程的发展史发现，“劳动过程只要稍有一点发展，就已经需要经过加工的劳动资料。”“各种经济时代的区别，不在于生产什么，而在于怎样生产，用什么劳动资料生产。”（马克思：《资本论》第一卷第 204 页，人民出版社 1975 年版）农业机械化发展的一般规律，是从主要作物重点环节机械化开始，进一步实现主要作物生产全程机械化，再进一步向农业全面机械化进军。世界上已经实现农业机械化的国家实践证明，各国农业机械化的发展史虽然各有特色，但普遍规律都是从环节化，到全程化，再到全面化。我国农业机械化水平评价标准，把农业机械化发展进程分为三个阶段：初级阶段、中级阶段、高级阶段。农业机械化发展初级阶段，指农业机械化已在某些作物、某些环节开始应用，但农业生产方式总体上还是人畜力作业为主，耕种收综合机械化水平还低于 40%的发展阶段。所以，环节化是农业机械化发展初级阶段的主要特征；农业机械化发展中级阶段，指耕种收综合机械化水平处于 40%～70%的发展阶段。在这一阶段，机械作业领域大为拓宽，农业机械已在种植业、养殖业主要生产环节广泛应用，主要作物生产过程逐步实现全程机械化。总体上，机械化生产方式已在农业生产中逐步取代传统人畜力手工生产方式而居于主导地位。因此，全程化是农业机械化发展中级阶段的主要特征；当耕种收综合机械化水平大于 70%以后，农业机械化发展进入了高级阶段。在高级阶段，农业机械化向领域全

本文刊于《中国农机化》2012 年第 2 期。《中国农机化导报》2012 年 3 月 26 日 7～8 版以“农机化：从全程向全面推进”为题刊载。

面化和区域全面化发展。领域全面化指机械化从粮食作物到经济作物，从种植业到养殖业，农、林、牧、渔业机械化全面发展，从产中机械化向产前、产后机械化延伸，农业机械化与产业化协同推进；区域全面化指农业机械化从平原地区向丘陵山区全面推进，从陆地到水域，从地面到天空全面发展，向一切可以发挥机器作用的部门和地方进军，向农业的广度和深度进军。总体上，机械化生产方式已在农业生产中稳居主导地位，并向更大范围、更高水平、更广领域发展。正如毛泽东同志所说，“在一切能够使用机器操作的部门和地方，统统使用机器操作。”所以，全面化是农业机械化发展高级阶段的主要特征。由于我国地域辽阔，各地自然条件、农业生产条件和经济技术条件复杂多变，差异较大，所以农业机械化发展的地区差异也大。要实现科学发展，必须解决好因地制宜、分类指导问题。目前，我国农业机械化发展情况是三阶段并存的综合体。2010年，全国耕种收综合机械化水平达52.3%，超过50%标志着我国农业生产方式已历史地告别了人畜力传统生产方式为主的时代，开启了机械化生产方式居于主导地位的新时代。这个历史性转折，表现为全国已有20个省（直辖市、自治区）耕种收综合机械化水平超过40%，其中14个省处于50%～70%，有4个省已大于70%，处于76%～85%；全国还有11个省耕种收综合机械化水平小于40%（见表1）。总体来说，当前我国多数省（市、自治区）农业机械化发展处于中级阶段，是发展的主流。还处于初级阶段的弱势地区，正努力抓住国家实行强农惠农富农政策，加大农机具购置补贴力度的战略机遇，发挥后发优势，追求实现跨越发展；已进入高级阶段的先进地区，正继续努力开拓、探索前进，发挥率先、引领作用。2011年，全国耕种收综合机械化水平已达54.8%，预期2012年将超过56%，预示着农业机械化发展中级阶段的进程即将过半，进入中级阶段中后期，既是完成中级阶段历史使命的关键时期，又是由中级阶段向高级阶段发展的过渡期。在这个时候，中央一号文件提出“探索农业全程机械化生产模式”是非常及时、非常必要的。说非常及时，是指中央根据农业机械化发展不同阶段的特点，及时指明了发展方向和支持重点，指导性很强。2007年前，在农业机械化发展初级阶段，中央一号文件中“大力推进农业机械化”，是强调“提高重要农时、重点作物、关键生产环节和粮食主产区的机械化作业水平”。农机具购置补贴的重点是粮食生产机具和粮食主产区。2007年我国农业机械化发展进入中级阶段后，2008年中央一号文件首次提出“加快推进粮食作物生产全程机械化，稳步发展经济作物和养殖业机械化”。“增加农机具购置补贴种类，提高补贴标准，将农机具购置补贴覆盖到所有农业县。”2009年中央一号文件进一步明确提出“补贴范围覆盖全国所有农牧业县（场）”。在2011年耕种收综合机械化水平达54.8%后，2012年中央一号文件提出“充分发挥农业机械集成技术、节本增效、推动规模经营的重要作用，不断拓展作业领域，提高农机服务水平。着力解决水稻机插和玉米、油菜、甘蔗、棉花机收等突出难题，大力发展设施农业、畜牧水产养殖等机械装备，探索农业全程机械化生产模式”。由“加快推进粮食作物生产全程机械化”，到“探索农业全程机械化生产模式”，要求更高、更全面了。因为《农业法》对“农业”的规定，“是指种植业、林业、畜牧业和渔业等产业，包括与其直接相关的产前、产中、产后服务。”从这个意义上说，农业全程机械化，也就指农业全面机械化了。中央对农业机械化发展的指导由强调重点环节机械化，到突出粮食生产全程机械化，再到稳步推进农业全面机械化，是从发展实际出发，因势利导，与时俱进，非常及时的。说非常必要，是指在中级阶段向高级阶段发展的过渡期，农业机械化快速发展与转型升级交融，适宜不同农作对象、不同地区、不同发展阶段的农业机械化生产模式有所不同。对在实践中已呈现出的一些全程机械化生产模式，需要按照高产、优质、高效、生态、安全的发展要求，进行总结、分类，比较、优选及进一步优化；对在新领域开拓前进中出现的一些新情况、新问题，需要在不断探索中研究解决问题的新办法、新模式，在创新中求发展。所以，在新时期探索农业全程机械化生产模式，就显得非常必要。只有不断探索前进，因地制宜地找出好的发展模式，才能在投入力度不断加大的情况下更加重视投入效果，突破资源、环境制约的“瓶颈”，实现由投入型增长向效益型创新驱动发展转变，实现更重质量和效益的快速发展。

表 1　2010 年全国及各省耕种收综合机械化水平　　单位：%

全国	黑龙江	新疆	山东	天津	河南	内蒙古	河北	北京	江苏	吉林
52.3	85.2	81.1	76.9	76.1	69.9	68.3	65.6	63.9	63.4	61.0
安徽	辽宁	上海	西藏	江西	宁夏	陕西	山西	青海	浙江	湖北
60.8	58.8	56.0	55.2	54.4	54.0	52.2	51.0	46.7	42.7	38.2
广东	甘肃	湖南	四川	福建	广西	海南	重庆	云南	贵州	
35.5	34.7	33.1	30.6	30.6	29.8	28.6	26.3	12.0	9.6	

资料来源：根据 2010 年全国农业机械化统计年报资料整理。

二、发展环境，“三化”同步推进迫切需要探索农业全程机械化生产模式

2008 年，党的十七届三中全会《决定》对我国农业现代化的重要性和发展环境做出了精辟概括。《决定》指出，“农业是安天下、稳民心的战略产业，没有农业现代化就没有国家现代化”，“我国总体上已进入以工促农、以城带乡的发展阶段，进入加快改造传统农业、走中国特色农业现代化道路的关键时刻，进入着力破除城乡二元结构、形成城乡经济社会发展一体化新格局的重要时期。”《决定》把“必须统筹城乡经济社会发展，始终把构建新型工农、城乡关系作为加快推进现代化的重大战略”。首次提出把“统筹工业化、城镇化、农业现代化建设”，作为实现农村改革发展目标任务必须遵循的重大原则。这一年，我国人均 GDP 首次超过 3 000 美元，达 3 414 美元，城镇化率达 47%，耕种收综合机械化水平达 45.9%。上述原则在全国“十二五”规划纲要的重大政策导向中，进一步表述为“同步推进工业化、城镇化和农业现代化”。这就是人们常说的“三化”同步推进。标志着我国的现代化事业，已进入“三化”同步推进的发展阶段。目前，我国已经成为世界第二大经济体，工业化水平、城镇化水平、耕种收综合机械化水平都已超过 50%。我国农机工业体系也已基本形成，农机制造企业已能生产 3 500 多种各类农业机械产品，在满足

国内需求，参与国际竞争方面都上了新台阶，已经成为世界农机制造大国，并正向强国进军。世界知名农机企业纷纷涌入中国建设基地，开拓市场。我国农机化发展充分利用国内外两种资源，开拓两个市场，开放共赢格局已见端倪。目前，我国乡村农业从业人员占全社会就业人员比重已由21世纪初45%左右降至30%左右，农业从业人员减少，向非农产业转移的趋势仍在继续；平均百户农村居民拥有役畜已由21世纪初的40头左右降至22头左右，先进地区农用役畜已退出农业生产历史舞台。农业生产对人畜力的依赖日益减少，对机械化的依赖日益增强。2011年，我国人均GDP已超过5 000美元，达5 566美元，进入上中等收入国家行列；城镇化率已达51.27%，标志着中国社会已发生城镇人口超过乡村人口的历史巨变。全国公共财政收入首次超过10万亿元，加大力度扶持"三农"的能力和条件不断增强。国家坚持实行工业反哺农业、城市支持农村的方针，建立健全财政支农资金的稳定增长机制和长效机制，强农惠农富农政策力度不断加大。2012年中央财政安排农机购置补贴资金已达200亿元，积极发展现代农业已形成历史潮流，农业机械化发展处于历史上最好的时期，发展环境战略机遇之好前所未有。抓住和用好机遇加快发展，是当代农机人肩负的历史重任。在看到战略机遇的同时，还必须清醒地认识到，在新的历史条件和新的起点上，农机化发展面临的困难和挑战也更加严峻。主要表现在：随着人口增加，人均农业资源减少，可持续发展的资源、环境约束压力不断加大，在气候变化、自然灾害和国际经济动荡的影响加剧、自然风险和市场风险变化难测的条件下，确保农业增产、国家粮食安全和主要农产品有效供给的任务更为艰巨；随着工业化、城镇化深入发展，劳动力和生产资料价格上升，成本压力不断增大，农业机械化为保障农业增产、促进农民增收提供有力物质技术支撑的任务更为艰巨。可以说，挑战也前所未有。迫切需要积极应对挑战，大胆探索前进，努力破解发展难题，以新理念、新思路、新举措去开创农业机械化发展的新局面。探索农业全程机械化生产模式，建立增产增收型与资源节约型、环境友好型相统一的农业机械化生产体系，从投入驱动向创新驱动转变，使广大农民积极参与现代化进程，共享发展成果，促进农业机械化在新形势下又好又快发展，就成为顺应发展新要求和人民新期待的必然要求。在我国农业机械化发展的"黄金期"，历史赋予我们极其可贵的创新实践机会，农机人有智慧有能力去面对和解决发展中的难题，一定会把模式探索这一重大课题抓紧抓好，一定会大有作为，为推进我国农业现代化进程做出新贡献！

关于模式探索研究的几点思考

（2012 年 8 月 27 日）

一、探索模式的重要意义

今年中央一号文件第一次提出“探索农业全程机械化生产模式”，引起业界的高度关注和热烈响应。2012 年中国农业机械化论坛以“农业全程机械化生产模式探索与创新”为主题，有利于通过学术交流加深对中央精神的理解和努力推进深入贯彻实施。

中央一号文件从国家战略高度，提出要“加快推进农业科技创新，持续增强农产品供给保障能力”。指出“稳定发展农业生产，确保农产品有效供给，对推动全局工作、赢得战略主动至关重要”。而要确保农业持续稳定发展和农产品长期有效供给，根本出路在科技。因为，“农业科技是确保国家粮食安全的基础支撑，是突破资源环境约束的必然选择，是加快现代农业建设的决定力量”。文件非常精辟地阐释了必须坚决贯彻实施科技兴农战略。文件中有五处提及有关模式探索与创新的内容，可见模式探索与创新是农业科技创新体系的重要组成部分和重要内容，是持续增强农产品供给保障能力的重要科技支撑，对推进农业科技创新和持续增强农产品供给保障能力具有重要意义。尤其在我国农业机械化已进入中级阶段中期以后，即耕种收综合机械化水平大于50%以后，从主要农作物生产全程机械化向农业全面机械化迈进的发展新时期，文件提出“探索农业全程机械化生产模式”，给农机化工作者指明了努力前进的方向。

二、关于模式的概念和四性

关于模式的探索和研究很多，正呈兴起之势。世界上有许多不同的各类模式。对于什么是模式的概念，也有许多不同的认识、理解和表述。本文认为，模式是指某种事物的典型样式（有代表性的状态），或某种行为的标准方式（如生产或服务的标准范式）。现实中人们常称的某某模式，是对客观存在的某种事物典型样式（基本形式、标准状态）的理性概括、表述和称谓。所谓“式”，

本文刊于《中国农机化导报》2012 年 8 月 27 日第 6 版。

是指事物的表现形式、状态，或运行方式。“式”前面加“模”，模式就是指该种事物的典型样式、基本形式、标准状态、范式。模式种类繁多，各有各的特性，相似的可归为一类，有利于在研究和实际行动中分类分析和指导。有各种发展模式，如，经济模式，技术模式，研究模式，生产模式，营销模式，服务模式，教育模式，艺术模式（门派），体育模式等，不胜枚举。但凡称为模式的，除各有其特性外，也都具有一些模式的共性，可称为模式有四性：时空性、相对稳定性、辐射带动性、不断进化性。

模式的时空性，是指模式本身在形成和发展过程中，其物质内容及社会形式呈现出阶段性和地域性。同一事物，在不同的发展阶段呈现出其模式有所不同；在不同的地域呈现出其模式有所不同。

模式的相对稳定性和辐射带动性，是指事物在不同发展阶段和不同地域其模式虽然有所不同，但在一定的社会技术经济条件下，是基本相似和相对稳定的。因此，一种模式对条件类似的区域，有自然的辐射带动作用。即，具有可复制性。相对稳定性和辐射带动性是模式具有推广应用价值的理论依据。由此可知，人们研究和推广模式，是由模式内在的自然特性和客观规律所决定的科学行为。模式的产生、存在和推广，有其特定的自然属性和科学依据。由于模式的相对稳定性，才有在一定范围、一定条件下的推广应用价值。其辐射带动作用才是一种自然的、必然的、非主观臆造的发展过程。

模式的不断进化性，是指事物发展阶段性与无限性的对立统一过程，这也是宇宙间普遍的新陈代谢规律。在发展实践中，某种模式不是永远固定不变的，而是充满生机活力，永不僵化，永不停滞的，其物质内容及社会形式也必然要随着需求和条件的变化而推陈出新，与时俱进。即，模式也有时代性。所以，模式创新是由新陈代谢规律所决定的永恒课题和历史使命。世界上各类模式之多，层出不穷，就是历史的验证。例如，具有中国特色的农机跨区作业服务模式，在实践探索中，正在由单机作业服务向组织起来抱团作业服务发展，更加重视创出优质服务、有良好信誉的农机服务品牌；近年来正在由单项订单作业服务向耕、种、收、管等全程托管作业服务探索前进。在不断创新发展中，形成了“作业区域清晰、服务半径适度、服务对象稳固、作业收益稳定、机具转移顺畅、用户政府满意”的发展模式，实现了农户、农机服务组织，政府“三满意”、“三赢”。模式是在实践中产生，也是在实践中不断健全完善和再创新发展的。创新突破，稳健发展，再创新突破，再稳健发展，如此不断循环，由低级向高级，生生不息，创新发展，永无止境。这就是模式的不断进化性，这就是模式演变的新陈代谢规律。这符合辩证唯物论的知行统一观，事物运动变化是没有止境的，最好是暂时的，更好是发展的。唯物辩证法的本质是批判的和革命的。

综上所述，人们研究模式，一是研究模式形成和发展演变的客观规律，得出正确的认识；二是研究模式的推广应用价值及推广应用方法，应用理论于实践，为促进科学发展服务。

三、探索农业全程机械化生产模式需要注意的几个问题

探索农业全程机械化生产模式，从实践和研究两个角度，需要注意几个问题：模式的识别与细分，模式的比较与选择，模式的示范推广与发展演进。

关于模式的识别问题。模式的识别，就是研究之所以成为模式的特殊性质。任何称为某种模式的事物，都一定具有区别于其他事物的特殊性。把这些特殊现象的本质（质的规定性）从理论上高度概括表述出来，就成为大家公认的某种模式。正如毛泽东同志在《矛盾论》中所说，“如果不研究矛盾的特殊性，就无从确定一事物不同于其他事物的特殊的本质，就无从发现事物运动发展的特殊的原因，或特殊的根据，也就无从辨别事物，无从区分科学研究的领域”。对农业机械化生产模式来说，就是要研究模式的物质内容（用现代物质条件装备农业、用现代科学技术改造农业的生产技术路线及其装备设施）及社会形式（用现代产业体系提升农业、用现代经营形式推进农业、用现代发展观念引领农业、用培养新型农民发展农业的农业机械化组织形式及其运行方式）。因为实际的农业机械化生产模式，都是技术装备与组织运行机制的综合表现。要在调查研究的基础上，用归纳相似性、区别差异性的聚类分析法进行归类处理。在现实生产中，一个区域的生产模式大致可归纳为大家可以接受的几类或若干类不同模式。用聚类分析法进行归类处理，是因为事物都有差异，没有绝对相同的。但许多事物也有相似之处，用归纳相似性，区别差异性的方法，求大同，存小异，把相似多于差异的事物归为一类，就可以大致区分出不同类型，有利于分类指导发展。由于影响农业机械化生产的因素很多，而事物的性质主要是由取得主导作用的因素所决定的。所以对复杂事物要全力找出其影响最大的、起主要作用的因素，作为区分模式类型的主导因素。例如，湖北、湖南都是水稻和油菜产区，有一定相似性，但湖北是单季稻与油菜连作，湖南是双季稻与油菜连作，其差异性就形成了湖北的“稻油连作”生产机械化模式，湖南的“稻稻油”生产机械化模式，在这里，区分模式类型的主导因素是耕作制度。又如，联合收获机械化生产模式与分段收获机械化生产模式，模式区分的主导因素是机器装备。还需注意，全程机械化生产与单一环节机械化生产的技术装备模式区分不仅要看单项环节，更要看全程各环节的集成；不仅要看单一技术装备的功能先进性和条件适应性，还要看全程装备的成套性和配套协调性。

关于模式的细分，是指探索农业全程机械化生产模式是一个大课题，总命题，在实际探索和研究中，需要分层次进行细分，具体化才具有可操作性。如，农业是一个总概念，按部门可分为种植业、林业、畜牧业、渔业，农业机械化生产是指从事种植业、林业、畜牧业、渔业等产业的机械化生产；按农作物对象各产业还可进一步细分。如种植业按作物可细分为水稻、玉米、小麦、马铃薯、棉花、油菜、花生、甘蔗、蔬菜、苹果、柑橘、葡萄……等生产机械化；按地区还可分为平原、丘陵山区、草原生产机械化；旱作、水作机械化；发达地区、欠发达地区农业机械化；

按耕种制度可分为一熟、两熟、多熟地区农业机械化等多种不同的农业机械化生产模式。只有从实际出发，细分到当地的主要农产品机械化生产，模式探索研究才具有很强的针对性和实际指导意义。

关于模式的比较与选择，是指生产模式是在生产实践中产生的，自然有值得肯定的一面，但也可能有不够合理、不够健全之处，经过比较分析，有利于促进现有模式的改进完善和健康发展，也有利于通过比较优选促进农业机械化试验示范基地建设和优选模式的示范、推广。从某种意义上说，比较是为优化选择和试验示范推广服务的。例如，多年困扰我国农业机械化生产的薄弱环节玉米机收，山东省组织研究突破，通过调查研究比较分析，把全省的玉米机收模式梳理出适宜于不同类型地区的四种技术模式：机械摘穗＋秸秆粉碎还田联合收获模式（主推模式）；人工果穗收获＋秸秆机械化粉碎还田分段收获模式（适宜丘陵山区等玉米生产机械化发展初期）；玉米穗茎兼收机械化模式（适宜畜牧养殖较发达地区）；玉米青贮机械化模式（适宜有大型畜牧养殖企业或规模化养殖地区），进行因地制宜，分类指导，推荐选用，收到了很好的效果，推进了山东玉米机收大发展，玉米机收水平大提高，创造了连续几年提高幅度都在 9 个百分点以上的山东速度，2010 年，山东玉米机收水平达 71.5%，比全国平均水平高 45 个百分点，玉米耕种收综合机械化水平达 88.7%，成为我国基本实现玉米生产全程机械化第一省。

比较优选要有原则、评价指标、评价标准和方法指导。农业全程机械化生产模式，要符合《农业机械化促进法》规定的发展原则：因地制宜、经济有效、保障安全、保护环境。就是要构建以提高土地产出率、资源利用率、劳动生产率为主要目标，适应“高产、优质、高效、生态、安全”10 字方针要求的节本增效型、资源节约型、环境友好型农业机械化生产技术体系。并构建相应的评价指标体系、评价标准和评价方法，为现有模式优选和进一步优化（模式改进创新）提供科技支撑。这几年中国农业大学中国农业机械化发展研究中心承担了“农业机械化工程集成技术与模式研究”课题，已在农业机械化模式评价方面做了较扎实的前期研究工作，还有一些单位也在这方面下了功夫。希望大家共同努力，尽快拿出科学实用的研究成果，为推进农业机械化又好又快发展做出积极贡献。

关于模式的示范推广。如果说，模式的选择是通过实践而发现和认识典型模式的过程，那么，模式的示范推广就是通过实践而检验典型模式的过程。只有通过试验示范实践检验，达到了人们预期的目的时，模式的优选才算成功了，才具有推广应用价值。因此，通过试验示范再进一步推广应用有两方面的重要作用：一是模式检验作用，看优选模式是否能够达到预期的目的；二是提高其群众认知度、认可度的作用，看这种模式群众是否乐于接受。以利于减少盲动性，提高科学性和自觉性，取得更好的实际效果。

关于模式的发展演进。模式演进是必然发生的客观规律，在实践中有自然演进和自觉演进两种情况。自然演进是顺其自然的自发演进。我国现有的农业机械化生产模式，多数并非出自预先设计，而是在实践中逐步形成和发展的。也就是说，多数是自然演进而成。在形成过程中逐渐被人们观察和认识到，总结归纳出若干模式，可以从中进行优选。自觉演进是有研究支持、有预先设计的演进。也就是由自发到自觉的演进，从优选到优化的演进。经济社会在快速发展，对农业机械化提出了转型升级的新要求。在新的发展时期，农业全程机械化生产对农业机械品种多样性、性能先进性和机器系统的成套完备性、配套协调性都提出了新的更高要求，既要求机具装备、设施性能先进，又要求装备结构优化升级。因此，任何现有模式在实践发展中都是有时效性的。过去适应，现在出现不适应；现在适应，将来未必能适应。发展中要突破资源环境约束，对发展模式必然有转型升级的新要求，要转变发展方式，进入新境界，上好新台阶，必然要求模式创新，以创新促发展。对此我们要有信心，又要有紧迫感和忧患意识，从自发到自觉，去迎难而上，努力解决发展中的难题。所以，模式创新也是科技资源整合，农业科技创新的方向和重点。从自发演进到自觉演进，从优选到优化，符合实践、认识、再实践、再认识的客观规律，可以在发展中更好地发挥认识的能动作用，促进又好又快发展。这是模式发展演进的努力方向。

创造历史　成就辉煌

（2012 年 9 月 10 日）

2002—2012 年这十年，是我国农机化事业创造历史，成就辉煌的“黄金十年”。这十年的农业机械化发展有四个显著特点：一是在科学发展观指导下统领农机化发展，使中国特色的农机化发展道路更加明晰，中国特色的农机化理论体系初步形成；二是《中华人民共和国农业机械化促进法》公布施行，使我国农业机械化发展纳入有法可依、依法促进的法制轨道；三是以农机购置补贴政策为标志的国家强农惠农政策扶持力度不断加大，并形成稳定增长的长效机制；四是我国农业机械化发展跨入了中级阶段，创造了两个历史转折点，其一是我国农业耕种收综合机械化水平已大于 50%，标志着我国农业生产方式已经发生了用现代机械化生产方式加速替代传统生产方式，机械化生产方式已居于主导地位的历史性转折，传统生产方式居主导地位的时代一去不复返了；其二是农业从业人员占全社会从业人员的比重已从 50%下降到 33%，使我国的社会就业结构发生了非农产业就业人员大于农业从业人员的历史性变革，农业从业人员比重大于 50%的时代一去不复返了。

这十年，也是我国农业机械化开创发展新局面的十年。首先这十年是我国农机化发展最快的时期，耕种收综合机械化水平提高了 25 个百分点，并创造了连续 5 年耕种收综合机械化水平增幅在 3 个百分点以上的历史纪录，体现了“新时期最显著的成就是快速发展”。同时这十年也是我国农机化发展效益最好，贡献最大的时期。农业机械化实现了跨越发展，从初级阶段跨入了中级阶段，并进入了中级阶段中期。耕种收综合机械化水平超过 50%，支撑了城镇化水平超过 50%，呈现出工业化、城镇化、农业现代化同步推进的新局面。由于农业机械化发展，第一产业从业人员减少了 1.1 亿人，第一产业劳动生产率从 4 500 多元提高到 21 000 多元，翻了两番多，农业机械化为粮食生产“八连增”和农民收入提高“八连快”提供了有力支持。发展态势正由主要农作物生产全程机械化向农业全面机械化发展，由粮食作物生产机械化向经济作物、养殖业、设施农业机械化统筹兼顾、全面推进发展，进入了前所未有的新高度、新境界。

本文刊于《中国农机化导报》2012 年 9 月 10 日 2 版，迎接党的十八大特刊《我看十年》。

创新驱动农业机械化持续健康发展

（2012年9月28日）

举办“农机科技创新与农业机械化发展论坛”是农机化战线认真学习、贯彻落实全国科技创新大会精神的重要举措。有幸参加论坛是一次很好的学习机会。借此机会我想从对推进农机科技创新重要性的认识，现阶段农机科技创新应达到的目标和主攻重点等几个方面谈一些学习体会和意见，与同志们共同交流探讨。

一、推进农机科技创新的重要性

加快推进建设创新型国家，是党中央、国务院部署实施的重大国家战略。胡锦涛总书记在今年召开的全国科技创新大会上，明确提出了到2020年我国要实现进入创新型国家行列的战略目标。强调指出，“科技是人类智慧的伟大结晶，创新是文明进步的不竭动力。”要“实现中华民族伟大复兴，必须从国家发展全局的高度，集中力量推进科技创新。”创新驱动发展已成为当今中国的时代主旋律。

农机作为现代农业的“脊梁”，农机科技创新是建设创新型国家不可或缺的重要内容。我国是世界上的农业大国，农业是支撑国民经济平稳较快发展，维护改革开放大局的重要基础。在同步推进工业化、城镇化、农业现代化的发展进程中，用农机装备改造传统农业，用推进农机化发展现代农业的任务更加紧迫又十分艰巨。尤其在耕地和淡水资源短缺压力日益增大，全球气候变化影响加深，国际经济形势复杂严峻，农业发展面临的风险和不确定性明显上升等矛盾凸显的新形势下，农机科技创新对加快转变农业发展方式，对克服水、土、气候、经济、社会等资源环境制约，确保国家粮食安全和农产品有效供给，对提高农业综合生产能力、抗风险能力和市场竞争力，对促进农业持续增产增效、农民增收和国民经济持续、快速、健康发展，将发挥越来越重要的支撑和引领作用。

中国已经是世界农机大国，已经具备有相当基础的农机制造能力和农机化发展能力，但还不是农机强国。总体上在国际分工产业链和国际竞争中，还处于中低水平，创新能力不强是重要原

本文为作者在2012年9月28日参加农业部农业机械化管理司主办的“农机科技创新与农业机械化发展高峰论坛”上的演讲稿，已收录在“农机科技创新与农业机械化发展高峰论坛”论文集中。

因之一。要实现由大变强，必须大力推进科技创新，提高自主创新能力。我国耕种收综合机械化水平已超过 50%，农机化发展为实现粮食总产“九连增”，农民收入提高“八连快”，城镇化水平超过 50%提供了有力支撑，成为 21 世纪世界农机化发展的新亮点。但农机有效供给不足，不适应结构优化调整、产业升级要求的矛盾日益突出，解决这些矛盾的根本出路在科技创新。所以说，农机科技创新既支撑当前，又引领未来。正如今年中央一号文件在关于加快推进农业科技创新中所作的精辟概括：“农业科技是确保国家粮食安全的基础支撑，是突破资源环境约束的必然选择，是加快现代农业建设的决定力量。”

二、关于农机科技创新目标研究

全国科技创新大会明确提出了到 2020 年我国科技创新要达到的目标。从现在起到 2020 年，只有不到 10 年的时间，我国要实现进入创新型国家行列的目标，任务非常紧迫又十分艰巨。农机科技创新的目标，应根据全国科技创新的总目标，联系农机行业的实际提出。研究认为，到 2020 年，农机化领域科技创新的目标应当是：基本实现具有中国特色的创新型农业机械化。

农机科技创新必须围绕坚持走中国特色农业机械化发展道路，为基本实现农业机械化提供强有力的科技支撑。在今后近 10 年内，要基本建成符合中国国情、符合科技发展规律的中国特色农机科技创新体系；要走出一条由发展初期以引进消化吸收再创新为主向新阶段以系统集成创新为主导转变、自主创新能力显著提高的农机科技发展之路；要建设若干个农机科技创新平台，国家重点实验室、农机工程技术研究中心、高水平的企业研发中心和科技资源共享平台建设取得新的重大进展，企业技术创新主体地位明显增强，科研院所和高等学校服务经济社会发展能力显著提高，以企业为主导的农机产业技术创新战略联盟得到长足发展，作用日益显现，布局合理、产学研结合的高效运行机制基本形成；要取得一批高水平的农机科技创新成果，关键领域、薄弱环节农机农艺融合取得重大突破和积极进展，农机化技术研发、农机新产品开发、品牌建设实现跨越式发展，农业全程机械化生产模式探索、机械化农业试验示范基地建设和前沿领域农机科技创新取得明显进展，若干创新成果大大缩小与世界先进水平的差距，一些成果进入世界前列；创新环境更加优化，创新效益大幅提高，创新人才、创新产品和创新型企业竞相涌现，全系统科学素质、创新意识和创新能力普遍提高，科技支撑和引领发展的能力和作用显著增强，具有中国特色的创新型农业机械化基本实现。

三、新阶段农机科技创新的主攻方向和重点

农机科技创新要坚持自主创新、重点跨越、支撑发展、引领未来的指导方针，明确新阶段农机科技创新的主攻方向和重点。新阶段，指我国农业耕种收综合机械化水平超过 50%以后，即农

业机械化发展进入中级阶段中期以后的发展阶段。

主攻方向。农业机械化发展的主攻方向，已从重点生产环节机械化向主要农作物生产全程机械化转移，先进地区已向农业全面机械化进军。即，机械化由粮食作物向经济作物进军，由种植业向养殖业进军，由陆地向水域和天空进军，由大田农业向设施农业进军，由产中向产前、产后延伸，由平原向丘陵山区进军，向一切能够使用机器操作的部门和地方全面进军。农机科技创新的主攻方向，首先是为实现农产品生产全程机械化，进而为实现农业生产全面机械化提供科技支撑，为保障农机需求有效供给提供科技支撑。中国地大物博，各地条件复杂，农产品多种多样，要实现农产品生产全程机械化，进而实现农业生产全面机械化，既为农机科技创新提供了大有可为的创新发展空间，又确实难度很大，非常艰巨。中国人有智慧有能力，克服困难，在前进的道路上解除制约，实现创新发展。

现阶段的主攻重点。农机科技创新是复杂的系统工程。要坚持以先进取代落后，以转变农业发展方式为主线，技术创新、组织创新与政策创新结合，在以下方面取得新突破。

一是按照“高产、优质、高效、生态、安全”10 字方针要求，着力构建主要农产品农机农艺融合的生产全程机械化技术体系。既是系统集成创新，又要主攻关键技术装备和薄弱环节。

二是探索农业全程机械化生产模式。模式是农机科技创新的物质内容和社会形式的有机统一和综合体现。模式是把农机科技创新与农机化试验示范基地建设结合，创新成果与实践应用结合，实现农业生产经营专业化、标准化、规模化和集约化的有效形式。模式有辐射带动特性，经过优选、优化和实践检验的成功模式，在一定区域范围内具有典型示范引导功能和推广应用价值。

三是大力培育创新型农机企业，积极支持企业建设研发中心，强化企业技术创新主体地位。科技型中小企业最具创新活力，行业骨干企业有条件建设高水平研发中心，发挥行业引领作用。要创造条件引导人才、资本、技术等创新要素向企业聚集，努力推动农机科技创新体系由研学产推（或学研产推）向产学研推演进，实现协调发展。研学产推的构架是计划经济条件下形成的。新时期发展社会主义市场经济要求推动企业成为技术创新主体，增强企业创新能力、提高核心竞争力是关系国家长远发展和实现振兴的基础性、全局性、战略性重大任务，是深化科技体制改革、解决科技与经济结合问题的中心任务，一定要在加快培育一批具有自主知识产权和自主知名品牌，有国际知名度的创新型企业，要在以产品研发和品牌建设为主线，推进企业成为技术创新主体的攻坚战中取得实质性进展和重大突破。

四是加大对农机化弱势地区的支持力度。2011 年，全国耕种收综合机械化水平达 54.8%，最高的黑龙江达 87.8%，最低的贵州才 13%，发展不平衡问题已相当突出。解决区域发展不平衡问题，促进区域协调发展，必须加大对农机化弱势地区的支持力度，包括资金、技术装备、人才和科技等的全方位支持。农机化发展的弱势地区，多是自然条件、农业生产条件复杂，农业机械化难度较大的地区。开发优势农产品对农机化需求很迫切，但适合当地农业生产条件，适合当地经济社会发展要求的先进适用的农机装备有效供给不足，有些甚至还是空白。迫切需要农机科技创新来解决需求与供给的矛盾问题，实现弱势地区的跨越式发展。最近，我到农机化弱势地区甘肃定西去参加了一次马铃薯生产机械化现场演示会。亲眼看到在全国很有名的贫困地区定西，马铃薯产业已形成很有特色，知名度很高，正在走向世界的支柱产业，演示现场的各种马铃薯生产机械多种多样，多彩多姿。马铃薯生产全程各环节的机械都有演示和讲解，虽然有的还不成熟，还只有样机，尚待进一步试验改进完善，但马铃薯生产全程机械化的各类机具装备已形成雏形。更可喜的是，这些机具都是中国农机人的智慧创造，是真正的中国“智”造。有些机具国外还没有。可见弱势地区的农机人有智慧，有能力，有积极性，有不甘落后的奋进精神来自主创新解决发展中的需求与供给问题。难度越大，越需要科技创新。弱势地区条件差，经济实力弱，越需要国家和社会各界加大支持力度，促使区域协调发展取得新突破。

五是创新驱动农机社会化服务上好新台阶。在我国农户众多，户均经营规模小，农民经济实力弱的国情下，发展现代农业，转变农业发展方式要积极推进农机社会化服务。新阶段要通过创新农机服务模式，提高服务组织化程度，提高服务能力和服务质量、水平，解决好小规模农户能实现机械化生产，多数农民不用买农机也能用上农机，共享现代工业文明成果的大问题。加强农机社会化服务是加快用现代农业要素替代传统农业要素的有效途径，是中国特色农业机械化发展道路的重要内容。新阶段，农机服务创新要在拓展服务规模和领域，创建服务品牌，提高服务的经济社会效益上下工夫，更好地满足农民积极发展现代农业的新期待，开创农机化发展的新局面。

六是政策支持取得新突破。科技创新需要政策支持。《中华人民共和国农业机械化促进法》列专章共 4 条（第二章科研开发）对支持农业机械化的科研开发作了法律规定。第六章扶持措施第二十六条又明确规定对农业机械的科研开发和制造实施税收优惠政策；对农业机械工业的技术创新给予财政支持。温家宝总理在今年全国科技创新大会上讲话强调“要在政策上最大限度地支持企业创新”。“要抓好现有政策的贯彻落实，并进一步完善。重点解决政策之间的协调性问题，增强政策的针对性和实效性”。贯彻落实以上法规和精神，农机科技创新的政策支持需要在财政、金融、产业政策、激励机制协调配套方面取得新突破，从制度建设上建立起支持科技创新的稳定增长投入保障机制和长效机制，坚持政府支持、市场导向，使政策支持发挥最大的投入效果。

七是优化创新环境取得新突破。对农机科技创新来说，优化创新环境既要建立科技资源开放共享机制，使各类企业公平获得创新资源，创新驱动发展，又要加强知识产权保护，建设规范的知识产权市场，促进科技成果转化应用，形成尊重科学、尊重知识、尊重人才，学科学，用科学，讲求创新的良好风尚。使全系统的科学素质、创新意识和创新能力明显提高，创新行为大见成效。

理论体系建设

我国农业装备技术发展规律研究

（2006 年 12 月）

一、我国农业装备技术发展的四大规律

研究我国农业装备技术发展规律，是正确制定我国农业装备发展战略的重要理论基础。首先，要明确研究对象农业装备的概念。广义的农业装备是指在农业生产过程中用以改变和影响劳动对象进行加工的生产工具装备和用来做容器的设施、设备，统称为农业装备，又称为农业器具。现代农业装备涵盖种植业、林业、畜牧业、渔业等产业，从陆地到水域，从地面到天空的农业生产工具及其农副产品产后处理初加工设备。现代农业装备通常指农业机械。《中华人民共和国农业机械化促进法》对农业机械的法律定义是："本法所称农业机械，是指用于农业生产及其产品初加工等相关农事活动的机械、设备"。其中，"农业生产"是指从事种植业、林业、畜牧业、渔业等产业的生产，"产品初加工"主要是指产品的产后处理，即对农产品进行诸如清理、分级、分离、混合、保鲜、干燥、包装等不改变产品的物理性状的直接的简单的加工处理过程。本文研究我国农业装备技术发展规律，是研究我国从古代农业装备到传统农业装备到现代农业装备的发展规律。我们从历史剖析和国际经验两个方面，来研究我国农业装备技术的发展规律。在历史剖析方面，认真研读了《中华农器图谱》。这是我国迄今为止史料最翔实、内容最丰富的中华农器专著，记载了中华民族从远古（约公元前 8000 年）到 20 世纪末一万年间创造使用的农业生产器具的发展轨迹，从中得到若干启示。在国际经验方面，重点分析了美国（美洲）、法国（欧洲）、日本、韩国（亚洲）等几个有代表性的国家农业装备的发展情况。综合两方面的研究分析，形成了对我国农业装备技术发展规律的几点认识，概括为四大规律：

（1）农业装备与农业生产相伴而生、互适共进、由低向高、由慢向快的发展规律；

（2）农业装备技术不断创新，新陈代谢永不停息的发展规律；

（3）农业装备技术的自主创新—国际交流—融合创新，由封闭到开放的发展规律；

（4）农业装备技术应用与经济社会相适应的协调发展规律。

本文为作者撰写的《我国农业装备科技创新及产业发展战略研究报告》第一章，收录入本书时略有改动。

二、对农业装备技术发展规律的论证

1. 理论分析

农业生产是人类最早、最基本的生产活动。人类从采集渔猎生活向农耕农作发展进步的过程，也是农业和农业生产工具（装备）发明、发展的过程。农业装备与农业生产是相依发展、相伴而生的。可以说，哪里有农业生产，哪里就有农业装备。正如马克思所说，“劳动过程只要稍有一点发展，就已经需要经过加工的劳动资料”。马克思认为，劳动资料的使用和创造，“是人类劳动过程独有的特征，所以富兰克林给人下的定义是‘a tool-making animal’，制造工具的动物”。中国农业装备发展历史悠久，源远流长，是世界农业和农业装备发展最早的农业大国。据考古和可查文献记载，中国农业装备的发明、制造、使用和不断创新，已有上万年历史。农业装备的发展经历了由原始至现代的演变过程。从时空两方面考察，中国农业装备发展演变呈现出两大特性：时代特性和地区特性。从时代特性分析，有两点重要启示：一是不同时代的农业装备具有明显的时代特性，体现出发展过程的阶段性。二是随着科学技术的进步，农业装备演变的时代间距越来越短，变革的速度明显加快。从地区特性分析，农业装备发展与农业生产条件紧密相关，具有明显的地区特性。即，地区差异性。例如，我国北方旱作地区，逐步形成了一套适合北方旱作条件的耕作机具；而南方水稻产区，则形成了适合稻田的耕作机具。中国农业装备北南结构的差异，是地区特性的具体体现。又如，由于我国疆域辽阔，各地自然、技术、经济、社会条件有较大差别，农业装备的发展也呈现出地区不平衡性。

马克思在考察劳动资料的遗骸后，对用劳动资料划分经济时代有一句名言：“各种经济时代的区别，不在于生产什么，而在于怎样生产，用什么劳动资料生产。劳动资料不仅是人类劳动力发展的测量器，而且是劳动借以进行的社会关系的指示器”。中国农业装备从人类历史初期利用天然的或经过简单加工的木头、石块、骨头、贝壳等材料制成的原始农器，发展到现代中国已有15大类3 500多个品种的当代农业装备，是一步又一步地由低级向高级发展的，呈现出明显的时代特性，变革速度由慢到快，大致经历了原始农器时代近6 000年（约公元前8000年—公元前2100年，史称石器时代），古代农器时代近4 000年（约公元前2100年—公元1840年，史称传统农器时代），近代农器时代约100年（公元1840—1949年），当代农器时代（目前已经历1949年至今半个多世纪，此时代尚在继续）的发展历程。农业装备的时代演变表现在由简单到复杂、由低级到高级、由单一领域向更多领域、由经验到科学等方面。马克思在《资本论》第一卷论述“机器的发展”、“机器和大工业”中有精辟的论述。他指出以手工劳动为基础的生产部门，往往通过经验积累找到适合于自己的技术形式，并慢慢地使它完善，“一旦从经验中取得合适的形式，工具就固定不变了；工具往往世代相传达千年之久的事实，就证明了这一点”。而“现代工业从来不把某一生产过程的现存形式看成和当作最后的形式。因此，现代工业的技术基础是革命的，而所有以往的生产方式的技术基础本质上是保守的”。“劳动资料取得机器这种物质存在方式，要求以自然力来代替人力，以自觉应用自然科学来代替从经验中得出的成规”。中国农业装备的发展历程，验证了以上论述的科学性。

2. 历史验证

（1）原始农器时期。原始农业主要生产活动是农耕，辅之以采集和渔猎，以补农耕生产之不足。与之相应的原始农器以天然的木、石材料为主，还有骨质材料。史称石器时代。如石斧、木耒、木耜、木刀、石刀、骨刀、骨针、骨锥、石磨、石杵、石臼、石犁、弓箭、弹丸、石矛、套索、鱼钩、渔网等。原始农器种类不多，可分为砍伐器具；掘土器具；收割器具；加工及储藏器具；纺织、捕捞、狩猎、养畜器具几类。农器动力是人力。农器发展初期也显示出不断创新发展的轨迹。例如，开始挖掘用的是尖木棒，后来发展成耒。耒是把挖掘的尖木棒用火烤弯成一定弧度，并在下部安上小横木，以便脚踩用力。用耒比用尖木棒掘土，入土时既省力又便于用力。再后来又发明了耜。耜是用石斧劈削而成的木器，呈板形，装木柄，下设踏脚横木，类似后来的锹。耜比耒又先进一些，出现耜后，由“刀耕火种”发展为耜耕（锄耕）。再后，创造出了石器时代最先进的农器——石犁。因为使用耒、耜掘土是由上而下间歇式作业掘土，功效较低。而使用石犁是由后向前连续式水平作业翻土，功效大大提高。石犁结构也比木制耒、耜复杂，它已初步具有动力、传动、工作三要素特征，可以说是耕犁发展的最早雏形（马克思指出，“所有发达的机器都由三个本质不同的部分组成：发动机、传动机构、工具机或工作机”。《资本论》第一卷第410页）。

（2）古代农器时期。该时期的农器又称传统农器，比原始农器有很大进步。农器材料从木、石、骨等材料发展到木、石、铜、铁等金属材料并用，铁制农器大量发展；农业动力从使用人力发展到使用人力、畜力、水力、风力；农器种类从只有掘、耕、砍、收、磨、杵、臼等几类简单农器发展为耕整、播种、中耕、捕蝗、灌溉、收获、加工、贮藏、运输、畜牧、捕鱼、狩猎等多种农器。古代农器又称为传统农器。从商、周到宋、元的三千多年间，中国古代农器不断创新、发展、完善。古代许多农器的创造使用在世界具有领先水平。并传入东南亚、日本、欧洲，对世界农器的发展进步产生过深远的影响。中国农器在世界农器发展史中，谱写了光辉的篇章。只是到明代、清代，中国农器发展才呈现出停滞状态。

据史料记载，约公元前3000年，中国发明了炼铜技术。史书有“黄帝采首山铜，铸鼎于荆山下”的记载。由于青铜（铜锡合金）是贵重金属，最初主要用于制造兵器和礼器（铜鼎等）。随着青铜冶炼技术的发展，到商周时才用于制造锄、铲、镰、犁等农器。西周末年，中国发明了炼铁技术，大约在春秋战国时期农业生产上才开始使用铁制农器。在石犁、铜犁基础上发展起来的铁犁，是这个时期农器发展的重大创新。与铁犁相应的是出现了牛耕。过去牛只用于奉祭、享宾、驾车、犒师，未用于耕地。铁犁出现后，开始出现用牛耕地。

由于铁比青铜更为坚韧、锋利，且原料多而价廉，为铁制农器的大量制造奠定了物质基础。铁器出现在中国农业装备发展史上具有十分重要的意义。正如恩格斯在《家庭私有制和国家的起源》中所说，“青铜可以制造有用的工具和武器，但并不能排除掉石器。这一点，只有铁才能做到”（《马克思恩格斯选集》，第四卷，人民出版社，1972 年版，第 158 页）。用铁能制造新式的较为复杂的农器，促进了中国农器的大发展。据文献记载和出土文物考证，春秋战国时期中国农耕除了播种农具尚未出现外，其他从耕到收的各类农具在这一时期都已出现，基本成形。

汉代是中国旱作农器发展的重要历史时期，不少传统农器都是在这个时期创造、完善的。汉代赵过发明的耧车，填补了播种农器的空白，是世界上最早的播种农器。畜力耕犁在汉代逐渐完善，其构件齐全，性能良好，成为中国传统框架形犁的基础，一直延续至今。在汉代，中国铁犁传入了东南亚。将水力应用于驱动水碓舂粮，是中国最早将水力用于农业生产的范例，是汉代对中国农器发展的一大贡献。

唐代中国经济发展的重心开始南移，也是中国南方农器发展的重要时期。南方是水稻主产区，田块比北方小，稻田水作耕作方式与北方旱作不同，促进了将北方农器进行适应于南方耕作的改进和南方农业装备的发展。例如，将北方直辕犁改为适于南方的曲辕犁，使中国传统耕犁的北南结构从此基本定型，是中国古代耕犁发展史上的一个重要里程碑。在唐代，中国铁锄传入日本。

宋元时期是中国传统农器全面发展时期，可称为中国古代农器的发达时期。由于农业生产已开始走上以提高单产为主的道路，农器适应精耕细作的要求在这一时期不断发展和完善。还发明了提水工具水车和筒车，风力用于农业的风磨和风车等。从汉代以来，中国的犁壁、龙骨车、石碾、石磨、水碓、风车等大量农器先后传入了欧洲。

中国的传统农器在汉代已基本形成，世代相传，逐渐完善，历经 1 500 多年，到元代就基本定型了。这就是马克思说的“一旦从经验中取得合适的形式，工具就固定不变了；工具往往世代相传达千年之久”。中国农器发展到明清两代就处于停滞状态了，技术变革和进步十分缓慢，使中国传统农器比西方延续了更长的时间，由领先变为落后的事实，充分证明了以手工劳动、经验积累为基础的局限性和保守性，是有碍于技术进步和发展的。

从历史分析，明清两代中国农器技术发展处于停滞状态的原因，除小农经济以手工劳动、经验积累为基础的局限性和保守性外，还因为从 15 世纪开始明清两代闭关锁国的封闭性，把中国与世界隔离开来，也影响了农业装备技术的进步和发展。

（3）近代农器时期。该时期是中国的传统农器开始向半机械化、机械化的近代农器转变，是中国农业装备开始由工具转变为机器的过渡时期。这个时期，农业动力从使用人力、畜力、水力、风力发展到使用机、电动力，农器材料从铁、木到大量采用经过加工的金属材料和化工材料。农器种类除本国研制以外，开始引进外国农业装备来应用、仿制。从 1840 年至 1949 年史称中国近代这 100 多年中，中国农器发展经历了一段停滞—引进—仿制—改良创新的发展历程。

清朝政府推行闭关锁国政策，中国农器发展处于停滞状态。1840 年鸦片战争后，中国封闭的国门痛苦地被炮火轰开了，中国农村农业与家庭手工业紧密结合的小农经济也受到巨大冲击，由自给自足的封闭状态逐渐向与市场供需息息相关的开放方向转变。出现了民众呼吁振兴农业的呼声。最具代表性的是 1894 年孙中山在《上李鸿章书》中，最早提出了中国宜购买外国先进农器而仿制的主张（《孙中山选集》，人民出版社，1986 年版）。在民众呼声的压力下，清政府开始提倡“兼容中西各法”发展农业，开始了对西方农业科学技术和农业装备的引进和应用。从 19 世纪 90 年代开始，中国从国外引进的农业装备主要是农业固定动力机械及农产品收割、加工机械，称为西洋农器。在引进西洋农器的同时，国内也开始改良传统农具和创造新式农具，开启了使传统农器向半机械化、机械化农器转变的发展趋势。

1911 年辛亥革命成功以后，清末出国的留学生相继回国，农业院校开展了农具教学科研工作，农具研究机构和农具制造厂相继建立，使中国近代农器从引进、仿制向改良创新有了一定程度的发展。据《中国农具之改进史》记载，在这一时期，中国发明研究的农器品种不多，但抽水机、水轮泵、水轮机、植保机械的引进、仿制和独立研制并在生产中应用方面，都有一定程度的发展。

（4）当代农器时期（1949 年至今，此时代尚在继续）。新中国成立至今半个多世纪，是中国农业装备进步较大，农业生产成就显著的发展时期。农业装备进步主要表现在品种增多，数量增长和科技水平提高三个方面，发生了由人畜力手工工具为主向机械化生产工具逐渐居于主导地位的巨大演变，是农业装备由工具转变为机器的历史时期。

从品种看，1949 年，我国农业装备主要是传统的人畜力手工生产工具，功能落后且单一，现代农机具很少。当时全国农业机械总动力仅 8.1 万千瓦，其中固定的排灌动力占 89%，拖拉机只有 200 多台。如今，中国农业生产中使用的现代农业机械品种大增，当代农器已有 15 大类 3 500 多个品种。有国内研制和国外引进的农用固定动力机械、拖拉机、耕整地机械、农作物种植机械、施肥机械、种子机械、田间管理机械、作物保护机械、排灌提水机具及凿井机械，收获机械、农产品产后处理和加工机械，林果机械，畜牧机械，渔业机械，农用运输机械，农田基本建设机械，农用飞机，设施农业装备等各类农业装备，品种几乎涵盖种植业、林业、畜牧业、渔业等产业生产的各个领域，可以说，如今从陆地到水域，从地面到天空的农业作业，都已经用上了相应的农业装备。

农业动力也从使用人力，畜力，水力，风力发展到使用锅驼机（蒸汽机），煤气机，柴油机，汽油机，发电机，电动机等机、电动力及生物质热解气体为能源的各种农用动力机械（各种农用固定动力机械和各种类型的拖拉机等）。

从数量上看，在农业装备品种多样化的同时，农业机械的数量也不断增多，成为代表农业先进生产力的发展方向。到 2005 年，我国农业机械总动力达到 6.85 亿千瓦，为 1949 年的 8 462 倍，农用拖拉机 1 679.3 万台，拖拉机配套农具 2 706.4 万部，农用排灌动力机械 1 752.7 万台，联合收获机 47.7 万台，农用运输车 1 199.4 万辆，农副产品加工机械 840 万台，畜牧机械 427.5 万台，渔业机械 95 万台，农用飞机 89 架。先进农业装备已经成为发展农业生产的主导力量，使用先进农业装备的农民，已经成为新型农民的代表和发展现代农业的主力军。

从农业装备的科技水平看，从传统农器演变为当代农器，表现为结构从简单到复杂且更为合理，由工具转变为机器；功能从比较单一到多功能，从单机、单项作业到一机多用一条龙作业；领域由较少领域到更多领域；品种由少到多，逐渐形成系列产品，成套装备，也就是马克思所说的逐渐形成了机器体系；当代农业装备在向系列化，标准化，通用化，个性化，节能高效，优质安全，高科技方向发展。在新型农机产品中，运用现代电子技术，激光技术，液压技术，计算机技术，遥控和智能化技术的产品相继出现，缩小了与先进发达国家的差距，我国研制出的农业机械有些已经达到了国际同类机具的先进水平，有些自主创新研制的农机具对世界农业机械技术发展做出了积极贡献。如船式拖拉机，水田耕整机，铺膜播种联合作业机，地膜回收机等。当代中国农业装备无论是品种，还是数量和科技水平，在中国历史上都达到了一个空前的高度。当代农业装备在把巨大的自然力和自然科学融入生产过程，以自然力代替人力，用科学代替经验方面有了长足的进步。当代农业装备已经成为发展现代农业的重要物质技术基础，在农业生产，农村经济和农业现代化的发展过程中发挥着越来越大的作用。我们也必须清醒地认识到，目前中国农业装备水平与发达国家相比还有较大差距，但差距在逐渐缩小。而且中国实行对外开放政策，既加强对外技术合作交流，引进外国先进农业装备，提高引进消化吸收再创新能力和集成创新能力，提升我国农业装备的技术水平，也着力自主创新，将中国制造的农业机械越来越多地销往国外，走向世界，为世界农业装备发展做出贡献。

3．国际经验

各国国情不同，农业装备技术发展既呈现出各自的特性，也呈现出一些共性。分析国际经验，可供参考、借鉴。我们分析了在 20 世纪中期或末期已经实现农业机械化的几个有代表性的国家：美国、法国、日本、韩国的农业装备技术发展情况，得出一些可供参考借鉴的经验。

（1）农业装备技术的发展历程都呈现出阶段性和地区性。

从阶段性分析，各国农业装备在手工劳动技术基础上，都经历了从手工生产工具到半机械化农具到基本机械化到全面机械化的发展历程，呈现出发展的连续性和阶段性。半机械化体现在一些农业作业机械（工具机）已经发明、制造和应用，但农业动力仍然是人、畜力，以畜力为主。例如，美国农业半机械化时期大约从 19 世纪中叶到 20 世纪初，大量发展了马拉农具。从半机械化发展到机械化体现在农业装备逐渐由工具转变为机器，主要标志是内燃机、电动机在农业机械上普遍应用，逐步用拖拉机和其他机械动力取代了畜力，减少了人力。例如，美国、日本先后在 20 世纪 50 年代宣告用畜力作农业动力的历史结束。从农业基本机械化发展到全面机械化，主要表现为当代农业装备领域不断扩大，在实现种植业机械化的基础上实现了畜牧业机械化；种植业又是在实现粮食作物生产机械化的基础上，实现了饲料作物和主要经济作物的机械化；在实现产中生产机械化的基础上，向产前、产后机械化延伸。农业装备技术发展是从各国实际情况出发，有先有后，依次推进的。农业装备品种是由少到多，由缺到全，由单个到成套的。农业装备数量是由少到多，直至饱和稳定。在饱和稳定的基础上，农业装备发展就由量的增长转为更新换代、质的提高。

从地区性分析，各国农业装备技术发展都具有地区特性和地区发展不平衡性。各国国情不同，农业装备技术发展呈现出地区特性，发展水平呈现出不平衡性。例如，美国人少地多，旱田为主，农场经营规模较大，区域化、专业化较强，农业装备以大型机械为主；日本人多地少，水田为主，农户经营规模小，兼业经营较多，农业装备以小型为主。美国主要种植作物是小麦、大豆、玉米，还有甜菜、马铃薯、棉花等，在种植业机械化发展中，首先实现了谷物和饲草生产机械化，然后才实现甜菜、棉花等经济作物机械化。日本主要农作物是水稻，所以首先实现了水稻生产机械化，再向旱田作物机械化发展。

可见，这些已经实现农业机械化的国家，农业装备技术发展都注意因地因时制宜。这些经验虽不能照搬，但可以借鉴。

（2）农业装备技术由低级向高级发展，新陈代谢，永不停息。

目前农业装备技术正向生物技术与工程技术结合的方向发展，向以人为本、资源节约、环境保护的方向发展，向高科技发展。坚持生物技术与工程技术结合，农机与农艺相互适应、互促共进发展，是当代农业装备技术发展的主攻方向。一方面坚持农业机械设计满足农作物特性和农艺要求；另一方面又十分注重通过生物技术和农艺研究培育适合农业机械作业的品种和农艺与农机相互适应的耕作制度。例如：培育出短秆高粱，可以直接用联合收获机收割高粱；培育出分岔较少的棉花品种，推进了棉花收获机械化；用矮株主秆结果法生产苹果，推进了苹果收获机械化；采用篱笆型栽培葡萄，培育出葡萄果穗都长在朝外一面的品种，推进了葡萄收获机械化；设计制造了高架式葡萄联合收获机，解决了酿酒用葡萄的收获问题；适应生产高品质蔬菜和花卉的需要，设施农业装备技术和综合环境调控装备技术有较大发展；等等。

当代农业装备技术向以人为本，资源节约，环境保护方向发展，更加注重研制开发提高农产品品质、节约资源（节水、节油、节种、节肥、节药、节地和资源综合利用），环境保护（保护性耕作、高效低污染植保、秸秆资源化综合利用、地膜回收处理、农业废弃物综合利用）的农业装备技术。

农业装备技术向高科技发展。现代电子技术、激光技术、液压技术、计算机技术、自动控制技术、声、光、电、温、湿等综合环境调控技术、精准农业技术、遥控和智能化技术以及新型材料技术等在农业装备中广泛应用，推进农业装备技术向高效能、自动化、智能化发展，技术进步与结构调整，新陈代谢、除旧布新之势方兴未艾。

（3）有强大的农业装备制造业，国际知名企业重视研发投入。

美国有世界最强大的农业装备制造商，如销售收入在百亿美元以上的约翰迪尔公司、凯斯纽荷兰公司。这些国际知名企业发挥了推进农业装备技术进步和创新的主体作用，一贯重视对研究与开发的投入，其研发费用与销售额的比值基本在3%～5%，从而使农业装备技术不断进步，保持在行业中的领先地位，形成“越重视研发—技术越先进—企业越兴旺”的良性循环。

法国的农业装备制造业在机械工业中仅次于汽车制造业，居第二位，拥有麦赛—福格森、雷诺、万国等国际知名企业。日本有久保田、洋马、井关、三菱等知名企业。知名企业都很重视新产品设计与推销，一般都有设计研发机构，负责产品更新换代和新产品开发创意等。

（4）农业装备技术自主创新与国际交流、融合创新结合，开放式发展。

在经济全球化趋势深入发展，科技进步日新月异的开放时代，先进国家发挥农业装备研发自主创新能力较强的先发优势，在国际竞争中处于领先地位。但也要通过国际交流，取得效益，并弥补自身的短缺。例如，美国、法国。后进国家往往是通过引进外国的先进农业技术装备，加以消化吸收再创新，可将其称之为融合创新，内外交融，优势互补，发挥后发优势走捷径来缩小差距，加速发展，甚至后来居上。例如，日本、韩国。综合起来，可以说是条条江河通大海，各国农业装备技术发展虽因国情不同选择了不同途径，但都在走一条共同的创新发展与国际交流结合的开放式发展道路。

（5）政府支持，导向有力。

这些已经实现农业机械化的国家，在发展过程中政府都在立法、政策措施等方面为农业装备技术发展给予了有力的支持和导向。如，美国根据《国家农业贷款法》对农民购买农业机械给予信贷支持。法国制定实施《农机法》，保证农业装备产品质量及零配件的供应和服务。日本、韩国先后颁布实施了《农业机械化促进法》，促进农业机械引进、开发、普及和有效利用。在立法支持、促进的同时，各国根据国情，相应出台了购机补贴、信贷、税收优惠、科研、教育、推广、试验鉴定、推动土地集中和规模经营，鼓励建立农机合作社、鼓励农机社会化服务和共同利用、推进农田基本建设、农田道路建设等相关政策，促进农业装备技术的进步和发展。由此看出，农业装备技术发展有其新陈代谢的自然规律与技术经济相结合的经济社会发展规律共同作用，不断向前发展。认识规律，可以指导行动。政府在促进其科学发展方面，是可以有所作为而且大有作为的。

三、几点启示和结论

启示一，中国农业装备的发明、制造和使用，不断创新发展，已有万年历史，其发展历程已经历了四个时代（原始农器时代、传统农器时代、近代农器时代、当代农器时代），反映出四条规律：

（1）农业装备与农业生产相伴而生、互适共进、由低向高、由慢向快的发展规律。在发展过程中呈现出连续性、阶段性（时代性）、地区性。

（2）农业装备技术不断创新、新陈代谢永不停息的发展规律。在发展中呈现出突破性、无限性。围绕材料—结构（功能）—品种—动力，不断革新，先进替代落后，循环上升，以至无穷。每一次重大突破都使农业装备技术发生质的飞跃，形成技术革命，促进了农业生产力的跨越式大发展。如铁制农器的出现、农业机器的出现等。

（3）农业装备自主创新—国际交流—融合创新，由封闭到开放的发展规律。创新是民族的灵魂。封闭则保守、落后，开放则激活、共享共进。

（4）农业装备技术应用与经济社会相适应的协调发展规律。技术革命与社会革命结合，既遵循技术规律，又遵循经济规律；既遵循自然规律，又遵循社会规律。技术与经济结合，社会与自然统筹和谐。发展要符合国情，不同时期、不同地区有不同的重点。发展是进化，是对立的统一，不能适应落后，故步自封，拒绝进步。要使农业装备技术与农业发展、经济社会发展产生良性循环。

启示二，在世界农业装备发展史中，中华农器占有重要位置，有巨大贡献。中华农器经历的古代先进（明朝以前在世界处于领先地位），近代停滞落后（明、清两代至新中国成立前），当代奋起振兴（新中国成立后）的发展历程，验证了农业装备状况是反映农业兴衰，衡量农业生产力发展水平的重要标志的科学结论。农器进步，农业装备水平提高，则农业生产力水平提高，农业兴旺；农器停滞，农业装备水平停滞，则农业生产力水平停滞，农业停滞；农器落后，农业装备水平落后，则农业生产力水平落后，农业落后。

中国古代农器因不断创新，发展完善与提高农产品单产、提高土地利用率的种植制度和农业技术相互适应，互适共进，使中国的传统农业在相当长一段时间内领先于世界，创造了农业文明的辉煌篇章。

然而，以手工劳动和经验积累为基础，封闭的小农经济在中国超长期延续，以及闭关锁国政策使中国与世界隔离，阻碍了中国农器的变革和进步。这是中国近代农器发展停滞，在世界农器发展中由先进变为落后的主要原因。这是应引以为戒的历史教训。

随着新中国成立，尤其是改革开放的深入发展，当代中国农器正在改变落后面貌，实现奋起振兴，这是当代中国人的历史使命。

启示三，农业装备技术正向生物技术与工程技术结合，向以人为本、资源节约、环境保护方向发展，向高科技发展。农业装备技术的不断进步、创新，必须有强有力的农业装备制造企业主体和产业群体及相应的设计、研发机构和农业装备研发投入，必须有政府的强力支持保障和法规政策导向。

启示四，农业装备结构逐步向多元化发展，农业装备产品向系列化、标准化、个性化方向发展，由单一环节向全过程发展，由单项设备向成套设备发展。不同地区、不同发展阶段，有不同的发展重点。

加强理论建设　努力形成中国特色农业机械化理论体系

（2007年12月）

党的十七大报告指出："改革开放以来我们取得一切成绩和进步的根本原因，归结起来就是：开辟了中国特色社会主义道路，形成了中国特色社会主义理论体系。高举中国特色社会主义伟大旗帜，最根本的就是要坚持这条道路和这个理论体系。"深入学习贯彻党的十七大精神，联系农业机械化行业实际，必须进一步提高对加强理论建设重要性的认识，努力形成中国特色农业机械化理论体系的历史使命，显得比过去任何时候都更为重要和紧迫。

辩证唯物论的知行统一观认为，理论知识依赖于感性认识，理论的基础是实践，这是认识论的唯物论；认识有待于深化，感性认识有待于发展到理性认识，并为实践服务，这是认识论的辩证法。否则就要犯"唯理论"（教条主义）或"经验论"（经验主义）错误。毛泽东同志把辩证唯物论的知行统一观精辟地概括为："通过实践而发现真理，又通过实践而证实真理和发展真理。从感性认识而能动地发展到理性认识，又从理性认识而能动地指导革命实践，改造主观世界和客观世界。"实践证明，"感觉到了的东西，我们不能立刻理解它，只有理解了的东西才能更深刻地感觉它。感觉只解决现象问题，理论才解决本质问题。"联系我国农业机械化实际，新中国成立以来，尤其是改革开放以来，我国广大农机化工作者已经开辟了中国特色农业机械化发展道路，也进行了一些理论总结和概括，用于指导实践。但尚未形成理论体系，理论还滞后于实践。在党的十七大精神的指引下，是努力改变理论滞后于实践的局面，把丰富的实践上升为系统的理论，形成中国特色农业机械化理论体系的时候了。可以说，形成中国特色农业机械化理论体系的条件已基本具备，时机已经成熟，关键要看我们工作做得怎么样。

一、形成中国特色农业机械化理论体系的三个依据

我国农业机械化发展到当今时代，把丰富的农业机械化实践能动地变成科学的认识，上升为系统的理论，形成中国特色农业机械化理论体系，进一步用理论指导实践，推进我国农业机械化又好又快发展的重任，已经历史地落在当代农业机械化工作者及其领导部门的肩上。为什么说形

本文为作者在农业部农业机械化管理司举办的第一期农机化讲坛上的讲稿（2007年12月）。发表于《中国农机化导报》2007年12月24日、2008年1月7日两期连载。收入《2008中国农业机械化年鉴》。

成中国特色农业机械化理论体系的条件已基本具备，时机已经成熟呢？有三个依据：实践依据、理论依据、时代依据。

1．实践依据

形成中国特色农业机械化理论体系的实践依据，可以从三个方面来说明：一是有客观存在的研究对象。理论的基础是实践，又转过来为实践服务。客观存在的农业机械化实践，是形成中国特色农业机械化理论体系最基本的实践依据。中国农业机械化的运动发展形式有其特殊性，即有不同于其他事物运动形式或其他国家农业机械化运动发展形式的特殊矛盾和特殊本质。不同质的矛盾，只有用不同质的方法才能解决。因此，从理论上研究中国农业机械化运动发展的特殊矛盾、特殊本质、特殊原因或特殊根据，认识其规律性，才能指导农业机械化实现科学发展，达到预期的目的。中国农业机械化实践的特殊性，是形成中国特色农业机械化理论体系的特殊根据。中国特色农业机械化理论体系是中国特色社会主义理论体系的组成部分，是总体系的一个分支。因而形成这个分支理论体系，也是中国特色社会主义理论体系的丰富和发展。二是中国农业机械化发展已进入中级阶段，已具备形成理论体系的实践基础。新中国成立以来，我国农业机械化发展已有半个多世纪的历史，发展规模由小到大，发展领域从少到多，发展质量和水平不断提高，如今已从初级阶段迈入了中级阶段。农业机械总动力已达 7.6 亿多千瓦，农机工业体系基本形成，中国已成为世界上农业机械生产大国，农业装备科研开发推广体系和农业机械流通体系初步形成，开始进入着力自主创新的发展新阶段，在农业生产中使用的现代农业机械已有 3 500 多个品种，农机作业已涵盖种植业、林业、畜牧业、渔业等产业生产及农产品产后处理加工等诸多领域，可以说，如今从陆地到水域，从地面到天空的农业作业，都已经用上了相应的农业机械和装备。我国农业耕种收综合机械化水平已超过 40%，从 20 世纪 90 年代以来，农业从业人员的数量和比重已呈现双下降趋势，农业发展已进入增机减人的新时代。在农业生产中发生了由过去人畜力手工工具、传统农具为主到现在机械化生产机具逐渐居于主导地位的巨大转变，先进适用的农业装备已经成为现代农业发展的主导力量，使用先进装备的农民，已经成为新型农民的代表和发展现代农业的主力军。目前，活跃在乡村的农机人员约 4 000 万人，约占农业从业人员的 13.3%，这支队伍还在继续发展壮大。这是农村中一批有文化技术，科技素质高，会从事现代农业生产经营的新型农民，是积极发展现代农业的主力军，是农村发展先进生产力的优秀代表和勤劳致富的带头人。随着农业机械化发展，农业机械化水平不断提高，我国农业发展对人力的依赖明显下降，对人的科技文化素质要求明显提高，这一降一升使第一产业亿元增加值从业人员用量从 1980 年的 21.2 万人降到 1990 年的 7.7 万人，2000 年的 2.4 万人，2006 年的 1.3 万人，农业劳动生产率大幅度提高。现代农业对国民经济的基础作用和重要贡献，不仅是向社会供给数量更多、质量更高、品种多样化的农产品，而且还为加速工业化、城镇化进程，向发展非农产业转移输送从农业节约出的劳动力、土地、水等社会资源，使社会经济结构更加优化，资源利用更加合理，经济社会更加繁荣，城乡发展更加协调，生态环境更加美好，人民生活更加幸福。农业机械化在其中发挥着越来越大的作用。丰富多彩的农业机械化实践，既有成功的经验，也有挫折和教训，为理论研究和创新提供了取之不竭的源泉。这些都是形成中国特色农业机械化理论体系的重要实践基础。三是有国际经验可参考借鉴。如果以内燃机、电动机等动力机械在农业机械和农业生产中应用为起点，则可以说农业机械化起始于19世纪末叶，世界农业机械化发展已有110多年的历史。19世纪末起步，20世纪有较大发展，北美洲、欧洲的一些发达国家及亚洲的日本、韩国，在20世纪中叶以后先后实现了农业机械化，被称为世界农业发展史上农业机械文明时代的到来。农业机械化被评为20世纪对人类社会生活影响最大的20项工程技术成就之一。研究、学习、参考国外农业机械化发展的经验和教训，及他们走过的道路和发展的趋势，结合中国实际加以借鉴、运用，是对中国农业机械化实践直接经验的补充。从人类知识总体来说，国际经验也是形成中国特色农业机械化理论体系的重要实践依据。因为，就人类知识总体来说，人类的一切知识都是从直接经验发源的，认识来源于实践。但不能片面理解为人的知识是事事都要有直接经验。任何一个人，一个社会的知识，都是由直接经验和间接经验两部分组成的。在我为直接经验者，在别人则可能为间接经验。反之，在别人为直接经验者，在我则可能为间接经验。间接经验也可以给人以启示和帮助。而且，由于人类知识的长期积累和发展，人们的认识才一步又一步地由低级向高级发展，由浅入深、由片面认识向全面认识发展。一个人的直接实践总是有限的，多数知识都是接受传承的间接经验的东西，也就是古今中外的知识。这也是一个人要终生学习，学而不倦，提倡学习、学习、再学习，任何国家、社会都要办学校、办教育培训，进行学术交流，建立学习制度，中央提出要建设学习型社会，发展开放型经济，邓小平同志倡导改革开放，号召大家走出国门去看一看，开展国际经济技术合作交流，促进我国技术经济发展的深刻道理。所以，善于把国外发展农业机械化的经验和知识与本国国情相结合，在实践中进一步发展创新，也是形成中国特色农业机械化理论体系的重要实践依据。

2. 理论依据

形成中国特色农业机械化理论体系的理论依据有二：一是有中国特色社会主义理论体系指导。中国特色社会主义理论体系是各行各业都必须坚持、团结奋斗的共同思想基础，农业机械化理论体系作为其组成部分，作为其一个分支，必须以这个理论体系为依据和指导，坚持这个理论体系的宝贵精神、共同思想和理论渊源，高举中国特色社会主义伟大旗帜，在农业机械化实践中不断丰富、完善和发展这个理论体系。二是有多年来中国农业机械化实践的理论总结和理论创新成果积累，这是形成中国特色农业机械化理论体系的重要基础和依据。在中国这样一个发展中的东方大国如何发展农业机械化，是世界农机化发展史上的新课题，也是学术理论界的新领域。中国面对的情况，与已经实现农业机械化、现代化的国家有很大不同，照搬书本不行，照搬外国也不行。必须从国情出发，在实践中开辟中国特色农业机械化发展道路，并进行理论创新。在这个问题上，党和政府领导全国农机化工作者做过重要的探索实践，在我国农业机械化发展进程中，不同时期对农业机械化实践都有一些理论总结和创新成果，在此基础上进行系统整合，加工提升，形成理论体系，使我们对我国农业机械化发展规律的认识更加系统、全面、深化，达到从事物的全体、本质、内部联系及外部联系的总体上，去认识和把握农业机械化的发展，因而可以更全面、更科学地指导农业机械化又好又快发展。所以，把实践中相继形成的理论成果整合为一个整体，对凝结几代人不懈探索实践的智慧和心血的农业机械化理论成果进行系统整合，是形成中国特色农业机械化理论体系的重要理论基础和依据。

3．时代依据

时代依据主要指我国农业机械化只有发展到当今时代，才能形成中国特色农业机械化理论体系。这个结论可以从两方面来说明：一是因为中国农业机械化实践，是一步又一步地由少到多，由低级向高级发展的，人们对农业机械化的认识也是由浅入深、由低级向高级发展的。即由个别到一般、由局部地区到全国，由各个环节、各个侧面向比较全面发展。新中国刚成立时，全国农机总动力仅 8.1 万千瓦，拖拉机只有 200 多台，农业生产工具绝大多数都是传统的人畜力手工工具。1953 年，全国才建立了由国家办的农业机器拖拉机站 11 个。东北 6 个，淮河以北 5 个，每站配备中小型拖拉机 3～5 台，负担耕地 1 万亩左右。农业机械化作业很少，环节单一，范围很小。人们对于农业机械化的认识，也只能是个别的、局部的、很浅薄的、眼界狭小的。如今，我国农机总动力已达 7.6 亿千瓦，农业机械化发展已遍及全国，耕种收综合机械化水平已过 40%，在农业生产中，机械化生产机具逐渐居于主导地位，农业机械化发展的规模和水平已进入中级阶段，农机作业格局已由生产环节机械化向生产全过程机械化发展，并由产中向产前、产后延伸；种植业机械化主攻重点由初期的耕耙、排灌、植保机械化向种植、收获、收后处理、加工机械化发展；农业机械化新增长点由粮食作物向经济作物、由种植业向养殖业，向各地优势农产品机械化、产业化发展，逐渐形成发挥优势，各具特色的农机化发展新格局；农业机械装备向技术含量提高，功能增多，结构优化，品种多样化、系列化发展，向以人为本、资源节约、环境保护方向发展，向高科技发展，农业机械品种已有了 3 500 多个，现代农业装备逐渐形成系列产品、成套设备、机器体系；农业机械化发展模式由资源开发型、偏重增产技术向更重提高质量和效益的资源节约型、环境友好型提升，发展方式由投入型增长向效益型增长转变。五十多年来，农业机械化总体规模和发展水平取得的巨大进步，显示出 21 世纪的新时代特征，眼界比过去开阔多了。而且，由于我国农业机械化发展的复杂性、艰巨性，在发展实践中取得了成功的喜悦，也出现过挫折和失误，付出了沉重的代价。正反两方面的经验和教训，使人们对我国农业机械化的运动发展能够由过去个别的、局部的、片面的、肤浅的了解，进一步达到比较全面的、历史的、深入的了解，因此，只有我国农业机械化发展到当今时代，才有可能把对农机化各方面的认识进行系统整合，形成科学的理论体系。

二是我国农业机械化的发展实践，经历了计划经济时代向市场经济时代的巨大转变，人们对于农业机械化发展的认识和理论概括，也经历了反映计划经济特征的农业机械化向反映市场经济特征的农业机械化的重大转变。

1955 年 7 月，毛泽东同志在《关于农业合作化问题》的著名报告中，从国家社会主义工业化和社会主义农业改造全局的战略高度，谈到发展农业机械化应当与我国的社会主义工业化相适应的关系，技术革命与社会革命相结合的辩证关系，以及在我国怎样发展农业机械化的问题，可以说是我国农业机械化发展理论的开篇之作。1959 年 4 月又提出“农业的根本出路在于机械化”。与 1937 年 8 月他在《矛盾论》中从哲学高度谈到“在社会主义社会中工人阶级和农民阶级的矛盾，用农业集体化和农业机械化的方法去解决；……社会和自然的矛盾，用发展生产力的方法去解决。”是一脉相承的。这篇报告所阐述的农业机械化思想、路线、目标和步骤，在相当长的一段时间一直是指导我国农业机械化发展的纲领和方针、政策依据。由于当时我国农业机械化刚刚起步，这篇报告的实践依据主要是参考了前苏联的经验，具有明显的计划经济时代特征。在以后实践过程中，虽然注意到我国农业人多地少经济底子薄的国情，农业机械化发展的复杂性、艰巨性，发展条件与苏联、美国有很大不同，提出应当结合国情走自己的农业机械化发展道路，按照不同的经济和技术情况，有步骤、有重点地积极推行（提出此观点的第一篇文章是 1957 年 10 月 24、25 日黄敬在《人民日报》上发表的文章“我国农业机械化问题”）。在实践中，也突破了前苏联农业机械化完全由国家办的模式，创建了国家办与集体办相结合的中国模式，但总体上农业机械化发展仍然是在计划经济体制框架下运行，而且制定的发展目标偏高偏急，与实际情况不相符，没有达到预期的效果。

改革开放以来，在党和政府的领导下，广大农机化工作者坚持解放思想、实事求是、勇于变革、开拓创新，使农业机械化发展逐渐从计划经济的轨道走上了市场经济的轨道，在建设中国特色的社会主义大道上，开辟了中国特色农业机械化发展道路，取得了前所未有的巨大成就和在中国这样一个农业人口众多、人均资源少的发展中大国，在社会主义市场经济体制下，加快农业技术改造，推进农业机械化，发展现代农业的宝贵经验。在艰巨、复杂的前进道路上，在总结经验教训的基础上，坚持研究世界先进经验与本国国情相结合，在争论、探索中坚持创新，走符合国情的发展道路，使我国农业机械化实践、认识和理论不断丰富、发展，使中国特色农业机械化道路越走越宽广，成效越来越大。2004 年公布实施的《中华人民共和国农业机械化促进法》，是改革开放以来我国农业机械化实践和理论成果的集大成和结晶，是在法律上的规范，也可以说是形成中国特色农业机械化理论体系的奠基之作和初步框架。这一切，都是在中国特色社会主义理论体系指导下的产物。只有在中国特色社会主义理论体系指导下，才能形成中国特色农业机械化理论体系。中国特色社会主义理论体系是在中国改革开放的伟大实践中逐渐形成和发展的，是不断发展的科学的开放的理论体系，具有与时俱进，永不停滞的鲜明的时代性。所以，在中国特色社会主义理论体系指导下形成的中国特色农业机械化理论体系，具有旗帜鲜明的时代依据。

二、中国特色农业机械化理论体系要回答三个基本问题

农业机械化是一个复杂的大系统，涉及的方面和问题很多，理论体系的内容牵涉到方方面面一系列重大的理论和实际问题。在有许多矛盾存在的复杂事物发展过程中，理论研究要着重于找出主要矛盾及解决矛盾的方法。也就是说，理论研究首先要着重于抓住指导农业机械化发展中最基本、最主要的问题。任何农业机械化发展必然要遇到、必须要回答的最基本又相互联系的问题有三个：1. 什么是农业机械化？发展什么样的农业机械化？2. 为什么要发展农业机械化？3. 怎样发展农业机械化？中国特色农业机械化理论体系也是围绕这三个基本问题在不断探索和发展中逐渐形成。

1. 什么是农业机械化，发展什么样的农业机械化

这个问题看似简单明确，实则有很复杂很丰富的内涵。从理论研究和实践指导来说，都需要对农业机械化有明确的定义。因为，在指导农业机械化实践中，农业机械化不是一个空洞的、抽象的概念，而是很实在的具体事物。首先，要定义什么是农业机械？进一步定义什么是农业机械化？明确实现农业机械化的标准，发展什么样的农业机械化？

不同国家、不同地区有不同的农业机械化，同一地区、同一国家在不同发展阶段也有不同的农业机械化。正因为农业机械化本身的复杂性，包含内容的广泛性，对于定义农业机械化这一需求，存在着许多供给。经济大辞典、教科书、学者发表的文章、领导人的讲话，都从不同角度给出了对农业机械化的解释或定义，可以列出一个很长的清单，反映出对什么是农业机械化这一重大问题，存在着不同认识，或很难全面、准确定义。对此问题不甚明确，在农业机械化实践中，就会存在盲目性，产生盲动性，就会出现失误。1980 年 1 月 30 日，薄一波副总理在听取农业机械部汇报为什么“1980 年基本上实现农业机械化”的口号不再提了的原因后，说了一句发人深省的话：“种种原因，主要原因是什么？我看这个主要原因，就是提出了农业机械化，但怎么就叫机械化，不知道。”2004 年，《中华人民共和国农业机械化促进法》关于农业机械化和农业机械的定义从法律上作出了规定：

本法所称农业机械化，是指运用先进适用的农业机械装备农业，改善农业生产经营条件，不断提高农业的生产技术水平和经济效益、生态效益的过程。

本法所称农业机械，是指用于农业生产及其产品初加工等相关农事活动的机械、设备。

“农业生产”是指从事种植业、林业、畜牧业和渔业等产业的生产，“产品初加工”主要是指产品的产后处理，即对产品进行诸如清理、分级、分离、混合、干燥、保鲜、包装等不改变产品的物理性状的直接的简单的加工处理过程。

这个定义，规定了农业机械的范围，对什么是农业机械化，发展什么样的农业机械化有明确

的法律规定。指明了是用先进适用的农业机械装备农业，农业机械化是一个不断改善农业生产经营条件，不断提高农业生产技术水平和经济效益、生态效益的过程。定义比较科学、准确、可行，符合国情，是形成中国特色农业机械化理论体系的一项最新成果和法律依据。当然，在理论体系建设中，对什么是中国特色农业机械化，还需要进一步进行总结、概括，科学定位。

必须注意，把农业机械化定义是一个不断提高的过程，对指导农业机械化发展非常重要，非常实际。从理论上说，这是唯物辩证法的科学解释。因为，事物发展过程必然呈现出阶段性，不同的发展阶段既有相互连贯性，又有相互不同的特点和规律性。我们不但要注意事物发展全过程的矛盾运动，而且必须注意在过程发展的各个阶段中的矛盾运动，注意其特点及处理方法。毛泽东同志告诫我们："如果人们不去注意事物发展过程中的阶段性，人们就不能适当地处理事物的矛盾。"改革开放以来，中共中央提出社会主义初级阶段的理论，确立社会主义初级阶段基本路线，科学地指导了实行改革开放、建设中国特色社会主义的伟大征程，开创了新局面，取得了新的重大成就。社会主义初级阶段理论是中国特色社会主义理论体系的重要组成部分。

农业部农机化司 1999 年立题研究我国农业机械化发展水平评价指标体系及评价标准，对农业机械化发展阶段的划分标准进行了研究，取得了可喜的成果。在取得阶段性成果的基础上，进一步列入国家农业行业标准进行起草，通过审定。今年已由农业部发布实施。这项研究成果，也是形成中国特色农业机械化理论体系的创新成果之一，对科学界定我国农业机械化处于什么发展阶段，指导农业机械化科学发展有重要意义。依据农业机械化阶段划分标准，目前我国农业机械化发展已由初级阶段跨入了中级阶段。即，耕种收综合机械化水平超过了 40%，农业劳动力占全社会从业人员的比重已小于 40%。这是我国农业机械化发展过程中，一次阶段性、历史性跨越。理论研究必须回答什么是农业机械化中级阶段及中级阶段农业机械化运动发展的一系列理论和实际问题。中级阶段是耕种收综合机械化水平从 40%提高到 70%的发展阶段，是农业劳动力占全社会从业人员的比重从 40%降低到 20%的运行阶段。在农业生产中增机减人育人的矛盾运动日益凸显。中级阶段农业机械化在量、速、质、效四个方面，比初级阶段都有更高的要求。表现在：数量增长加快。农业机械装备量、农业机械作业量都将大幅度增加。

发展速度加快。农业机械化进入快速发展的成长期。从自身发展规律和发展环境分析，预期将用 15 年左右时间完成中级阶段历史使命。

发展质量和效益提高，又好又快发展。(1) 农业机械化发展方式由资源开发型向资源节约型、环境友好型转变，由投入型增长向效益型增长转变；(2) 农机作业领域向广度、深度拓展，农机服务社会化、产业化进程加快；(3) 区域发展趋向协调；(4) 农业机械化与农机工业互促共进，农业装备结构不断优化，装备水平不断提高；(5) 农机队伍成长壮大，农机手成为新农村发展先进生产力的优秀代表和发展现代农业的带头人；(6) 第一产业亿元增加值从业人员用量减少，农业劳动生产率大幅度提高，与非农产业劳动生产率差距缩小。

中级阶段也是农业机械化发展的矛盾凸显期，主要矛盾是对农业机械化需求迫切，要求提高与农机、能源（燃油）等有效供给不足的矛盾。矛盾的主要方面是有效供给不足问题。制约农机化发展的技术经济障碍和体制性障碍亟待解决。在座各位是我国农业机械化从初级阶段跨入中级阶段的组织领导者和历史见证人，也是我国农业机械化进入中级阶段发展实践的开拓者和组织领导者，肩负着艰巨而光荣的历史使命。必须不负使命，对我国农业机械化发展的重要性、艰巨性、长期性有清醒认识，以高度的责任感，强烈的忧患意识，坚定的信心和自觉性，发扬求真务实，开拓进取精神，坚持与时俱进，勇于创新，克服前进中的困难，解决好中级阶段快速发展中的新问题、新矛盾，努力开创农业机械化发展的新局面，为夺取我国农业机械化、现代化事业的新胜利做出新贡献。

2. 为什么发展农业机械化

这既是一个理论问题，又是一个实际问题，也是发展农业机械化必须回答的一个基本问题。

从理论上说，人们发展农业机械化是因为农业机械化能满足人类社会某方面的需要，给人带来某些好处。或是国家对现代农业发展的需要，用现代工业文明的成果来装备农业，用先进技术装备改造传统农业，提高农业生产能力和劳动生产率，保障农产品供给安全，使农业发展与工业化、现代化相适应，以解决社会经济发展对农产品数量和品质日益增长和提高的需要同落后的农业生产不适应发展要求之间的供需矛盾；或是国家统筹城乡发展，加强农业基础，缩小工农差别，城乡差别，解决工农矛盾，维护安定团结，建设和谐社会的需要。毛泽东在《矛盾论》中从哲学高度对此有精辟论述；或是农民增产增收，减轻劳动和体面劳动，提高生活质量水平的需要。从事物矛盾运动发展分析，发展农业机械化的根本原因是在农业生产中用推进技术进步的方法来解决供需矛盾、差异矛盾等两大矛盾问题，以实现农业与工业、农村与城市相互适应，协调发展，工农、城乡和谐发展。由此可知，发展农业机械化的根本目的和强大动力是为了实现国家经济社会发展战略目标、发展现代农业的需要，为了农民增加收入、改善生产生活条件、提高生活质量水平的需要。发展的宗旨是为了国家富强，造福人民。

在实践中，人们对农业机械化的需求有很强的时空性和技术经济性，不同时间、地点，不同技术经济条件，对发展农业机械化的需求有所不同，因而对为什么要发展农业机械化，发展什么样的农业机械化也有不同的解说。1957 年 10 月，《人民日报》发表了我国第一篇专论农业机械化问题的文章，就是黄敬同志的《我国农业机械化问题》。那篇文章第一行黑字标题就是："为什么我国人多地少，还需要农业机械化？"黄敬亲自到农村调查研究，通过农村劳动力季节性短缺，实施增产措施需要等多方面的需求分析，精辟地论述了当时农村对农业机械化的实际需求，阐明了为什么要发展农业机械化及要有步骤、有重点地积极推行农业机械化的理由。这篇文章当时产生了很大影响。是深入调查研究，理论与实际结合，从实践上升为理论、观点，又用理论指导实践的典范。这也说明，为什么要发展农业机械化，是农业机械化一开始就提出的一个重大问题，有不同的观点和争议。有时争议还很激烈，甚至上升到路线斗争高度。随着农业机械化广阔、深入地发展，对此问题的认识也更加清醒、全面、深刻。在中国特色农业机械化理论体系建设中，对为什么要发展农业机械化的问题，它的重要性和紧迫性，还需要对多种解说进行加工梳理，系统整合，去粗取精，与时俱进，抓住事物的本质和内部联系，用简洁精辟的语言，清晰的层次来全面、准确地表述。

3. 怎样发展农业机械化

怎样发展农业机械化？涉及发展农业机械化的指导思想、方针、原则、道路、目标、步骤、布局、模式、机制、政策、措施等一系列重大问题。我国在几十年农业机械化实践中，有过多种探索和选择。尤其是改革开放以来的实践，更具有现实性和指导性。归根到底，怎样发展取决于效率、成本、效益（含经济效益，社会效益，生态效益）。符合国情，效益好的成为取向，得到发展。可以说，在中国国情下，怎样发展农业机械化是在探索、实践、竞争中选择确认的。

改革开放以来，党和政府带领全国人民高举中国特色社会主义伟大旗帜，立足基本国情，走中国特色社会主义发展道路，发展社会主义市场经济，取得了举世瞩目的辉煌成就。农机行业也取得了巨大成绩，我国农机化呈现出崭新的面貌，焕发出勃勃生机，展现出新的特色和前景。在实践中反映农业机械化发展进步趋势的新思想，新观点，新认识也不断产生出来，这些不断探索实践的理论成果凝结在学术论文中，领导讲话中，党和政府文件中，推进了我国农机化事业的健康发展。这些新认识、新观点是农机工作者不断探索实践的智慧和心血的结晶，是推进农机化发展的宝贵精神财富，具有与本国国情相结合，与时代发展同进步的鲜明时代特色。例如：

——用科学发展观统领农业机械化发展全局，走中国特色农业机械化发展道路；

——农民自主，政府扶持。农民是发展农业机械化的主体，政府是促进农业机械化的主体。充分发挥市场在农机化资源配置中的基础性作用，正确发挥政府职能，优势互补，政民合力，推进农业机械化又好又快发展；

——农业机械化要纳入国民经济和社会发展规划统筹安排，农业机械化发展要与国民经济和社会发展相适应；

——农业机械化发展要坚持因地制宜、经济有效、保障安全、保护环境的原则；

——立足大农业，服务新农村，提高四个水平，着力转变发展方式，优化经济结构，推进农业机械化发展；

——坚持科技进步，把推进重要农时、重点作物、关键生产环节机械化技术，发展资源节约型、环境友好型机械化技术作为农业机械化科技战略重点，立足增强自主创新能力推进农业机械化发展；

——要统筹农业机械化和农机工业发展，振兴农业装备制造业，增强用现代物质技术条件装备农业的供给保障能力；

——分类指导，重点突破，示范推广，科学推进，是发展农业机械化的有效途径；

——推进农机社会化、产业化服务，走中国特色农业机械高效利用的道路；

——建立健全促进现代农业建设的投入保障机制和长效机制，提高投入效益；

——农机队伍自身培训与农民转移就业培训相结合，为统筹城乡发展培养高素质人才；

——用统筹兼顾的根本方法，把粮食作物生产过程机械化攻坚与优势农产品生产机械化开拓结合起来，实现全面、协调、可持续发展；

——优化农业机械化区域发展格局，建立区域间互促互补机制，促进区域协调发展；

——统筹农机化国内发展和对外开放，“引进来”与“走出去”结合，实现互利共赢；

——坚持依法促进农业机械化发展。全面贯彻落实《农业机械化促进法》，加快配套法规和地方法规建设。

我这里仅仅举出了一部分，进一步搜集还可以举出很多。可以说，这些思想、观点反映了农机行业在中国特色社会主义道路指引下，开辟中国特色农业机械化发展道路的经验总结，在指导我国农业机械化发展中发挥了重要作用。不足的是，对这些丰富的成果还没有进行系统提升，尚未形成中国特色农业机械化理论体系。深入学习贯彻党的十七大精神，农机行业要按照建设学习型社会的要求，加强思想理论建设，补好这一课。建议农机化司带领广大农机化工作者，在投身伟大的农机化实践中，开拓新视野，发展新观念，进入新境界，把理论研究与社会实践和时代发展相结合，提高用科学理论分析和解决实际问题的能力，加深对我国农业机械化发展规律及中级阶段特征和规律的认识，能动地指导农业机械化实践，改造主观世界和客观世界，为推进我国农业机械化在科学发展观指导下又好又快发展，为早日实现中级阶段的历史使命做出贡献。

中国特色农业机械化理论体系研究

（2011年7月）

2007年，我发表了“加强理论建设　努力形成中国特色农业机械化理论体系”一文，认为形成中国特色农业机械化理论体系的条件已基本具备，时机已经成熟，此重任历史性地落在当代农业机械化工作者及其领导部门肩上。建议农机化司带领广大农机化工作者，为此做出贡献。几年来，农机化司不负使命，带领广大农机化工作者坚持解放思想，实事求是，勇于创新，与时俱进，掀起了农业机械化理论建设的热潮，成果不断涌现。迄今，已初步形成了中国特色农业机械化理论体系，取得了理论建设的重大成就和可喜进展。本文特对此进行一些梳理，希望在肯定成绩的基础上，大家继续努力，再接再厉，进一步增强使命感和紧迫感，在实践开拓与理论建设的新起点上相辅相成，取得更大的成绩，为实现科学发展做出更大的贡献！

一、时代背景与两个关系

一个理论体系的形成，有它的时代背景和实践基础。中国特色农业机械化理论体系，是在建设中国特色社会主义伟大时代的农业机械化实践中，在中国特色社会主义理论体系指导下逐渐形成起来的。因此，应当明确两个基本关系：一是中国特色农业机械化发展道路是中国特色社会主义道路的重要组成部分，中国特色农业机械化理论体系是中国特色社会主义理论体系的重要组成部分；二是指导中国特色农业机械化理论形成的指导思想和理论基础是中国特色社会主义理论。

二、形成理论体系的主要标志

一般来说，理论体系是人们认识、研究事物生存及发展变化规律，研究事物间相互关系的基本观点和方法的集成体现。所谓集成体现，是基本理论结合实际的多角度、多层次诠释。所以，判断一个理论体系是否形成，有两个主要标志：一是主题是否明确。如，中国特色社会主

本文发表于《中国农机化导报》2011年7月11日7版，收入《2011中国农业机械化年鉴》农业机械化论坛。

义理论体系，有鲜明的主题，就是建设中国特色社会主义。二是是否探索回答了围绕主题的重大理论和实际问题。即，所研究的领域是否回答了该领域基本问题及其相关的系列问题，是否形成了系统的科学体系。如，胡锦涛总书记在党的十七大报告中明确指出，"中国特色社会主义理论体系，就是包括邓小平理论、'三个代表'重要思想以及科学发展观等重大战略思想在内的科学理论体系。"这个理论体系的主题很明确，就是建设中国特色社会主义。理论体系围绕主题回答了三个基本问题：一是什么是社会主义，在中国这样一个发展中大国怎样建设社会主义；二是建设什么样的党，怎样建设党；三是实现什么样的发展，怎样发展。这个理论体系以什么是社会主义，怎样建设社会主义为主线，以社会主义、党的建设、科学发展三大基本问题的相互联系和有机统一在实践发展过程中不断延伸和展开，系统地、与时俱进地回答了一系列重大理论和实际问题。所以党的十七大报告说"形成了中国特色社会主义理论体系。"并给予高度评价。"这个理论体系，坚持和发展了马克思列宁主义、毛泽东思想，凝结了几代中国共产党人带领人民不懈探索实践的智慧和心血，是马克思主义中国化最新成果，是党最可宝贵的政治和精神财富，是全国各族人民团结奋斗的共同思想基础。中国特色社会主义理论体系是不断发展的开放的理论体系。"

三、中国特色农业机械化理论体系初步形成

按照以上两个标志，联系农业机械化领域实际，可以作出中国特色农业机械化理论体系已初步形成的基本判断。理由是，三大成果构建了中国特色农业机械化理论体系框架，主题已经明确，就是发展农业机械化，建设现代农业。围绕主题初步回答了三个基本问题：一是什么是农业机械化，发展什么样的农业机械化；二是为什么要发展农业机械化；三是怎样发展农业机械化。也就是说，体系已初步形成。中国特色农业机械化理论体系与中国特色社会主义理论体系一脉相承，是其重要组成部分，又是其延伸，具有农业机械化领域特色，见表 1。

表 1　中国特色农业机械化理论体系是中国特色社会主义理论体系的组成部分

	中国特色社会主义理论体系	中国特色农业机械化理论体系
主题	建设中国特色社会主义	发展农业机械化，建设现代农业
基本问题	什么是社会主义，怎样建设社会主义 建设什么样的党，怎样建设党 实现什么样的发展，怎样发展	什么是农业机械化，发展什么样的农业机械化 为什么要发展农业机械化 怎样发展农业机械化

中国特色农业机械化理论体系的理论成果集中体现在三大成果中。即，集中体现在《中华人民共和国农业机械化促进法》、《中国农业机械化改革发展三十年》、《国务院关于促进农业机械化和农机工业又好又快发展的意见》等法律、文件所提出的重大战略思想和目标、任务中。2004

年颁布、开始施行的《中华人民共和国农业机械化促进法》，用法律形式明确规定和回答了什么是农业机械化，为什么发展农业机械化，以及我国农业机械化发展的基本制度（发展主体、扶持主体、市场机制）、基本方向、基本原则及政策保障措施等重大问题。这部兴农护农的法律，是我国法制建设的重要组成部分，是依法促进农业机械化的法治保障。它反映了广大农民群众的利益和要求，集中了农机化工作者的智慧和心血，将实践中行之有效的政策措施通过法律的形式加以肯定，体现了党的主张与人民意愿的统一。是农业机械化领域最重要的法律成果和理论成果，是农业机械化领域最可宝贵的政治和精神财富，是我国农机战线团结奋斗的共同思想基础和法治基础。对什么是农业机械化，法律定义概括为两个过程：一是用先进适用的农业机械装备农业，改善农业生产经营条件的过程；二是不断提高农业生产技术水平和经济效益、生态效益的过程。发展什么样的农业机械化？根据中国国情就是要先进适用，提高效益。法律还规定了“因地制宜、经济有效、保障安全、保护环境”的促进发展原则。为什么要促进农业机械化发展？立法宗旨开宗明义地指出是为了建设现代农业。这就是构建和形成理论体系的共同主题。建设现代农业的主题与建设中国特色社会主义的主题一脉相承，紧密相连，这就把中国特色农业机械化理论体系与中国特色社会主义理论体系紧密联系起来了。2009 年农业部农业机械化管理司组织编著出版的《中国农业机械化改革发展三十年》，对怎样发展农业机械化，发展历程及发展战略调整，中国特色农业机械化发展道路作了初步概括和较全面地阐述。明确指出我国农业机械化发展已经跨入中级阶段，初步形成了中国特色农业机械化发展道路，并总结了改革发展必须坚持的宝贵经验。这一重大理论成果，继往开来，为准确把握当前农业机械化的发展态势和今后的发展趋势指明了方向。2010 年，《国务院关于促进农业机械化和农机工业又好又快发展的意见》正式出台，这个重要文件对新形势下我国农业机械化发展的指导思想、基本原则、发展目标、主要任务和政策措施作了原则规定，与时俱进地回答了怎样发展农业机械化，发展什么样的农业机械化等重大问题。在指导思想中明确指出，“深入贯彻落实科学发展观，全面实施《中华人民共和国农业机械化促进法》，坚持走中国特色农业机械化道路，着力推进技术创新、组织创新和制度创新，着力促进农机、农艺、农业经营方式协调发展，着力加强农机社会化服务体系建设，着力提高农机工业创新能力和制造水平，进一步加大政策支持力度，促进农业机械化和农机工业又好又快发展。”把科学发展、法治发展、创新发展、协调发展统一起来，四个着力，促进“好”字当头的又好又快发展，使农业机械化发展指导思想达到一个新高度，对促进先进适用、技术成熟、安全可靠、节能环保、服务到位的农机装备广泛应用，大力推广增产增效、资源节约、环境友好型农业机械化技术提出了新要求，是理论指导实践的最新成果。

综上所述，以上成果凝结了几代农机人历尽艰辛、不懈探索实践和理论总结的智慧和心血，尤其是改革开放以来实践开拓和理论创新成果的集中体现。也是农机战线在党和政府领导下坚持解放思想，实事求是，与时俱进，在建设中国特色社会主义、走中国特色社会主义道路的农业机械化实践中，在中国特色社会主义理论指导下取得的最新成果。在实践开拓中初步走出了中国特色农业机械化发展道路，在理论建设中围绕主题初步回答了农机化领域三大基本问题，表明中国特色农业机械化理论体系初步形成。总之，改革开放以来我国农业机械化发展取得巨大成绩和进步的根本原因，就是已经探索出了中国特色农业机械化发展道路，逐步形成了中国特色农业机械化理论体系。尤其是《农业机械化促进法》施行和农机购置补贴政策实施以来，我国农业机械化发展成就更是前所未有，发展态势越来越好。理论与实践结合焕发出的强大生命力和创造力，将不断解决农机化发展进程中出现的新情况、新问题，使道路越走越宽广，越走越坚定，使理论在实践中不断丰富、健全完善，及时抓住发展中的重大问题作出新的理论概括，永葆理论创新的旺盛活力，继续推进我国农业机械化和农机工业在宽广的大道上，实现又好又快发展。

关于农业机械化本质论研究

（2012年1月7日）

农业机械化的起点是农业劳动资料的革命。如果以农业机器在农业生产中的应用为标志，世界农业机械化大约起始于19世纪末，迄今已有近120年历史。农业机械化的发展，对推进世界农业文明，保障社会生活和稳定做出了重大贡献。美国工程技术界评出20世纪对人类社会生活影响最大的20项工程技术成就中，第7项就是农业机械化。从两方面肯定了农业机械化的重大贡献：一是20世纪世界人口从16亿增加到60亿，如果没有农业机械化，很难养活这么多人口；二是从事农业的人口比重不断下降，农业生产能力不断增强，能支撑更多人从事其他重要工作，使创造的社会财富不断增多，生活质量不断提高，世界经济日益繁荣。人们对农业机械化的认识，也在发展实践中不断深化、提高。

在实践中，曾出现过高喊要实现农业机械化，但对具体要实现什么样的农业机械化还不大明白的情况，以致产生盲动性，出现失误。1980年1月30日，薄一波副总理在听取农业机械部汇报为什么“1980年基本上实现农业机械化”的口号不再提了的原因后，说了一句发人深省的话：“种种原因，主要原因是什么？我看这个主要原因，就是提出了农业机械化，但怎么就叫机械化，不知道。”这是应该深刻吸取的教训。从事或接触农业机械化的人，从理论指导和具体实践都需要对农业机械化有一个准确的定义。但对农业机械化的定义，在发展中从不同角度出现了多种表达，反映出对什么是农业机械化这一看似简单，确又很复杂的重要问题，存在着不同的认识。这是因为农业机械化内容的复杂性、多样性，各地的差异性，发展的艰巨性引起的，要想用几行文字全面、准确地描述它是很困难的。这些定义表述有的带有普遍性，反映人类劳动过程中农业机械化的共同本质，即自然的、不以各种社会形式为转移的一般规律，是人类社会生产发展中农业机械化的共有特征；有的带有专用性，即特殊性。是在特殊的时间、地点条件下对农业机械化定义作出的规定，如法律规定。分述如下：

本文收入中国农业大学中国农业机械化发展研究中心成立周年会上印发的“关于中国特色农业机械化理论体系研究”文稿中。

一、有关法律定义

2004年6月25日第十届全国人民代表大会常务委员会第十次会议通过，中华人民共和国主席令第16号公布，自2004年11月1日起施行的《中华人民共和国农业机械化促进法》第2条规定：

本法所称农业机械化，是指运用先进适用的农业机械装备农业，改善农业生产经营条件，不断提高农业的生产技术水平和经济效益、生态效益的过程。

本法所称农业机械，是指用于农业生产及其产品初加工等相关农事活动的机械、设备。

这是我国第一次在国家法律中，明文对农业机械化、农业机械的定义和范围进行原则性规定。这是依法促进农业机械化发展的法律依据和法治基础。在理论建设上，也是从中国国情出发，对什么是农业机械化作出的本质概括。既具有普遍性，符合一般规律，反映共同本质，又具有特殊性，是适用于当今中国的法律规定，比较科学、准确、可行，符合中国国情，反映特殊本质，具有专用性。

《中华人民共和国农业机械化促进法》把“农业机械化”的定义，概括为两个过程：一是用先进适用的农业机械装备农业，改善农业生产经营条件的过程；二是不断提高农业的生产技术水平和经济效益、生态效益的过程。对“农业机械”的定义，是按照《中华人民共和国农业法》中规定的“农业”定义（农业是指种植业、林业、畜牧业和渔业等产业，包括与其直接相关的产前、产中、产后服务），从大农业角度对农业机械的范围进行了界定，将用于农业生产及其产品初加工等相关农事活动的机械、设备统称为农业机械。其中，“农业生产”是指从事种植业、林业、畜牧业和渔业等产业的生产及与其直接相关的产前、产中、产后服务；“产品初加工”，主要是指农产品的产后处理，即对农产品进行诸如清理、分级、分离、混合、保鲜、干燥、包装等不致改变产品的物理性状的加工处理过程。法律中对相关用语进行定义，可以是自然科学上的含义，也可以是按照法律实施的需要，根据法律所调整的社会关系和调整范围作出的解释。由于农业机械的种类很多，用途广泛，其应用范围涉及农业的各个方面，包括农业生产及农产品产后处理等各个领域，各国的国情不同，法律规定也有所不同。

在日本，1953年8月27日制定，2002年12月4日修订的《日本农业机械化促进法》，第二条定义规定：

（1）本法所称的农机具，是指有效地进行耕耘整地、播种、施肥、田间管理、病虫害防治、畜禽饲养管理、收获、产品加工及其他农作业（包括和以上有联系的作业）所必需的机械和器具（包括附件和零件）。

（2）本法所称的农业机械化，是指通过有效地引进利用动力或畜力的优良农机具，而使得农业生产技术高度发展。

(3)本法所称的高性能农业机械，是指能显著地提高农业作业效率或减轻从业者的劳动强度，从而有效地改善农业经营的农业机械。

在韩国，1970年1月12日颁布，1996年8月8日修订的《韩国农业机械化促进法》，第二条定义规定：

（1）本法所称农业机械，是指农林畜产品的生产及产后处理作业、生产设施的环境控制及自动化中使用的机械设备及其附属机械资料。

（2）本法所称农业机械化事业，是指通过农业机械的研究、开发、生产、普及、技术培训、安全管理等，谋求提高农业生产的积极发展并改善农业结构及经营管理。

从上述诸例可以看出，各国法律对农业机械、农业机械化的定义表述都有所不同，这是因为各国国情不同。但有共同之处是指农业机械化是用农业机械装备农业的过程，是农业技术进步和提高效益的过程。这些共同点，反映出农业机械化不以各种社会形式为转移的共同本质。

二、有关理论表述

见诸于词典、教材、论文、报告中关于“农业机械化”的定义或表述很多，虽不尽相同，但也确有大同小异之处。举例如下：

- 农业机械化　在农业中以机器代替手工工具、以机械动力和电力代替人力和畜力进行生产。
  （《辞海》经济分册　第335页　上海辞书出版社　1980年12月版）
- 农业机械化　农业中广泛应用机器设备以代替手工工具和畜力农具。
  （《经济大辞典》农业经济卷　第14页　上海辞书出版社　农业出版社　1983年12月版）
- 农业机械化可以定义为用机器逐步代替人、畜力进行农业生产的技术改造和经济发展的过程。
  （《农业机械化工程》第4页　余友泰主编　中国展望出版社　1987年7月版）
- 农机机械化是农业现代化的重要组成部分。其根本任务是用各种动力和配套农机具装备农业，从事农业生产，以实现农业生产工具的现代化。
  （《中国农业百科全书》农业机械化卷　第1页　中国农业出版社　1992年9月版）

可以看出，各种表述虽有不同，但共同之处是都强调了农业机械化是用机器进行农业生产。这就指明了在人类各种劳动生产方式中，农业机械化是劳动者用农业机器进行农业生产的劳动过程。不同之中的共同点，就是农业机械化不以任何社会形式为转移的基本本质。马克思指出，“各种经济时代的区别，不在于生产什么，而在于怎样生产，用什么劳动资料生产。劳动资料不仅是人类劳动力发展的测量器，而且是劳动借以进行的社会关系的指示器”[1]。农业机械化与其他生产方式的区别，就在于是用农业机器进行生产。

[1] 马克思：《资本论》第一卷第204页，人民出版社，1975年6月第1版

用农业机器代替传统人畜力手工农具，是把现代工业文明的成果引入农业，农业机器把巨大的自然力和自然科学并入农业生产过程，以自然力来代替人力，以自觉应用科学技术来代替从经验中得出的成规，反映出它的技术基础的先进性和革命性，必然大大提高农业劳动生产率，推进农业和农村经济社会向现代化发展。由此，我们可以对 2007 年中央一号文件提出“发展现代农业是社会主义新农村建设的首要任务，是以科学发展观统领农村工作的必然要求”，推进现代化农业建设，符合当今世界农业发展的一般规律，把“要用现代物质条件装备农业”，列为“六用”[2]之首；对毛泽东把“在一切能够使用机器操作的部门和地方，统统使用机器操作”，作为使社会经济面貌全部改观的重要条件，提出“农业的根本出路在于机械化”等论述，有更深刻的领会和认识。农业生产方式的变革，在现代农业发展中以劳动资料的变革为起点，农业机械是发展现代农业的物质技术基础，是现代农业革命的起点。农业机械化是劳动者用农业机器进行农业生产的劳动过程，是不断改善农业生产经营条件，不断提高农业生产技术水平、提高农业生产能力和经济效益、生态效益的过程，是农业现代化的重要内容和标志。这就是农业机械化的本质论。正确把握本质，运行起来就会得心应手，驰骋自如，海阔天空。

附：相关链接

马克思把机器的产生应用作为工业革命的起点，即“大工业的起点是劳动资料的革命”。指出“所有发达的机器都由三个本质不同的部分组成：发动机、传动机构、工具或工作机”（马克思：《资本论》第一卷第 410 页、第 413 页、第 432 页）。那么，现代农业革命的起点是农业机器在农业生产中的应用。在由使用人畜力手工农具生产的传统农业向使用农业机器生产的农业机械化变革的发展进程中，还经历过一个半机械化发展阶段。半机械化指已经创造出了比传统手工作业农具较复杂的作业机械，但还没有机器，又称为近代畜力农具。即作业机还没有机械动力，主要动力仍然是人、畜力。世界农业半机械化的起始时期大约在 19 世纪二三十年代。机械化指已经创造出了机器（有发动机、传动机构和作业机），用机器进行生产。世界农业机械化大约起始于 19 世纪末。

[2] 六用：《中共中央国务院关于积极发展现代农业扎实推进社会主义新农村建设的若干意见》中提出，“要用现代物质条件装备农业，用现代科学技术改造农业，用现代产业体系提升农业，用现代经管形式推进农业，用现代发展理念引领农业，用培养新型农民发展农业，提高农业水利化、机械化和信息化水平，提高土地产出率、资源利用率和农业劳动生产率，提高农业素质、效益和竞争力。”

区域发展研究

新阶段宁波农机化发展要开创新局面

（2008年3月29日）

通过这几天到余姚、慈溪等地的调研和昨天下午听了余姚、慈溪、奉化三个市的农机化工作介绍，听了李强局长的工作报告和部农机化司、省农机局、宁波市领导的讲话，从各个方面都感到宁波市农机化工作很有成绩，有亮点，有活力，正在发生很重要、很深刻的变化，正进入一个新的发展阶段。研究和推进宁波农机化的新发展，不仅对宁波，而且对全国都有重要意义。因此，借此机会谈谈对宁波农机化发展的一些思考和认识。

首先，要谈谈新阶段的重要标志。

为什么说宁波农机化发展正进入一个新的阶段呢？有两个重要标志：一是农机化发展的指导思想和发展实践已经达到一个新高度。就是用科学发展观统领农机化发展全局，讲求全面协调可持续、又好又快地科学发展。当前，农机系统认真贯彻落实科学发展观，在工业化、城镇化快速发展的进程中，牢牢绷紧了巩固加强现代农业基础这根弦。在认识上，把发展现代农业作为社会主义新农村建设的首要任务，是以科学发展观统领农村工作的必然要求。中央文件提出了“六个用”，即要用现代物质条件装备农业，用现代科学技术改造农业，用现代产业体系提升农业，用现代经营形式推进农业，用现代发展理念引领农业，用培养新型农民发展农业，根本转变农业生产方式，努力提高农业机械化水平，提高土地产出率、资源利用率和农业劳动生产率，提高农业的素质、效益和竞争力，这些观念和思想已经成为农业发展的新理念和共识。在实践上，农机化发展已经纳入统筹城乡协调发展的轨道。宁波的农机化发展已经进入统筹兼顾，奋力推进水稻生产全程机械化与开拓优势农产品特色产业农机化相结合，积极开发现代农业多种功能的新时期，农机化发展在量的增加，质的提高，速度加快，规模扩大，范围拓宽，效益提高等方面，都进入了一个前所未有的新的发展阶段，在农业发展中减员增效，节约环保已经成为新农村建设和现代农业发展的新格局和主旋律。

二是农机化发展环境已进入工业反哺农业，力度不断加大和依法促进的发展新时期。国家已经颁布实施了《农业机械化促进法》，省市也出台了相关的农机化法规和文件来促进农机化发展，国家实行了工业反哺农业、城市支持农村的方针，由过去对农业多取少予，以农业积累支持工业和城市化发展，转变为新的阶段对农业多予少取放活，这是一个根本性的转变。对农业机械购置

本文为作者应邀在宁波市农机化工作会议上所作的专题报告（2008年3月29日上午 宁波）。李强局长主持会议并给予高度评价。

补贴的支持力度连续五年翻番增加，2004年中央财政拨款7 000万元，今年达到40亿元，为2004年的57倍。从宁波市来讲，经济社会发展与农机化发展的结合也达到一个新高度，可以说机遇前所未有，挑战也前所未有，机遇大于挑战，是农机人可以大有作为的战略机遇期。据测算，我国农机化发展的战略机遇期大致在21世纪初到20年代中叶，也就是从初级阶段发展到中级阶段，基本实现农业机械化，完成中级阶段的历史使命。这一发展时期，又称为我国农机化发展的黄金时期，大约要20年。在座的各位领导正好遇上了这千载难逢的好机遇，你们是推进我国基本实现农业机械化的第一线领导者、实践者和见证人，是历史的幸运儿，一定要珍惜机遇，抓住机遇，加倍努力做好农机化工作，作出应有的贡献。宁波农机化发展环境的一个重要指标是2007年人均GDP已超过8 000美元，低于上海，高于北京，远高于全国2 650美元的平均水平。从而看到宁波经济发展居全国前列。宁波统筹城乡发展，处理工业化、城镇化与农业现代化协调发展中所遇到的情况和要解决的问题，是在人均GDP达到8 000美元以上，向1万美元以上进军的发展阶段，是在这个新起点上如何发展农机化的新问题。这是宁波以前没有遇到，也是全国多数省市还没有遇到，甚至还没有去想的问题，宁波遇到了，并要努力去解决。所以说新阶段宁波农机化工作是“两个前所未有”的发展新时期。要解决好如何又好又快地发展农机化的新问题，不仅对宁波市深入贯彻落实科学发展观，夺取全面建设小康社会新胜利具有重大意义，在全国的农机化发展全局中也会起开拓进取的先锋作用，任务十分光荣和艰巨。我们必须要认清形势，以高度的历史责任感、紧迫感和清醒的忧患意识，抓住机遇、用好机遇，面对挑战，求真务实，迎难而上，在机遇和挑战中取得新的突破和成功，又好又快地完成新阶段宁波农机化发展的历史使命。

第二，在新阶段，发展要有新思路，新举措，开创新局面要抓好着力点。

在新的起点上面对新形势新要求，我们必须把握发展的脉搏，认识和自觉遵循发展变化的规律，从实际出发，抓好开创农机化新局面的着力点。由于各地的条件和特点不同，发展农业机械化的着力点也会有所不同，必须按照因地制宜、经济有效、保障安全、保护环境的原则，有重点、有步骤地积极推进。一方面要看到宁波农机化三个较明显的优势：经济优势、发展优势、组织优势。有经济优势，宁波的经济发展水平在全国居于前列，财政收入比较高，所以反哺农业、发展现代农业、推进农机化的能力就更强；用机械与用人力相比较，用机械有优势。宁波劳动力比较缺，比较贵，用机械代替人力的需求很迫切，机械作业收费比经济欠发达地区高，但农民用得起，政府还给农机作业补贴，比投入劳动力合算，农民和农机服务组织都有利、都高兴；宁波农机化发展水平在全省领先，有发展优势。水稻生产机械化、特色农业机械化和农机服务合作组织已经兴起并有一定规模，农机培训与农民转移职业技能培训相结合也有一定的基础，积累了宝贵的经验；宁波农机还有明显的组织优势，执政能力和管理能力较强，宁波农机系统与公安系统合作配合也很好，这些都为农机化发展提供了有力的组织保障。

另一方面，在看到成绩和优势的同时，还要清醒地看到问题、差距和制约。宁波的经济发展水平属全国前列，但农机化水平与经济发展水平还不相适应，是“短腿”；在国民经济发展中，现代农业发展还不太适应工业化、城镇化发展的要求，还较滞后，急需加强现代农业基础。水稻机械栽植是制约水稻生产全程机械化的主要环节。主要矛盾是水稻栽植及优势农产品生产迫切需要的农业机械、技术装备还不能满足需要，技术装备供给不足矛盾突出。面对困难和矛盾，必须迎难而上，勇于探索解决问题的方法，抓好开创新局面的着力点。为此，提几点建议。

一是要有一种精神。面对前所未有的机遇和挑战，要高举中国特色社会主义伟大旗帜，走好宁波特色农机化发展道路，奋勇向前，勇于开拓，敢为人先。余姚市月飞兔业养殖是宁波市标准化、机械化养殖示范基地，领头人谢月飞是一个女豪杰。那里有一句很醒目的标语：给全世界一点颜色看看。宁波农机化发展要有这种放眼世界，开拓进取，干出特色，敢为人先的精神，发挥好经济发达地区统筹城乡协调发展，积极发展现代农业的开路先锋作用。

二是在加大投入的同时，要着力在用好投入、提高农机化水平和效益上下工夫。要努力提高投入效益，要一举多效，要与国民经济发展相适应。对宁波来说，标准要提高、范围要扩大、投入要增加，着力点首先要把主攻水稻生产机械化作为重中之重不动摇，同时积极推进优势农产品特色产业农机化发展。在地方财政实力较强的条件下，地方财政对农机化投入的引导性可以更强。一方面要与中央财政投入重点配套好，另一方面可有条件、有重点地加大地方特色农机化投入，既加强粮食生产机械化基础，又发挥地方优势，突出特色，加大引导性投入力度，提高财政投入效益，促进农业增效、农民增收和经济全面协调可持续发展。

三是合力攻关，突破瓶颈，加快推进水稻生产全程机械化。今年中央一号文件强调“粮食安全的警钟要始终长鸣”，要“加快推进粮食作物生产全程机械化”，温家宝总理在政府工作报告中提出今年推进社会主义新农村建设突出要抓的三件事的第一件事就是大力发展粮食生产，保障农产品供给。在国家加大农机购置补贴力度，加快推进粮食作物生产全程机械化的新形势下，要以改革创新精神，立足增强自主创新能力推动发展，采取产学研推管结合，农机与农艺结合，优势互补，互促共进的综合措施，先在已建和新建的农业机械化示范点上进行试验突破，取得成功经验和示范效果后，进而在面上积极推广，奋力突破“瓶颈”制约，加快推进水稻生产全程机械化进程。

四是统筹兼顾，积极开拓各地特色优势农产品生产机械化。宁波农业资源很丰富，除水稻外，还有许多各具特色的优势农产品，农业机械化的发展领域十分广阔。中央一号文件在强调“加快推进粮食作物生产全程机械化”的同时，提出要“稳步发展经济作物和养殖业机械化”。这是新阶段、新起点对农业机械化发展的新要求，是农业机械化促进农业发展、农民增收进行结构优化、领域拓宽的战略性调整，是农机系统认真贯彻落实科学发展观，用统筹兼顾的根本方法，在新高度实现全面协调可持续发展要求的新举措。宁波应根据本地农业资源特色，因地制宜开拓发展具有比较优势和地方特色的优势农产品生产机械化，把水稻生产全程机械化攻坚与优势农产品生产机械化开拓结合起来，为促进地方经济发展，农业增效、农民增收做出新贡献。宁波市农机局在这方面已经做了大量工作，编制了《宁波市“十一五”重大科技专项现代工程农业技术及产业化科技专项实施方案》，提出了粮食生产、设施农业、畜禽、水产健康养殖、农业机械与加工设备等四大领域九项需突破的关键技术，工作很及时、很主动。建议在实施时要分析难易程度和条件成熟程度，条件成熟的可先行集中突破，取得实效，积极推进。在攻关时要引进消化吸收与自主研发创新相结合，努力增强自主创新能力。鼓励创新可从青少年抓起，设立青少年创新奖。在重点学校试点，鼓励师生深入农业调研，开发创新资源，积极做出贡献。

五是加强农机服务体系建设，推进农机化服务上新台阶。要创新农机服务模式，提高农机服务组织化程度；提高服务能力和质量，扩大服务领域，创造农机服务品牌；要健全农机服务市场，完善服务体系，推进农机作业、流通、维修、信息等服务市场综合配套发展，推进农机服务产业化进程，使农机服务更加经济有效。

六是加强职业技能培训，发挥人机综合协调发展优势，人才优先是一个战略任务，一定要抓紧抓好。一方面抓好农机专业技术培训，为建设现代农业培养造就有文化，能操作使用现代农业技术装备，会经营的新型农民，使他们成为农村发展先进生产力的优秀代表和靠先进装备技术勤劳致富的带头人；另一方面要充分发挥农机系统现有培训基地、师资力量、设备条件和培训经验等优势，为农民向非农产业转移进行职业技能培训，培养输送有一定科技文化素质和技能的劳动生力军，使发展现代农业与发展二、三产业协调、城乡发展协调。新阶段农业机械化发展是一个增机育人、转人的人机运动变化过程，要通过培训充分发挥人机综合协调发展的优势，推进现代化进程。

七是要发展开放型农机化。要“引进来、走出去”结合，统筹国内发展和对外开放，充分利用国内国外两种资源、两个市场，努力形成经济全球化条件下参与国内外经济合作和竞争的新优势，以改革开放促发展，在深化改革、扩大开放中开创宁波农业机械化发展的新局面。

最后，祝宁波农机化发展为宁波、为全国推进农业现代化进程做出新的更大贡献！祝你们成功！

写给山东省贾万志副省长的一封信

（2009 年 2 月 22 日）

尊敬的贾副省长：您好！

写此信一是感谢，二是建议。首先，感谢您为《玉米收获机械化在山东的创新与发展》一书作序，感谢您对农业机械化事业的关心支持。

山东省农业机械化发展走在全国前列。尤其在我国玉米收获机械化的历史舞台上，山东承担起率先突破和带动全国的双重任务，扮演了先锋队和领头羊的角色，创造了推进玉米机收的山东速度，成为我国玉米机收最耀眼的明星。如今，山东省玉米机收水平已比全国平均水平高出二十多个百分点，并正向新的高度迈进。山东的创新与发展，对全国推进粮食作物生产全程机械化进程中突破玉米机收环节的“瓶颈”制约提供了宝贵经验，对加快发展做出了积极贡献。

在国际金融危机的冲击和负面影响日益加深的新形势下，2009 年可能是巩固发展农业农村好形势极为艰巨的一年，也是继续保持农业机械化良好发展局面考验最为严峻的一年。做好今年加快推进农业机械化的工作，为国家粮食安全和主要农产品有效供给、为农民增收提供农业机械化的有力支撑和保障，具有特殊重要的意义。为此，结合学习领会党的十七届三中全会《决定》和今年中央一号文件精神，深入贯彻落实科学发展观，对巩固发展山东省农业机械化的好形势提四点建议：

一、发挥优势，努力推进玉米收获机械化达到新高度

力争 2009 年山东省玉米机收水平达到 45%以上的新高度，用提前一年实现“十一五”发展目标的实际行动，作为山东农机战线向新中国成立 60 周年的一份献礼。今年达到 45%，也为 2010 年成为我国“十一五”期间玉米机收水平首次超过 50%的第一省奠定良好基础。实现这一预期要求，就实现了山东玉米机收水平连续三年提高幅度大于 9%，这就是我国农业现代化进程中了不起的山东速度。这不是轻而易举能做到的事情，千万不能掉以轻心。必须有高度的责任心、事业心、紧迫感，有动力、有热情、有压力，做好深入动员、统筹安排部署，精心组织，精心运作，扎实操作等各方面的工作，从组织、资金、技术、服务、培训等各个方面，全力确保这项艰巨的任务胜利完成，取得圆满成功。

二、统筹兼顾，开创粮食生产机械化与优势农产品生产机械化协调发展的新局面

山东是农业大省，农业资源和农产品相当丰富。耕地面积、农作物总播种面积都居全国第三位，蔬菜面积全国第一。粮食、棉花、花生、梨、禽蛋、山羊、牛肉产量全国第二，苹果、海水产品产量全国第一，羊肉、葡萄产量全国第三，猪肉、牛奶产量全国第四。第一产业增加值全国第一。山东也是农机大省。农业机械总动力、农业机械原值、农机化作业服务组织及服务人员、大中型拖拉机配套农具、农用排灌动力机械、稻麦联合收获机、玉米联合收获机、温室拥有量都居全国第一，大中型拖拉机、播种机拥有量全国第二，小型拖拉机及其配套农具全国第三，耕种收综合机械化水平已超过60%，比全国平均水平高，进入农业机械化发展中级阶段的时间比全国为早。但与相邻的江苏省比较还有较大差距。2007年，江苏省耕种收综合机械化水平比山东高5个百分点，第一产业劳动生产率约为山东1.5倍，农民人均纯收入比山东高1 576元。山东农业资源综合开发利用的空间和潜力还较大，极需要农机化提供强有力的支持。2009 年，要抓住农机购置补贴力度空前加大的机遇，在用现代物质技术条件装备农业，积极发展现代农业，促进农业增效、农民增收方面取得新进展。要认真贯彻落实科学发展观，用统筹兼顾的根本方法，在加快推进粮食生产全程机械化，确保粮食生产机械化上好新台阶的同时，积极为推进农业结构战略性调整，实施新一轮优势农产品区域布局规划，发展有各地特色的优势农产品生产提供农机化支持，促进区域经济发展和农民增收。做到统筹全局，因地制宜，中央财政与地方财政结合、互补，政府引导性投入与市场机制结合，办一些过去由于资金不足想办、该办而未能办的大事，使财政投入起“四两拨千斤”的作用，特别要着眼解决好农民最关心、农业生产需求最迫切、最现实的农机化关键问题，使强农惠农、积极发展现代农业的好政策落到实处，见到实效。把发展优势农产品生产机械化作为新增长点和新亮点，努力开创粮食生产机械化与优势农产品生产机械化协调互动发展的新局面，是新阶段农业机械化保安全、促增收的战略任务，必须实现新的突破和新的跨越。

三、加大引导支持力度，促进山东农机工业做强做大

山东农机工业已有一定基础和特色，已经初步形成产业集群，涌现出一些全国知名、在业界很有影响的农机企业，并已迈出国际化步伐，开始走向世界，在全国各省中具有一定优势。新形势下要加大引导支持力度，进一步发挥优势，努力把扩大内需与开拓国际市场结合起来，促进产业结构和产品优化升级，提高农机产品满足国内发展需求的有效供给能力和国际竞争力。为发展现代农业提供先进适用、性能可靠、价格合理、服务到位的农机产品。要培育创新主体，搭建创

新平台，坚持产学研推结合，支持引导在竞争中形成的、集研发、设计、制造于一体、有一定规模、竞争力强的农机骨干企业做强做大，支持富有活力和竞争力的“专、精、特”中小企业发展，加强品牌建设和企业文化建设，坚持创新发展和诚信发展，为振兴农机工业、发展现代农业做出更大贡献！

四、认真总结经验，加大宣传力度，促进农业机械化又好又快发展

山东农机化工作在总结经验、宣传推广方面卓有成效，是全国各省中的佼佼者。要继续发挥优势，做好调查研究、总结、宣传促发展的工作。当前，结合贯彻落实科学发展观学习实践活动，建议认真总结山东省率先实现粮食生产全程机械化的淄博市、东营市的发展经验，这两个市也是全国率先实现玉米生产全程机械化的市。认真调查研究，总结先行市的经验，既有典型意义，又有全局意义。希望能抓紧抓好。

以上建议，仅供参考。它表达了农机化战线的一个老兵对山东农机化率先发展的深情厚谊和殷切希望。不当之处，请批评指正。

中国农业机械学会农机化分会名誉主任委员
中国农业大学教授、博士生导师

2009 年 2 月 22 日

相关链接 1：

山东省农机管理办公室 2009 年 4 月 7 日来信：

白教授：

您好！

贾万志副省长接到您的来信后，非常重视，专门作出重要批示，指出："白教授对山东农机化发展给予了很多的指导和帮助。信中所提建议，请省发改委、农机办参阅。"根据贾副省长的批示精神和您的建议，我们专门组织有关处站进行认真分析研究，提出了进一步加快推进我省农机化发展的对策措施。

相关链接 2：

山东省农业机械管理办公室 2009 年 5 月 6 日发鲁农机综字[2009]6 号文

关于贯彻落实贾万志副省长重要批示精神的通知

各市农机局（办）：

最近，中国农业大学白人朴教授就山东农机化的发展问题，专门致信省政府贾万志副省长，提出了加快推进玉米收获机械化、促进农机化协调发展、做强做大山东农机工业、加大农机化总结宣传力度等四个方面的建议。贾万志副省长对此作出专门批示，要求省发改委、农机办等有关部门提出加快农机化发展的意见。根据贾万志副省长的批示要求和白人朴教授的建议，我们研究提出了《关于加快推进我省农机化发展的报告》，送呈贾万志副省长。贾副省长又在《报告》上作出重要批示，既对全省农机化发展取得的成就给予了充分肯定，又对全省农机化发展的重点、目标提出了具体要求。现将贾万志副省长的重要批示和贯彻落实贾万志副省长重要批示精神的要求印发给你们。

交好两份答卷　做出新的贡献

（2009 年 3 月 30 日）

在全国“两会”胜利闭幕之后，广东省及时召开全省农业机械化工作会议，联系广东实际，认真贯彻落实中央精神，对于做好广东农机化工作，具有重要意义。祝会议取得圆满成功！

这次应邀来参加会议，一是一次学习的机会。借此机会多了解一些广东农机化发展的进展、成就及发展的新思路，新举措，了解广东加快推进农机化对率先实现现代化的重要贡献。刚才谢厅长的重要讲话，对全省农业机械化工作进行了全面总结和安排部署，是一个很好的推动广东省农业机械化科学发展的报告，我深信一定会鼓励大家认真贯彻执行，取得巨大成效。祝广东成功！二是看看广东农机战线的朋友们，有多年友谊的老朋友，也结识新朋友，我们都在同唱一首歌，共同促进农业机械化。因此，今天我要讲的不是辅导报告，而是我对今明两年广东农机化工作的一些思考和建议，与大家交流，仅供参考。刚才听了谢厅长的讲话后，我觉得在某种程度上是从一个层面对谢厅长讲话的一点补充，我们是心心相印，不谋而合，想到一起去了。

今明两年，是广东省农业机械化发展进程中的关键年，广东农机化加快大发展的条件和时机日益成熟了。同时也是广东农机战线的大考年，在机遇与挑战，困难与希望面前，面临着两场考试，要交好两份答卷。

今年，是新中国成立 60 周年，全国人大会议发出号召，要以优异的成绩迎接新中国成立 60 周年，这是全国人民的共同呼声和愿望。今年农机购置补贴力度空前加大，中央把加大农机购置补贴，作为扩大内需保增长，调整结构上水平，改善民生促和谐的重大举措之一，表明了中央对农业机械化发展形势的判断，对加快推进农业机械化、积极发展现代农业的决心和厚望。农机战线的责任，就是决不辜负中央和人民的期望，把补贴资金用好用活，使财政投入效果最大化，以优异的成绩而不是一般的成绩来向新中国成立 60 周年献厚礼！对广东来说，实现谢厅长在讲话中提出的广东今年耕种收综合机械化水平由去年的 39.3%提高到 43%以上，迈进农业机械化中级阶段的行列，就是取得了具有历史意义的标志性成就。按农业部发布的我国农业机械化发展阶段划分标准，评判农业机械化发展处于中级阶段有两个指标：一是耕种收综合机械化水平为 40%～70%；二是农业劳动力占全社会从业人员的比例为 20%～40%。广东省农业劳动力占全社会从业人员比重 2001 年已小于 40%，2007 年已小于 30%，即，2001 年这个指标已符合农业机械化中级

本文为作者在广东省农业机械化工作会议上的讲话（2009 年 3 月 30 日　广州）。

阶段标准，目前已小于30%，正由中级阶段向高级阶段迈进。耕种收综合机械化水平与全国平均水平的差距已呈现出缩小的趋势，2008 年达到 39.3%，2009 年跨越 40%，迈进中级阶段铁定无疑。关键是要达到43%以上，加快推进的速度要比上年提高4个百分点，这有一定难度，但经过努力是可以实现的。“瓶颈”环节是机插秧，必须从技术上和组织作业服务上合力攻坚，取得突破性进展。可以预期，经过努力这个目标一定要实现，一定能够实现。希望同志们要高标准严要求，精心谋划，精心组织，扎实工作，奋发有为，取得成功！要创造无愧于历史的新业绩，迎接新中国成立60周年，这是广东农机战线今年必须交好的一份答卷！

明年，2010年是广东省人大通过的《扶持农业机械化发展议案》（以下简称《议案》）实施总结验收年，也是全省完成广东省“十一五”农业机械化发展规划预期目标的关键年。广东《议案》敢为人先，是全国第一个由省人大通过的扶持农业机械化发展的议案，当时在全国农机界引起了轰动效应。在中央财政对全国农机购置投入只有 7 000 多万元时，广东省人大就率先通过了扶持农业机械化发展的议案，由省政府落实组织实施，省财政8年安排7亿元资金支持农机化发展。这是很有远见、很有魄力的。各省都非常羡慕，也引起农业部高度重视。农机化司司长很快来广东视察农机化工作。此后，农业部对广东农机化的支持力度也逐年增大了。从农业机械化统计年报可以看出，2003年中央对广东农机购置的投入为0，2004年为60万元，2008年达到1亿元，2009年超过2亿元。支持力度是大大加强了。2004年6月25日全国人大通过《中华人民共和国农业机械化促进法》，11月1日开始施行那天，在人民大会堂召开了座谈会，乌云其木格副委员长出席并讲了话。在会上我向乌云其木格副委员长汇报说，人大通过扶持农业机械化发展议案的第一个省是广东，副委员长很重视、很关注。自从 2004 年中央实施农机具购置补贴政策以来，连续6年补贴力度年年加大，补贴范围已覆盖全国所有农牧业县（场）。近几年中央一号文件都把“加快推进农业机械化”列为重要内容，字数越来越多，内容越来越丰富、细致。今年年初中央财政安排农机具购置补贴资金 100 亿元，财政部、农业部联合下发了实施文件，分配指标也及时下达到各省、市、自治区，资金到位也比往年快，大家都非常激动和高兴，各地正积极落实实施。3 月，更大的喜讯又通过温总理的政府工作报告传来，宣布今年中央财政拟安排农机具购置补贴资金 130 亿元。比 100 亿元又增加了 30 亿元，比上年增加90 亿元。这样大幅度增加农机具购置补贴是历史上前所未有的。引起全国和国际关注。这是我国应对国际金融危机影响，宏观调控采取的快、重、准、实的重大举措之一。农机界既感到激动振奋，又深感压力很大，责任重大。广东省人大通过《议案》扶持农机化发展比全国先行一步，现在全国加快推进农业机械化已形成气候。说明加快推进农机化，提高农业综合生产能力，积极发展现代农业，对统筹城乡经济社会发展全局，对保增长，扩内需，促增收，重民生非常重要。在新形势下，广东《议案》的先行优势能否继续保持，《议案》的实施效果更加受人关注。在三年调整打基础的基础上，五年加速大发展已进行了三年，今明两年是加速大发展的关键年、冲刺年。我们一定要奋力拼搏，拿出最好的成绩来向党、人大、政府，向人民汇报，交出让党和人民满意的答卷。

这些年来，广东农机化工作取得了很大成绩，《议案》实施已取得重大成果，出现了不少亮点，农机化在广东省经济社会发展中做出的贡献越来越大，农机人的士气和战斗力也越来越高，成绩举世公认。我们要充分肯定成绩，认真总结经验，进一步推进广东农机化又好又快发展。也要看到在前进中还存在的一些不足和问题，尤其在广东发展已处于转型期，追求实现新的跨越时，更有一些新情况、新问题需要我们去面对，去解决。在新形势下，我们还要总结“十一五”规划执行情况，做好“十二五”发展规划。因此，在最后冲刺的关键年，我们要总结规划和实践推进两手抓，两手都要硬。在总结时要三比：与过去比，看到成绩，看到进步，坚定信心，继续前进；与先进的兄弟省市比，与中央和省委、政府的要求比，要看到不足，看到差距，增强百尺竿头，更进一步的勇气和决心。以更高的要求，更高的标准筹划广东农机化未来的发展。所以，要把《议案》实施总结与总结“十一五”农机化规划执行完成情况结合起来，与做好“十二五”农机化发展规划结合起来。

广东《议案》实施有丰硕成果，实践总结也有基础。在这些年的工作报告、会议文件、研讨会交流材料、调研报告、《现代农业装备》杂志、电视纪录片等资料中，都有《议案》总结所需要的文字、图片、影像资料，从现在起就应组织专门班子，统筹安排分工进行资料搜集整理。由于广东省情的复杂性、特殊性，对广东农业机械化发展问题，在认识上从不同角度也有不同意见，但在实践中认识逐渐趋于一致。广东的农机化实践已逐步探索出有广东特色的农业机械化发展道路。《议案》实施方案提出“水稻上台阶，特色创一流；完善三大体系，建设四大工程；珠江三角洲率先，两翼、山区跃进；三年调整打基础，五年加速大发展。”的总体思路，在实践中经受了检验，得到大家认可，已经取得明显成效。

对广东来说，水稻生产机械化是保证粮食安全的重要物质技术支撑。水稻是广东农业的重要基础，水稻面积占广东粮食作物面积的77%，稻谷产量占粮食产量的81.4%；广东也是全国前10名水稻大省之一，目前居第9位，稻谷面积占全国稻谷面积6.7%。所以广东的水稻生产，在广东、在全国都有重要地位，水稻生产机械化是广东农业机械化发展的重要基础，水稻生产机械化还较落后的现状，与广东经济大省的地位是不相称的，必须上台阶。上台阶从发展进程来说是一步一个脚印，步步登高。目前最大的制约是“瓶颈”环节机插秧，必须奋力攻关，结束面朝黄土背朝天，“三弯腰”的农作时代。已经实现水稻生产全程机械化的江苏武进农机人说：“机插秧根本改变了‘三弯腰’农作方式，中国农民真正站立起来了！”广东省农业厅已经把推进水稻机插秧列为当前和今后一个时期全省农机化工作重中之重，采取了插秧机单机补贴比例提高到机具价格的60%的措施，抓好9个农业部水稻育插秧机械化示范县建设和全省建设20个水稻机插秧示范县工作，加强培训宣传等重大举措，对示范县实行动态管理和竞争性资金分配，择优扶强扶大。目标任务明确，措施得力，狠抓落实，现在又出现了稻谷产业化龙头企业，水稻生产机械化发展态势良好，盛况空前。对水稻生产全程机械化的进展要有点有面地进行总结，推进深入发展。

特色创一流是因为广东农业富有特色。在市场竞争中要发挥比较优势，必须创一流。广东农业资源很丰富，有多样化特征。除稻谷外，甘蔗面积全国第三，花生、蔬菜面积都居全国第四，薯类面积全国第七，果园面积全国第二，其中香蕉全国第一，柑橘全国第二，茶园面积全国第八，猪肉产量全国第六，海水产品全国第三，淡水产品全国第二。广东具有园艺作物、经济作物、畜禽水产等特色优势农产品，特色农业机械化是发挥优势，调结构、促增收的关键举措。特色农业往往有明显的区域特色，是各地区的经济支柱。发展特色农业也就是发展创汇农业，与发展区域经济和农民增收是紧密联系在一起的，因此备受关注。在经济社会发展新阶段，农业除粮食安全、食品保障功能外，还具有其它的多种功能日益凸现。要以市场需求为导向、科技创新为手段、质量效益为目标，构建现代农业产业体系。为实施优势农产品区域布局规划提供农机化物质技术支撑，引导生产、加工、流通、储运设施建设向优势产区聚集。推进蔬菜、水果、茶叶、花卉等园艺产品集约化、设施化生产，支持规模化饲养，推进畜禽水产健康养殖。因地制宜发展特色产业和乡村旅游、观光休闲业。以广东在全国的地位和条件，特色农业机械化必须在全国创一流，开发多功能农业，健全发展现代农业的产业体系应当在全国领先。农业机械化为广东特色产业发展提供物质技术支撑和保障，发挥优势，突出特色，是广东农业机械化发展的新增长点，也是广东农业具有核心竞争力和增创农业新优势的重要内容。应当明确，所谓一流是动态的、与时俱进的，是不断提升的。对广东来说，特色创一流体现在哪些方面？有哪些亮点？要认真全面总结。大家知道，发展特色农业需要的机械，有些是国内还没有，国外也没有，必须靠自主创新来解决，“拿来主义”是行不通的。发展特色农业机械化是非常艰巨又很光荣的任务。广东在这方面已经付出了巨大的努力，取得了可喜的成绩。广东香蕉的索道运输、清洗、消毒自动化生产线，水果智能分级、低压微喷、滴灌、渗灌等节水灌溉技术、智能化养猪、水产养殖的深层增氧等技术装备，就是特色创一流的重要成果。这些技术装备先进适用，在增产增效中发挥了很大作用。水稻上台阶，特色创一流要用统筹兼顾的根本方法去协调发展，二者不是对立的，而是互补的，要相辅相成，互促共进。要建设好具有广东特色的稻谷产业机械化工程、园艺产业机械化工程、经济作物机械化工程、畜禽水产养殖机械化工程等四大工程体系。真正形成农业机械化促进农业产业化，农业产业化带动农业机械化的增产、增效、增收发展格局。四大工程建设，把广东农机化的特色和效果，区域特色，地区重点，创新精神和创新成果都体现出来了，虽然还是初显成效，但已可见星光灿烂。

完善三大体系，农机社会化服务体系，农机化科研推广体系，农机化管理体系取得了重要进展，尤其广东农机科研、推广、鉴定等基础设施建设，这些年已大大加强，在全国也是佼佼者。广东在农机化宣传和人员培训方面也做了很多工作，很有成绩。

总之，广东实施《议案》以来，农机化工作的各个方面都有很大进展，取得了很大成绩。现在是应开始进行全面梳理，系统总结的时候了。到明年要进行系列宣传，全面总结汇报。在进行《议案》实施总结和“十一五”规划执行完成情况总结的基础上，还有一件重要工作，是站在更高层次、更高起点上，制定具有时代特色、更高水平的广东省“十二五”农业机械化发展规划，承前启后，继往开来，开创新局面，再创新辉煌。这方面工作全国已开始准备、启动，广东也应抓紧抓好。

认真抓好总结，符合科学发展是实践—认识—再实践—再认识过程的辩证唯物主义认识论和方法论。党中央总结改革开放以来最伟大的成就集中起来就是走出了中国特色的社会主义道路，形成了中国特色的社会主义理论体系。一条道路，一个理论体系，指引我们前进、发展，二者相辅相成，缺一不可。这就是辩证唯物主义的知行统一观。广东不但要干好，还要总结好，把探索实践上升为科学认识，得到理论提升，进一步更好地指导实践。《议案》实施总结应是广东农机战线落实科学发展观学习实践活动的重要内容之一，一定要抓紧抓好。

在实践推进方面，省、市、县都应对照《议案》要求和实际进展，找出问题、不足和今明两年的努力方向和着力点。要制定出广东农业机械化发展的技术路线图，找准前进中存在的问题，提出解决问题的办法和措施，明确责任，狠抓落实。奋力扎扎实实地把农机化工作推向新高度，向党和人民交一份满意的答卷。人生能有几次搏，大家都是农机战线的领导干部，重任在身。祝大家抓住这两个关键年的历史机遇，面对挑战，战胜困难，努力推进大发展，取得前所未有的成功！广东农机人要与全省人民共享《议案》成果！开创农机化发展的新局面，再创新辉煌，做出更大的新贡献！祝各位成功！到时候我要来向大家祝贺！向大家致敬！谢谢大家。

认清形势　发挥优势　开创山西农机化发展新局面

（2009 年 8 月 13 日）

很高兴应山西农机学会的邀请，参加这次会议。首先向大家问个好，祝会议取得圆满成功。我们学校与山西有着长期的友好合作关系，我个人与山西省农机战线的同志们也很有感情。从 20 世纪 80 年代至今，我们学校先后有几十名师生到山西进行农机化专题研究或做毕业论文，得到山西农机系统的大力支持。通过山西这个实践的大课堂，科研成果获了奖，完成了学位论文，有些现在已经是教授、博导、学校和学院领导，学术骨干。这些事实说明，我们学校与山西省农机系统的合作是长期的、持续的，是卓有成效的、成功的。既出了成果又出了人才。我们的友谊长存，今后还要继续合作下去，结出更丰硕的成果。除了问候大家和表示祝贺以外，作为农机战线的一员老兵，借此机会我谈点希望，提点建议。主要讲三个问题。

一、认清形势，肩负使命，制定好“十二·五”山西省农机化发展规划

认清形势，是指要认清全国的形势和山西的形势。全国农机化的发展，总体上已经进入中级阶段，正在大力推进，加快发展。2007 年全国耕种收综合机械化水平达到 42.5%，这是根据部颁的行业标准测算数。2007 年全国有 17 个省市达到 40%以上，山西为其中之一。2008 年全国耕种收综合机械化水平根据部颁标准测算约达 46%。2008 年全国已经有 18 个省（市、自治区）耕种收机械化水平达到 40%以上，其中达到 50%以上的省市已经有 14 个。山西省耕种收综合机械化水平，2007 年是 41%，2008 年是 44%，略低于全国的平均水平。根据目前的情况和发展趋势判断，2009 年全国耕种收综合机械化水平将达 50%左右，这意味着，进入中级阶段以后我国农业生产方式发生了有史以来机械化生产方式的比重首次大于传统生产方式比重的根本性变革，标志着在农业生产中，机械化生产方式已经取得了主导和支配的地位，这个大趋势已经不可逆转。正如党的十七届三中全会《决定》作出的精辟判断，我国已经进入加快改造传统农业，走中国特色农业现代化道路的关键时刻。发展农业机械化的物质技术基础、组织运行基础和群众基础都达到了空前的高度。从农机化自身发展规律来看，我国农机化发展进入中级阶段，也就是进入了快速

本文为作者在山西省农业机械化与农业工程学会第六次会员代表大会上的讲话（2009 年 8 月 13 日　太原）。刊于《当代农机》2009 年第 9 期。

发展的成长期。这几年，全国耕种收综合机械化水平的提高幅度都在 3%以上，这是农机化自身发展规律的具体展现。

从大环境来看，我国总体上已经进入了以工促农，以城带乡的发展阶段，已经进入着力破除城乡二元结构、形成城乡经济社会发展一体化新格局的重要时期。以城带乡，城乡统筹一体化，我国已经具备了加大力度扶持“三农”，反哺农业的能力和条件。目前，我国国内生产总值已经超过 30 万亿元，从经济总量上讲，已经跃居世界的第三位，仅仅低于美国和日本。据趋势分析近两年可能超过日本，经济实力将成为世界第二大国。人均 GDP 已经超过 3 000 美元，2008 年为 3 414 美元。据研究，人均 GDP 达到 1 500 美元就开始进入反哺期。目前已达到 3 000 美元以上。财政收入已超过 6 万亿元，国家外汇储备已超过 2 万亿美元。这就是说，我们现在已经具备既需要反哺农业，又能反哺农业的条件，有这个能力。所以在国家强农惠农，积极发展现代农业，大力推进农业机械化的政策支持下，国家对农机购置补贴的范围、规模和力度都达到了空前高度。中央财政投入农机购置补贴的资金从 2004 年到 2009 年连续 6 年持续加大，翻了 7.5 番。现在回想 2003 年农机化司开始组织《农业机械购置补贴政策研究》时，全国每年用于农机购置方面的专项资金，从 1998 年到 2003 年连续 6 年每年只有 2 000 万元。农机化司列重要项目专题进行农业机械购置补贴政策研究，特别强调两个目的：一是为国家财政安排农业机械购置补贴专项资金提供研究支持；二是为《中华人民共和国农业机械化促进法》有关条款的设立提供研究支持。课题着力研究 3 个问题：（1）为什么国家要进行补贴；（2）补什么，补给谁；（3）补多少，怎么补。对农业机械购置实行补贴政策，是国际通行做法，符合 WTO 规则。世界上已经实现农业机械化和农业现代化的发达国家，在其工业化达到一定程度时，都对农业进行反哺，对农机购置实行补贴政策。我国工业化发展进程中，过去是靠农业的积累支持工业化发展，对农业“多取少予”，没有能力反哺农业。随着工业化的发展，国家综合经济实力增强，进入工业反哺农业的转折期大体开始于 2000 年，人均 GDP 已大于 800 美元，农业增加值占 GDP 比重已小于 20%，农业从业人员占全社会就业人员比重已小于 55%，城镇化率已大于 35%。人均 GDP 大于 1 500 美元后，进入反哺期，意味着发展现代农业需要财政补贴，财政也有能力补贴了。所以就应当实施补贴政策，对农业实施“多予少取放活”的方针。发展农业机械化需要理论支持和理论研究。这个课题研究成果得了奖。农机人十分庆幸的是，从 2004 年中央一号文件明确提出实施农机购置补贴政策，同年《中华人民共和国农业机械化促进法》颁布实施以来，国家对农业机械购置补贴的力度和范围逐年加大和拓宽，中央财政投入农机购置补贴的资金从 2004 年的 7 000 万元，逐年大幅度增加到 2009 年 130 亿元，补贴范围已覆盖到全国所有农牧业县（场）。我国农业机械化迎来了历史上最好的发展环境：法治环境、政策环境、经济环境。所以说是重要战略机遇期，它是有实质性内容的，而不是一句口号。加快发展已经是大势所趋，势不可挡。所以又称之为“黄金发展期”，机遇前所未有。预期经过努力，2020 年前后可能完成中级阶段的历史使命，我国耕种收综合机械化水平将由目前的 50%提高到 70%以上，再增加 20 多个百分点，农业劳动者占全社会就业人员的比重将由40%降到20%以下，再减少20个百分点，这就是一个增机减人的发展轨迹和运动过程。也就是说，到21世纪20年代，我国农业机械化将向高级阶段进军。所以说，21世纪的头20年，是农机人可以大有作为的20年。在这黄金发展的20年，能为我国农业机械化、现代化发展做出积极贡献，是很幸运、很光荣、很幸福的事，在座同志们都赶上了好时候，所以一定要有历史责任感和紧迫感，不负使命，把握机遇，勇挑重担，有决心、有信心，克服困难，开拓前进，在新时期为我国的农机化事业做出更大的贡献。这是对形势的认识。

大力推进农机化发展，当前有一件大事，就是正在启动制定农机化发展的“十二五”规划，是一件很重要的事，全国已经在启动，山西也将开展此项工作。“十二五”规划是指导“十二五”期间农业机械化发展的纲领性文件。《农业机械化促进法》规定，“县级以上人民政府应当把推进农业机械化纳入国民经济和社会发展计划”，所以，搞好规划，是依法促进农机化的重大举措，农机人责无旁贷，一定要抓紧抓好。制定规划，要坚持以科学发展观统领农业机械化发展全局，要结合农机化行业实际，认真贯彻落实中央和省委、政府的精神和战略意图，在总结农机化发展成就和经验的基础上，找准制约发展的主要矛盾和问题，准确把握新形势下农机化发展的新要求和发展新态势，根据积极发展现代农业，大力推进农业机械化的要求，提出未来五年农机化发展的指导思想和主要目标，明确发展重点，优化发展格局，提出促进发展、实现目标的主要政策措施。也就是说，未来的发展要有新的思路和新的举措，要努力开创新的局面。规划要体现宏观性、战略性、政策性、指导性和可操作性，要注意与“十一五”发展的衔接，注意发展的连续性和与新的要求相适应的推进性。“十二五”是2010年到2020年间的关键五年，具有承前启后的关键作用，对推进农机化又好又快地发展具有十分重要的战略意义，所以一定要把“十二五”规划制定好。

值得注意的是，山西省农机化总体水平与全国平均水平还有一些差距，耕种收综合机械化水平要在2020年达到70%以上的话，年增幅应该在2.3个百分点以上，或保持在2.5个百分点左右。经过努力是有可能的，但难度相对于先进省市而言更大一些。发展速度必须比全国平均速度更快一些，比山西省已有的研究成果的预测值也要高一些。机遇是前所未有的，挑战也前所未有。推进农业机械化发展，要抓住两个基本点：一是保障粮食安全，二是促进农民增收。在保障粮食安全方面，加快推进粮食作物生产全程机械化，是中央的支持重点，也是山西农机化的发展重点。从粮食安全来讲，山西的人均粮食大约是300千克，低于全国平均水平390千克左右。山西省基本属于粮食产销平衡区范畴，甚至是准调入区。粮食省长负责制，保障粮食安全责任很大，所以推进粮食生产机械化是一个基本着力点。山西的玉米是大宗粮食作物，是种植面积最大，总产量最多的作物。但玉米机收起步较晚，水平较低。2008年全国玉米机收水平刚突破10%，山西是7.5%。推进玉米生产全程机械化是一个难题，在全国也是一个难题，玉米又是山西最大宗的作物，所以难度很大。另外，山西马铃薯、小杂粮较多，有“小杂粮王国”之称，地形地貌复杂，分布也不很集中，所以要实行全程机械化的难度相对比较大，挑战很大。在促进农民增收方面，目前山西省的农民人均纯收入还低于全国平均水平。2007年在全国居19位。第一产业劳动生产率还不到全国平均水平的一半，居全国倒数第二位。2008年第一产业劳动生产率全国平均是9 104元，最高的江苏为19 112元，而山西只有4 221元，差距是比较大的。究其原因，是规模问题，还是结构问题？从规模来看，2007年山西省第一产业劳均播种面积是0.57公顷，高于0.49公顷的全国平均水平，以规模大小排序的话，山西在全国居第10位。由此看出，根据我国目前农业生产的技术经济水平，山西省农业劳均规模不是农民收入低和劳动生产率低的主要原因。再从结构角度分析，山西省是我国第一产业增加值占GDP的比重小于10%的8个省市之一，这8个省市分别为上海、北京、天津、浙江、广东、江苏、山东、山西。山西还比较靠前，在京、津、沪三大城市后，排第4位。这8个省市中其他7个省市，农民人均纯收入和一产劳动生产率都居全国前列，只有山西居后。而这8个省市的一产劳均播种面积，山西居第3位，只比江苏、上海低，比其他几个省市都高。从这里也证明了，形成农民收入差距的原因不是劳均种植规模问题，所以必须在结构上找原因，要在优化产业结构和产业升级方面找出路。农业机械化在促进产业结构调整升级，促进农民增收方面可以发挥先进生产力的作用，大有可为。在粮食生产机械化已经有一定基础，正主攻薄弱环节，推进全程机械化的发展新阶段，统筹粮食和优势农产品生产机械化协调发展，是农机化发展进入中级阶段以后适应结构调整、产业升级、发展地区特色经济和农民增收要求的客观趋势和必然选择。中央推进农业机械化的提法是“加快推进粮食作物生产全程机械化”，由环节化向全程化推进，主攻“瓶颈”环节的机械化；“积极发展经济作物和养殖业机械化”。过去提的是“稳步发展”，最近张桃林副部长在农业厅局长会议上提的是“积极发展”，这表明农机化向深度和广度进军又有了新的要求、新的高度。认真学习领会和贯彻中央精神，结合山西实际，加快推进农业机械化发展，要处理好粮食作物和经济作物全面、协调发展的关系，这是从结构方面分析。从农机购置投入分析，2008年山西省每公顷耕地农机购置投入是209元，在8个省市当中是最低的，也低于336元的全国平均水平，在各省当中排第24位。所以，农机购置投入不足也是制约现代农业发展，影响农民收入提高缓慢的重要问题，应当引起注意。还要说明的一点是，2008年农机购置投入结构中，山西与全国平均水平比较，农民投入比重占83%，并不低，中央投入比重占13.1%，在全国也是比较高的。中央对山西的支持力度是比较大的。较弱的是地方财政投入较低，占3.2%，只有2 700万元左右，占全国21位，低于全国平均水平，在8个省市中是最低的。

中央实施强农惠农政策取向很明确，要建立健全支持保护农业，发展现代农业的稳定增长机制和长效机制。随着国家经济实力的增强，对农业机械化的支持力度还会增大。在中央农机总投入加大的时候，农机人的责任是不仅要争取加大投入，尤其要努力用好投入，争取实现最好的投入效果。要让投入发挥更大的作用，取得一举多效的效果，发挥财政投入的最大作用。温家宝总理在视察工作时多次强调“要让农民得到实实在在的好处，要把最好的农业机械供给农民，要为农民提供最好的服务”，我们要牢记温总理的关切和教导，一定要把工作作好。不能够因为工作跟不上形势造成失误，而使投入达不到预期的效果，给国家、给农民、给事业造成损失。所以在制定“十二五”农机化发展规划的时候，既要写好加大投入的内容，更要写好用好投入的内容。总之，希望山西的同仁能够制定好农机化发展的“十二五”规划，既要有责任感、时代感和紧迫感，又要有使命感和忧患意识，科学制定发展目标，提出发展的新思路，营造良好的发展环境，采取发展的新举措，努力开创发展的新局面。

二、因地制宜，形成特色，优化农机化发展格局

《中华人民共和国农业机械化促进法》明确规定，“按照因地制宜，经济有效，保障安全，保护环境的原则，促进农机化发展”。这一条规定了农机化发展的指导思想和原则。山西地势是东西高、中间低，地形地貌和气候都比较复杂，农业生产条件地域差别很大，但区域性明显，必须强调因地制宜，经济有效，发挥优势，形成特色，优化农机化发展格局，所以要发展各地具有特色的农业机械化。中国特色农机化既有共性又有特性，有共性有特性才能够绚丽多彩。不同区域有各自相对优势的农产品，农机化要支撑各地优势的发挥，对推进区域经济发展和农民增收有重大作用。例如山西号称“小杂粮王国”，小杂粮开发的重点是农产品加工，要把机械化与产业化结合起来，形成有特色的名牌产品，这尤其与贫困地区的经济发展和农民增收有很大关系，对山西省的农机化、现代化发展，乃至整个社会经济，全面协调发展都有重大意义。如果说，大力推进粮食作物生产全程机械化是保障粮食安全必须采取的重大战略举措，那么，因地制宜地积极发展各地有优势的农产品的生产机械化和产业化，就是推进区域经济发展，促进农民增收的必然选择和重要措施。形成特色，既要解决好技术进步的问题，技术路线及机具装备的选择问题，也有组织创新，发展农机社会化、专业化服务，创新农机服务组织的问题。技术革命和组织创新两手抓，各地要因地制宜地做出选择，促进发展。不管是技术路线还是组织形式，各个地方都有自己的特色，有不同模式。在新的发展时期，国家已经把农机购置补贴覆盖到所有的农牧业县（场），要抓住这个机遇，要借力发展与自力发展相结合，优化农机化发展格局，发展有各地特色的农业机械化。

三、走出道路，形成理论，实践理论两手抓

党的十七大报告指出，“改革开放以来，我们取得一切成绩和进步的根本原因，归结起来就是：开辟了中国特色社会主义道路，形成了中国特色社会主义理论体系”。可见，勇于实践，走出道路和勇于创新，形成理论的重要性。一切成就归结起来就这两条，一是走出道路，二是形成理论，二者缺一不可。新中国成立 60 年来，我们已经走出了一条有中国特色的农业机械化发展道路，也进行了一些理论概括，但是还很不够，理论还落后于实践。我们不但要抓工作，还要抓理论建设。认识离不开实践，认识有待于深化。理论的基础是实践，又转过来为实践服务。这是辩证唯物主义的认识论和知行统一观。近年来，农机人在努力提高理论、提高认识方面做了一些

工作，把农机化发展的理论视为不断探索实践的智慧和心血的结晶，视为最宝贵的精神财富。达成共识的理论，是指导发展，团结奋斗的共同思想基础。有理论指导的实践，可以提高自觉性，可以焕发出强大的生命力、创造力和感召力，可以帮助我们悟道，进入新境界，开创新局面，可以使农机化的道路越走越宽广，发射出更加灿烂的光芒。我希望山西的同志们能更多地参与到勇于实践和理论创新的行列中来，做出更大的贡献。山西人务实，肯干，勇于实践，出了很多的英雄模范和开拓者、创业者。在农业方面出了大寨；在商业方面出了几代晋商；农机化方面，农机跨区作业最早也是山西开始的。山西人善于在实践中发现问题和务实地找出解决问题的办法，开辟发展的道路。这就是勇于实践，勇于创新。希望山西的同志们继续发扬务实创新的精神，实践理论两手抓。山西农机方面有丰富的实践经验，改革开放以来抓农业机械化区划、农机化技术经济分析、农田基本建设、发展旱作农业、保护性耕作、进行跨区机收等很多方面都在全国前列。这些实践需要进行理论概括，需要进一步进行理论创新。去年纪念改革开放 30 年，农机系统组织有奖征文活动，全国评出了两个特等奖，山西就获得一个。说明山西有人才有水平，要善于挖掘，为我国农业机械化发展理论建设多做一些贡献。

总之，在农机化发展已经进入中级阶段，正向高级阶段发展迈进的新时期，正确认识农机化发展的客观规律，勇于实践、勇于创新，并用科学的理论指导实践的历史任务落在了当代农机人的身上。希望大家共同努力，走出道路，形成理论，进入新境界，开创出发展的新局面，取得实践理论双丰收，又好又快地完成中级阶段的历史使命。

祝大家取得更大的成功，做出新的历史性奉献。这就是一个老兵对你们的希望。谢谢大家。

发挥优势　突出特色
努力实现甘肃农机化跨越式发展

（2009 年 9 月 15 日）

在中央坚定不移地深入推进西部大开发战略，支持西部地区抓住机遇，加快转变发展方式，提高发展质量和发展水平的新形势下，很高兴应邀来参加甘肃农业机械化发展高峰论坛，能为推进西部大开发出力，深感荣幸。大家都在认真贯彻落实党的十七届三中全会精神和中央关于推进西部大开发的战略部署，深入学习实践科学发展观，我想结合甘肃农机化发展实际向大家汇报几点学习体会，讲四个问题。

一、对甘肃农机化发展态势的认识：三大一好

今年是新中国成立 60 周年。60 年来，甘肃省农业机械化从零起步，取得了长足进步和巨大发展，为全省农业、农村和经济社会发展做出了重要贡献，成就辉煌。2008 年农业机械总动力已达 1 686 万千瓦，农业机械原值已达 108 亿元，耕种收综合机械化水平已达 28.8%，第一产业劳动生产率比 2000 年翻了一番。在农机装备不断增加，农机化水平不断提高的进程中，第一产业从业人员在比重不断下降的同时，以 2005 年为拐点，出现了第一产业从业人员的绝对量开始减少的趋势，发生了由过去增机又增人转变为增机减人的历史性转折，进入了努力改造传统农业、积极发展现代农业的新时期（见表 1）。

近年来借助国家农机购置补贴政策，大力实施“以机代牛”推进计划，农机装备增加，农用役畜减少，农业生产方式发生了巨大变化，农民耕地不用牛的梦想正在变为现实，农业机械化的作用越来越大。大力推进农业机械化，已经成为扎实推进社会主义新农村建设，全面落实科学发展观的必然要求和重大任务。当前，甘肃农机化的发展态势可概括为“三大一好”。即，发展差距还较大，发展潜力很大，发展希望更大，发展态势良好。

发展差距还较大。指甘肃省耕种收综合机械化水平比全国差 17 个百分点，差距还在拉大。主

本文为作者在甘肃农业机械化发展高峰论坛上的报告（2009 年 9 月 15 日　兰州）。

要作物小麦、玉米生产机械化水平分别比全国平均水平差28.4个百分点与26.4个百分点（见表2）。

表1　甘肃省农业机械化发展情况

年份	农机总动力/万千瓦	农业机械原值/亿元	耕种收综合机械化水平/%	第一产业从业人员/万人	第一产业从业人员占全社会从业人员比重/%	农村居民平均每百户拥有役畜/头
2000	1 056.9	67.20	24.3	706.1	59.7	80.8
2001	1 122.0	72.72	24.8	705.3	59.4	75.1
2002	1 185.3	86.51	25.1	747.2	59.5	77.4
2003	1 225.4	81.00	25.4	769.9	59.0	76.4
2004	1 321.3	85.90	26.1	772.7	58.5	78.5
2005	1 406.9	90.40	26.0	770.5	57.2	76.5
2006	1 466.3	95.05	27.1	760.3	56.3	76.2
2007	1 577.3	100.59	28.5	748.2	54.4	69.7
2008	1 686.3	108.07	28.8	734.4	52.9	68.8

资料来源：根据全国农业机械化统计年报、中国统计年鉴数据整理。

表2　2008年农业机械化水平比较

单位：%

地区	机耕水平	机播水平	机收水平	耕种收综合机械化水平	小　麦				玉　米			
					机耕水平	机播水平	机收水平	耕种收综合机械化水平	机耕水平	机播水平	机收水平	耕种收综合机械化水平
全国	62.9	37.7	31.2	45.8	92.5	81.3	83.8	86.5	73.0	64.6	10.6	51.8
甘肃	42.2	26.4	13.4	28.8	76.2	54.2	37.6	58.1	43.6	23.9	2.5	25.4

资料来源：根据全国农业机械化统计年报数据整理。

截至2008年，甘肃是北方玉米主产区中唯一还没有玉米联合收获机的省份。农业机械化发展与加快推进西部大开发及甘肃省国民经济和社会发展的要求还不大适应，还有较大差距。在全国农业机械化发展总体上已进入中级阶段，有些地区已向高级阶段迈进的新形势下，甘肃农机化发展尚处于初级阶段向中级阶段推进的进程中。增机减人的历史性重大变革全国开始于1992年，甘肃开始于2005年，滞后13年。造成差距的原因有自然的、经济的、历史的诸多原因，并非一日之寒。对此，必须要有忧患意识，要有不甘落后、下定决心、克服困难、奋起直追的责任感和使命感，要努力缩小差距，赶上时代前进的步伐，实现跨越式发展。

发展潜力很大。最近国务院通过的《关于应对国际金融危机保持西部地区经济平稳较快发展的意见》第（一）条就着重指出，“充分发挥西部地区在扩大内需中的重要作用。西部地区具有巨大的市场需求和发展潜力，是扩大内需的重要发展区域。”联系甘肃农业机械化实际，强化现代农业基础对农业机械化有巨大的市场需求和发展潜力。甘肃土地资源、热能、风能资源相对丰富，但资源利用率和农业劳动生产率较低，对农业机械化既有现实的迫切需求，又有巨大的潜在需求。甘肃人均耕地2.67亩，约为全国平均1.38亩的2倍。根据光热条件，复种指数可达（也曾达）100%以上，但目前才达 80%多，居全国倒数第 2 位，开发潜力巨大。急需发展农业机械化提高农业综合生产能力，提高土地资源利用率、产出率和农业劳动生产率。甘肃年日照时数达 2 900～3 300 小时，风力较大。在发展现代农业中，对采用先进技术装备充分开发利用太阳能和风能资源有迫切需求，农机化大有可为。此外，甘肃年降水量只有 30～800 mm，干旱缺水是农业发展的很大制约，采用先进装备技术手段，发展节水型农业是甘肃农业发展中非常迫切的需求，发展潜力很大。总之，无论从资源开发利用方面或是从节约利用资源方面，甘肃对农业机械化都有巨大需求。甘肃目前尚处于农机化发展初级阶段，2008 年每公顷耕地农机购置投入才 106 元，远低于全国平均水平 336 元，在全国居倒数第 2 位，急需加大投入力度。用现代物质条件装备农业，用现代科学技术改造农业，用现代产业体系提升农业的任务很重，很艰巨。从某种意义上说，差距就蕴藏着潜力。农业机械化发展空间很大，需求迫切，发展潜力很大，是甘肃农机化发展的重要特点。

发展希望更大。指我国农业机械化迎来了前所未有的发展机遇和来之不易的大好局面。一是有科学发展观指导，统领农业机械化发展全局。农机人坚持聚精会神搞建设，一心一意谋发展，坚信走科学发展道路，是加快发展，缩小差距，解决甘肃农业机械化问题的根本途径，更加坚定发展中国特色农业机械化的信心和决心，不为困难所惧，不为干扰所惑，切实抓好加快发展、科学发展这第一要务，努力在中国特色农业机械化道路上创造更加美好的发展前景。二是我国农业机械化迎来了最好的发展环境：法治环境、政策环境、经济环境。2004 年《中华人民共和国农业机械化促进法》颁布实施以来，我国农业机械化发展走上了有法可依、依法促进的法治轨道。从经济大环境来看，我国总体上已经进入了以工促农，以城带乡的发展阶段，已经进入着力破除城乡二元结构、形成城乡经济社会发展一体化新格局的重要时期。已经具备了加大力度扶持“三农”，积极发展现代农业，大力推进农业机械化的能力和条件。目前，我国国内生产总值已经超过了 30 万亿元，经济总量已经跃居世界第三位，仅仅低于美国和日本。据趋势分析近两年可能超过日本，经济实力将成为世界第二大国。人均 GDP 已经超过 3 000 美元，2008 年为 3 414 美元。据研究，人均 GDP 达到 1 500 美元就开始进入工业反哺农业的反哺期。我国人均 GDP 已达到 3 000 美元以上，财政收入已超过 6 万亿元，国家外汇储备已超过 2 万亿美元。这就是说，我国现在已经具备了既需要反哺农业，又能够反哺农业的条件和能力。所以国家实施强农惠农，积极发展现代农业，大力推进农业机械化的政策。近年来，对农机购置补贴的范围、规模和力度都达到了空前高度。中央财政投入农机购置补贴的资金从 2004 年的 7 000 万元，连续 6 年持续加大，2009 年达到 130 亿元，翻了 7.5 番。补贴范围逐年拓宽，已覆盖到全国所有农牧业县（场）。中央对甘肃农机购置补贴的投入，也从几十万元逐年增大到过亿元。这都是前所未有的。所以大家常说，农业机械化迎来了重要战略机遇期和黄金发展期，这是有实质性内容的，而不是一句口号。加快发展已经是大势所趋，势不可挡。预期经过努力，我国将在 21 世纪 20 年代完成农机化发展中级阶段的历史使命，向高级阶段进军。当代农机人赶上了可以大有作为的好时代。在农机化黄金发展期，能为我国农业机械化、现代化发展做出积极贡献，是很幸运、很幸福、很光荣的事。在座的同志都是时代的幸运儿。一定要有历史责任感和紧迫感，不负使命，把握机遇，勇挑重担，克服困难，开拓前进，为甘肃、为我国的农业机械化、现代化事业做出更大的贡献。希望是很大的，前景是光明的。

发展态势良好。首先是中央高度重视，指导思想更加明确，推进措施更加有力。中央一号文件指出，“发展现代农业是社会主义新农村建设的首要任务，是以科学发展观统领农村工作的必然要求。推进现代农业建设，顺应我国经济发展的客观规律，符合当今世界农业发展的一般规律，是促进农民增加收入的基本途径，是提高农业综合生产能力的重要举措，是建设社会主义新农村的产业基础。”首要任务、必然要求、客观规律、基本途径、重要举措、产业基础的高度概括和完整表述，提高了对发展现代农业重要性的认识，指导思想更加明确、坚定，是发展农业机械化的思想、理论基础。中央一号文件特别强调，“要用现代物质条件装备农业，用现代科学技术改造农业”，“建设现代农业的过程，就是改造传统农业，不断发展农村生产力的过程，就是转变农业增长方式、促进农业又好又快发展的过程。必须把建设现代农业作为贯穿新农村建设和现代化全过程的一项长期艰巨任务，切实抓紧抓好”。其次是农机化投入在持续加大，农机化发展速度在加快，作用在增强，质量、效益、水平在提高，特色在显现，服务和格局在优化，积 60 年之经验，已经走出了中国特色农业机械化发展道路。正如党的十七届三中全会《决定》作出的精辟判断，我国已经进入加快改造传统农业，走中国特色农业现代化道路的关键时刻。发展农业机械化的物质技术基础，思想认识基础，组织运行基础和群众基础都达到了空前的高度。从农业机械化自身发展规律看，全国农业机械化发展已进入中级阶段，甘肃耕种收综合机械化水平预期今年将超过 30%，标志着发展曲线已进入快速发展的成长期。储备了快速发展的巨大能量，焕发出加快发展的勃勃生机，使甘肃农机化发展能大踏步赶上时代的潮流，实现跨越式发展，态势良好，大有希望。

二、抓住机遇 依法促进 制定好甘肃省农业机械化发展“十二五”规划

大力推进农机化发展，当前有一件大事，就是正在启动制定农业机械化发展“十二五”规划，这是一件很重要的工作，五年一遇，全国已经在启动，甘肃也将开展此项工作。“十二五”规划是指导“十二五”期间农业机械化发展的纲领性文件。《农业机械化促进法》规定，“县级以上人民政府应当把推进农业机械化纳入国民经济和社会发展计划”。所以，搞好规划，是依法促进农业机械化的重大举措，农机人责无旁贷，一定要抓住机遇，依法促进，抓紧抓好。

制定规划，要坚持以科学发展观统领农业机械化发展全局，要结合农机化行业实际，认真贯彻落实中央和省委、政府的精神和战略意图，在总结农机化发展成就和经验的基础上，找准制约发展的主要矛盾和问题，准确把握新形势下农机化发展的新要求和发展新态势，根据增强农业基础，积极发展现代农业，大力推进农业机械化的要求，提出未来五年农机化发展的指导思想和主

要目标，明确发展重点，优化发展格局，提出促进发展、实现目标的主要政策措施。也就是说，未来的发展要有新的思路和新的举措，要努力开创新的局面。

应当看到，今后五年，既是我们可以大有作为的“黄金发展期”，机遇前所未有，也是我们必须应对国内外各种挑战的“矛盾凸显期”，挑战也前所未有。农机化处在新的发展起点上，要求更高，任务更艰巨，既耽误不得，更失误不起。规划必须立足科学发展，坚持统筹兼顾，体现宏观性、战略性、政策性、指导性和可操作性，要注意与“十一五”发展的衔接，注意发展的连续性和与新的要求相适应的推进性。“十二五”是2010年到2020年的关键五年，具有承前启后继往开来的关键作用，对推进农机化又好又快地发展具有十分重要的战略意义，所以一定要把“十二五”规划制定好。

值得注意的是，甘肃省农业机械化总体水平比全国平均水平还有较大差距，要求今后的发展速度应当比全国平均速度更快一些，所以任务更艰巨，难度更大。既要自身加倍努力，坚定信心，克服困难，开拓进取；又需要国家加大扶持力度，合力推进。规划要精心运筹，缜密构思，集思广益，与时俱进，集中群众智慧，反映领导要求和人民愿望，绘制好“十二五”发展宏伟蓝图，引领农机人昂首迈向“十二五”，开创农机化发展的新局面，努力实现跨越式发展，创造新的辉煌，谱写甘肃农机化发展的新篇章。

最近全国的一些省农机局正在选择有代表性的村，深入进行农业机械化发展情况调查，这是一件极其重要的基础性工作。做好这项工作，可以使我们对农业机械化的发展情况更明，需求更清，决心更大，措施更准，为科学制定农业机械化发展规划提供重要依据。甘肃省农机局也开展了此项调查研究工作，希望积极努力，把这项工作做扎实，做好。

三、因地制宜　突出特色　优化农业机械化发展格局

《中华人民共和国农业机械化促进法》明确规定，“按照因地制宜，经济有效，保障安全，保护环境的原则，促进农机化发展”。法律规定了农机化发展的指导思想和原则。甘肃农业机械化发展格局大体可以划分为三大区域：河西地区、沿黄及城郊灌区、中南部、东部山区地区。农业生产条件地域差别较大，区域性明显。必须强调因地制宜，经济有效，发挥优势，形成特色，优化农机化发展格局，发展各地具有特色的农业机械化。中国特色农业机械化既有共性，又有特性，有共性有特性才绚丽多彩。推进农业机械化发展，要抓住两个基本点：一是保障粮食安全，二是促进农民增收。在保障粮食安全方面，加快推进粮食作物生产全程机械化，是中央的支持重点，也是甘肃农机化发展的重点。2007年全国人均粮食380公斤，甘肃是315公斤，基本属于粮食产销平衡区范畴，粮食省长负责制，保障粮食安全责任很大，甘肃粮食作物占农作物总面积的71.5%，所以推进粮食生产机械化是重要的基本着力点。甘肃的三大粮食作物是小麦、玉米、马铃薯，粮食生产机械化也有自己的特色。除粮食外，还有经济作物和畜牧业，不同区域有各自相对优势的农产品，农机化要支撑各地优势的发挥，对推进区域经济发展，促进区域协调和农民增

收有重大作用。后进地区发挥后发优势，以特取胜是实现跨越式发展的有效途径。在全国农机化发展进程中，甘肃要努力争取一项或几项取得领先优势，先争取拿单项冠军，在光荣榜上实现零的突破，在全国农机化发展中取得应有的荣誉和地位，对于振奋精神，增强信心，全面推进农业机械化发展，实现由弱到强有重大意义。例如，甘肃在马铃薯生产全程机械化和产业化、节水型农业机械化或太阳能利用、风能利用机械化方面能取得突破性进展，发挥优势取得一项或几项领先地位是有可能的，是值得一搏的。因此，因地制宜地积极发展各地有优势的农产品的生产机械化和产业化，是推进区域经济发展，促进农民增收的必然选择和重要措施。形成特色，既要解决好技术进步的问题，技术路线及机具装备的选择问题，也有组织创新，发展农机社会化、专业化服务，创新农机服务组织的问题。立足我国农户经营规模小，经济实力弱，购买农机一次性投资较大等实情，要使多数农户不用买农机也能用上农机，享受到农机作业服务，必须抓好农机服务创新，积极推进农机服务市场化、社会化、产业化，做到共同利用，提高效益，共享文明，是中国特色农业机械化发展道路的重要内容。在农机化发展过程中，从鼓励、支持农机大户发展，充分发挥能人效应，到引导、培育、扶持农机专业合作社发展，充分发挥组织效应，使服务功能不断增强，服务质量不断提升，服务机制更加灵活，组织化程度明显提高，制度更加规范，服务领域不断拓宽，效益更加明显。总之，要技术革命和组织创新两手抓，各地要因地制宜地做出选择，促进发展。不管是技术路线还是组织形式，各个地方都有自己的特色，有不同模式。在新的发展时期，国家已经把农机购置补贴覆盖到所有的农牧业县（场），要抓住这个机遇，借力发展与自力发展相结合，优化农机化发展格局，发展有各地特色的农业机械化。

当然，在推进农业机械化发展中，还有培养锻炼一支能打硬仗的农机化人才队伍问题。他们是建设社会主义新农村中有文化技术、能操作使用现代农业装备的新型农民，是农村中发展先进生产力的代表和勤劳致富的带头人。要把农机人才的教育培训工作抓紧抓好。

四、健全和完善财政有效投入保障机制，合力推进农业机械化又好又快发展

中央实施强农惠农的政策取向很明确，要建立健全支持保护农业，发展现代农业的长效机制，要取得引导带动作用最大的财政投入效果。近几年实施农机购置补贴政策取得了一举多效的显著效果，深受农民的欢迎和拥护。随着国家经济实力的增强，对农业机械化的支持力度还会增大。用现代物质条件装备农业，必须加大投入。购置农业机械，进行相应的机库、机行道路等基础设施建设，现代农业生产要素的投入强度比过去任何时候都大得多，必须形成政府持续加大投入，农民积极投入，社会力量广泛参与的多元化有效投入保障机制，最终实现全社会资源配置效率的最优状态，取得财政引导带动作用最大，合力推进农业机械化发展的最好效果。

从甘肃的实际情况看，中央已经加大了扶持力度，但由于目前甘肃农民人均纯收入是全国最

低的，农民对农机的投资能力有限（见表 3），需求迫切，积极性高，但实力较弱，甘肃农机投入强度在全国也位列最低行列（见表 4）。国家对甘肃农机化的扶持力度还需适当加大。

表 3　甘肃省农业机械购置投入情况

年份	农机购置总投入/万元	中央财政投入/万元	占总投入/%	地方财政投入/万元	占总投入/%	农民投入/万元	占总投入/%	单位和集体投入/万元	占总投入/%
2000	49 340.1	264.0	0.54	384.7	0.78	48 051.0	97.40	337.4	0.68
2001	43 905.4	0	0	214.4	0.49	43 052.9	98.06	213.5	0.48
2002	47 329.6	50.0	0.11	141.1	0.30	46 620.9	98.50	239.6	0.51
2003	50 112.9	5.0	0.01	401.7	0.80	49 413.6	98.60	104.5	0.21
2004	56 568.9	64.6	0.12	372.2	0.66	55 217.8	97.61	511.0	0.90
2005	58 435.0	466.1	0.80	701.8	1.20	56 460.4	96.62	93.8	0.16
2006	49 815.8	1 800.0	3.61	1 432.7	2.88	45 957.3	92.26	150.6	0.30
2007	62 552.0	5 100.0	8.15	1 280.0	2.05	54 915.0	87.79	165.0	0.26
2008	49 424.0	10 000.0	20.23	1 458.0	2.95	37 966.0	76.82	0	0

资料来源：根据全国农业机械化统计年报数据整理。

表 4　2008 年全国平均及各省农机购置投入强度　　单位：元/播面公顷

全国平均	上海	北京	江西	新疆	安徽	浙江	海南	山东	江苏	福建	广西	湖北	天津	河南	陕西
261.9	556.2	532.1	476.9	400.0	390.5	369.5	342.5	341.0	329.4	315.0	295.3	284.7	279.4	271.0	262.4
河北	湖南	辽宁	吉林	云南	青海	山西	黑龙江	广东	内蒙古	宁夏	重庆	甘肃	四川	贵州	
259.9	252.2	247.2	244.7	238.5	229.1	227.5	203.3	173.7	163.0	159.6	149.6	127.8	122.4	112.7	

资料来源：根据中国统计年鉴，全国农业机械化统计年报数据整理。

注：西藏资料暂缺。

对甘肃来说，自力发展与借力发展结合，目前借力的强度还需加大，才能适应发展需要。当然，在中央逐年加大对农机扶持投入的时候，农机人的责任不仅要争取加大投入，更要努力用好投入，取得投入促进农机化发展的最好效果。

还需要注意的是，近几年实施的农机购置补贴制度和办法，效果很好，很受欢迎。但在实践中也出现了一些新情况、新问题，需要与时俱进地对现行制度、办法进一步健全和完善。制度经济学告诉我们，能自我矫正、自我完善的制度，是具有活力的好制度。例如，对不同地区或同一地区不同的发展阶段，补贴支持力度的大小可以有所不同；在发展进程中，不同阶段支持引导的重点也应因势利导地进行战略转移；补贴方法还可以进一步公开透明，简化程序，提高效率，减低成本等。总之，要使补贴行为更加科学、规范，实实在在为农民、为农机企业办实事、办好事。

最后，祝这次论坛取得圆满成功！

祝大家为甘肃农业机械化发展做出新的更大贡献！

祝甘肃省农业机械化迅速赶上时代要求，实现跨越式发展，创造新的辉煌！

山东农机化吹响了全面协调可持续发展的进军号

（2009 年 11 月 18 日）

20 世纪末，山东是在小麦生产基本实现机械化，农机化取得第一战役重大胜利后，全国最先把农机化发展战略重点转移到玉米生产机械化的省，在加快推进粮食生产全程机械化，组织开展农机化第二战役中起了先锋作用，对全国做出了重大贡献。尤其在对玉米生产机械化最薄弱的“瓶颈”环节玉米机收实施重点突破中，创造了连续三年玉米机收水平提高 9%以上的“山东速度”，在全国遥遥领先，举世瞩目。今年山东玉米机收水平达 53%，预期在“十二五”开局年，玉米机收水平将提高到 70%，成为全国率先基本实现玉米生产全程机械化的第一省。

目前，山东省的农机总动力、农业机械原值、净值、联合收获机拥有量和第一产业增加值都居全国第一，农业机械化总体水平居全国前列，已进入从中级阶段向高级阶段发展的先进梯队，正由粮食生产全程机械化向农业生产全面机械化发展。今年山东免耕播种保护性耕作机械化实现了新跨越，经济作物机械化有新突破，农机化发展重点正由加快推进粮食作物生产全程机械化向统筹推进经济作物机械化延伸。山东是粮食、花生、棉花、蔬菜、水果、畜禽产品、水产品等农业资源都很丰富的农业大省，在中央把发展现代农业作为社会主义新农村建设的首要任务，国家强农惠农支农政策力度逐年加大的新形势下，山东站在新的起点上，抓住新阶段产业结构调整的契机，又一次不失时机地进行农机化发展战略重大调整，吹响了农机化向新高度全面协调可持续发展的进军号，正在组织开展农机化发展的第三大战役。这是贯彻落实科学发展观，用统筹兼顾的根本方法及时调整农机化发展战略的重大举措，是符合中央精神和山东实际的正确决策。我们预祝山东在总结农机化第二战役取得成功的宝贵经验基础上，更加自觉、坚定、与时俱进地向新的高度挺进，又好又快地推进农机化全面协调可持续发展，在第三战役中开创新局面，实现新突破和新跨越，上好新台阶，为取得积极发展现代农业的新的更大胜利做出新贡献！

本文是作者应山东省农业机械管理办公室之邀写的一篇文稿。

学会要为甘肃农机化跨越发展作贡献

（2009 年 12 月 19 日）

在我国西部大开发、大跨越、大发展的新形势下，很高兴应邀来参加甘肃省农机学会会员代表大会，共同深入学习贯彻落实科学发展观，研讨农机系统积极推进西部大开发、为甘肃农机化发展作贡献的有关问题。借此机会，特向大会胜利召开表示热烈祝贺！祝大会圆满成功！并讲一点希望，希望农机学会发挥智力优势和综合优势，积极为甘肃农机化实现跨越式发展作出新的更大贡献！

一、甘肃农机化发展成就巨大，急需跨越

新中国成立 60 年来，甘肃省农业机械化取得了长足进步和巨大发展，为全省农业、农村发展和农民增收，为全省经济社会发展作出了重要贡献，成就辉煌。2008 年，甘肃省农业机械总动力已达 1 686 万千瓦，农业机械原值已达 108 亿元，耕种收综合机械化水平近 30%，进入发展成长期，第一产业劳动生产率比 2000 年翻了一番多，农机化服务队伍已拥有百万大军。在农机装备不断增加，农机化水平和农业综合生产能力、农业劳动生产率不断提高的进程中，农用役畜不断减少，特别值得一提的是，以 2005 年为拐点，出现了第一产业从业人员的比重和数量双下降的趋势，这标志着甘肃农业发生了由过去增机又增人转变为增机减人的历史性转折，现代农业生产要素在增加，传统农业生产要素在减少，进入了努力改造传统农业，加快发展现代农业的新时期。目前，甘肃农机化发展呈现出良好态势，是历史上最好的发展时期。也是积蓄了力量，迎来了机遇，急需跨越又有可能实现跨越发展的战略机遇期。为什么说甘肃农机化急需跨越呢？因为在充分肯定成绩的同时，还要清醒地看到差距，增强危机感和加快发展的紧迫感。目前甘肃的耕种收综合机械化水平比全国平均水平还差 17 个百分点，主要作物小麦、玉米生产机械化水平分别比全国平均水平差 28 个百分点与 26 个百分点。第一产业劳动生产率才 6 305 元，比全国平均水平 11 092 元低 4 787 元。在全国农业机械化发展总体上已进入中级阶段、有些地区向高级阶段迈进的新形势下，甘肃农机化尚处于初级阶段向中级阶段推进的进程中。甘肃农机化发展与国

本文为作者在甘肃省农机学会会员代表大会上的讲话（2009 年 12 月 19 日　兰州）。

家加快推进西部大开发的战略要求还有较大差距，与甘肃省国民经济和社会发展加快推进社会主义现代化对农机化的要求还有较大差距。造成差距的原因有自然的、经济的、历史的诸多原因，并非一日之寒。对此要有忧患意识，要有不甘落后，勇克困难，抓住机遇，奋起直追的责任感、使命感，决心和勇气，努力缩小差距，赶上时代前进的步伐，发挥后发优势，实现跨越式发展。

二、发挥优势，突出特色，抓好跨越着力点

辩证唯物论的知行统一观告诉我们，要全面、辩证地认识事物，才能科学、正确地指导发展。促进甘肃农机化实现跨越式发展，必须全面分析认识甘肃农业发展的优势、劣势，找准农机化发展的着力点。从甘肃实际出发，要注意以下几点：一是甘肃农业的生态环境较脆弱，但土地资源相对丰富。2008 年，甘肃人均耕地 2.66 亩，全国排名第六，约为全国人均耕地的 2 倍。在东部地区的发展空间越来越受到土地、资源和环境承载能力等因素的制约，产业由东向西梯次转移的趋势日益明显的情况下，甘肃土地资源优势意味着具有后续发展的巨大潜力；二是水资源短缺（甘肃年降水量只有 30～800 mm，干旱缺水是农业发展的很大制约），荒漠化威胁严重，但光照充裕（年日照时数高达 2 900～3 300 小时），风能资源较丰富，发展节约型农业，沙产业有光明前景；三是经济水平虽较低，但有国家大力扶持，举国相助的良好发展环境，焕发出自力发展与借力发展相结合，实现跨越发展的战略机遇和勃勃生机；四是差距虽大，但有一定的发展基础（物质技术基础、认识理论基础、组织运行基础和群众基础），储备了加快发展的巨大能量，已具备蓄势待发、跨越发展的能力和条件。由上述分析可知，无论从克服制约方面，或是从发挥优势方面，从发展资源节约型农业方面，还是从发展环境友好型、生态效益型农业方面，农业机械化都可以大有作为，大有用武之地。甘肃现代农业发展对农机化有非常迫切的需求。要从省情出发，因势利导地找好发挥优势，突出特色，突现跨越发展的着力点，是后进地区发挥后发优势，以特取胜的有效途径。在全国农机化发展进程中，甘肃要努力争取一项或几项取得领先优势，先争取拿单项冠军，在光荣榜上实现零的突破，在全国农机化发展中取得应有的荣誉和地位，对于振奋精神，增强信心，聚集民意民志，全面推进农业机械化发展，实现由弱到强、跨越发展有重大意义。例如，马铃薯是甘肃的优势产业，甘肃马铃薯的品质优良，产量、规模都居全国第一，农机化要在支撑优势产业发展上大做文章，在农机农艺结合，推进马铃薯生产全程机械化和产业化方面取得领先优势；克服水资源短缺制约，在发展旱作节水型农业机械化方面取得突破性进展和领先优势；发挥资源优势，在太阳能利用于农业，风能利用于农业的机械化方面取得突破性进展，特别是在推进沙产业发展提供农机化工程技术支撑方面取得突破性进展。发展沙产业是伟大的人民科学家钱学森同志的倡导和远见。沙产业就是在“不毛之地”搞农业的新型产业，就是在干旱荒漠地区，以太阳能为动力，形成通过光合作用的大农业产业，用“多采光、少用水、新技术、高效益”等知识密集的“尖端技术”，变不毛之地为沃土的农业产业革命。发展沙产业具有重要的经济、社

会、生态意义。甘肃省已在武威、张掖等地建立了试验点和示范基地，先行一步探索沙产业发展路子，实践钱老的沙产业构想，取得了良好效果。甘肃在以上诸方面发挥优势，在全国取得一项或几项领先地位是有可能的，有特色、出奇招是值得一搏的。对此要有足够的信心和勇气取得成效，这不仅是对甘肃的贡献，也是对全国农机化事业的重要贡献。

推进农业机械化发展要抓住两个基本点：一是保障粮食安全，二是促进农民增收。对甘肃来说，农民人均纯收入目前仍为全国最低，农民增收难仍然是农村发展中的突出矛盾和问题。因此，制定实施重点产业调整和振兴规划，是推进区域经济发展，促进农民增收的必然选择和战略举措，农机化要因地制宜、经济有效地为各地优势农产品发展提供有力的工程技术支撑。在转变发展方式，调整经济结构中，发挥先进生产力的重要作用。

三、学会要在推进跨越发展中作出贡献

甘肃省农机学会在甘肃省农业机械化发展中作出了积极贡献，功不可没。在新形势下，要深入贯彻落实科学发展观，总结成功经验，发扬优良传统，准确把握学会工作定位，充分发挥学会人才济济的智力优势，发挥学会跨学科、跨部门的综合优势，向提高学会工作水平，更高的标准，更高的要求迈进，开展多种形式的活动，为会员服务，为行业服务，为政府和社会服务。例如，参与制定甘肃省农机化发展“十二五”规划，组织学术研讨会，经验交流会，献计献策会，开展咨询服务，培训服务等，使学会工作彰显出更加旺盛的活力、创造力、凝聚力和推动力，成为农机科技工作者之家，成为党和政府团结、联系农机化科技工作者的桥梁和科学决策的重要咨询机构，在甘肃省农业机械化实现跨越式发展，由弱到强的新的征程中，发挥更大的作用，作出更大的贡献！

谢谢大家！

再评路桥农机化发展

（2010 年 3 月）

2010 年寒冬时节，中国农业大学博士生导师、中国农机学会农机化分会名誉主任委员白人朴教授时隔一年后再次到浙江省台州市路桥区调研农机化发展，实地考察农机合作社的建设情况。当了解到合作社快速发展壮大后，白教授欣喜感慨：路桥农机化建设的快速发展，给农民和农机人带了丰厚的效益，证明农业机械化不可替代的突出作用，其发展具有广阔前景。

在路桥明星粮食全程机械化生产合作社，白教授了解了水稻全程机械化生产及加工作业环节，考察了粮食“不落地”生产、加工流水线运作流程。在太平蔬菜机械化生产合作社，白教授参观了西兰花初加工作业坊，听取了合作社从原来的人工种植到现在的机械化育苗、移栽，以及置办加工车间仅用了一年多时间，而效益实现翻番的报告。在百龙农业有限公司，白教授参观了现代育苗流水线、温控育苗大棚和电脑远程控制系统，看到了农机化科技水平不断提高给农业发展带来的巨大前景。

白教授此次路桥之行深有感慨：“一年前，我来路桥，欣喜地看到在工业化、城镇化深入发展中，农业机械化作业解决了土地抛荒的难题。而这次路桥之旅，让我进一步看到机械化作业在路桥农业产业化进程中发挥出的巨大作用。一是粮食生产机械化和产业化经营有机结合，推动了现代农业的发展，促进了农业增效，农民增收；二是探索开发型、外向型农机化发展之路，实施‘走出去’战略扩展了农机化发展空间，路桥农机人到江西的开发实践取得了良好效果；三是发展蔬菜机械化育苗、移栽技术，将机械化作业从粮食生产扩展到蔬菜种植，拓宽了机械化应用领域，效益显著。”白教授指出，路桥的农机化发展是发达地区在新的起点上夯实农业农村发展基础，协调推进工业化、城镇化和农业现代化的勇敢实践和有益探索，路桥农机人开展的机械化作业，既解决了社会化服务难题，又为国家解决了农业生产、粮食种植难题，同时还为自己带来了不菲的收入，真正取得了一举多得的效益。

据了解，路桥区农机化的发展之所以取得了优异的成绩，与区农机管理总站开创性的工作是分不开的。在站长马礼良的带领下，路桥区农机管理总站一班人，立足大农业，发展大农机，在短短七八年的时间里，使路桥区彻底甩掉了农业落后的帽子，农机化工作进入了浙江省乃至全国的先进行列。2009 年，路桥区水稻机插率达到了 50%，机耕、机收水平基本达到了 100%，水稻生产综

本文为徐丹华同志与作者一同调研后写的报道稿。刊于《农业机械》2010，3A。

合机械化水平列全省第一。此外，农机管理总站还积极探索，引导工商资本发展农机服务组织，金清镇下梁村金穗水稻全程机械化生产合作社的成功创立及有效运营，引起了社会的广泛关注，被媒体誉为“下梁模式”，得到了各级领导的好评。目前，路桥区已经发展了 10 多家农机专业合作社，经济效益显著。

肩负新使命　进行新跨越

（2010 年 7 月 29 日）

很高兴应邀来山东临沂，参加山东省农机局长学习座谈会。见到了老朋友，又结识了新朋友。相聚一起学习贯彻《国务院关于促进农业机械化和农机工业又好又快发展的意见》（以下简称《意见》），总结“十一五”，谋划“十二五”，会议开得很及时，非常必要。上午听了各市的交流发言，刚才又看了山东玉米机收专题片《新跨越》，很受启发。作为农机战线的一名老兵，多年来，与山东的同志们结下了深厚的友谊和感情，借此机会也讲一点学习体会，仅供大家参考。

最近，《国务院关于促进农业机械化和农机工业又好又快发展的意见》正式发布实施，这是继 2004 年《中华人民共和国农业机械化促进法》公布施行、农业机械购置补贴政策实施以来，我国农业机械化领域又一振奋人心的特大喜讯，是我国农业机械化发展史上的一个重大事件和重要里程碑。这个《意见》是 2007 年 4 月底、5 月初，温家宝总理、回良玉副总理分别对由 12 位专家联名提出的一份《建议》作了重要批示后，由国务院组织起草制定的。大家期盼已久，来之不易。历时三年，认真调查研究和征询听取各方面的意见，集民智、顺民心、合民意。在“十一五”末，我国改造传统农业力度加大，发展现代农业进程明显加快，“十一五”农业机械化发展规划目标全面超额提前实现的新形势下，农业机械化站在新的起点，向新高度进军的关键时期出台，全面系统地提出了新时期我国农业机械化发展的指导思想、基本原则、发展目标、主要任务、扶持政策及加强组织领导等方面的新思路、新要求、新举措，具有很强的针对性、指导性和可操作性，是指导当前和今后一个时期农业机械化发展的纲领性文件，是指导我国胜利完成农业机械化中级阶段历史使命，并继续向高级阶段进军，指导农业机械化和农机工业在新时期全面协调推进，又好又快发展的行动导向和政策指南。农业部已经发出了关于学习宣传、贯彻落实《意见》的通知。联系山东的实际，我认为山东的同志更要以此为契机，进一步认清肩负的新使命，进行新的跨越，做出新的更大的贡献。我把它概括为两句话：一是夺取玉米完胜，率先实现粮食生产全程机械化；二是进行新的跨越，向全面发展的高级阶段进军。

本文为作者在山东省农机局长学习座谈会上的讲话（2010 年 7 月 29 日　山东临沂）。

一、夺取玉米完胜，率先实现粮食生产全程机械化

目前，山东省农业机械化水平位居全国前列。2009 年，全国耕种收综合机械化水平 49.13%，山东已达 75.17%，比全国平均水平高 26 个百分点，居全国第 3 位。尤其玉米生产机械化，玉米耕种收综合机械化水平已达 82.67%，玉米机收水平为 53%，都居全国第一。玉米机收水平比全国平均水平的 16.9%，高出 36 个百分点，遥遥领先。

2008 年，中央一号文件提出加快推进粮食作物生产全程机械化。山东作为小麦、玉米主产省，小麦、玉米面积约占全国小麦、玉米面积的 24%，约占全省粮食面积的 92%。所以，山东推进粮食生产机械化，主要是推进小麦、玉米生产全程机械化。山东省在 20 世纪末基本实现了小麦生产全程机械化的基础上（2000 年山东小麦机播水平达 88.6%，机收水平达 86.3%），及时把农业机械化发展战略重点向玉米生产机械化转移，在全国率先把玉米机收这个最薄弱、难度很大的环节作为主攻重点（2000 年全国才开始有玉米机收统计资料，当年全国玉米机收水平才 1.69%，山东玉米机收水平 3.69%），方向明确，坚持不懈，如今已大见成效。预期今年或明年，山东省的玉米机收水平将超过 70%，成为全国第一个基本实现玉米生产全程机械化的省。这将是山东农机化战线献给全国的一份厚礼。山东在小麦生产实现全程机械化的基础上，花 12 年的时间，又实现了玉米生产全程机械化，成为全国率先实现主要粮食作物生产全程机械化的省份之一。完成了农业机械化发展进程中，由生产环节机械化向生产全程机械化的一次跨越，进入了更高一级的发展阶段。

提出玉米完胜，有作业环节完胜和粮食主产区完胜两层意思。一是作业环节完胜。2009 年，山东玉米耕种收综合机械化水平已达 82.67%，但玉米机收才 53%，还未达 70%以上，不算完胜。耕种收几个环节机械化作业水平要都达到 70%以上，才算完胜。二是粮食主产区完胜。发展进程中呈现出区域差异，例如平原地区机械化水平比丘陵山区高，粮食主产区小麦、玉米耕种收综合机械化水平要都达到 70%以上，才算完胜。目前还有差距。据预测，今年山东省玉米机收率有可能达到 70%以上，但分市分析，达到 70%以上的市有 7 个，其中 4～5 个市可达 80%以上；玉米机收率在 70%以下的还有 10 个市，其中玉米机收率达到 60%以上的有 4 个市，55%以上的有 7 个市。还有 3 个市在 50%以下。要实现玉米生产机械化完胜，还需继续努力。用全省平均玉米机收水平达到 70%的标准，山东今年就可能实现作业环节完胜，成为我国基本实现玉米生产全程机械化第一省。按更高的标准，即粮食主产区完胜，在山东 17 个市中应有 12 个玉米机收水平达 70%以上，预计今年才 7 个，山东在 2011 年夺取玉米生产全程机械化完胜，大有希望，预祝成功！

要实现完胜，要做的工作还很多，主要应抓好三个方面的工作：

一是落实政策，加大推进力度。中央财政今年给山东农机购置补贴资金 9.9 亿元，最近，

农业部、财政部在安排今年第二批农机购置补贴资金时，明确提出要向玉米主产区、玉米收获机械倾斜。农业部指出，农机购置补贴是当前优化农机装备结构的重要政策措施，各地要以此为抓手，加大组织实施力度，强力推进玉米收获机械化的发展。山东在这个方面积累了丰富的宝贵经验，要抓住契机，借此东风，把政策落实好，把补贴资金用好，保持领先优势，使推进工作大见成效。

二是真抓实干，增机育人，上好水平。既要增机，用现代物质条件装备农业，这是发展农业机械化的物质技术基础；又要育人，用培养新型农民发展农业。机要靠人用才能发挥先进生产力作用，不同的人用同样的机，使用效果可能有很大的差距。尤其在农业机械化发展的关键时期，人才队伍是实现农业机械化科学发展的重要保障，对农机人才的需求越来越迫切。要通过实施农机管理干部培训、新技术推广培训、新机具使用操作培训、阳光工程培训及职业技能鉴定培训等，抓好农机管理、技术和作业服务人员的培训工作，培育一支过得硬的农机化产业大军，使农业机械化发展干出成绩，干出亮点，上好水平。

三是做好总结，善于宣传。山东从20世纪末开始抓玉米收获机械化，用12年的时间将玉米机收水平从3.7%提高到70%以上，创造了“山东速度”（同期全国玉米机收水平从1.7%大约提高到30%），是全国公认的农业机械化发展中的一大亮点。“山东速度”创造了经验，走出了道路，要认真做好总结，把经验上升为理论，把山东农机人不懈探索实践的智慧和心血，凝聚成农业机械化发展的宝贵精神财富。我们要物质文明和精神文明两手抓，要善于做好宣传工作，使实践和理论成果供当代人和后来人共享，供全国农机化战线共享。这是一件很有意义的工作，从现在起就要下力气抓紧抓好。这方面的工作，山东有基础、有能力，相信一定能抓好。总结宣传要具体到人和事、单位、企业，有点有面，有深度、有广度，要生动具体。现在要开始筹划准备，时机成熟时集中宣传报道，可在一段时间作系列报道，有力度、有影响。这次会议就来了很多媒体，要通过报纸、电视、广播、信息网络等各种新闻媒体，开展多种形式的宣传工作，形成全社会都关心农机化、支持促进农机化的浓厚氛围。宣传也是生产力、战斗力。这对于凝聚力量、鼓舞信心、促进发展有着重大作用和意义。

二、进行新的跨越，向全面发展的农业机械化高级阶段进军

从农业机械化发展进程分析，大体可划分为三个发展阶段：初级阶段、中级阶段和高级阶段。这三个阶段不仅有量的增长，更有质的提高。

初级阶段指耕种收综合机械化水平低于40%的发展阶段，主要特征是环节化。农业生产方式还以传统生产方式为主，农业机械化在农业生产中还起辅助作用，主要是重要农时、关键环节的机械化。

中级阶段指耕种收综合机械化水平处于40%～70%的发展阶段，主要特征是主要粮食作物生

产全程机械化，简称全程化。农业机械化在农业生产中的作用在中级阶段要实现从辅助作用向主导作用的转折，即实现农业机械化生产方式由小于50%向大于50%的重大转折，这是一个划时代的历史转折点。从此就进入了以机械化生产方式为主导发展现代农业的新时代。从生产环节的机械化到实现主要粮食作物生产全程机械化是实现了发展进程中第一次阶段性跨越。山东预期在“十一五”末、“十二五”开始实现第一次跨越，是一次伟大的历史性胜利。

高级阶段指耕种收综合机械化水平大于70%的发展阶段。主要特征是由主要粮食作物生产全程机械化向大农业（农林牧渔）全面机械化提升，农业机械化在农业生产中起主导作用，并向全面、协调、持续发展，呈现出新的局面：一是领域拓展，由种植业向大农业拓展，农业机械化呈现出多样化发展，舞台更大；二是结构调整，就是优化升级；三是功能提高，由单功能向多功能发展；四是区域拓展，由平原向丘陵山区进军。新局面的特征概括起来就是“两多一优”：多样化、多功能、优化升级，也就是人们常说的农业机械化向广度和深度进军。

发展多功能农业，是2007年中央一号文件正式提出的，它把农业的发展提高到健全现代农业产业体系的新高度。文件中提出“开发农业多种功能，健全发展现代农业的产业体系”。农业不仅具有食品保障功能（过去多强调农业的食品保障功能），而且具有原料供给功能、就业增收功能、生态保护功能、观光休闲功能和文化传承功能，简称“1+5 功能”。中央一号文件提出，“建设现代农业，必须注重开发农业的多种功能，向农业的广度和深度进军，促进农业结构不断优化升级”。所以“要用现代物质条件装备农业，用现代科学技术改造农业，用现代产业体系提升农业，用现代经营形式推进农业，用现代发展理念引领农业，用培养新型农民发展农业”。

由以上分析可以看到，在新起点、新阶段，农业机械化发展任务更艰巨，要求更高，难度更大，任务也更光荣。所以，由全程化向全面化进军的门槛更高了，是农业机械化发展中的第二次跨越。在座的各位，当代山东农机人，已经胜利实现了第一次跨越，紧接着肩负的历史使命是进行和实现第二次跨越，由中级阶段向高级阶段进军。

新的转折期是农业机械化发展的成长期与转型期交融，所以更复杂。成长期要加快发展，转型期更重质的提高，要求农业机械化发展在量的增长的同时，要向结构优化升级转变，重在质量和效益的提高。在处理速度、质量、效益的关系上，既要重速度和量的增长，更要重质量和效益的提高。加快发展速度与提高质量、效益相比较，提高质量、效益比提高速度更难。在处理增产、增收的关系上，既重增产，更重增收。在一定程度上，增收比增产更难。农机化发展要把在加快速度中调整，与在调整中加速结合起来，所以比以往更难。在新时期，要由重点突破向统筹兼顾全面协调推进，投入强度还要增大。从按每公顷农作物播种面积农机购置投入强度看，2009年每公顷农作物播种面积农机购置投入强度，全国是384元，投入强度最高的是上海，为774.5元，山东比全国的平均水平略高，为442元。大家要有这个概念，到高级阶段发展的时候，由于它具有多样化，多功能的特征，所以有更高的要求，投入强度还要增大。进入新阶段的时候，农机化发展是一个新的增长转折期，又是一个转型期，对农机化的需求日益迫切，由过去的农业生产依赖传统要素发展，到现在当代的农业生产要依靠现代要素求发展，所以对农机化需求是更为迫切的。而适应结构调整和产业升级需要的先进适用的农业装备的有效供给不足问题是当前的主要矛盾，这就是需求迫切与有效供给不足的矛盾，所以称之为矛盾凸显期，要靠创新求发展。我们要看到新时期肩负责任的重大、任务的艰巨，要看到面临的严峻挑战，因此要增强忧患意识、责任感和使命感。但是我们还要看到发展环境和有利条件、发展机遇，要增强信心、决心和勇气，我们一定能够不负使命，应对新的挑战，出色地完成新时期的历史使命。

从发展环境上讲，山东是有优势的。进入“十二五”以后，全国人均 GDP 大概为 4 000～7 000 美元，而山东在“十二五”开始时就大于 5 000 美元，比全国高一些。另外，全国城镇化水平大约在“十二五”初期开始大于 50%，由农业社会进入城市社会，山东也比全国早一些，因为山东的城镇化水平大约比全国高 2 个百分点。在城市人口大于农业人口的背景下，对农机化的需求肯定是迫切的。因此，国家统筹城乡协调发展，对农机化的支持力度越来越大，国家的法制政策环境也越来越好。我们既要看到面临的挑战，也要看到面临的机遇，用胡锦涛总书记的话说，挑战与机遇并存，机遇大于挑战，这也是农机化发展的总趋势。这个问题弄清了，下面说说在新的时期我们应该怎么做？

发展思路要理清。新时期，山东要率先探索进入高级阶段农机化该如何又好又快地发展。山东原来是率先探索如何实现玉米生产全程机械化，现在要率先探索进入高级阶段农机化如何又好又快地发展。要求更高，难度更大。在发展思路上，必须抓住农业机械化发展的两条主线：一是提高能力保国家粮食安全；二是调整结构促农民增收。

创新促发展，增机育人增后劲，要统筹兼顾全面协调发展。具体地讲，一要做好“十二五”规划，把新阶段的新思路、新要求、新措施规划好，体现出来。二要抓好示范区建设，典型引路，全面推进。三要确保粮经协调。既要推进粮食生产全程机械化，又要推进经济作物机械化，不仅使粮经协调，还要使农牧协调。山东的农业资源在全国是属于一个比较丰裕的省份，农业比较全面，是粮食主产区，棉花、油料在全国居前列，畜牧业、林果业、蔬菜、水产等也在全国位居前列。所以要解决好粮经协调、农牧协调。四要抓好服务体系建设。五要农机化与农机工业协调发展。农机化离不开农机工业的发展，农机化又促进了农机工业的发展，二者互促共进。山东农机化加快发展与农机工业群的产生是互为因果，相辅相成的。六要实施人才优先战略，也就是农机化队伍建设问题。要培育出一支过得硬的农机产业大军。七要加大政策支持力度，优化政策资源。中央和地方要统筹协调，优势互补。八要确保实践探索与理论创新相结合。山东既要干好，创造出新的路子，创造出新的经验，还要总结好，形成新的理论，要善于做好宣传工作，物质文明、精神文明双丰收，继续在全国保持农机化发展领先地位，顺利实现从全程化到全面化第二次跨越，由中级阶段向高级阶段进军，在新的发展阶段取得新的更大的成功！

谢谢大家！

相关链接：

山东省农业机械管理办公室文件　鲁农机综字[2010]11 号

关于印发林建华主任、白人朴教授在全省农机局长学习座谈会上的讲话和报告的通知，请各市、县（市、区）农机局（办）结合各地实际，认真组织学习，切实抓好，贯彻落实。

山东省农业机械管理办公室

二〇一〇年九月一日

加快发展　大有可为

（2010 年 8 月 19 日）

各位领导、同志们、战友们：

大家好！刚才主持人介绍那么多，其实我就是农机战线的一员老兵。说我老兵，因为我在农机战线学习和工作迄今已有 53 年，所以可以算一个老兵了。作为一个老兵，很高兴应邀来参加“设施农业技术及装备培训会”。会议的组织者要我讲一讲“十二五”中国农业机械化发展展望，这个题目今年 6 月在柳州召开的“全国‘十二五’农业机械化发展战略论坛”上我讲过了，内容在这次会议的讲义上都印了，大家都可以看，就不讲了。

今天想结合云南农机化的发展情况，谈一些认识，与大家交流，仅供参考。这次到云南来，了解了一些云南的情况。前天下午，王厅长来看我的时候，希望我关注一下《云南的‘十二五’农机化规划》。所以我下决心把讲话的重点由全国改为讲云南，因为这一路上我也在边看边听边思考，昨天我花了一天时间把讲稿重新做了调整，重新写了一个讲话提纲。想结合学习贯彻落实最近刚刚发布的《国务院关于促进农业机械化和农机工业又好又快发展的意见》，联系云南“十二五”发展，讲一些学习体会，把讲座变为座谈交流云南的“十二五”农机化发展，比较合适。把我的一些认识和想法直接和大家交流。原来带来的 PPT 今天都不用了，新的 PPT 还来不及做，我就这么放开讲。请大家原谅。

今年 7 月 5 日《国务院关于促进农业机械化和农机工业又好又快发展的意见》(以下简称《意见》）正式发布实施，这是继 2004 年《中华人民共和国农业机械化促进法》公布施行，农业机械购置补贴政策实施以来，我国农业机械化领域又一振奋人心的特大喜讯，是我国农业机械化发展史上的一个重大事件。农业部已经发出了关于学习贯彻国务院这个《意见》的通知，在《通知》里面，称这个文件是我国农机化发展的一个重要里程碑。这份《意见》是 2007 年 4 月底、5 月初，温家宝总理、回良玉副总理分别对由 12 位专家联名提出的一份《建议》做了重要批示后，由国务院组织起草制定的。大家期盼已久、来之不易。也就是说从 2007 年的 5 月到 2010 年的 7 月 5 日出台，历时 3 年。是在认真调查研究和征询各方面意见的基础上，集民智、顺民心、合民意制定的。在“十一五”末我国改造传统农业的力度加大，发展现代农业的进程明显加快，“十一五”农业机械化发展规划目标全面超额实现，农机化的法制政策环境越来越好的新形势下，我

本文为作者在“设施农业技术及装备培训会”上的讲话（2010 年 8 月 19 日　云南西双版纳）。

国农业机械化站在新的起点，向新高度进军的关键时期出台，意义十分重大。请大家注意三个词：新起点、新高度、关键时期。我把这三个词解释一下。

所谓新起点，就是指我国“十一五”农机化发展的成就巨大，中国农机化发展已经站在新的历史起点上向前迈进。新起点的主要标志有五个：

第一是提前超额实现了规划目标，成效显著。讲义里面有详细的表，“十一五”农机化规划目标，都已经提前超额实现，我在这里就不详细讲了。

第二是农业机械化发展水平迈上了新的台阶，整体跨入了中级阶段。这是从全国而言，整体跨入中级阶段。为什么说整体？是指主流大多数都已经跨入了中级阶段。全国 31 个省市自治区，有的已经开始进入高级阶段，多数处于中级阶段，少数还在初级阶段。处于初级阶段的比较集中在西南几个省，云南是其中之一。所以说总体跨入了中级阶段。中级阶段有两个标志：一是耕种收综合机械化水平在 40%～70%这个发展阶段叫中级阶段。2007 年全国的耕种收综合机械化水平达到了 42.5%，超过了 40%，进入了中级阶段。2009 年全国的耕种收综合机械化水平已经达到了 49.1%，正在中级阶段运行。第二个标志就是农业（农林牧渔）从业人员占全社会从业人员的比重在 20%～40%区间，称为处于中级阶段。它反映整个社会的经济从业结构。大于 40%还在初级阶段，就是比重过大，小于 20%就进入高级阶段了。中级阶段是 40%到 20%这个区间。全国 2007 年农业从业人员占全社会从业人员的比重大约是 38%，已经小于 40%了，所以从这两个指标来衡量，我国农业机械化的发展由初级阶段跨入中级阶段是 2007 年。现在已经在中级阶段向前运行，部分先进地区已经向高级阶段迈进。2009 年全国耕种收综合机械化水平大于 70%的省有 4 个，就是黑龙江、新疆、山东和天津。总体跨入中级阶段了，有的已向高级阶段迈进，这是新起点的重要标志。

第三是全国耕种综合收机械化水平跨过 50%的历史转折点。刚才讲进入中级阶段是大于 40%，跨过 50%又是一个历史转折点。估计今年全国的耕种收综合机械化水平可能达到 52%左右，这是中国农业发展史上一个重要的里程碑，它标志着中国的农业发展方式已经进入了以机械化生产方式为主导的新时代。过去几千年中国的农业生产方式都是传统生产方式为主导，耕种收综合机械化水平大于 50%以后，就转变成以机械化生产方式为主导了，这是个重大的历史转折点，标志着中国的农业生产方式已经进入了以机械化生产方式为主导的新时代。农业对国民经济的基础作用也发生了历史巨变，对传统生产要素依赖日益减弱，比如说对劳动力对人的依赖、对牛对马等农用役畜的依赖日益减弱，中国现在已经有些省市没有农用役畜了。在北方小麦的收割已经出现了没有镰刀的时代了，现在北京、河北一带农民家里面已经看不到镰刀了，对传统生产要素的依赖性日益减弱，而对现代生产要素（如农机、科技）的依赖需求是越来越大了，我们已经进入发展现代农业的新时代。

第四是实现了农业机械化和农机工业协调发展，互促共进。农业机械化发展、农机工业发展，农机流通发展、农机市场营销两旺。在座的来宾有农机生产厂家，也有你们那个“村里人”公司，算农机流通吧，农机流通也发展起来了，产销两旺。2005 年中国农机工业总产值有了历史性的突破，突破了 1 000 亿元大关。2009 年短短的 4 年又突破了 2 000 亿元大关。过去几十年才达到几百亿元。现在几年就过 1 000 亿元，2009 年实际上农机工业的产值达到了 2 264 亿元，在全球金融危机中，中国农机工业实现了逆势增长，没有下滑，还增长了。这是第四个标志。

第五是形成了历史上最好的农机化法制政策和发展环境。从法制政策上来讲有几个大的事件。一是 2004 年《中华人民共和国农业机械化促进法》出台，我国农业机械化发展进入了有法可依、依法促进的法治轨道；二是 2004 年农业机械购机补贴政策正式在中央一号文件里面纳入支农惠农政策体系的重要内容之一，购机补贴政策正式出台。当年中央财政农机购机补贴资金是 7 000 万元。7 000 万元数额并不大，但跟以往相比是大幅增加。1998 年到 2003 年连续 6 年中央财政用于农机购置方面的补贴资金，当时不叫补贴资金而是叫做更新资金，是一个专项资金，每年 2 000 万元，主要是用于大中型拖拉机的更新。购机补贴政策出台以后，由 2 000 万元一下增加到 7 000 万元，为原来基数的三倍半，全国农机界非常振奋。以后又逐年大幅递增，2010 年中央财政农机购置补贴资金达到 155 亿元。6 年翻了 7.7 番。形成了财政投入稳定增长的投入保障机制和长效机制。所以是法制政策最好的发展环境。三是 2010 年《国务院关于促进农业机械化和农机工业又好又快发展的意见》正式出台，这是指导 21 世纪第二个十年我国农业机械化发展的纲领性文件。许多省和市也相应出台了有关农机化的一些条例和政策，所以说政策环境是越来越好。这是新起点，我们在这样一个新的形势下继续向前发展。

那么新高度是指什么？刚才讲了，全国耕种收综合机械化水平已经在大于 50%这个新高度向前发展了，这就是新高度。目前已经在向 60%、70%这两个新台阶进军。国务院《意见》提的农机化发展 2015 年目标和 2020 年目标，就是往 60%、70%两个台阶进军，所以这是新的高度。

所谓关键时期，是指“十二五”是我国农机化发展承前启后、继往开来，确保实现 2020 年奋斗目标的发展关键时期，第二个十年头五年是关键。是战略机遇期、矛盾凸显期和战略转型期。为什么说是矛盾凸显期？就是农业机械化的发展需求越来越迫切，但是满足结构调整和产业升级需要的先进适用的农业机械有效供给不足。什么叫做有效供给不足？现在中国是个农机生产制造大国，可以生产 3 500 多个品种的农业机械。现在全世界的农业机械有 7 000 多种，我国能够生产 3 500 多种，大概 90%以上国内需求的农业机械我们都能生产制造了。但是出现了低产能的，就是技术水平比较低的甚至应该淘汰的一些老的产品生产能力过剩。而适合于产业结构调整升级需要的先进的农机供给不足，叫做有效供给不足。有需求但不能满足，这是一个很大的矛盾。这个矛盾我估计云南的体会更深，因为云南需要种类很多的农业机械，它的农业资源很丰富，恰恰很多东西对于农机都是缺门，还不能满足。所以云南在购机补贴里面也遇到这个问题，就是中央规定的主要支持的一些农机产品，可能有些在云南还不太适合，云南需要的可能还不一定有。现在扩大了省的自主权，省自己可以选择一些型号的产品。所以矛盾凸显期就是需求迫切而有效供给不足。战略转型期是什么意思呢？就是在这个时期的发展，既需要量的增长又要重质的提高，协调推进。把质的提高提升到更加重要的位置，它是个转型期。举个简单的例子来讲，就像咱们在座的各位子女的上学，由小学升中学，初中升高中，高中升大学，叫做转型期。它学的内容、课本都不一样了，有很多的变化。有新的更高的要求。在转型期，既要有量的增长，又要有质的提高，而且把质的提高放在更重要的位置。

刚才说的三个方面：新起点、新高度、发展的关键时期。关键时期就是矛盾的凸显期和战略转型期，所以在这个时期，出台国务院这个《意见》，全面系统地提出了我国农机化发展的指导思想、基本原则、发展目标、主要任务、扶持政策以及加强组织领导等方面的新思路、新要求和新举措，具有很强的针对性、指导性和可操作性，是指导当前和今后一段时期农机化发展的纲领性文件，是指导我国顺利完成农机化中级阶段历史使命并继续向高级阶段进军，指导农业机械化、农机工业和农机流通在新时期全面协调推进，又好又快发展的行动导向和政策指南。我们一定要联系实际认真贯彻落实，进一步认识我们肩负的历史责任和使命，因地制宜，经济有效地在推进农机化发展中作出新的贡献。

结合云南“十二五”规划和这次会议，我想讲一讲抓住机遇、加快发展、突出特色、大有可为这么几个问题。讲题可用八个字来概括：“加快发展、大有可为”。

一、抓住机遇，加快发展，云南农业机械化即将进入快速发展的成长期

首先，讲一讲对云南农机化发展形势的总体判断。这是我来云南看到的、听到的、想到的一个初步判断，所以不一定很准确。这个判断可用一句话来表述：抓住机遇、加快发展，云南农业机械化即将进入加快发展的成长期。西南几个省农业机械化的难度都比较大，目前，是全国农机化水平较低的地区，在国家支农强农政策扶持下，大家积极努力，近几年农机化的发展速度在明显加快，发展势头良好。就云南而言，耕种收综合机械化水平已经由前几年不到10%快速提高到21%左右，虽然有些环节还处于起步和爬坡阶段，但是总体上即将进入加快发展的成长期。为什么我要提即将进入？大家也知道，所谓即将就是还没有完全进入，但势必进入。按照农机化发展的一般规律，农机化发展进程是一个S形的曲线。S形曲线就是发展的初期很缓慢，我国农机化从新中国成立初期到2007年耕种收综合机械化水平才达到40%，它开始很缓慢。耕种收综合机械化水平达到30%以后，进入成长期。成长期的特征是快速发展。耕种收综合机械化水平达到80%以后，进入成熟期，发展又比较平稳了。现在云南刚过20%，进入了由慢到快，加速发展的过渡期，也就是即将进入快速发展的成长期。进入成长期有几个条件，一是发展的基础。云南2009年已经拥有农机总动力近2 160万千瓦，农业机械原值已近133亿元，乡村农机从业人员已经有124万多人，可称之为云南已经拥有百万雄师的农机产业大军。农机领军人物已经是指挥一百多万人的农机特种兵司令了。云南农机化已经有快速发展的基础了。

二是发展环境。农机化发展的法制政策环境是空前的好，在历史上最好的环境，而且是越来

越好。购机补贴云南近三年也在大幅度增加，2008 年中央给云南的农机购置补贴超过 1 亿元，2009 年超过 2 亿元，今年 3.4 亿元。所以是历史上最好的时期，发展环境很好。

三是工作力度和经验。云南农机部门已经积累了丰富的工作经验，这两天我们见得很多。包括刚才主持会议的校长看起来很年轻，但已经在农机战线工作多年了，现在正年轻力壮。云南已经有一支能打硬仗的农机产业大军，有一支有经验有能力的农机管理队伍，在农机化的黄金发展期一定能大显身手，加大力度，抓住机遇，乘势而上。这是加快发展的重要条件。

四是农民的认可和接受程度。由试验示范到推广普及，现在已初见成效。云南农民购置农机的投入，从 2004 年的 9.6 亿元逐年提高到 2009 年的 13.6 亿元，可见农民的购机积极性和对农机的认可程度是越来越高。所以说是进入快速发展成长期的重要条件。需求也好、供给也好、经验也好、人力也好、财力也好，总之，这些方面比以往任何时候都要好，可见进入快速发展成长期的条件基本具备。所以我们要抓住机遇，加倍努力，定有所成。

当前全国各省市县都在制定《“十二五”农机化发展规划》。《中华人民共和国农业机械化促进法》规定，“县级以上人民政府应当把推进农业机械化纳入国民经济和社会发展计划”。国务院《意见》明确提出到 2015 年、2020 年我国农机化发展的指导思想、基本原则、发展目标和扶持措施。所以，编制好《规划》就是依法促进农业机械化发展和贯彻国务院文件精神的非常重要的任务，一定要抓紧抓好。用科学发展观来统领农机化发展全局，要把中央的精神和云南农机化发展的实际结合好，规划要体现全局性、战略性、政策性、指导性和可操作性，要根据发展是硬道理，是第一要务的要求，研究农机化发展的内在规律性，因为内因是变化的根据；还要研究农机化发展的客观环境，因为外因是变化的条件，外因要通过内因来起作用。要把内因、外因都研究清楚才能准确把握新起点上农机化发展的新特点、新要求，找准制约发展的主要矛盾和问题，提出进一步发展的指导思想、发展目标、发展重点、发展格局以及促进发展实现目标的主要措施。

“十二五”是 2010—2020 年这第二个十年间的关键五年，对 21 世纪第二个十年的发展，对全面实现 2020 年的宏伟战略目标具有承前启后、继往开来的关键作用。在这个发展的关键时期，又是矛盾凸显期和战略转型期，所以农机化发展的任务是十分光荣又很艰巨的。对云南，这个急需加大开发力度，目前还较为落后的发展中地区，我们既要看到农机化发展任务很艰巨，难度很大，要增强忧患意识、责任感和紧迫感，也要看到发展机遇和巨大的潜力，增强加快发展的勇气和战胜困难夺取胜利的信心和力量。也就是说我们要全面地辩证地看云南的优势、潜力和制约、困难。说云南农业的开发潜力大，我以前看过一些资料，这次到几个地方体验一下有更深的体会。

云南开发潜力大，首先是云南农业资源非常丰富。云南是我国生物资源大省，享有植物王国、动物王国、物种基因宝库、天然花园、香料之乡、药材宝库等美称，云南头上好多美冠啊，具体数字我就不说了。比方说植物王国，云南的高等植物就有 18 000 多种。农业资源的多样性为农业机械化的发展提供了广阔的空间和用武之地，说明它的开发潜力巨大。

二是云南的土地资源、光热资源开发利用的潜力大。因为云南地跨北回归线，属于亚热带、热带高原型湿润季风气候，年无霜期200～250天，年降雨量1 000～1 500毫米，耕地9 100多万亩，居中国第六位。人均耕地两亩多，刚才我听李秘书长讲西双版纳还多一点，比全国的人均耕地多0.63亩，也就是说云南比全国的人均耕地高出45.8%。但是在亚热带和热带气候这么好的条件下，目前云南的复种指数仅仅为99.74%，也就说还不到100%。这是个什么概念呢？就是云南现在农作物的播种面积还小于耕地面积，可见土地资源、光热资源在云南的开发利用潜力相当大，很多宝贵的资源还待开发。发挥农业机械化先进生产力的作用，可以大大提高农业资源的开发利用能力，促进农业增效，农民增收，这是第二个方面我们看到云南农业的潜力和优势。

三是优势资源丰富、名优特产多。比如说云南有名的云烟，云南的烤烟产量产值和利税都居全国第一；花卉，云南的鲜花面积、产量都居全国第一；昆明有花城的美称；还有云茶，云南的茶叶面积、产量居全国的第二位，普洱茶、滇红等驰名中外；还有云药，三七、白药等在国内外都享有盛誉。所以名优产品多。滇南，像西双版纳这个地区又是我国热带经济作物重要生产基地，咖啡面积全国第一，产量占全国的95%以上，都在云南啊。橡胶、蔗糖面积和产量都居全国第二位。所以云南要发挥优势，优化产业结构，要发展特色农业，这是发展区域经济，促进农民增收的重要途径，在这些方面发挥优势，发展特色农业，农机化都大有可为。

四是在世界经济全球化趋势加速，我国深化改革开放，不断提高对外开放水平的新形势下，农机化的发展也要统筹国内发展和对外开放。云南有紧密连接我国内地和东南亚、南亚、沟通印度洋的“桥头堡”的地缘优势，所以从深化改革开放，发展开放型经济来讲，云南也有优势。发挥云南的农业优势，要提高云南农业的国际竞争力，农机化也大有可为。我对云南的了解不如在座的各位，我是从我看到的、听到的和想到的把它概括为这四个大的优势，云南农业和农业机械化、现代化发展潜力很大。

下面说说困难。说云南农业机械化难度很大，我想讲两个方面。一是地形地貌复杂，高原山地丘陵大约占95%，立体地形、立体气候的复杂多样和多变性，自然灾害也比较频繁，所以它对农机化既有迫切的需求，又带来了很多的制约和困难。这个立体地形，我第一次到云南西双版纳是20世纪80年代初，我就尝到这个苦头。从昆明到西双版纳，东道主想让我们沿途看一看，坐车绕那个横断山脉，从山下绕到山顶又从山顶绕到山下，老在盘旋，老转圈，绕的我晕头转向，那个时候我比现在年轻，三天两夜从昆明到这儿，我在路上一顿饭没吃。沿途接待方专门有安排，从哪儿出发，到哪儿休息，到哪里吃饭，一进门就用准备好的水洗洗脸，再去吃饭。一到饭厅，我一闻到油的味道就想吐，吃不下去，坐车坐晕了，后来在路上给我输液，总不吃饭怎么能行？到了西双版纳，一下车之后人一下就好了，住进植物所，不舒适感就没有了。回昆明是坐飞机回去，那是我第一次到西双版纳。对云南的立体气候感受很深，车到山上看见栽插秧，盘旋到山下就在收割了，这是云南的气候特点多样性复杂多变，所以它对农机化的需求迫切，但难度又比较大。云南有1 400多个平坝，但是散布于山地与丘陵之间，这些平坝也是云南的一宝啊。

二是云南的整体经济水平和城镇化水平还比较低。人均 GDP，农民人均纯收入和城镇化水平在全国都是倒数第三位、第四位，大概是这么个水平。比如说2008年人均GDP全国是3 414美元，已经超过3 000美元，全国整体水平已经进入人均GDP大于3 000美元的俱乐部了。云南2008年才1 800多美元还不到2 000美元，农民人均纯收入全国2008年是4 761元，2009年是5 153元，云南2008年才3 103元，2009年才3 369元，西双版纳高一点才3 700多元，跟全国平均水平还有差距。城镇化水平2009年全国是48.3%，这里给大家一个重要的信息就是“十二五”期间我国将进入城市社会，就是“十二五”中国的城市人口将历史性地大于乡村人口，云南2009年的城镇化水平才34%，全国倒数第四位。整个社会经济条件、经济水平也对农机化的发展形成一些制约。

从以上分析，我们可以看到云南农业和农机化发展有四大优势和潜力，也有三难：一是山地、丘陵地区比平原地区难；二是农作物多样性、分散性地区比农作物成片性、较单一性的地区难；三是经济落后地区比经济发达地区难。综合分析农机化自身的发展规律、发展环境和发展要求，可以看出，云南的农机化面临着历史上最好的发展机遇，也面临着空前严峻的挑战。但总体上来讲是机遇大于挑战，潜力大于困难。就像我刚才说的优势和潜力有四个，而困难才有三个，四总比三要大一点嘛。我们的任务是肩负起历史的重任，抓住机遇、应对挑战、加快发展，来缩小差距，努力开创云南农机化发展的新局面。所以，“十二五”云南农机化的发展要有新的思路和举措，农机化要在全局的发展中（就是云南的农机化对云南全局的发展）做出新的重大贡献。也要在全国农机化发展全局中，做出云南的重要贡献。

二、“十二五”要加强基础，突出特色两手抓，农机化大有可为

下面讲第二个问题。就是讲讲对云南“十二五”农机化发展的一些认识和建议。“十二五”要加强基础，突出特色两手抓，农机化大有可为。

（1）发展思路及目标选择。任何发展的过程，越是存在着诸多的矛盾，问题越是复杂，就越要善于抓住主要矛盾。刚才谈了云南那么多困难也很复杂，要善于抓住主要矛盾，抓住主要矛盾才能化解矛盾，抓住机遇加快发展。所以“十二五”云南的农机化发展要审时度势，从实际出发。首先要理清发展思路，这非常重要。从发展思路来讲，农机化的发展要坚持不懈地抓住两条主线。这两条主线是什么呢？一是提高农业综合生产力，保障粮食和食品安全。因为农机化是农业先进生产力的代表嘛，这是一条主线。二是调整农业结构，提高农业效益，促进农民增收。就是说农机化始终要围绕着保安全、促增收这两条主线来发展。要在保增长、保安全、调结构、扩领域、上水平、促增收上下工夫。科学发展观指出，发展是党和国家执政兴国的第一要务，发展是硬道理。快速发展是新时期最显著的特征。全面协调可持续发展的根本方法是统筹兼顾。在云南农机化目前还处于后进状态的情况下，“十二五”云南的农机化必须加快发展，也可能加快发展。经过努力，奋力拼搏，云南的农机化在“十二五”有可能实现从初级阶段跨入中级阶段的跨越式发

展，即耕种收综合机械化水平由目前的21%要发展到大于40%，实现阶段性突破。“十二五”期间，如果云南的耕种收综合机械化水平实现了大于40%的目标，这就是农机化的发展进程中取得了一次重大的阶段性胜利。那么与全国的农机化发展就将在同一个阶段内运行了。就是说必须改变全国已进入中级阶段，云南还在初级阶段的落后状态，与全国的差距要进一步缩小。“十二五”全国耕种收综合机械化水平大体上是年平均增幅在2%左右，“十二五”要跨过60%的坎。云南的发展速度应该在3%～4%，应当比全国平均速度快一些，以这样的速度“十二五”末才能达到40%。就像我们中国是发展中国家，跟发达国家比较我国的发展速度要快一点。我国的整体实力，改革开放以来由经济总量排世界第七位，发展到现在是第二位了，超过了德国、日本。加快发展是很迫切的必然要求。发展速度应该高于全国平均水平，这就是云南的努力目标。云南如果“十二五”跨入了中级阶段，就上了一个新的台阶，开创出了一个发展的新局面。云南的农机化就进入了一个新的境界。我们应当为此付出不懈的、艰苦的努力。那么怎么来推进这个进程呢，我有这么个建议，在区域发展不平衡的客观情况下，因为云南各个地区的发展也很不平衡，要正确运用重点突破、全面推进的成功经验，云南也可以在省内来抓好率先实现水稻生产全程机械化的第一县。全国水稻生产全程机械化的第一县是在江苏的武进区，玉米生产全程机械化的第一县是在山东的桓台县，这两个第一县，各大媒体包括人民日报、新华社都有报道，这两个第一县都是我宣布的。当时我们曾经建议由农机化司的王智才司长来宣布，但王司长说这个事情还是请我以学会的名义来宣布，所以最后这两个县是我在现场会上宣布的。云南要做全国第一县是不可能了，但是省里面搞一个全省的第一县可以吧，就是先进带后进，我希望抓一下，推进推进。云南也可以树立粮食生产全程机械化，特种作物生产全程机械化的先进县。抓先锋开路、捷报频传、宣传引导，振奋人心，促进发展。我预祝云南取得成功！着力点要提高粮食生产机械化水平与发展特色农业机械化两手抓。

（2）加强基础，突出特色，统筹兼顾，全面发展。根据中央关于积极发展现代农业、促进农业机械化又好又快发展的精神，云南的农机化要按照因地制宜、经济有效、重点突破、全面发展的基本原则，加快推进粮食作物生产全程机械化，协调推进特色农业机械化全面发展。粮食提加快推进，特色农业提协调推进。既要加强和稳固粮食生产机械化这个基础，又要发挥先进生产力在发展特色农业、提高效益和竞争力中的重要作用，实现增产、增效、增收，要以特取胜。农机化的发展格局各地要因地制宜地呈现出优势和特色，因为农机化可干的事情很多，各个地方一定要找准自己的着力点，要干出成绩和效益，干出亮点。对云南来讲，要特别认真学习2007年中央一号文件提出的“开发农业多种功能，健全发展现代农业的产业体系”精神。这是中央文件第一次明确提出农业有多种功能。指出农业不仅具有食品保障功能，而且具有原料供给功能，就业增收功能，生态保护功能，观光休闲功能，文化传承功能，可以称之为一加五功能。中央文件指出，建设现代农业，必须注重开发农业的多种功能，向农业的广度和深度进军，促进农业结构不断优化升级。因此提出“要用现代物质条件装备农业，用现代科学技术改造农业，用现代产业体系提升农业，用现代经营形式推进农业，用现代发展理念引领农业，用培养新型农民发展农业。”为什么把中央文件上这一段详细给大家念一下，我觉得认真贯彻中央关于发展多功能农业的指示精神对云南是非常迫切、非常重要。在云南农机化发展的“十二五”规划中一定要结合云南的实际情况，把中央的精神贯彻落实好。在新的形势下强调统筹兼顾、全面协调两手抓，是对传统的思路和常规做法的突破。例如传统思路一般都是讲农机化的发展先平原后山地丘陵；先粮食后经济作物、大农业，这是传统的思路。新时期新思路是在大力推进粮食作物生产全程机械化的同时，因地制宜、经济有效地协调推进经济作物、养殖业、林果业、农产品初加工机械化的全面发展。这在文件精神上体现出来，要协调推进、全面发展，由过去强调有先有后变成强调统筹兼顾、全面协调。大家注意到科学发展观有两句很重要的话：“根本方法是统筹兼顾”以及“基本要求是全面协调可持续”。顺应经济发展的客观需要、符合农业发展的一般规律，也符合国务院《意见》的精神以及现在农机购置补贴的力度日益加大、范围日益拓宽这个新形势，因而实现由过去强调有先有后到现在强调统筹兼顾、全面协调推进的转变是必要的，也是可行的，这是云南在新形势下实现跨越式发展的必然选择，是在发展中探索实现农业机械化发展的新型道路的必然选择，所以要加强基础，发挥优势，以特取胜。祝云南成功！

（3）实施人才优先发展战略。要增机育人结合，充分发挥先进农机装备技术的先进生产力作用。同样的装备设施，不同的人使用管理效果可能大不一样，要实施人才优先发展战略。这次举办这个培训会就是把设施农业的建设与培训人才结合起来，这也是贯彻实施人才优先战略，用培养新型农民来发展农业的一次重要举措。农业部《关于促进设施农业发展的意见》指出，“设施农业是综合应用工程装备技术、生物技术和环境技术，按照动植物生长发育所要求的最佳环境，进行动植物生产的现代农业生产方式”。这是农业部文件对设施农业的定义。设施农业与传统农业不一样，它具有技术密集、集约化和商品化、产业化程度高，具有高产、优质、高效、安全、周年生产的特点，是建设资源节约型、环境友好型农业的重要手段。由于它和传统农业不一样，所以要先培训，人才优先。这次培训请来了杨教授、周所长等来讲，都是设施农业界的专家权威，一定会对云南的发展大有帮助。所以后面的精彩内容听他们的，我就不多说了。我想说几句大家关心的两个问题，一是设施农业归口农机化部门管理以后，明确了加强设施农业管理是各级农机化部门的一项重要职能，就是农机管理部门管设施农业的重要职能，所以在理顺体制，加强组织领导，促进设施农业发展方面取得了可喜的进步。这是大家看到的，设施农业现在已经有归口管理了，体制在逐渐的理顺，跟过去比较这是一个进步，当然还要进一步完善。二是在政策促进方面，重点设施农业的装备已经纳入农业机械购置补贴的范围。农机购置补贴刚开始是没有设施农业装备的，现在也纳入补贴范围了，当然这仅仅是开始，但是有了这个开端，大家要相信扶持的力度和补贴的规模也会逐渐加大，设施农业这块扶持的范围也会逐渐拓宽增多，对于这一点大家要有信心，云南在这方面做得还是不错的，云南在农机购置补贴里面基本上10%以上用于设施农业装备，已初见成效。设施农业的人才培培训工作也会逐渐加强。这次会议很重要，是贯彻落实人才优先战略的重要行动，很及时。大家对设施农业已经有归口管理了很拥护，很高兴，而且政策扶持力度也越来越大，大家要有信心。

同志们，当代农机人赶上了我国农机化发展的黄金发展时期，是可以大显身手，大展才华，大有作为的好时候！作为一员老兵，我很羡慕你们，为你们感到光荣和自豪，你们赶上了好时候。希望各位不负使命，为云南和我国的农机化事业做出新的重要贡献！祝你们走运！祝你们成功！谢谢大家。

学习山东经验　促进又好又快发展

（2010 年 9 月 20 日）

2009 年，我国玉米机收水平比上年提高了 6.3 个百分点，提高 6 个百分点以上的省（市、自治区）达 10 个，呈现出一派快速发展的好态势，盛况空前。其中名列第一的是山东省，提高幅度为 17.2%，是全国公认的玉米收获机械化发展中的一大亮点。2009 年山东玉米机收水平达 53%，比全国平均水平高 36 个百分点。今年山东玉米机收水平有可能在全国率先闯过 70%大关。山东的速度和经验已经引起大家关注，并从不同角度进行研究总结，把经验上升为理论认识，有利于大家共享物质文明和精神文明成果，促进科学发展。

大家重视总结和学习山东经验，是因为山东玉米机收的快速发展，不是一二年的短期快速发展，而是连续四年提高幅度在 6%以上，连续三年提高幅度在 9%以上的持续快速健康发展。是被称之为山东速度的快速发展。2006 年，山东出现了全国玉米生产全程机械化第一县。四年后，山东又将以率先基本实现玉米生产全程机械化先进省的新业绩向国家、向人民报捷。山东玉米机收的快速发展增强了业界的信心，鼓舞了大家积极推进的勇气，树立了榜样，使大家看到了攻克三大粮食作物生产全程机械化进程中难度最大的“瓶颈”环节这道难关，取得胜利的希望。

山东经验值得认真总结宣传，是因为它是我国农机化发展进程中，经过实践检验，凝聚了农机人不畏艰难，锐意进取，长期探索积累的智慧和心血的宝贵经验。山东省从 20 世纪末小麦基本实现全程机械化之时，就敏锐及时地把农机化发展战略重点转移到另一大主要作物玉米生产机械化上来，并把玉米机收作为主攻重点。在科学决策上不失时机地进行战略重点转移，率先启动，高人一筹；在执行决策上山东省十多年来长期坚持不懈，不断加大决策执行力度，不动摇，不松懈，难能可贵；在实际推进中勇于实践，敢于创新（发展思路创新、技术组合模式创新、机具改进创新、组织管理创新、理论创新，而且注意整合创新资源，发挥创新组合优势，用于实践），以创新促发展，成效显著。其基本经验可概括为：科学决策，率先进取，执行有力，坚持不懈，创新发展。认真总结，加强宣传，形成实践、理论双丰收的发展局面，是贯彻落实科学发展观，既要走出道路，又要形成理论，物质文明、精神文明两手抓，两手都要硬的具体体现。必须努力

本文刊于《中国农机化导报》2010 年 9 月 20 日 7 版，2010 年山东省玉米机收水平达 71.5%。2010 年 10 月 18 日《中国农机化导报》头版头条：“山东成为我国玉米生产全程机械化第一省”。年底入选 2010 年全国农机化十大新闻之一。

抓紧抓好。

在新形势下，我们要认真学习，坚决贯彻落实《国务院关于促进农业机械化和农机工业又好又快发展的意见》精神，制定好“十二五”农业机械化发展规划，在新的起点上因势利导，进一步采取加大投入，增机育人，分类指导，以点带面，创新发展等综合措施，积极推进我国玉米机收又好又快发展，在“十二五”期间上好新的台阶，开创出加快推进玉米生产全程机械化的发展新局面。

“直通中南海”建言：写给胡锦涛总书记的一封信

（2010年10月6日）

尊敬的胡锦涛总书记：

您好！

我已年逾古稀，赶上可给中央领导人留言的“直通中南海”时代，能借此渠道向总书记提建议倾诉心声，真是高兴。

中央即将开会研究制定“十二五”发展规划，这是全国人民十分关注的大事。我的一点建议是：要组织力量认真总结江苏贯彻落实科学发展观，统筹城乡发展，跳过了“以牺牲农业和粮食生产为代价”的陷阱，实现科学发展的经验，供制定“十二五”规划参考。

查阅有关统计资料，发现从2003年到2009年，江苏省人均GDP从2 031美元增至6 550美元，其间2004年超过广东，由全国第6位升至第5位，2009年又超过浙江，由第5位升至第4位，仅在上海、北京、天津三大直辖市之后，跃居各省之首。与此同时，粮食面积从4659.5千公顷增加到5272千公顷；粮食产量从2 471.9万吨增加到3 230.1万吨；人均粮食从334公斤增加到418公斤；第一产业增加值从1 106.35亿元增加到2 261.86亿元；农业机械年购置总投入由16.95亿元增加到31.08亿元，其中中央财政投入由236.45万元增加到5.37亿元，地方财政投入由2 774万元增加到2.95亿元（全国第一），农民投入由16亿元增加到22.2亿元；平均每公顷播种面积农机购置投入由220.6元增加到411.2元；耕种收综合机械化水平从50.7%提高到63%；第一产业劳动生产率由8 851元/人提高到25 218元/人（由全国第八位跃居第一位），与全员劳动生产率、非农产业劳动生产率的差距在明显缩小；农民人均年纯收入由4 329元增加到8 003.5元（远高于全国平均水平5 153.2元）；城乡收入比（以乡为1）2009年为2.57（远低于全国平均差距3.33）；人均地区财政收入由1 078元增加至4 180元（由全国第6位升至第4位）。由以上数据看出，江苏的快速发展是不以牺牲农业和粮食生产为代价的健康发展，是城乡统筹协调共进的科学发展。民富省强。因此，认真总结江苏的实践成果和经验，为什么江苏能走在全国前列，成为学习实践科学发展观的排头兵，怎样在人均GDP从2 000美元提升到6 550美元的进程中，跳过了“以牺牲农业和粮食生产为代价”的陷阱，实现了又好又快地科学发展，把实践上升为理性认识，又从理性认识而能动地指导实践，对深入贯彻落实科学发展观，“十二五”进一步开创中国特色社会主义事业新局面，不断夺取全面建设小康社会的新胜利，具有重要意义。

在国庆节期间写完了这份建议，倍感愉快。不知当否？请示。

2010年10月6日

率先扶持成效显著　继续努力再创辉煌

（2010 年 12 月 9 日）

一、《议案》实施成效显著

2002 年，广东省人大审议通过，省政府重点办理的《扶持农业机械化发展》议案（以下简称《议案》），2003 年开始实施，迄今 8 年，成效十分显著。

率先扶持的战略举措震动全国。广东《议案》在全国开了省人大、省政府合力采取战略举措，加大扶持力度，全面配套推进农业机械化发展的先河。这项在全国率先实施的支农强农惠农《议案》，受到广东民众的热烈拥护和欢迎，在全国农机化领域也引起了极大反响和震动。奔走相告，欣喜动容。广东《议案》在《中华人民共和国农业机械化促进法》和中央财政农业机械购置补贴政策出台前一年多开始实施，在中央财政每年用于支持农机购置更新的资金才 2 000 万元时，广东省作出了省财政 8 年拿出 7 亿元资金扶持农业机械化发展的重大决策，足见其远见和魄力。广东《议案》为进入 21 世纪积极发展现代农业带了好头，做出了重要贡献。正如《人民日报》评论员所说，“《中华人民共和国农业机械化促进法》将这些行之有效的政策措施通过法律的形式加以肯定，体现了党的主张与人民意志的统一。”

不负使命推进了农业机械化健康快速发展。从 2003 年到 2009 年，广东省年农机购置总投入从 4.29 亿元增至 12.74 亿元，接近翻了 1.5 番；农机总动力从 1 800 万千瓦增至 2 190 万千瓦，增加 390 万千瓦，年均增长 3.33%；农业机械原值增加 35.9 亿元，年均增长 5.04%；大中型拖拉机、联合收获机分别增加 1.15 万台、1.11 万台，年均增幅分别为 23.2%、21.5%；水稻插秧机从无到有，已发展到 1 300 多台；温室设施从 190 万平方米发展到 1 153 万平方米，增加 963 万平方米；乡村农机人员从 94.45 万人增加到 117.63 万人，增加 23.18 万人，一支掌握现代农业装备、用先进生产方式进行农业生产经营的产业大军迅速成长，这支百万大军成为新农村建设的生力军、发展现代农业的中坚力量和新型农民的代表；2009 年，广东农产品保鲜储藏设备达 5 600 台（套），占全国 1/5 多；增氧机 51.33 万台，约占全国的 36%。用现代物质条件装备农业，用培养新型农民发展农业，大大增强了农业基础，提高了农业综合生产能力和质量、效益。从 2003 年

本文为作者应约写的一篇广东《扶持农业机械化发展》议案实施述评，发表于《现代农业装备》2011 年 01/02 期。

到2009年，广东耕种收综合机械化水平从16%提高到33.7%，翻了一番多，7年提高幅度超过过去50多年，是广东农机化进程中发展最快的时期。尤其2009年比上年提高了8个多百分点，与全国平均水平差距出现了由扩大到缩小的重大转折，反映出几年打基础、调结构，发挥后发优势的努力已见成效，蓄势爆发，实现跨越式发展的潜力开始显现。在此期间，广东第一产业从业人员从1 559.6 万人减至1 536.7 万人，减少22.9万人；每百户农村居民平均拥有役畜从29.51头减至24.83头，减少4.68头；在人力、畜力投入减少的情况下，第一产业增加值从1 093.52亿元增至2 010.27亿元，增加916.75亿元；第一产业劳动生产率从7 012元/人提高到13 082元/人，增加6 070元/人；二者提高幅度分别为83.8%、86.6%；农民人均年纯收入从4 055元提高到6 907元，增加70%。以上事实说明，广东农业发展方式发生了机械化生产方式逐步取代传统人畜力生产方式的重大转变，减少了对人畜力的依赖，增机、减人、减畜，机械化生产方式的作用增强了，提高了农业生产水平，农业效益提高了，农民增收了。《议案》实施以来，广东农机化战线不负使命，推进了农业机械化健康快速发展。

水稻上台阶开创了粮食生产机械化新局面。水稻是广东第一大农作物，目前广东水稻面积约占全国6.6%，居第9位；水稻面积约占全省粮食面积的77.2%，稻谷产量约占全省粮食产量的80.5%。在全国推进粮食生产全程机械化，保障粮食安全和促进粮农增收的战略行动中，广东水稻生产机械化在全国、在广东省都有重要地位，《议案》实施一直把水稻生产机械化上台阶作为重要任务，取得了明显效果。从2003年到2009年，广东水稻耕种收综合机械化水平从21.3%提高到48.2%，提高幅度达2.26倍，发展水平从初级阶段跨入了中级阶段，上了新台阶，站在了新起点。难度最大的机插秧逐渐得到农民认可，推广力度正在空前加大；尤其水稻机收水平从不到10%提高到48.6%，提高近5倍，开创了广东粮食生产机械化快速发展的新局面。更可喜的是，水稻生产机械化与稻谷产业化经营结合，龙头企业与生产基地协调发展，互促共进，实现农业增效，产业发展，粮农增收，互利共赢的发展新格局取得了重要进展。出现了海纳公司等一批带动农民依托农机，依靠科技，走上种粮致富道路的龙头企业和荣获全国劳动模范称号的种粮标兵钟振芳等优秀人物。此势头在“十二五”期间加快转变发展方式的主线指导下，将迈出更加坚实的步伐，有更为广阔的发展前景，水稻生产机械化与稻谷产业化经营将登上新的更高台阶。

特色创一流开拓了农业机械化全面发展新境界。广东经济作物、园艺作物、畜禽水产具有特色优势，各地发展不同特色的优势产业，是发展地方经济和农民增收致富的重要途径。在《议案》对优势产业要发挥先发优势，要求特色创一流的发展思路指导下，8年来农机化为广东特色产业发展提供了技术支撑，在诸多领域取得了突破性进展，开拓了广东农机化从粮食作物向经济作物，从种植业向养殖业，从大田农业向设施农业全面发展的新境界。例如，温室大棚及其节水灌溉设备，节能烘干设备，荔枝、龙眼剥壳去核及产后加工设备，板栗产后加工处理设备，蔬菜、水果质量检测、清洗、分级、保鲜、包装设备，种猪智能测定设备，智能化母猪群养设备，养殖基地水质净化处理设备，双尾虾剥壳取肉等关键技术和先进适用机械的研发与生产应用，取得了突破性进展，在国内处于领先水平，受到了用户欢迎，取得了可喜的经济效益和社会效益，增创了广东农业发展的新优势。广东水产养殖机械化水平在全国位居前列，增氧机覆盖率由 2003 年的 18% 提高到目前近 60%，养殖鱼塘增设大棚和增氧机、净水设备后，单位水面产量翻了一番，大大提高了养殖业效益。

完善三大体系奠定了农机化创新发展坚实基础。按照《议案》完善三大体系的要求，8 年来，广东农机社会化服务体系、农机化科研推广体系和管理体系在不断健全完善。队伍和基础建设得到加强，士气越来越旺，农机化服务能力和决策执行能力大大提高，奠定了广东农机化创新发展（技术创新、服务创新）的坚实基础，为推进广东农机化健康快速发展做出了重要贡献。目前，在广东省农业机械研究所设立的国家农业机械工程技术研究中心南方分中心，是科技部认定的全国唯一一家分中心，还有农业部认定的国家农产品加工技术装备专业分中心，说明广东农机科研体系建设已站在新起点，开创了新局面，已在全国占有重要位置。自主创新取得重大进展，已获得专利近 80 项，为全国及东南亚国家和地区提供了技术服务。2009 年，广东农机专业合作社已有 142 个，农机户 89.4 万户（其中专业农机户 14 万户）；已建设区域性农机推广站 73 个，各类农机化示范基地 164 个，开展了水稻生产全程机械化、园艺作物栽培机械化、农产品加工和畜禽水产养殖机械化综合技术试验示范和推广，形成了各具特色的农机化发展模式，农机化服务领域不断拓宽，服务规模不断扩大，农机化质量、效益不断提高，农机管理服务人员成为深受欢迎的人。

建设四大工程为进一步跨越式发展提供了有力支撑。《议案》要求建设具有广东特色的四大工程：稻谷机械化工程、园艺产业机械化工程、经济作物机械化工程和畜禽水产养殖机械化工程，已见成效。水稻上台阶，促进了稳粮强基础保安全；特色创一流，促进了优势产业发展，农民增收。广东现代化农业发展在今年亚运会期间经受了考验，为亚运会食品供应提供了物质技术支持和安全保障，做出了重要贡献。农业机械化促进农业产业化，农业产业化带动农业机械化的良性互动发展格局初步形成，为进一步实现跨越式发展奠定了基础，提供了支撑。

总的来说，《议案》实施 8 年，是广东农机化积极奋进，取得重大进展，极不平凡的 8 年，是广东农机化快速发展，质量和效益显著提高的 8 年，是广东农机化开拓创新，特色初显的 8 年，是广东农机化持续健康发展，为进一步实现跨越式发展打基础、探途径、积能量、创条件的 8 年。实践证明，广东《议案》决策是正确的，执行是有力的，成效是显著的。新的使命是要在已经取得成就的基础上，继续努力奋进，谱写更加辉煌的新篇章。

二、继续努力再创辉煌

广东在发展、在进步，全国各省也在发展、在进步，要相互学习，参考借鉴。中央一再强调，在树立发展意识和机遇意识的同时，还要有挑战意识和忧患意识。在充分肯定成绩的同时，还要看到问题，在鼓励进步的同时，还要找出差距和不足，增强责任感与使命感，以利在继续前进中夺取新的更大的胜利。因此，必须清醒地看到，广东农业机械化水平还较低，与经济强省很不相称，与全国平均水平差距较大的情况依然存在；农业依然是国民经济发展的薄弱环节，现代农业基础亟待加强，农业机械化投入不足的状况还没有根本改观；农业机械化结构性矛盾突出，地区间发展差距大的困难局面还没有根本改变。加快转变农业发展方式，积极发展现代农业，推进农业机械化的任务仍然十分重大而艰巨。

从发展水平分析，广东省地区生产总值全国第一，地区财政收入全国第一，人均 GDP 全国第六，人均地区财政收入全国第六，是经济大省，也是经济强省，见附表 1。广东第一产业增加值全国第六，第一产业从业人员全国第八，稻谷面积和产量全国第九，花生面积和产量全国第四，甘蔗面积和产量全国第三，蔬菜面积全国第三，果园面积全国第二，香蕉产量全国第一，柑橘产量全国第二，猪肉产量全国第六，水产品产量全国第二，广东是农业大省，对此应当有足够的认识。但广东农业劳动生产率在全国排 16 位，还不是农业强省。耕种收综合机械化水平与全国平均水平差距虽已出现缩小趋势，但仍然较大。在 6 个人均 GDP 6 000 美元以上的经济强省（市）中，广东第一产业劳动生产率、耕种收综合机械化水平都最低，城乡收入差距最大。现代经济需要加强现代农业基础，广东农业机械化与经济强省很不相称的问题仍然突出，亟待继续努力加以解决。

从农机化投入分析，2009 年，每公顷播种面积农机购置投入全国平均为 384.4 元，广东只有 284.7 元，居全国 26 位。广东投入水平为全国平均水平的 74%，为江苏的 69%，天津的 57%，浙江的 54%，北京的 43%，上海的 37%。可见，广东的投入力度偏小，投入水平是偏低的。其中，中央财政对广东农机购置的投入强度为每公顷 47.3 元，仅为全国平均投入水平的 58%，居全国 29 位。中央对广东的投入强度约为北京的 1/4，天津的 36%，浙江的 44%，上海的 47%，江苏的 2/3。广东地方财政对农机购置的投入强度 2009 年为每公顷 23 元，与六强省市比，约为上海的 6.4%，北京的 10.2%，浙江的 45.6%，天津的 58.2%，江苏的 59%，在六强省市中最低。值得注意的是，广东《议案》开始实施时，在 2003 年、2004 年，广东省财政农机购置总投入曾跃居全国第一位，之后又降到 3～8 位。中央一再强调要大力推进现代农业建设，要建立健全财政支农资金稳定增长机制，建立促进现代农业建设的投入保障机制，强化农业基础的长效机制，支农惠农的政策力度丝毫不能减弱。广东也提出了建设现代农业强省的要求。因此，必须继续加大对农业机械化的扶持力度，丝毫不能减弱。广东的发展也必须关注全国和兄弟省市发展的新形势、新特点。广东 2003 年率先在扶持农机化发展方面采取了加大投入的战略举措，在全国领先。但在《中华人民共和国农业机械化促进法》和中央农机购置补贴政策出台后，各省都采取了不断加大农机化投入的政策措施，广东的领先优势逐渐减弱了。例如，2003 年，广东省地方财政农业机械购置投入为 5 407 万元，跃居全国第一，江苏第二为 2 774 万元，上海第八为 1 559 万元。广东投入为江苏的近 2 倍，为上海的近 3.5 倍。2009 年，江苏地方财政农机购置投入达 29 477

万元，上升为全国第一，上海地方财政农机购置投入为 14 325 万元，上升为全国第二，广东地方财政农机购置投入为 10 304 万元，降为全国第六。广东的投入仅为江苏的 35%，约为上海的 72%。以上情况说明，广东继续加大农机化投入，解决投入不足问题，还首先要解决好认识问题。因为广东有不断加大工业反哺农业，城市支持农村，积极发展现代农业的能力和条件，要在新形势下继续巩固、完善和发展《议案》实施成果，在《议案》总结验收的同时，要继续采取坚决果断、切实可行的政策措施，加大对农机化的扶持力度，以适应形势发展的新要求和人民的新期待，为建设现代化农业强省提供现代物质技术条件支持和资金保障，加快实现跨越式发展的战略目标。必须进一步结合广东实际，提高坚决贯彻落实中央精神的自觉性和主动性，保持政策的连续性和有效性，切莫出现衔接失调脱节情况。要继续发挥率先优势，乘势而上，在“十二五”期间进一步开创广东农机化发展的新局面，再创新的辉煌。

附表 1　2009 年 6 省市有关指标比较

指标		广东	上海	北京	天津	江苏	浙江
地区生产总值/亿元		39 482.56	15 046.45	12 153.03	7 521.85	34 457.3	22 990.35
全国排位		1	8	13	20	2	4
人均地区生产总值/元		41 166	78 989	70 452	62 574	44 744	44 641
人均地区生产总值/美元		6 026.4	11 563.3	10 313.6	9 160.3	6 550.1	6 535.1
全国排位		6	1	2	3	4	5
产业构成/%	一	5.1	0.8	1.0	1.7	6.6	5.1
	二	49.2	39.9	23.5	53.0	53.8	51.8
	三	45.7	59.3	75.5	45.3	39.6	43.1
从业人员构成/%	一	27.2	5.1	5.2	15.3	19.8	17.2
	二	34.1	37.4	21.1	41.3	44.8	46.9
	三	38.7	57.5	73.7	43.4	35.4	35.9
地区财政收入/亿元		3 649.81	2 540.3	2 026.81	821.99	3 228.78	2 142.51
全国排位		1	3	6	15	2	5
人均地区财政收入/元		3 786.9	13 223.8	11 548.8	6 693.7	4 179.7	4 136.1
全国排位		6	1	2	3	4	5
第一产业增加值/亿元		2 010.27	113.82	118.29	128.85	2 261.86	1 163.08
全国排位		6	29	28	26	3	13
第一产业从业人员/万人		1 536.7	47.6	65.7	77.7	896.9	659.3
全国排位		8	31	30	29	12	18
第一产业劳动生产率/（元/人）		13 082	23 912	18 005	16 583	25 219	17 641
全国排位		16	2	8	12	1	10
乡村人口/万人		3 528	219	263	270	3430	2 181
全国排位		7	31	29	28	8	14
城镇居民人均可支配收入/元		21 575	28 838	26 738	21 402	20 552	24 611
全国排位		4	1	2	5	6	3

指标	广东	上海	北京	天津	江苏	浙江
农民人均年纯收入/元	6 907	12 483	11 669	8 688	8 004	10 007
全国排位	6	1	2	4	5	3
城乡收入比（以乡为 1）	3.12	2.31	2.29	2.46	2.57	2.46
全国排位	18	2	1	5	6	4
耕种收综合机械化水平/%	33.71	56.98	61.8	68.11	63.0	35.53
全国排位	22	12	9	4	8	20
水稻耕种收综合机械化水平/%	48.15	81.19	54.41	61.18	82.48	67.33
全国排位	19	4	16	11	3	9
播面顷均农机购置投入/（元/公顷）	284.7	774.5	666.0	496.0	411.2	524.5
全国排位	26	1	4	8	17	6
中央财政农机购置投入强度/（元/公顷）	47.3	101.1	187.4	131.8	71.0	107.4
全国排位	29	13	1	7	21	10
地方财政农机购置投入强度/（元/公顷）	23.0	361.7	225.2	39.5	39.0	50.4
全国排位	9	1	2	5	6	3
地方财政农机购置投入占农机购置总投入比重/%	8.1	46.7	33.8	8.0	9.5	9.6
全国排位	5	1	2	6	4	3

资料来源：根据中国统计年鉴，全国农业机械化统计年报资料整理。

写给贵州省委书记栗战书的一封信

（2011 年 5 月 6 日）

尊敬的栗书记：

您好！我是中国农业大学一名教师，农业机械化战线一员老兵。迄今已在农机化教学科研领域学习工作 54 年。今年 4 月初曾到贵州调研，与省农委、省农机办负责同志进行了座谈。贵州的同志在最困难、最艰巨的地方工作，不怕艰难，不甘落后，奋力拼搏，务实有志的精神状态和颇有成效的工作业绩，给我留下了深刻印象，对贵州的发展更为关注。今天在《人民日报》头版头条看到“多彩贵州再奋进”的报道，很受启发和鼓舞。对您提出“贵州不能总是垫底，也要奋力爬高，加速发展、加快转型、推动跨越”及“赶”与“转”的辩证关系等观点很赞同，很拥护。由此也激发我给您写这封信，汇报一位老兵对贵州发展的一些思考，仅供参考。

（1）跨越战略。在科学发展的大局中，欠发达地区不能总是跟在别人后面亦步亦趋，必须发挥后发优势，选择跨越式发展战略。贵州在全面建设小康社会的攻坚战中，有可能按照全面协调可持续的科学发展要求，实现跨越式发展，成为后起之秀，创造人间奇迹，成为全国大局中的发展新亮点。

（2）以特取胜。有特殊多面性的贵州，要善于开发，努力发挥特色优势，有信心、有志气、有能力在产业发展中争创单项冠军。要小中见大，以特取胜，不能总是垫底。例如，在积极发展现代农业的实践中，要统筹推进粮食作物生产机械化和经济作物机械化。贵州发挥特色优势，可争拿单项全国冠军。

（3）双力驱动。欠发达地区推进发展的动力机制要双力驱动。既要自身努力奋进，不断增强内力，又要争取国家更大支持，借助外力推进实现跨越发展。犹如拉着沉重的车爬坡时，有人助推一把，就上去了。

（4）示范推进。欠发达地区实现跨越式发展，更要注重抓示范，树典型，点上突破，面上推进。要建设示范基地，树立先进典型。榜样的力量是无穷的。更新观念，勇于开拓实践，物质文明、精神文明两手抓，创新驱动发展。

祝多彩贵州成功实现跨越发展！

看到在全国排名倒数第一的省奋勇争先，能取得单项冠军是幸事！喜事！

老兵为能在助推中出一把力感到十分荣幸！

特此

致礼！

2011年5月6日

福建农机化要努力实现跨越发展

（2011 年 5 月 30 日）

这次到福建进行农机化调研，非常感谢福建省农机局领导大力支持、精心安排，翁秋月副局长全程陪同，所见所闻，收获颇丰。今天借向省农业厅、农机局领导汇报的机会，谈一下通过调研学习对福建农机化发展进步的一些感受和认识，表达对福建农机化未来的期盼和设想。总的感受和认识是，福建农机化发展迎来了历史上前所未有的战略机遇，要善于抓住机遇，发挥优势，突出特色，努力实现跨越发展。

一、充分认识福建农机化发展的机遇和优势

福建农机化目前在全国还相对滞后，2010 年耕种收综合机械化水平还不到 30%，远低于全国 52.3%的平均水平，在全国居倒数第四位。与福建人均 GDP 已近 6 000 美元，位列全国第 10 的经济发展水平形成较大反差（2010 年福建人均 GDP 5 913 美元，高于全国平均 4 430 美元）。农机化发展滞后问题亟待解决。调研发现，问题形成有自然和历史等多方面原因，目前福建发展迎来了前所未有的战略机遇和加快发展的重要转机，主要表现在以下几个方面：

一是有中央重视和大力支持优势。国务院《关于支持福建省加快建设海峡西岸经济区的若干意见》出台实施，是中央的一项重大战略决策，是福建发展站在新起点上的一个重要里程碑，福建迎来了加快发展、大有可为的战略机遇：既有加快建设的重大战略举措优势，又有先行先试的优惠政策优势。真是机遇前所未有。胡锦涛总书记去年到福建与干部群众共度春节，表明了中央对福建建设发展的亲切关怀和大力支持，使正奋力拼搏的福建人民受到极大的教育和鼓舞，增强了开拓前进勇于争先的信心和力量。

二是具有两岸交流合作的前沿平台优势。前沿平台优势，指充分发挥福建与台湾地缘相近，血缘相亲，一水相隔的独特区位优势。福建倾力打造闽台交流与合作的前沿平台，成为国家对台政策先行先试的窗口，两岸产业对接和经济融合的“金桥”和舞台，也是建设两岸共同家园，相互沟通、共同探索互利共赢适合海峡两岸特点的发展途径、模式的理想实验基地。这次对台商投资企业协会、漳浦台商联谊会、台湾农民创业园的访问交流，看到两岸农机交流与合作正积极推

本文为作者在福建进行农机化调研后，在福州与省农业厅、农机局领导座谈会上的讲话（2011 年 5 月 30 日）。

进，别开生面，有所作为，令人十分高兴。

三是福建农机化发展已有一定基础，已进入快速发展成长期，已基本具备跨越发展的条件。在科学发展观指导下，“十一五”是福建农机化发展最快、农民得实惠最多的历史时期。“十一五”期间，福建农业耕种收综合机械化水平提高15.3个百分点，年平均提高3个多百分点，是福建农机化发展最快的历史时期。在此期间，用现代物质条件装备农业，用培养新型农民发展农业取得了明显进展，农机总动力增加206万千瓦，年平均增加41.2万千瓦，农机总动力已达1 206万千瓦；农业机械原值增加37.7亿元，达101.93亿元，首次超过100亿元，年平均增加7.54亿元；农机具配套比由1∶0.3提高到1∶1.07；2010年农机购置投入首次超过10亿元，达11.26亿元，比2005年翻了一番多；联合收获机从1 300台增加到4 400台，水稻插秧机从100台增加到2 400台，5年增量超过过去几十年的总和；乡村农机从业人员增加15.7万人，年均增加3.14万人，已形成近70万人的农机化产业大军。这批人是发展现代农业、建设社会主义新农村的带头人，是发展先进生产力的生力军，是能操作使用现代生产技术装备、会经营的新型农民的代表。与此相应的是，在此期间，第一产业从业人员减少了66万人，百户农村居民拥有役畜由10.23头减少到6.58头。也就是说，传统农民、传统生产要素减少了，新型农民、现代生产要素增多了，使第一产业劳动生产率由11 974元提高到21 425元，提高了9 451元，见表1。从农业机械化发展的物质技术基础、组织运行基础、农民认可基础，及前所未有的良好发展环境等综合分析判断，福建农机化已基本具备跨越发展的条件。根据农业机械化发展的一般规律，耕种收综合机械化水平达到25%～30%以上，即进入了快速发展的成长期。农机大军必须在发展进程中把握住前进的方向和时机，在成长升级期努力实现跨越发展。

表1　福建农业机械化发展情况（2005—2010年）

年份	耕种收综合机械化水平/%	农机总动力/万千瓦	农业机械原值/亿元	农机购置投入/亿元	联合收获机/万台	水稻插秧机/万台	乡村农机从业人员/万人	第一产业从业人员/万人	百户农村居民拥有役畜/头	第一产业劳动生产率/（元/人）
2005	12.58	1 000.0	64.23	4.58	0.13	0.01	53.52	702.5	10.23	11 974
2006	14.08	1 027.8	69.05	6.47	0.18	0.01	55.03	—	8.98	—
2007	14.86	1 063.1	72.42	6.63	0.23	0.02	56.93	648.3	8.16	15 458
2008	18.20	1 112.5	88.61	7.00	0.27	0.04	64.49	647.8	7.83	17 872
2009	25.24	1 175.0	98.18	9.60	0.39	0.11	68.70	638.6	7.40	18 521
2010	27.90	1 206.2	101.93	11.26	0.44	0.24	69.22	636.5	6.58	21 425

资料来源：中国统计年鉴、全国农业机械化统计年报。

注：缺2006年第一产业从业人员分省资料。

四是茶叶生产机械化在全国具有明显优势。福建茶叶产量全国第一，铁观音、大红袍等名茶驰名中外。从茶叶生产到制作都有相应的机械，为茶产业增产增效提供了坚强的物质技术支撑。福建的茶叶修剪机、采摘机、加工机械拥有量都居全国第一，茶叶机械化、产业化优势明显。

五是福建农机化有特色优势。福建农业资源丰富，稻、薯、茶、果、烟、花、菌、甘蔗、花生、水产品等各具优势，各显特色，对农业机械化有多方面的需求，福建人常说要念好“山海经”。增产、增效、增收的要求使农机化有广阔的发展空间和巨大的发展潜力。目前果业机械化除采收外，其他环节基本已有适用机械；设施农业机械化，养殖业机械化，食用菌工厂化农业机械化等有特色优势产业的农业机械化发展态势喜人。

六是福建发展有人才优势。在调研中感受较深的是，福建人勤劳、聪明、有智慧。土楼建筑群、裕昌楼的东歪西斜，闽南周庄、塔下村张进士家的文物巧妙保护，尽显出福建人的聪明才智。土楼建筑中的各具特色，充分展现了建筑设计的创新精神、和谐精神。东歪西斜的独具匠心，显示出徒弟对师傅既有继承，又有独创。在农机化方面，也涌现出一些先进典型。如，莆田市荔城区农机管理总站的陈志忠，荣获 2010 年华东六省一市农机维修竞赛二等奖；荔城区耕种收综合机械化水平已达到 56%，已超过全国 52.3%的平均水平，为全省平均水平的 2 倍。堪称福建省农业机械化发展的先进区，是佼佼者。农田的耕作、排灌、植保、运输等农机作业已基本实现机械化，难度较大的水稻机收水平达 69%，水稻机插秧达 51%。年已 54 岁的区农机站站长张金龙抓了八个字：效益驱动，创新发展。成效十分显著。该区有个华龙农机专业合作社，2010 年实施“5 000 亩水稻生产全程机械化项目”，其中合作社承包农田 1 100 亩，为种粮大户及农民服务 3 900 亩。实现了耕、种、收、植保、烘干全程机械化作业。亩实现节本增收 150 元，利润 350 元，取得了较好的经济效益和社会效益。合作社理事长陈风萍被荔城区委、区政府授予“2009 年度发展农业产业化先进个人荣誉称号”。合作社 2010—2012 年被农业部定为“全国示范点”。该区清江农机合作社的翁清笔，从 20 多岁起就开拖拉机，现已 61 岁，还积极从事农机作业服务，把一生都献给了农机化事业。在他的带领下，儿子、女儿、女婿、孙子都从事农机事业，他家住的别墅式房子，买了小汽车。他说，“搞农机越来越有钱赚了，后继有人”。这次看到的，还有安溪农机站李大水站长的茶叶生产机械化和产业化经营，南靖食用菌工厂化、产业化经营，南靖县养猪场发展循环农业机械化，漳浦大南坂果园的果业机械化，都很有生气，很有特色。其重要原因是有勇于开拓，坚持不懈的带头人。他们在从事农机化事业中享受到乐趣，也取得了良好效益。这些人才，是福建农机化事业发展的宝贵财富。

机遇与优势已蓄势待发。我们的任务是抓住机遇，发挥优势，增强信心，克服困难，努力实现福建农机化的跨越发展。

二、跨越发展的要求和着力点

跨越发展的要求主要体现在两个方面：一是福建农机化在“十二五”期间要实现从初级阶段迈入中级阶段的跨越。根据农业机械化发展中级阶段的两个指标：耕种收综合机械化水平40%～70%；农业劳动力占全社会从业人员比重20%～40%。福建目前第一产业从业人员占全社会就业人员的比重为29.2%，已处于中级阶段区间。没有达到要求的是耕种收综合机械化水平才27.9%，是主攻的重点；二是发展速度要实现高于全国平均速度的跨越。全国农机化“十二五”规划耕种收综合机械化水平的发展速度预期定为年均提高2个百分点左右，福建的发展速度应年均提高3个百分点左右。在加快发展的同时，要更加注重提高发展质量和效益，与全国平均水平的差距逐渐缩小，效益明显提高。

必须认识，实现跨越发展的要求是迫切的，但难度较大。因为，从福建人均耕地少（人均耕地约为0.54亩，只相当于全国人均耕地1.36亩的40%），自然条件复杂多样，山区丘陵多，八山一水一分田，地块小而分散的实际出发，各地农业特色明显，但符合发展需要的农机有效供给不足问题突出；加快转变农业发展方式势在必行，对农机化需求迫切，但实现难度较大的问题依然存在。所以，农机化发展速度要高于全国平均速度的任务是非常艰巨的。真是机遇前所未有，挑战也前所未有。在机遇与挑战面前，勤劳智慧的福建人一定会根据中央“同步推进工业化、城镇化和农业现代化”的原则精神，把握好加快发展的着力点，排除万难去努力实现农机化跨越发展的历史使命。

1. 提高认识，加大投入

要充分认识积极发展现代农业，在加快建设海峡西岸经济区，实施两岸交流合作大战略中的重要地位和作用。贯彻落实科学发展观，第一要义是发展，最显著的成就是又好又快发展。加快发展就要加大投入。要坚决贯彻落实中央一号文件关于“发展现代农业是社会主义新农村建设的首要任务，是以科学发展观统领农村工作的必然要求”，“加快推进农业机械化”的指示精神，坚决贯彻落实“巩固、完善、强化强农惠农政策”，“建立健全财政支农资金稳定增长机制”，“加快建立以工促农、以城带乡的长效机制”精神，要加大用现代物质条件装备农业的力度。从福建的实际出发，在全国人均GDP大于5 000美元，人均地方财政收入大于3 000元，人均粮食低于180公斤，农民人均纯收入大于7 400元的六省市中，福建目前的农机购置投入强度（平均每公顷农作物播种面积的农机购置投入）是较低的，其中地方财政的投入强度明显偏低，因而农业机械装备水平、耕种收综合机械化水平也较低，见表2。

表 2　六省市农机投入及农机化发展情况比较（2010 年）

指标		上海	北京	天津	浙江	广东	福建
农机购置投入强度/（元/公顷）		731.7	925.2	517.7	621.6	449.2	495.9
其中	中央投入强度/（元/公顷）	149.6	220.6	152.4	130.9	70.3	115.4
	地方投入强度/（元/公顷）	344.2	204.6	40.3	67.9	22.5	30.6
	农民投入强度/（元/公顷）	146.1	387.2	298.6	339.7	350.0	348.5
播面顷均农机动力/（千瓦/公顷）		2.6	8.7	12.8	9.8	5.2	5.3
播面顷均农机原值/（元/公顷）			9 786.0	7 442.0	9 463.0	3 498.0	4 489.0
耕种收综合机械化水平/%		56.0	63.9	76.1	36.7	35.5	27.9
人均 GDP/美元		11 238.0	11 218.0	10 783.0	7 639.0	6 609.0	5 913.0
人均地方财政收入/元		12 448.0	11 998.0	8 228.0	4 789.0	4 326.0	3 118.0
人均粮食/公斤		51.4	59.0	122.9	141.5	126.1	179.1
农民人均纯收入/元		13 987.0	13 262.0	10 075.0	11 303.0	7 890.0	7 427.0
城镇化率（2009 年）/%		88.6	85.0	78.0	57.9	63.4	51.4
第一产业从业人员比重/%		3.9	4.9	14.6	15.9	25.7	29.2
第一产业增加值比重/%		0.7	0.9	1.6	4.9	5.0	9.3

资料来源：中国统计年鉴、全国农业机械化统计年报。

注：缺上海市农业机械原值资料。

如果福建农机购置投入强度由目前的 495.9 元/公顷增加到 600 元/公顷，在中央加大投入，带动农民增加投入的同时，地方财政投入强度能由目前的 30.6 元/公顷相应增加到 61 元/公顷，即占总投入的比重由目前的 6.2%提高到 10%以上（目前地方投入占总投入比重上海为 47%，北京为 22%，浙江约 11%，天津为 7.8%，广东为 5%），即地方财政的农机购置投入由目前 6 941 万元增加到 1.39 亿元，比目前翻一番，则福建农机装备水平可明显提高，农机化发展的物质技术基础将大为增强，农机化发展状况可大为改观。从福建的发展需求，经济实力和财政能力出发，这样的投入是需要的，也是可能的。在财政实力已具备工业反哺农业，城市支持农村的能力和条件的时候，要舍得向农机化加大投入，发挥公共财政弥补市场缺陷的重要功能，引导社会资源向农业、农村流动，优化社会资源配置，强化现代农业基础，同步推进工业化、城镇化、农业现代化全面协调可持续发展。

2．主攻粮食作物生产全程机械化，开拓特色农业机械化

加大投入要用好投入，把有限的资金用在最需要的地方，才能取得好的投入效果。对福建来说，主攻粮食作物生产机械化仍然是重中之重。福建的粮食，主要是稻谷和薯类，福建稻谷面积约占粮食面积的 70%，稻谷产量约占粮食产量的 77%；薯类面积和产量约占粮食面积和产量的 20%。大力推进稻谷和薯类生产全程机械化和产业化经营，由产中向产前、产后延伸，由种苗培育，产中生产，产后处理加工，到品牌产品上市，为农业增效、农民增收提供农机化支撑，是福建农业现代化的主要着力点。根据福建农业资源丰富、多样性、区域特色明显，要念好“山海经”的特点（福建粮食作物面积近年来呈减少趋势，目前仅占农作物面积的 54%，反映出农业结构优化调整的态势，也是福建农业劳动生产率居全国第 8 位，高于全国平均水平的重要原因；茶叶产

量全国第一，果品、花卉、菌类、水产品生产位居全国前列），必须用统筹兼顾的根本方法，促进粮食与特色产业农机化协调发展，实现合理布局，优势互补，全面推进。在主攻粮食生产全程机械化的同时，努力开拓各地特色农业机械化，培育新增长点；既强化基础产业，又发展新兴产业，呈现新亮点、新格局；既保粮食安全，又促进区域支柱产业发展，实现农业增效，农民增收。在具体实施时要注意几点：一是攻坚战必须由重点突破发展到全面推进。办好农机化示范点至关重要。点上示范效果越好，带动作用越大；二是突破口要选在易突破地区。福建八山一水一分田，山丘之间有平原（例如，有福州平原、莆田平原、泉州平原、漳州平原等）。农机化发展应遵循先易后难，经济有效原则，平原地区率先，进而向山丘地区推进。注意各具特色，以特取胜；三是加强闽台交流合作，促进两岸互利共赢，注意与时俱进。在新时期，发展有新起点、新高度，交流合作既要自身努力奋进，又要善于借助外力推进，发挥后发优势，实现跨越发展。

3. 培养人才，建设队伍，完善机制，走出道路

先进的技术装备，必须要有高素质的人操作使用，才能发挥最大的有用效果。增机要与育人结合，用现代物质条件装备农业与用培养新型农民发展农业是相辅相成的。福建已有 1 200 多万千瓦农机动力，102 亿农机原值，70 万农机大军，发展中还呈现持续增长壮大之势。培育农机化发展主体，贯彻落实人才优先战略，结合阳光工程等各类农民培训项目，加大培养新型职业农民的力度，全面提升农机管理，农机科技、农机实用人才“三支队伍”的整体素质，建设一支素质高、能力强、作风好的过硬农机化队伍，完善农机社会化服务机制，努力提高农机利用率和效益，在加快转变农业发展方式中，走出有福建特色的农机化发展道路，是实现福建农机化跨越发展的重要着力点。必须花大力气解决好人才、队伍、机制、道路等根本问题，增强发展的动力和活力，才能为不断提高土地产出率，资源利用率和劳动生产率提供更加强有力的农机化支撑，为促进农业增效、农民增收做出更大贡献。

4. 奖先进，抓典型，树立拼搏向上的奋进精神

福建农机化发展目前还较落后，但在实践中也涌现出一些先进典型。要善于总结树立典型，表彰先进农机合作组织，表彰农机先进模范人物，鼓舞士气，振奋精神，引领发展。要树立不甘落后，拼搏向上，奋勇争先的奋进精神，在全国农机化发展中有福建亮点，在推进全局发展中有农机化贡献。如茶叶机械化、果业机械化、工厂化农业机械化、循环农业机械化、丘陵山区农业机械化，福建都要因地制宜，因势利导地树立自己的典型，在全国农机化发展大格局中勇拿单项冠军。温家宝总理在福建考察时明确指示，加快建设海峡西岸经济区要三靠：靠改革、靠开放、靠创新。创新赢得实力，创新赢得领先，创新赢得发展，创新赢得尊严。有人解读“闽”字时说，关在门内的是虫，闯出门外成龙。福建要树立拼搏向上的奋进精神，要靠改革、开放、创新走出由弱变强的福建之路，赢得发展、赢得尊严。

写给广西壮族自治区陈章良副主席的一封信

（2011 年 11 月 13 日）

尊敬的陈章良副主席：

您好！

我还愿意称呼您叫陈校长，您为中国农大做了好事。您调任广西后我一直想为广西做点有益的事，一直在关注、研究广西农业机械化发展问题。虽然没有单列课题，没有经费支持，纯属个人自由研究，但这是用心进行的研究。作为年已 75 岁、在农机战线学习工作 54 年的一员老兵，有点心得，向您汇报，表达心意，仅供参考。

一、发展判断：发展成长期与重要战略机遇期结合，可努力实现跨越式发展

2010 年，广西耕种收综合机械化水平 29.8%，仅居全国 26 位。但今年肯定超过 30%，进入了发展成长期，速度加快、质量提升是成长期的显著特征。发展环境又恰逢国家实行工业反哺农业、城市支持农村和多予少取放活的方针，建立以工促农、以城带乡的长效机制，建立健全财政支农资金稳定增长机制，强农惠农政策支持力度不断加大的重要战略机遇期，广西人均 GDP 已超过 3 000 美元，城镇化水平已大于 40%，已具备加大力度扶持“三农”，同步推进工业化、城镇化和农业现代化的能力和条件。发展成长期（内因）和前所未有的重要战略机遇期（良好发展环境）相结合，有利于抓住和用好机遇，努力实现跨越式发展。农机化发展大有可为，广西要不甘落后，奋力拼搏，不跟在别人后面亦步亦趋，要走出前人没有走过的广西之路。

值得一提的是，农机购置补贴政策是强农惠农的好政策，深受民众欢迎拥护。总体来说，好政策在实施中已发挥了巨大的政策作用，收到很好的政策效果。但也出现了个别地方、个别人违纪违法问题，应依纪依法进行严肃处理。对发展中出现的问题，要用促发展的办法来解决，要导与治结合，把好政策用好。在处理违纪违法者的同时，还要进行正面教育，表扬做得好的，宣传先进。把副作用降到最低，正面效果发扬光大，使好政策深得民心，大见实效。

2011 年 11 月 14 日 16：04（星期一）收到陈章良副主席发来短信：“谢谢白教授，非常好的建议。感谢您的关心，我和农机局人员一定要好好研究您的建议。祝身体健康!”

二、转变方式 开创农机化发展新局面

认真贯彻落实以科学发展为主题，以加快转变经济发展方式为主线的方针，结合广西农机化实际，主攻方向应抓好基、优、特三个着力点，坚持创新推动发展。

基，指大力强化水稻生产全程机械化基础，打好机械种植攻坚战。广西稻谷面积居全国第6位，占全区粮食作物面积68.4%，稻谷产量占全区粮食产量79.4%，稻谷生产机械化关系到粮食安全和农民收入，至关重要。2010年广西水稻耕种收综合机械化水平46.3%，低于全国平均水平60.5%，居21位。尤其机械种植水平才6.3%，是水稻生产机械化最薄弱的环节，必须借助国家重点扶持良机，打好机械种植攻坚战，同时努力提高机收水平，加快推进水稻生产全程机械化进程。

优，指广西最具优势的甘蔗产业（甘蔗面积占全国63.4%，甘蔗产量占全国64.3%），迫切需要从机械装备和运营机制两方面增强创新动力和活力，通过科技创新和管理创新，取得重大突破，加快解决甘蔗机收难题，努力降低成本，提高国际竞争力，把优势产业做优、做强。

特，指开拓发展广西各地各具特色农产品的机械化，有利于提高农业综合生产能力，发展特色产业，抗御自然和市场风险，促进农民增收。

广西农业资源丰富，农业机械化要为强化粮食基础，发挥甘蔗优势，形成各地特色，确保粮食安全，促进农民增收提供强有力的物质技术支撑，基、优、特突破带动，协调推进，是广西农业机械化的着力点和主攻方向。

还值得重视的是，广西山清水秀风光美，民族文化丰富多彩，在工业化、信息化、城镇化、市场化、国际化深入发展的新阶段，农业的多种功能日益凸现。农业与旅游业、观光休闲、文化传承结合，是广西农业发展的一大特色，也为农业劳动力转移和农民增收提供了舞台空间。农业机械化可为开发农业多种功能提供强有力的支撑。随着农机化发展，传统农民出现了两大变化：一部分农民由传统农民演进成掌握现代科学技术、会操作使用现代生产装备的新型农民，成为农民中的精英。农机人就是农村发展先进生产力的带头人；另一部分农民则离开农业向非农产业转移。增机、育人与减少农民同步运行成为时代潮流。目前广西农机化水平还较低，仅居全国26位（倒数第6）；而第一产业从业人员较多，高居全国第6位。正6倒6反差很大，使第一产业从业人员占全社会就业人员比重还高达53.3%，高居全国第2位，远高于全国平均水平36.7%。从2003年到2010年，全国第一产业从业人员减少8 273万人，广西第一产业从业人员不仅没有减少，还增加了14.6万人，是此期间第一产业从业人员不减还增的7个省、区之一。这也是2010年广西农民人均纯收入仅4 543元，居全国25位，远低于全国平均水平5 919元的原因之一。加快转变农业生产方式，大力推进农业机械化，努力开创农机化发展新局面，已是当务之急！

发挥广西优势，在与东盟合作交流中，农机化也应形成对外开放格局，在开放共赢中农机化也应有所作为！

以上浅见，仅供参考。

特此

致礼！

白人朴

2011年11月13日　星期日

创新驱动甘肃马铃薯产业机械化发展

（2012 年 9 月 18 日）

一、甘肃马铃薯产业机械化发展的重要意义

中国是世界马铃薯生产第一大国，面积约占世界的 1/4，产量约占世界的 1/5。2010 年，全国马铃薯种植面积 8 000 多万亩，鲜薯产量 8 000 多万吨，平均亩产约 1 107 公斤。中国马铃薯生产在世界占有重要地位。甘肃马铃薯生产对中国来说，种植面积居全国各省第二位，产量居第一位。2011 年，甘肃马铃薯面积 1 055 万亩，鲜薯产量 1 200 万吨，均约占全国 1/7，平均亩产约 1 137 公斤，稍高于全国平均水平，产值约 60 亿元。甘肃马铃薯生产对全省来说，面积约占全省粮食面积的 23%（全国马铃薯面积只约占粮食面积的 4.9%），产量约占全省粮食产量的 19%，马铃薯是甘肃的三大粮食作物之一，面积和产量都仅次于小麦、玉米居第三位。近年来马铃薯面积、产量都呈持续增长之势。可见，甘肃马铃薯产业在全国、全省都占有重要地位。

甘肃的马铃薯产业初步形成了中部淀粉加工型、河西沿山冷凉地区及沿黄灌区薯条薯片全粉加工专用型、陇东南早熟菜用型、脱毒种薯型的发展格局，各具特色。龙头企业与生产基地相辅相成，优势互补；产业化与机械化互促发展，优势产区面积占全省种植面积 70%以上，甘肃马铃薯产业发展在全国四大马铃薯产区具有比较优势。发挥优势，突出特色，有条件做大做强，成为主产区的支柱产业。因此，甘肃马铃薯产业机械化发展，对积极发展现代农业，保障粮食和食品安全，对主产区农民增收和促进地区经济发展的作用和地位越来越重要。

二、成就、问题及突破制约的发展思路

2009 年 9 月，农业部召开了第一次马铃薯生产机械化工作会议，这是全国吹响了推进马铃薯生产机械化的进军号！标志着推进马铃薯生产机械化工作全面启动。近年来，马铃薯生产机械化正在加速发展，取得了可喜的成绩。从 2009 年到 2011 年，全国马铃薯耕收综合机械化水平从

本文为作者在甘肃省农机化科技推广工作会上所作的特邀报告（2012 年 9 月 18 日 甘肃定西）。

23.2%提高到 32.2%，两年提高了 9 个百分点，两年增幅分别为 3.4 个百分点与 5.6 个百分点，说明发展速度在加快，马铃薯生产机械化是我国农业机械化发展中一个潜力很大的新增长领域。耕种收综合机械化水平超过 30%，是进入成长期的重要标志，马铃薯主产区已基本具备加快发展的条件。但全国从总体来说，马铃薯生产机械化还处于发展的初级阶段。2011 年，全国马铃薯机耕水平才 52.6%，机播水平仅 19.7%，机收水平仅 17.7%，与小麦、玉米、水稻三大粮食作物相比，机械化水平还有较大差距，见表 1。虽然已经出现一些较先进地区，但发展不平衡问题较突出，北方一作区马铃薯生产机械化水平相对较高，其他三个马铃薯产区生产机械化水平还很低，还处于发展起步期。

表 1　2011 年全国小麦、玉米、水稻、马铃薯生产机械化水平比较　　单位：%

作　物	耕种收综合机械化水平	机耕水平	机械种植水平	机收水平
小　麦	92.62	98.79	85.95	91.05
玉　米	71.56	93.77	79.90	33.59
水　稻	65.07	91.00	26.24	69.32
马铃薯	32.25	52.64	19.65	17.67

资料来源：2011 年全国农业机械化统计年报。

2011 年甘肃马铃薯耕种收综合机械化水平 27.6%，比全国平均水平还低 4.6 个百分点，但近两年增幅比全国快。从 2009 年到 2011 年，甘肃马铃薯耕种收综合机械化水平从 13.6%提高到 27.6%，两年提高了 14 个百分点，增幅比全国平均高 5 个百分点，见表 2。

表 2　甘肃与全国马铃薯生产机械化水平比较　　单位：%

年份	耕种收综合机械化水平		机耕水平		机播水平		机收水平	
	全国	甘肃	全国	甘肃	全国	甘肃	全国	甘肃
2009	23.2	13.6	39.2	22.1	12.9	9.2	12.3	6.6
2010	26.6	17.8	44.4	27.3	15.3	13.3	14.2	9.5
2011	32.2	27.6	52.6	36.6	19.7	20.0	17.7	23.2

资料来源：根据全国农业机械化统计年报和甘肃省有关资料整理。

从总量来说，甘肃马铃薯机耕面积、机播面积、机收面积、马铃薯收获机数量都位居全国前列。说明甘肃马铃薯生产机械化在全国占有重要地位。发展增幅快说明对马铃薯生产机械化需求迫切。但发展水平还低于全国平均水平，是因为机耕面积、机播面积、机收面积、马铃薯收获机数量都是衡量水平的分子，而衡量水平的分母是马铃薯种植面积，甘肃马铃薯种植面积在全国除小于内蒙古外，比其他省都大，分子被分母一除，农机作业水平、农机装备水平不高的问题就显现出来了，见表 3。

表 3　2011 年全国 13 省（区）马铃薯生产机械化情况

地区	马铃薯面积/（10^3 公顷）	机耕面积/（10^3 公顷）	机耕水平/%	机播面积/（10^3 公顷）	机播水平/%	机收面积/（10^3 公顷）	机收水平/%	耕种收综合机械化水平/%	马铃薯收获机/万台	万公顷马铃薯面积保有马铃薯收获机/台
全国	5 424.0	2 601.6	52.6	1 065.8	19.7	958.7	17.7	32.2	3.17	58.4
内蒙古	760.8	655.3	86.2	450.3	59.2	366.4	48.2	66.7	0.92	120.9
甘肃	703.3	257.4	36.6	140.7	20.0	163.3	23.2	27.6	0.22	31.3
黑龙江	285.2	217.9	99.5	86.4	30.3	86.4	30.3	58.0	0.11	38.6
山西	178.2	160.3	90.0	93.4	52.4	89.8	50.4	66.9	0.41	230.0
宁夏	280.6	153.3	68.3	107.2	38.2	93.5	33.3	48.8	0.14	49.9
河北	170.6	147.6	86.5	76.2	44.7	65.5	38.4	59.5	0.11	64.5
陕西	122.6	121.9	99.5	40.7	33.2	50.0	40.8	62.0	0.13	106.0
山东	114.1	100.6	88.2	29.3	25.7	49.3	43.2	56.0	0.83	727.4
云南	428.6	95.1	22.0	0.6	0.14	0.6	0.14	8.9	0	0
四川	400.0	76.4	20.4	0.4	0.1	0.2	0.05	8.2	0	0
贵州	659.6	28.8	4.3	1.7	0.26	3.1	0.47	1.94	0.04	6.1
辽宁	59.6	51.3	86.0	10.7	18.0	37.7	63.3	58.8	0.05	83.9
新疆	46.6	46.6	100.0	34.2	73.4	24.2	51.9	77.6	0.07	150.2

资料来源：根据 2011 年全国农业机械化统计年报和甘肃省有关资料推算。

由于马铃薯是无性繁殖作物，许多马铃薯又种植在丘陵、山区和坡地，其生产机械化比小麦、玉米、水稻等禾谷类作物难度更大，更艰巨。如种植环节相比，禾谷类作物亩用种量仅几公斤，而马铃薯需要 150 公斤以上，升降动力一般 1.5～3.0 吨，如果同时施用种肥（施肥种植机），在种植作业时需要的拖拉机动力比禾谷类种植机械要大；在种植马铃薯之前，还增加了切种环节，要切种机把种薯切块，切后的单块发几个芽儿，对能否保证种植质量影响很大。又如马铃薯收获需要打秧机（茎叶切碎机械）与收获机配套，等等。马铃薯生产机械化作业环节比禾谷类作物生产机械化作业环节更多，需要的机具种类也更多。有些机具目前还是空白，有些机具目前还依赖进口。不同地区由于自然和技术经济条件不同，对机具的需求也有所不同。近几年，甘肃大面积推广全膜双垄沟播马铃薯种植技术，增加了播前铺膜、膜上扎孔播种及收获前清除地膜等环节和难度。总之，马铃薯生产机械化水平低的原因很多，解决问题要着力抓住主要矛盾。总的来说，甘肃马铃薯生产机械化水平不高的主要矛盾是需求迫切与有效供给不足的矛盾，矛盾的主要方面是有效供给不足问题。包含技术装备供给不足，组织服务供给不足，发展资金供给不足、农机农艺融合不足等。解决矛盾的发展思路是，必须选择创新驱动战略（科技创新、组织服务创新、政策创新），用超常规的思路和举措，来突破和解除供给不足的制约，充分发挥自身的优势，又善于借助外力，依靠创新促进发展。

三、创新驱动的着力点

创新驱动是艰巨复杂的系统工程。必须坚定不移、坚持不懈才能大见成效。对甘肃来说，在起步期要抓好以下几个着力点。

一是统筹规划，探索模式。制定一个统筹全局，目标任务明确，突出甘肃特色，分类指导，重点突破，全面推进的好规划，提出指导发展的新思路和新举措，对推进甘肃马铃薯产业机械化又好又快发展、开创发展的新局面具有十分重要的意义。甘肃省农机局很重视规划工作，希望把马铃薯产业机械化发展规划制定好，落实好，抓出成效。《规划》要坚持依靠创新驱动，坚决贯彻落实科学发展观，引领支撑现代农业建设的新思路，努力推进马铃薯生产全程机械化发展。要加快示范基地建设，探索具有甘肃特色的马铃薯全程机械化生产模式。在加快转变经济发展方式，建设创新型社会的重要时期，以龙头企业和示范基地为基点，把产业化与机械化结合起来，面向产业发展需求，把提高土地产出率、资源利用率、劳动生产率、促进农业增效、农民增收为主要目标，进行农机化科技资源优化组合和农机化技术装备集成配套。从甘肃实际出发，尤其要在发展高效节水农业与发展特色优势产业相结合方面，加强农机农艺融合，着力联合攻关，突破重大关键技术，构建和推进适应经济社会需求的高产、优质、高效、生态、安全的现代农业产业技术体系，探索不同条件下马铃薯全程机械化生产模式，创出模式品牌，实现又好又快发展。

二是增机育人，人才优先。用现代物质条件装备农业，用培养新型农民发展农业，是现代农业发展中增机育人的人机运动过程。在这个过程中，要充分发挥人机综合协调发展优势，实施增机与育人相结合的人才优先发展战略。因为机器装备是要人操作使用的，同样的装备设施，不同的人使用效果可能大不一样。这次航天英雄在太空准确操作大获成功的卓越表现，充分证明只有思想先进、技术过硬的人，才能充分发挥先进技术装备的作用。目前甘肃已拥有农机总动力 2 136 万多千瓦，年增加近 159 万千瓦；拥有农业机械原值 141.5 亿多元，年增加 17.4 亿元；农业机械购置年总投入近 13 亿元，年增加 2.34 亿元；乡村农机从业人员 121 万多人，年增加 12.56 万人，见表 4。

表 4　甘肃农机装备及人员发展情况

年份	农机总动力/万千瓦	农业机械原值/亿元	农业机械购置年总投入/亿元	乡村农机从业人员/万人
2010	1 977.53	124.15	10.521 8	108.485 6
2011	2 136.48	141.55	12.861 9	121.053 4
年增量	+158.95	+17.40	+2.340 1	+12.567 8

资料来源：根据全国农业机械化统计年报资料整理。

甘肃已经形成一支发展现代农业的农机化产业大军。这支产业大军是新型农民的代表，是转变农业发展方式，发展先进生产力的带头人。每年增加这么多农业机器装备，人员培训必须跟上。要通过实施农机管理干部培训、新技术推广培训、新机具使用操作培训、阳光工程培训和职业技能培训，培育一支思想先进、业务过硬的农机化产业大军，为实现农业机械化又好又快发展提供坚强的人才保障。

三是优化服务，共享文明。在农户众多，户均经营规模小，农民经济实力弱的国情下，积极推进农机社会化服务，解决好小规模农户能实现机械化生产，多数农民不用买农机也能用上农机，共享现代工业文明成果，发展现代农业的重大课题，是中国特色农业机械化发展道路的重要内容，是加快用现代农业要素替代传统农业要素的有效途径。甘肃目前农机化作业服务组织的规模、组织化程度、服务能力和水平比全国平均水平还有较大差距。2011 年，全国农机化作业服务组织有 17.06 万个，甘肃才 3 377 个，仅占全国 2%；平均每个服务组织的人数全国为 7 人，甘肃为 4 人；其中拥有农机原值 20 万～50 万元的服务组织所占比重全国为 26%，甘肃为 12.5%；拥有农机原值 50 万元以上的服务组织所占比重全国为 11.5%，甘肃为 6.5%；农机专业合作社所占比重全国为 16.3%，甘肃仅为 6.4%；乡村农机从业人员人均年农机化作业收入全国平均为 7 586.5 元，甘肃为 5 677.5 元，约占全国的 3/4，比全国平均水平低 1 909 元。农机服务供给不足问题已很明显。要解决好此问题，新阶段甘肃应进一步加强和优化农机社会化服务，要把农机专业合作社等服务组织和农机大户作为重点扶持的载体，坚持市场化、社会化、产业化方向，在创新农机服务模式，提高农机服务组织化程度，提高服务能力和质量水平，提高服务的经济社会效益上下功夫，拓展服务规模和领域，创建农机服务品牌，更好地满足农民积极发展现代农业的新期待，开创农机化发展的新局面。

四是加大投入，政策到位。与全国各省相比较，甘肃农机化投入不足是农机化水平不高的重要原因。2010 年，农业机械购置投入强度（播面顷均农机购置投入）全国平均为 439.53 元/公顷，甘肃才 263.36 元/公顷，仅为全国平均投入的 59.9%，居全国 28 位（倒数第四位）。其中中央财政投入强度全国平均 99.96 元/公顷，甘肃 65.08 元/公顷，比全国平均数低 34.88 元/公顷，居全国 29 位；地方财政投入强度全国平均 16.47 元/公顷，甘肃仅 5.84 元/公顷，居全国 23 位；农民投入强度全国平均 316.98 元/公顷，甘肃为 188.85 元/公顷，居全国 27 位，见表 5。

表 5　2010 年农业机械购置投入强度比较

地区	农业机械购置总投入/万元	总投入强度/（元/公顷）	排位	中央财政投入强度/（元/公顷）	排位	地方财政投入强度/（元/公顷）	排位	农民投入强度/（元/公顷）	排位
全国	7 062 139.73	439.53		99.96		16.47		316.98	
甘肃	105 217.99	263.36	28	65.08	29	5.84	23	188.85	27

资料来源：根据中国统计年鉴、全国农业机械化统计年报资料整理。

注：各项指标最高省份为：农业机械购置总投入黑龙江 636 765 万元；播面顷均农机购置总投入强度西藏 1 394 元/公顷；中央财政投入强度西藏 249.8 元/公顷；地方财政投入强度上海 344.2 元/公顷；农民投入强度西藏 977.6 元/公顷。

值得注意的是，2010年甘肃农民人均年纯收入仅3 425元，是全国最低的。比全国平均农民人均年纯收入5 919元少2 494元。在这样低收入的情况下，甘肃农民拿出近7.55亿元来购置农业机械，真是难能可贵。说明农民对发展农业机械化的积极性是很高的，需求是很迫切的。总的来说，甘肃目前还是我国农业机械化发展的弱势地区，弱势地区农业机械化发展更加需要政府加大扶持力度，使自身奋进努力与政府扶持相结合，充分发挥市场机制作用与充分发挥社会主义统筹兼顾经济社会协调发展，能集中力量办大事的优越性，形成市场力与政策力合力驱动的技术经济效应，是政策到位不缺位的重要体现。希望大家对此形成共识，要解决好技术装备供给不足和发展资金供给不足问题，扶持政策应适度向弱势地区倾斜，努力使农机购置强度逐渐达到全国平均水平，为促进农机化弱势地区加快转变农业发展方式，加快推进农业机械化做出积极贡献。

五是树立奋进精神，建立激励机制。弱势地区加快发展要树立不甘落后，奋勇争先，敢于跨越的拼搏奋进精神，建立奖先进、树典型的激励机制，表彰发展农业机械化的先进单位和模范人物，鼓舞士气，引领发展。物质文明建设和精神文明建设要两手抓，两手硬，努力在前所未有的农机化发展战略机遇期实现由弱变强，由落后变先进的发展变革。战胜困难和干扰，实现科学发展。尤其在马铃薯产业机械化领域，要发挥优势，突出特色，努力进入全国先进行列，勇拿单项冠军。有信心、有志气、有能力走出甘肃特色之路，开创出又好又快发展的新局面！

玉米、水稻生产机械化研究

创造山东速度，上好新的台阶，又好又快发展

（2008 年 7 月 22 日）

一、在率先推进、创新发展中创造了玉米机收的山东速度

玉米是我国第二大粮食作物，也是山东省的第二大粮食作物。对全国来说，玉米机收是粮食作物生产全程机械化中严重滞后的最薄弱环节，是我国农业机械化进程中带“瓶颈”制约性质的一大难点，见表 1。

表 1　2007 年全国三大粮食作物机播、机收水平

作 物	小 麦	稻 谷	玉 米
机播（栽）水平/%	78.01	11.06	60.47
机收水平/%	79.17	46.20	7.23

资料来源：2007 年全国农业机械化统计年报。

山东省从 20 世纪末开始，在小麦生产基本实现机械化的基础上，省委、省政府及时作出了把农业机械化发展战略重点向玉米生产机械化转移的重大抉择，把发展玉米收获机械化列入重要工作日程，1997 年，在全国首家举办了玉米机收演示会，率先吹响了向玉米机收推进的号角。这以后的 10 多年，山东省年年召开玉米机收现场会，高举挺进玉米机收的大旗，长期坚持不懈，毫不放松。特别是进入 21 世纪以来，山东省把加快发展玉米收获机械化作为突破“瓶颈”制约，发展现代农业，创造山东农业和农村发展新优势的重要内容，作为加快实现粮食作物生产全程机械化的关键举措，作为保障粮食和食品安全，推进社会主义新农村建设的重要任务，列入了全省国民经济和社会发展规划，省政府连续下发了三个关于加快发展农业机械化的文件，在全省实施八大农业机械化创新示范工程，把玉米收获机械化列为创新示范工程的首项任务，各级农机部门把玉米收获机械化作为农机化工作的重中之重，实行重点工作重点抓，推动山东省玉米收获机械化在创新发展中取得了突破性进展。2006 年，农业部把山东省列为首批开展玉米收获机械补贴试点，并支持山东省农机办与中国农业大学联合组织课题组，开展玉米收获机械化发展研究，为

本文为作者在山东省农机局长座谈会上的讲话（2008 年 7 月 22 日　济南）。

科学指导发展提供研究支持，还指派一名副司长担任课题顾问，对山东在全国率先突破玉米机收难关寄予厚望。山东不负期望，承担起玉米收获机械化率先突破和带动全国的双重任务，在全国玉米收获机械化的历史舞台上，扮演了先锋队和领头羊的角色，取得了显著成绩，创造了山东速度。

所谓山东速度，是指从2000年到2007年，玉米机收水平全国从1.7%提高到7.2%，7年提高5.5个百分点，年均提高0.8个百分点；同期山东玉米机收水平从3.7%提高到26.4%，提高了22.7个百分点，年均提高3.2个百分点，山东速度为全国平均速度的4倍。从2000年到2007年，山东玉米机收水平由比全国平均水平高2个百分点，增大到高19个百分点。尤其是2006年、2007年，全国玉米机收的发展速度在加快，玉米机收水平分别比上年提高1.5个百分点与2.6个百分点；而山东玉米机收发展更快，玉米机收水平分别比上年提高6.8个百分点与9.6个百分点。在实践中创造了玉米机收水平年提高7%以上的发展速度，这就是山东速度。对全国来说，这是创造历史纪录的惊人速度，对一个玉米生产大省来说，这是一个来之不易的发展速度。山东速度使人们开阔了发展玉米收获机械化的眼界，鼓舞了排除万难去争取胜利的斗志，增强了勇于开拓、乘胜前进的信心，也积累了丰富的实践经验，调动了大家向新的高度进军，夺取新的更大胜利的积极性，这是我们继续前进的重要实践基础和认识基础。

二、新阶段山东玉米收获机械化要上好新台阶

我国农业机械化发展总体上已从初级阶段进入了中级阶段，国家已作出了积极发展现代农业，加快推进粮食作物生产全程机械化的战略部署，玉米收获机械化是新阶段加快推进的重点和发展的新亮点。对山东省来说，新阶段玉米收获机械化要上好新台阶有两层含义：一是率先挺进上新台阶；二是带动全国上新台阶。率先挺进上新台阶是指，在新的高度上继续担起率先推进的重任。2007年山东省玉米机收水平达26.4%，在全国各省中高居第一，新台阶就是要在今明两年，继续保持7%以上的发展速度，向玉米机收水平40%进军。即，今明两年要连闯玉米机收水平突破30%、40%两道关，确保明年以第一个玉米机收水平达到40%以上的省，向新中国成立60周年大庆献厚礼。在突破40%的基础上，2010年超额完成“十一五”玉米机收水平达到45%的目标，为下一步继续向玉米机收水平达70%的新高度进军打下坚实的基础。带动全国上新台阶是指，山东省要在贯彻实施农业部关于“当前和今后一段时间，全国率先发展黄淮海夏玉米区，积极发展北方春玉米区，有条件地发展南方山地丘陵玉米区”的战略部署中，继续发挥率先突破，带动区域和全国玉米收获机械化发展的先锋队和领头羊作用，要有大局观和责任感、使命感，立足山东，面向全国，服务全国。既要研究山东，又要研究全国，既要推进山东，为山东服务，又要发挥山东领先优势，积极主动面向全国，为促进全国玉米收获机械化加快发展服务。目前我国玉米生产机械化发展主要在黄淮海夏玉米区和北方春玉米区。这两个区域分别包含了山东、河北、河南、天津、北京、安徽、江苏，及吉林、黑龙江、辽宁、内蒙古、山西、陕西、新疆、甘肃、宁

夏等16个省、市、自治区，玉米面积占全国81%以上，玉米产量占全国85%以上，玉米机播和机收面积都占全国99%以上，全国现有的玉米联合收获机，85%在黄淮海夏玉米区，15%在北方春玉米区，玉米机收面积约56%在黄淮海夏玉米区，约44%在北方春玉米区。2007年，玉米机收面积的增量，60%多在黄淮海夏玉米区，近40%在北方春玉米区；全国新增加的1.16万台玉米联合收获机，84%的增量在黄淮海夏玉米区，约16%的增量在北方春玉米区。其他玉米产区的玉米生产机械化尚处于起步阶段，已开始进行探索试验，有潜在的发展需求，但目前还不迫切。2007年，全国还有16个省没有玉米联合收获机，还有12个省尚未开展玉米机收作业，要因地制宜地创造条件，积极稳妥、讲求效益地推进这些地区的玉米收获机械化发展。山东省这一年玉米联合收获机增加5 800多台，一个省的增量占全国总增量的一半以上，率先挺进的作用非常明显。目前山东省玉米机收面积，机收水平、玉米联合收获机保有量，都居全国第一，在全国遥遥领先，是我国玉米机收最耀眼的明星，见表2。

表2　2007年中国玉米机收及玉米联合收获机保有情况

序号	地区	机收玉米面积/（10^3公顷）	占全国/%	地区	玉米机收水平/%	地区	玉米联合收获机保有量/台	占全国/%
0	全　国	2 113.73	100.00	全　国	7.23	全　国	26 669	100.00
1	山　东	754.70	35.70	山　东	26.44	山　东	16 069	60.25
2	黑龙江	524.57	24.82	新　疆	22.21	河　北	3 400	12.75
3	河　北	195.06	9.23	北　京	14.07	河　南	2 000	7.50
4	河　南	149.24	7.06	黑龙江	13.51	黑龙江	1 500	5.62
5	新　疆	127.24	6.02	天　津	11.71	新　疆	600	2.25
6	内蒙古	101.57	4.81	河　北	6.81	内蒙古	500	1.88
7	吉　林	51.30	2.43	河　南	5.37	安　徽	400	1.50
8	山　西	48.45	2.29	内蒙古	5.02	山　西	400	1.50
9	辽　宁	44.40	2.10	山　西	4.68	陕　西	400	1.50
10	安　徽	28.66	1.36	宁　夏	4.26	辽　宁	300	1.13
11	陕　西	20.63	0.98	安　徽	4.03	吉　林	300	1.13
12	北　京	19.56	0.93	上　海	3.33	北　京	300	1.13
13	天　津	18.99	0.90	江　苏	2.74	江　苏	200	0.75
14	江　苏	10.70	0.51	辽　宁	2.22	天　津	200	0.75
15	宁　夏	8.77	0.42	吉　林	1.80	宁　夏	100	0.37
16	甘　肃	7.84	0.37	陕　西	1.79			
17	湖　南	1.87	0.09	甘　肃	1.59			
18	上　海	0.13	0.006	湖　南	0.85			
19	福　建	0.06	0.003	福　建	0.17			

资料来源：根据2007年全国农业机械化统计年报资料整理。

在国家实施粮食安全战略，扩大玉米收获机械补贴范围，增大购机补贴力度的新形势下，河北、河南、黑龙江、吉林等玉米主产省的玉米联合收获机正大幅增长，玉米机收正加速发展，一些玉米机收的新星正在兴起。2007 年河北省玉米联合收获机比上年增加 2 100 台，河南省增加 1 150 台，都比上年翻一番多，黑龙江玉米联合收获机比上年接近翻一番，吉林接近翻两番。山东省要在竞争中继续保持领先优势，进一步发挥领头羊作用，既有机遇，又面临前所未有的挑战。新形势下，要继续挑起率先突破、带动区域和全国发展的重担，必须积极面对机遇和挑战，既要有信心、勇气和责任感、使命感，又要有竞争意识、忧患意识和紧迫感，进一步解放思想，坚持改革开放，创新发展，胆子更大一点，工作更扎实点，才能步子更坚实地挑起重担，上好新台阶，由一星独耀进入群星灿烂的玉米收获机械化发展新境界，大大推进我国玉米收获机械化的新发展。

三、在新高度实现玉米收获机械化又好又快发展

新阶段对玉米收获机械化的要求是：不仅要更快，而且要更好。即，不仅要高速，更要求高效。必须以科学发展观为指导，认真总结在实践中取得的宝贵经验，继续发扬光大并提高完善；找出存在的问题和不足，加以克服解决；顺应新形势提出的新要求，发扬开拓进取、敢为人先的精神，坚持改革创新，形成新思路、新举措，又好又快地推进玉米收获机械化实现科学发展。当前和今后一段时间，有 8 个方面需要我们继续努力：

一是要坚持加强领导，常抓不懈。高举推进玉米机收的大旗，长期坚持不懈，毫不放松。这是山东省发展玉米收获机械化取得巨大成功的宝贵经验。把发展作为党和政府执政兴国的第一要务，充分发挥社会主义能集中力量办大事的优越性，正确行使政府职能解决只靠市场不能解决，需要政府提供公共服务的重大问题，山东省在发展农业机械化、推进玉米机收的过程中，在加强政府经济调节、市场监管、社会管理和公共服务职能方面，做了很多卓有成效的工作，为科学发展提供了可靠的政治和组织保障，得到农业部农机化司和社会各界的认可和赞扬，必须坚持下去，今后还要做得更好。由于玉米机收是粮食作物生产全程机械化的攻坚战，特别在难度较大的地区和环节，还有一些我们不可能完全掌握和控制的因素，先易后难意味着今后的难度更大。所以进一步提高认识，加强领导就更为重要。要进一步增强责任心、事业心和紧迫感，还要精心策划、精心组织、精心运作，统筹协调，提高领导能力、攻坚能力和处理难题的运作能力，多部门密切配合，并加强宣传报道和舆论引导，为取得玉米机收攻坚战的全面胜利提供坚强有力的组织保障。

二是要加大投入，用好投入，取得最好的投入效果。在推进玉米收获机械化发展中，要认真贯彻落实中央加大投入力度，建立促进现代农业建设的投入保障机制和长效机制等支农惠农方针政策，实实在在为发展现代农业和社会主义新农村建设，为农民和农机经营组织办实事、办好事。要加大投入与用好投入两手抓，取得最好的投入效果和政策效应。根据山东省玉米收获机械化发展目标，“十一五”玉米联合收获机发展到 3 万台，玉米机收水平达到 45%的要求，今明两年的投入力度应保障玉米联合收获机年增 5 000 台以上不能减弱，投入效果应力争玉米机收面积年增加 300 万亩左右不能放松。在这次会议上，省农机办的领导一定会对即将开始的玉米机收工作作

出全面安排部署，希望你们精心抓好战前的准备工作，相信山东玉米机收今年会取得新的突破，预祝你们取得圆满成功。在玉米机收水平未达到70%以前，要建立对玉米机收投入稳定增长的长效机制，逐步形成政府持续加大投入，农民积极投入，社会力量广泛参与的多元化投入机制，注重发挥政府资金的引导带动作用。在玉米机收水平达到70%及以上的地区，应适时作出投入重点向新领域转移的战略抉择，用因势利导，与时俱进，根据情况变化而适时应变的领导艺术，推进现代农业在更广阔的领域向广度和深度快速发展。

三是抓好农机农艺结合，合力推进发展。由于种种原因，农机农艺结合是长期未很好解决的一大难题，但这是现代农业的发展方向和大家最热切的期盼。在黄淮海夏玉米区，玉米种植方式复杂多样，间作套种并存，农艺行距不一致，严重影响机械作业发展。必须农机农艺相结合合力解决好这一难题。山东省在解决保护性耕作与机播、机收协调发展方面做了很多工作，提出了玉米机收和保护性耕作一起抓的工作思路，在全省开展了玉米机收、保护性耕作“大培训、大推广、大普及”活动，并邀请多位院士、专家亲临指导，已见成效。今年山东把小麦跨区机收与推广机械化玉米免耕贴茬直播技术统筹部署推进，做到了小麦机收结束，玉米播种也基本完成，全省取得了玉米机械化免耕贴茬直播2 600万亩的好成绩，已占玉米播种面积的65%。近年来山东省玉米机播水平有较大提高，已由过去处于全国中游水平向上游前进。玉米机播水平提高，向机械化、标准化生产前进，也就为玉米机播、机收协调发展创造了条件，这是努力的方向。

四是玉米联合收获机装备产业要在新阶段再立新功。山东省通过多年的技术创新、试验示范与技术推广，产学研推管结合，已经研发生产出一批受到农民欢迎认可的玉米联合收获机产品，涌现了福田、玉丰、国丰等十多个玉米联合收获机生产厂家和相应的零配件生产厂家，以玉米联合收获机制造为主的产业集群在山东省已呈雏形，生产已初具规模，在玉米联合收获机生产领域具有明显的比较优势，为用现代物质技术装备农业，加快推进玉米收获机械化，提供了先进的技术和装备支撑，做出了积极贡献。在新阶段要再立新功是指，继续发挥比较优势，推进玉米联合收获机产业结构优化升级，做强做大，为推进我国玉米机收快速发展提供有效的技术装备保障，努力解决玉米联合收获机有效供给不足的问题，开创玉米机收与玉米收获机械产业互促发展，协调共进的新局面。所谓有效的技术装备保障，就是要及时、可靠地提供用户需要的先进适用的玉米联合收获机产品。为此，新阶段玉米联合收获机产业要加快三个转变：由引进消化吸收向自主创新转变，即，由“制造”向“创造”、“智造”转变；由产品基本适应黄淮海地区向用新产品适应北方春玉米区双适应转变；由生产单一产品向生产系列产品转变。技术路线不求单机万能，但求用系列产品满足多方不同要求，即基本型＋系列化＋个性化的发展思路。要引导形成具有核心竞争力、有带动作用的骨干企业，集聚效应强的产业基地，具有自主知识产权的品牌产品，在新的高度再立新功，做出更大贡献。

五是要抓好人员培训，培育造就能打硬仗的农机化队伍。先进技术装备要靠善于使用的人运用才能发挥最大作用，取得最大效益。玉米联合收获机是农业机械中较复杂的技术装备，发展速度猛增，人员培训一定要跟上。培养造就一支技术过硬、思想作风好的农机化队伍，是农机管理部门的重要责任。各个方面都要在玉米机收战前做好人员培训工作，包括使用操作人员、管理人员、营销人员、推广人员、维修人员、售后服务人员等，既要抓技术培训，又要抓职业道德培训，为平均一台玉米联合收获机作业 700～1 000 亩提供人才技术保障，对农机手、用机户、生产厂家、农机管理部门都是皆大欢喜的好事。山东在这方面很有经验，也很有成效。希望今年及今后能做得更好，在科教兴农、人才兴机方面有新的建树。

六是要抓好农机服务，创造农机服务品牌，创建农机服务集团。农机服务市场化、产业化，是中国特色农业机械化道路的重点内容，进一步的努力方向是提高组织化程度和提高服务效率，向创造农机服务品牌和创建农机服务集团发展。玉米机收率先挺进的山东，不仅要服务山东，还要向服务全国发展。进一步还可向国外服务进军。由市场化、产业化走向国际化，立足山东，面向全国，走向世界，是在农机化领域贯彻落实发展开放型经济精神，把“引进来”与“走出去”更好地结合起来，由封闭式的自我发展，转向开放式的面向全国甚至向世界发展，是努力形成经济全球化条件下参与国际农机化合作和竞争新优势，彰显中国农机化发展强大生机活力的新举措，这就必须营造知名农机服务品牌，创建农机服务集团，把农机服务做强做大。山东在创建农机服务品牌方面已有一些经验和相当基础，希望在新阶段站在新高度，进入新境界，开创新局面，做出新贡献。

七是要把推进玉米收获机械化与玉米产业化经营结合起来。种是为收，收是为用，为有效益。玉米全身都是宝，其籽粒和秸秆都有多种用途，各地玉米产业发展也有不同取向，形成各地特色，对玉米机收作业也提出了不同的要求。因此，要把推进玉米收获机械化与当地玉米产业化经营的要求结合起来，形成各具特色、符合当地要求的技术模式，才能受到当地欢迎，发挥先进生产力作用，产生巨大的经济社会效益。

八是要抓好区域协调互动和谐发展。由于各地发展条件的差异，往往出现区域发展不平衡的局面。为抓好区域协调互动和谐发展，必须把率先突破与整体推进结合起来，建立区域间相互促进，优势互补的协调互动机制，形成先进带后进，后进赶先进的互促共进氛围，鼓励各地市、各区域间开展多种形式的交流与合作，促进农业机械化生产要素的区域间正常流动，发展经验共享既可供参考借鉴，也有助于激励和引发反思，形成全面协调，整体奋进的发展新格局，推进全省玉米收获机械化能因地制宜，经济有效，又好又快地向前发展。

又好又快地推进玉米生产机械化

（2008 年 7 月 26 日）

一、我国农业机械化发展的三座里程碑

新中国成立以来，我国农业机械化发展取得了巨大成就。特别是改革开放 30 年来，开创了中国特色农业机械化发展的新局面，成果辉煌。有三个带里程碑性质的标志性成就将载入史册：一是 20 世纪末，中国现代农业发展进入了增机减人（育人、转人）的新时代；二是 21 世纪初，小麦生产率先实现了全程机械化；三是 2007 年，全国农业机械化发展总体上进入了中级阶段。

如今，中国在积极发展现代农业的总方针指导下，农业机械化发展进入"加快推进粮食作物生产全程机械化，稳步发展经济作物和养殖业机械化"的新阶段。在 21 世纪世界农业机械化发展格局正在发生重大变化，新增长点正从北美洲、欧洲发达国家向亚洲、拉丁美洲发展中国家转移的大趋势下，新兴的中国，已经成为世界农业机械化发展的新亮点。可以预期，认真贯彻落实科学发展观，用统筹兼顾的根本方法，实现三大粮食作物生产全程机械化，经济作物和养殖业机械化得到相应发展之日，就是我国基本实现农业机械化之时。基本实现农业机械化，将是我国农业机械化、现代化发展史上一座新里程碑。实现这光荣而艰巨的目标，大约在 21 世纪 20 年代初叶。世界第一农业大国基本实现农业机械化，不仅是中国的一件大事，具有全国意义，也是世界农业机械化发展史上的一件大事，具有世界意义。我们必须自觉地为此不懈努力，奋力拼搏，坚定不移地把我国伟大的农业机械化事业又好又快地推向前进！

二、新阶段推进玉米生产机械化的重要意义

今年中央一号文件提出要"加快推进粮食作物生产全程机械化。"把全程机械化列入重要工作日程。我国有三大粮食作物：稻谷、玉米、小麦。按面积、产量比重的大小目前排序是：稻谷第一、玉米第二、小麦第三。三大作物面积约占粮食作物面积的 75%，产量约占粮食总产量 87%。所以，三大粮食作物生产机械化是我国粮食作物生产全程机械化最重要、最基本的内容，是保障

本文是作者在全国农业系统工程学科发展研讨会上的讲话（2008 年 7 月 26 日，吉林长春）。

国家粮食和食品安全的重要技术支撑，是我国农业机械化重中之重。如今，小麦生产基本实现了全程机械化，我们把它称为我国农业机械化第一战役取得了重大胜利。在此基础上，已开展向水稻、玉米生产全程机械化进军的第二大战役。农业部先后召开了推进、部署水稻、玉米生产机械化的全国会议，并列为农机购置补贴的重点，积极推进水稻、玉米生产机械化示范基地建设，并已取得重要进展。玉米是我国第二大粮食作物，全国 31 个省、直辖市、自治区都有玉米种植，2006 年，全国玉米面积占粮食面积 25.6%，玉米产量占粮食产量 29.24%，且呈持续增长趋势。目前，在粮食作物生产全程机械化中，玉米机收是最落后的薄弱环节（见表 1），是我国农业机械化进程中必须攻克的带“瓶颈”制约性质的一大难点，在中国，玉米生产没有实现全程机械化，全国就不可能基本实现农业机械化。因而玉米收获机械化也是新阶段国家加快推进的主攻重点和农业机械化发展的新亮点。

表 1　2007 年全国三大粮食作物机播、机收水平

作 物	小麦	稻谷	玉米
机播（栽）水平/%	78.01	11.06	60.47
机收水平/%	79.17	46.20	7.23

资料来源：2007 年全国农业机械化统计年报。

从全球战略分析，玉米是世界最主要的农作物之一，主产国的玉米生产关系着全球的粮食安全和食品安全。我国是世界第二玉米生产大国，玉米种植面积和产量分别约占世界的 19%和 21%，仅次于美国居世界第二位。在全球出现能源危机的形势下，发展生物能源与保障粮食安全的矛盾凸显出来。目前占全球玉米出口市场 60%～70%的最大玉米生产国美国，把发展生物能源作为国家战略，用大量玉米生产生物乙醇，2005/2006 农业年度，美国 14%的玉米被用于生产生物乙醇，2007 年，这一比重上升至 20%。据预测，今后被用于生产生物乙醇的玉米还将逐年增加至占玉米总产量的 1/3 以上。到那时，为满足生产生物乙醇的原料需求，美国将从全球最大的玉米生产国和出口国变成玉米净进口国，从而导致玉米出口减少，给国际玉米市场留下巨大的供给缺口，加重全球粮食和食品危机。有研究报告称美国用玉米催动的生物能源风暴已经席卷了全球，美国大力发展玉米乙醇是世界粮价大幅上涨的罪魁祸首。不少国际舆论抨击大规模用粮食生产生物能源的行为是“反人类罪”，受害最大的是发展中国家。全球性的能源危机和粮食、食品危机，引起国际社会、国际组织的严重关切，它迫使每个国家必须同时做好保障粮食安全和保障能源安全两件事。争论还在继续，但大家都在讨论并积极采取行动来应对这两大难题。温家宝总理在河北省考察农业时指出，“手中有粮，心中不慌。”“国家粮食安全了，农民收入也有了保障。”“进一步加强农业和粮食生产，是保证市场供给、抑制通货膨胀、实现经济社会发展目标的迫切要求，是应对国际农产品市场变化、保障国家粮食安全的重大举措，是顺利推进我国现代化建设的关键所在。”“一个拥有 13 亿人口的大国依靠自己解决吃饭问题，就是对世界最大的贡献。”从这个意义上说，在世界粮食、能源危机面前，在美国企图用玉米统治世界的情势下，中国用积极发展现代农业的办法，抓好了玉米及其他粮食作物的生产，就是对世界的重大贡献。因此，积极推进玉米生产机械化，也是用现代生产方式保障粮食和食品安全的重要技术支撑。

三、我国玉米生产机械化的发展格局

根据因地制宜，科学指导，推进全局的需要，农业部农业机械化管理司组织研究的成果把目前我国玉米生产机械化的发展格局，大致划分为三大区域：黄淮海夏玉米区、北方春玉米区、其他玉米产区。

黄淮海夏玉米区：包括山东、河北、河南、天津、北京、安徽、江苏等 7 个省、市，按玉米面积和产量是我国第二大玉米产区。该区域特点是经济比较发达，农机化水平较高，农民对玉米生产机械化认可程度较高。玉米在粮食作物中比重较高，面积比重平均为 27.2%，高的达到 40%以上，北京近 62%；产量比重平均为 28.7%，北京最高，为 66.8%。农业种植制度基本上是一年两熟，复种指数较高，迫切需要机械作业抢农时。玉米联合收获机基本上能适应农业生产需要，全国现有的玉米联合收获机，约 85%在黄淮海夏玉米区，2007 年，山东省保有量达 1.6 万多台，河北省 3 400 台，河南省 2 000 台，这三省的玉米联合收获机保有量就占全国的 80.5%。黄淮海夏玉米区每万公顷玉米面积保有玉米联合收获机 22.7 台，远高于全国平均 9 台的装备水平。该区玉米种植面积约为全国玉米面积的 34%，玉米机收面积约占全国 56%，玉米机收水平约 12%，高出全国平均水平 4.7 个百分点。可称为我国玉米收获机械化率先发展区。但由于种植方式复杂多样，间作套种并存，农艺行距也不一致，影响了机播作业的发展，玉米机播面积约占全国的 36%，玉米机播水平高于全国平均水平 3.9 个百分点，但比北方春玉米区低近 15 个百分点，尚待努力解决好农机农艺的结合问题。

北方春玉米区：包括吉林、黑龙江、辽宁、内蒙古、山西、陕西、新疆、甘肃、宁夏等 9 个省、自治区，按玉米面积和产量是我国第一大玉米产区。尤其是东北三省和内蒙古等省区，是我国最重要的商品粮基地。该区特点是：玉米在粮食作物中比重高，面积比重平均为 38.9%，高的达到 60%以上，吉林最高，近 65%；产量比重平均为 53%，吉林最高，近 73%；农业基本上为一年一熟制，土地相对集中，地块较大，适合机械化作业，玉米机播水平已近 80%，比全国平均水平高 20 个百分点。但由于目前的玉米联合收获机还不适应北方春玉米区的作业要求，玉米机收发展较慢。2007 年该区玉米机收水平才 6.6%，还低于全国 7.2%的平均水平。全国玉米种植面积最多、玉米占粮食作物比重最大（近 65%）、我国人均粮食最多（近 1 000 公斤）的吉林省，2007 年玉米机播水平已达到 79.2%，玉米机收水平仅 1.8%，相差太大；吉林省玉米联合收获机保有量仅 300 台，每万公顷玉米面积仅保有玉米联合收获机 1 台。玉米收获机械化成为农业机械化发展中的“瓶颈”制约环节，必须努力攻关解决。2007 年，该区玉米种植面积为 1 421.77 万公顷，占全国玉米种植面积的48.5%；玉米机播面积为1 126.48万公顷，占全国玉米机播面积的63.7%；玉米机播水平为79.23%，为全国最高地区；玉米机收面积为93.48万公顷，约占全国玉米机收面积的44%；玉米联合收获机保有量为4 100台，约占全国玉米联合收获机保有量的15%；每万公顷玉米面积保有玉米联合收获机仅2.9台。玉米机收难度较大，水平较低，是我国玉米收获机械化发展潜力最大，也是难度较大的地区。该区要靠自主创新取得突破，积极推进发展，可称为创新推进发展区。

其他玉米产区：包括四川、云南、贵州、重庆、广西、湖北、湖南、广东、浙江、福建、江西、海南、上海、西藏、青海等15个省、自治区、直辖市。也就是南方以水稻生产为主的13个省、市、自治区及青藏高原等地的玉米产区。特点是：玉米在粮食作物中比重较低，玉米面积占粮食面积比重平均为13%，最高的云南为27.7%，贵州为23.8%，比重在10%以上的有云南、贵州、重庆、四川、广西、湖北6个省，主要分布在西南；其他9省、市、自治区玉米面积占粮食作物比重都在6%以下，最少的江西、青海还不到0.5%；玉米产量占粮食产量的比重平均为12%，最高的贵州、云南为30%左右，在10%以上的只有云南、贵州、重庆、四川、广西5个省、市、自治区，湖北接近10%，其它9省、市、自治区都在6%以下，青海不到1%，江西仅为0.3%；该区玉米种植90%分布在丘陵山区和高原，地块小、地形复杂，种植制度一年多熟、一年一熟兼有，以间套作为主，机械作业难度大。2007年，该区玉米种植面积为517.81万公顷，占全国玉米种植面积的17.7%；玉米占粮食面积约13%；玉米机播面积为4.584万公顷，占全国玉米机播面积的0.26%；玉米机播水平仅为0.89%，目前尚未开展玉米机播的9个省全在此区；迄今此区尚无玉米联合收获机，2007年玉米机收面积仅2 000公顷，占全国0.1%，玉米机收水平仅0.04%。目前尚未开展玉米机收的12个省、市、区全在此区。该区可称为玉米生产机械化潜在发展区，发展的重点是西南4省及广西、湖北等玉米面积、产量占粮食面积、产量比重在10%以上的6省、自治区。其他玉米产区的玉米生产机械化多数还处于停滞状态，少数已开始进行探索试验，处于起步阶段，有潜在的发展需求，但目前尚不迫切，要因地制宜地创造条件，讲求效益地推进发展。农业部认真贯彻落实中央积极发展现代农业、加快推进粮食作物生产全程机械化的精神，从解决农民最关心、最迫切、最现实的需求入手，从解决影响农业机械化整体发展水平的关键环节着力，努力改变玉米机收的落后面貌和滞后局面，从需要和可能出发，提出“当前和今后一段时间，全国率先发展黄淮海夏玉米区，积极发展北方春玉米区，有条件地发展南方山地丘陵玉米区。各地要选择条件适宜地区，实施率先突破，带动区域玉米生产机械化发展”总的指导方针，业界要共同努力，为推进我国玉米生产机械化又好又快发展做出积极贡献。

四、发展态势、存在问题及促进对策

总的发展态势是，在发展迫切需要和国家政策支持下，我国玉米生产机械化已进入快速发展期。快速发展的拐点出现在“十五”末，快速发展的态势“十一五”已开始显现。玉米机播面积、机播水平、机收面积、机收水平、玉米联合收获期拥有量等各项数据，2007 年都创历史新高。在我国农机化发展增量中，玉米生产机械化所占比重越来越高，贡献越来越大，成为新阶段我国农业机械化发展的主攻重点和颇具活力的新亮点。2007 年，全国玉米机播面积年增量首次超过200 万公顷，机播水平首次超过 60%；玉米机收面积年增量首次达到 86.6 万公顷，为 2000 年增量的 129 倍；玉米机收水平比上年提高幅度由过去不到 1 个百分点到 2006 年提高 1.5 个百分点，到 2007 年提高 2.6 个百分点；玉米联合收割机保有量由 2000 年 0.36 万台增加到 2007 年 2.66 万台（相当于稻麦联合收割机 1980 年全国拥有量），年增量由几百台、1 000 多台、几千台到 2007 年首次超万台，增加近 1.16 万台；每万公顷玉米面积玉米联合收割机保有量由 2000 年 1.5 台增加到 2007 年 9 台，增加 5 倍，此装备水平也与 1980 年每万公顷小麦面积拥有的联合收割机数量 9.2 台相近。玉米联合收获机装备量还比较低，但发展速度比小麦联合收割机当年的增幅快，小麦联合收割机从 1980 年到 1990 年的 10 年才增加 1.3 万台，直到 1995 年才首次年增量超过万台，比上年增加 1.16 万台。而玉米联合收获机 2006 年全国才 1.5 万台，2007 年就发展到 2.66 万台，年增 1.16 万台。今年国务院原则通过了《国家粮食安全中长期规划纲要》和《吉林省增产百亿斤商品粮能力建设总体规划》，国务院有关部门和粮食增产潜力较大的地区都在抓紧研究增加粮食生产的规划和措施，各级领导下决心用积极发展现代农业的办法，提高粮食综合生产能力，为加强国家粮食安全保障体系建设、保障粮食安全和食品安全提供现代物质技术支撑，是国家采取的重大战略举措。在新形势下，对玉米生产机械化的支撑力度会更大，玉米生产机械化的快速发展态势正方兴未艾，日益增强，这是发展的主流。

存在的主要问题。玉米生产机械化发展中的问题很多，可以从自然、经济、技术（农艺、机具）、政策、管理等不同角度、不同层面找出问题。但在复杂事物的发展过程中，有许多矛盾存在的情况下，解决问题的根本方法是用全力找出它的主要矛盾。目前玉米生产机械化发展中存在的问题，从现象上看，有机具适应性、质量和可靠性跟不上需求问题；有农机、农艺发展不协调问题；有投入力度不够、示范推广力度不够；等等问题，从本质上概括一句话，是现代化发展对玉米生产机械化日益增长的迫切需要同有效供给不足的供需矛盾日益突出，矛盾的主要方面是有效供给不足问题。因而解决矛盾的方法，是要用全力解决好对日益增长的迫切需要的有效供给的问题。

促进对策。有效供给指能满足需求且恰到好处的供给。供给的有效性指供给及时、可靠，先进适用，符合国情，供给到位不缺位，供给及时不误时。有需求但供给不足，无需求但出现供给过剩，都不是有效供给。要解决好有效供给问题是一个复杂的系统工程。包含制度供给（体制、机制、政策、管理等）、技术供给（机具装备、农艺技术等）、资金供给（政府支持、自筹投入、社会投入等）、市场供给（封闭或开放程度等）、人才供给（教育、培训）等的及时供给和协调供给。在解决有效供给的实践中，往往采用重点突破（重点环节突破推进）与体系建设（有效供给保障体系建设协调推进）两手抓，发挥社会主义能集中力量办大事的优越性，使正面效应最大，负面影响最小，积极稳妥地解决好前进中的问题，经济有效地推进发展。

当前，在解决发展玉米生产机械化有效供给问题时，应按照因地制宜，分类指导，经济有效的原则，注意抓好以下问题：

一是财政投入问题。据分析预测，我国基本实现玉米生产全程机械化，玉米机播、机收水平要达到70%以上，还需要增加30多万台玉米联合收获机，再加上其他环节的玉米生产机具及相应机库建设，投入强度要比以往大很多。要保障财政投入的有效供给，必须在加大投入与用好投入上下工夫，建立和完善财政有效投入保障机制，取得引导带动作用最大的财政投入效果。

二是统筹规划，重点突破，因地制宜，试验示范，注重效益，分步推进问题。考虑到我国玉米生产机械化的复杂性、艰巨性必须从制度供给上建立和完善规划和试验示范结合的科学发展机制。目前我国玉米生产机械化发展主要在黄淮海夏玉米区和北方春玉米区。根据农业部关于“当前和今后一段时间，全国率先发展黄淮海夏玉米区，积极发展北方春玉米区，有条件的发展南方山地丘陵山区”的战略部署，结合《国家粮食安全中长期规划纲要》和《吉林省增产百亿斤商品粮能力建设总体规划》的实施，玉米生产机械化可采取91522推进步骤。即，发挥社会主义能够集中力量办大事的优越性，先重点抓好2007年已开展玉米收获机械补贴的9个省，包括黄淮海夏玉米区的山东、河北、河南3省和北方春玉米区的吉林、黑龙江、辽宁、内蒙古、山西、陕西6省。这9个省玉米面积都在1 500万亩以上，是我国玉米主产区。9省玉米面积占全国玉米面积73.3%，2007年9省玉米联合收获机总计占全国93.25%，玉米机播面积占全国91.73%，玉米机收面积占全国 89.41%。从需要和可能两方面都具备重点推进条件，抓好了这 9 个省的玉米生产机械化，就抓住了发展的主流，掌握了积极推进、引领发展的主动权，所以是必须首先抓好的发展重点；第二步重点抓好现在已经拥有玉米联合收获机的15个省。即除上述9省外，还加上黄淮海夏玉米区的北京、天津、安徽、江苏4省市和北方春玉米区的新疆、宁夏2个自治区。这15个省、市、自治区玉米面积占全国80%以上，全国现有的玉米联合收获机全在这15个省，玉米机播面积、机收面积总计都占全国99%以上；第三步再着力推进包括甘肃和南方玉米面积占粮食面积比重大于10%的四川、云南、贵州、重庆、广西、湖北等省。与前述15省加起来共22个省、市、自治区，玉米面积总计占全国98.5%，这22个省玉米生产全程机械化问题解决了，我国就基本上实现了玉米生产全程机械化，农业机械化第二战役又取得了新的重大胜利。

三是坚持自主创新，合作攻关，建立和完善农机与农艺相结合的技术有效供给保障机制问题。技术有效供给包含先进适用的机具有效供给和现代农艺技术有效供给两方面。发展现代农业要求农机与农艺相结合，是指先进适用的现代农业机械装备与现代农艺技术相结合。机具装备既要求性能先进，又要求质量可靠，经济适用，农民买得起或用得起，性价比符合我国国情。现代农艺是增产与增效相结合的农艺，只讲增产不讲效率的农艺不是现代农艺。农机与农艺结合是用现代生产方式根本改变传统生产方式的结合。目前玉米生产机械化发展中存在严重的技术有效供给不足问题。例如，北方春玉米区的玉米收获机具，南方丘陵山区的玉米生产机具，黄淮海夏玉米区符合标准化生产要求的现代农艺，都严重供给不足。解决的办法是坚持自主创新，合作攻关，建立完善农机与农艺相结合的技术有效供给保障机制。农机人员与农业科技人员合作，产学研推结合，共同研究制定技术路线和发展模式，机具不搞万能型，不搞一机打天下，而是根据不同区域特点，研制几种基本型，在此基础上搞系列化、个性化设计和生产，应对多方面的不同需求，解决好技术和装备的有效供给问题。

四是建立和完善人才有效供给保障机制问题。加强农机教育和职业技术培训。

五是解决好农机服务有效供给问题。创新农机服务模式，创建农机服务品牌和服务集团，包括农机作业服务、流通服务、生产服务、维修服务、售后服务等。创建农机服务品牌，提高农机服务组织化程度、服务能力和服务效益。

六是建立区域协调互动发展机制问题。为区域合作交流，农业机械化生产要素区域间正常流动、实现区域间优势互补，互促发展提供体制、机制保障。玉米跨区机收既应充分吸取小麦跨区机收的好经验，又应根据农机化发展新阶段的新情况及玉米机收不同于小麦机收的特点，在玉米跨区机收组织运行模式上有所创新。

七是把推进玉米生产机械化与玉米产业化经营结合起来。各地玉米产业发展有不同取向，形成各地特色，对玉米生产机械化也提出了不同的要求。因此，要把推进玉米生产全过程机械化与当地玉米产业化经营的要求结合起来，形成各具特色，符合产业发展要求的生产模式，才能受到各地农民和领导欢迎，发挥先进生产力作用，促增产增效，农民增收，产生巨大的经济社会效益。

八是抓住机遇，出台粮食出口政策问题。在全球出现能源危机和粮食危机的形势下，应抓住机遇在粮食增产潜力大的国家重要商品粮基地出台粮食出口政策，发展开放型经济，为玉米产业国际化提供有效政策支持，努力形成经济全球化条件下参与国际竞争的新优势，既保障国家粮食安全，又积极在国际竞争中彰显中国发展现代粮食生产的强大生机和活力。发展玉米生产机械化，是粮食产业化、国际化的强大技术支撑。粮食产业放开搞活了，也会为玉米生产机械化向新高度发展提供有效的支持及良性互动。

我国玉米生产机械化“91522”发展格局

（2008 年 8 月 25 日）

今年中央一号文件提出要“加快推进粮食作物生产全程机械化。”粮食作物生产全程机械化已列入重要工作日程。玉米是我国第二大粮食作物，我国也是世界第二大玉米生产国，积极推进玉米生产机械化，对国家、对世界都具有重要意义。

一、目前发展状况

玉米是我国种植最广泛的农作物，全国 31 个省、直辖市、自治区都有玉米种植。按玉米生产机械化条件及状况大致可分为三大区域：北方春玉米区、黄淮海夏玉米区、其他玉米产区，玉米面积分别约占全国的 48%、34%、18%，玉米产量分别约占全国的 50%、35%、15%。

目前我国玉米生产机械化发展主要在黄淮海夏玉米区（山东、河北、河南、天津、北京、安徽、江苏等 7 省、市）和北方春玉米区（黑龙江、吉林、辽宁、内蒙古、山西、陕西、新疆、宁夏、甘肃等 9 省、自治区）。这两个区域（16 个省、直辖市、自治区）玉米面积约占全国的 82%，玉米产量约占全国的 85%。全国 99%以上的玉米机播和机收面积都集中在这两个区域。全国现有的玉米联合收获机全在这两个区域，其中约 85%集中在黄淮海夏玉米区，约 15%在北方春玉米区，详见表 1。

北方春玉米区是我国第一大玉米产区，尤其东北三省和内蒙古等省区，是我国最重要的商品粮基地，玉米在粮食作物中比重高（面积比重平均约 39%，吉林最高达 65%；产量比重平均约 53%，吉林最高达 73%），农业种植基本为一年一熟制，土地相对集中，地块较大，适合机械化作业。该区玉米机播水平已近 80%，比全国平均水平高 19 个百分点；但由于玉米高、粗、大、密及垄作等特点，目前的玉米联合收获机还不适应其作业要求，玉米机收发展较慢。该区 2007 年才有玉米联合收获机 4 100 台，占全国 48%的玉米面积，只拥有占全国 15%的玉米联合收获机，玉米机收平均水平才 6.58%，低于全国平均水平 7.23%。玉米机收水平与机播水平相差甚大。全国玉米大省，也是人均粮食最多（近 1 000 公斤）的吉林省，2007 年玉米机播水平 79.2%，机收水平才 1.8%，玉米联合收获机保有量仅 300 台，每万公顷玉米面积仅保有玉米联合收获机 1 台。

本文发表于《中国农机化导报》2008 年 8 月 25 日 8 版。

表 1　2007 年中国玉米生产机械化情况

地区		玉米面积/10^3 公顷	机播玉米面积/10^3 公顷	机播玉米水平/%	机收玉米面积/10^3 公顷	机收玉米水平/%	玉米联合收获机拥有量/台	每万公顷玉米面积保有玉米联合收获机/台
	全　国	29 285.6	17 683.62	60.47	2 113.74	7.23	26 669	9
北方春玉米区	黑龙江	3 883.6	3 360.63	86.53	524.57	13.51	1 500	4
	吉　林	2 853.7	2 260.90	79.23	51.30	1.80	300	1
	辽　宁	1 998.6	1 619.28	81.02	44.40	2.22	300	1.5
	内蒙古	2 012.5	1 891.07	93.97	101.57	5.02	500	2.5
	山　西	1 035.5	820.63	79.25	48.45	4.68	400	4
	陕　西	1 154.0	627.55	54.38	20.63	1.79	400	3.5
	新　疆	572.8	443.25	77.38	127.24	22.21	600	10.5
	甘　肃	492.0	128.00	26.02	7.84	1.59	0	0
	宁　夏	206.0	113.35	55.03	8.77	4.26	100	5
	合　计	14 208.7	11 264.66	79.28	934.77	6.58	4 100	3
黄淮海夏玉米区	山　东	2 854.2	1 674.93	58.68	754.70	26.44	16 069	56
	河　北	2 862.6	2 374.61	82.95	195.06	6.81	3 400	12
	河　南	2 779.2	1 591.71	57.27	149.24	5.37	2 000	7
	天　津	162.2	182.76	100.00	18.99	11.71	200	12.5
	北　京	139.0	126.28	90.85	19.56	14.07	300	21.5
	安　徽	710.4	399.50	56.24	28.66	4.03	400	5.5
	江　苏	391.2	23.33	5.96	10.70	2.74	200	5
	合　计	9 898.8	6 373.12	64.38	1 176.91	11.89	22 569	23
其他玉米产区	四　川	1 330.5	4.28	0.32	0	0	0	0
	云　南	1 282.1	0	0	0	0	0	0
	贵　州	731.2	0	0	0	0	0	0
	重　庆	453.7	6.73	1.48	0	0	0	0
	广　西	490.4	0	0	0	0	0	0
	湖　北	436.3	30.45	6.98	0	0	0	0
	湖　南	220.2	3.90	1.77	1.87	0.85	0	0
	广　东	132.8	0	0	0	0	0	0
	浙　江	23.6	0	0	0	0	0	0
	福　建	34.7	0	0	0.06	0.17	0	0
	江　西	15.5	0	0	0	0	0	0
	海　南	17.6	0	0	0	0	0	0
	上　海	3.9	0.11	2.82	0.13	3.33	0	0
	西　藏	3.3	0	0	0	0	0	0
	青　海	2.3	0.37	16.09	0	0	0	0
	合　计	5 178.1	45.84	0.89	2.06	0.04	0	0

资料来源：2007 年全国农业机械化统计年报。

注：1. 2007 年已开展玉米机播作业的省有 22 个，还有 9 个省尚未开展，全在其他玉米产区。

2. 2007 年已开展玉米机收作业的省只有 19 个，还有 12 个省尚未开展，全在其他玉米产区。

3. 2007 年拥有玉米联合收获机的省只有 15 个，全在黄淮海夏玉米区和北方春玉米区。

其他玉米产区迄今尚无玉米联合收获机。

我最近去吉林调研，发现在中央惠农政策、农机购置补贴政策引导支持下，农机大户和基层领导干部对发展玉米机收积极性很高，要求很迫切，玉米联合收获机呈大幅增加态势。这从两方面给我们启示：一是该区是我国玉米机收难度较大、水平较低的地区；二是对玉米生产机械化要求最迫切，玉米收获机械化发展潜力最大的地区。需求促进发展。该区的玉米收获机械要在技术性能和机具可靠性方面下工夫，要应对和解决好高、粗、大、密、颠的难题（即，秆高、茎粗、棒大、株密及垄间作业的颠簸问题），这些问题国内外现有玉米收获机具都还不适应，要靠自主创新取得突破，积极推进发展，要靠中国人自己解决问题。该区可称为玉米生产机械化创新推进发展区。

黄淮海夏玉米区是我国第二大玉米产区，也是我国主要的小麦、玉米产区，农业种植基本上是一年两熟制，复种指数较高，迫切需要机械作业抢农时。该区小麦生产机械化水平较高（见表 2），农民对农机化的接受程度较高，在小麦生产基本实现全程机械化的基础上，农业机械化的发展重点转向玉米生产机械化。山东省 20 世纪末率先吹响了由实现小麦生产机械化向推进玉米生产机械化战略转移的进军号，主攻玉米生产机械化的“瓶颈”制约、玉米机收这个薄弱环节，十多年来年年举办玉米机收现场会，长期坚持，毫不放松。经过多年研制试验，目前玉米联合收获机基本上能适应农业生产需要，在发展迫切需要和政府补贴政策支持下，近几年玉米机收呈现出快速发展态势。2007 年，该区以占全国 34%的玉米面积，拥有占全国 85%的玉米联合收获机，每万公顷玉米面积已保有玉米联合收获机近 23 台，大大高于全国平均 9 台的装备水平。该区玉米机收面积约占全国 56%，玉米机收水平在全国率先跨过 10%的门槛，已达 12%，比全国平均水平约高 4.7 个百分点，成为我国玉米收获机械化率先发展区。尤其山东省，2007 年玉米联合收获机保有量已达 16 069 台，占全国拥有量 60%以上，玉米机收水平已达 26.44%，高出全国平均水平 19 个多百分点。作为一个玉米生产大省，2006 年、2007 年，创造了玉米机收水平分别比上年提高 6.8 个百分点、9.6 个百分点的山东速度，在全国起到了率先推进、遥遥领先的先锋队作用。今年山东省玉米联合收获机增加到 2 万台以上，玉米机收水平跨过 30%的门槛已成定局。但由于玉米种植方式复杂多样，间作套种并存，农艺行距不一致，影响了玉米机播作业发展，该区玉米机播水平虽略高于全国平均水平，但比北方春玉米区的玉米机播水平低近 15 个百分点。玉米生产机械化尚待努力解决好农机农艺结合问题。

其他玉米产区指除安徽、江苏以外的南方以水稻生产为主的 13 个省、自治区、直辖市及青藏高原等地的玉米产区。这 15 个省、自治区、直辖市的玉米面积不到全国玉米面积的 18%，玉米产量约占全国的 15%，玉米在当地粮食作物中比重较低，玉米面积、产量比重占 10%以上的只有云南、贵州、重庆、四川、广西、湖北等 6 个省、市、自治区，主要分布在西南；其他 9 省、市、自治区的比重都在 6%以下，最少的还不到 1%。该区玉米种植大多分布在丘陵山区或高原，地块小，地形复杂，种植制度一年一熟、一年多熟都有，种植方式多样，机械作业难度大，目前对玉米生产机械化需求尚不迫切。2007 年，我国尚未开展玉米机播的 9 个省、自治区，尚未开展玉米机收的 12 个省、市、自治区，全在此区。迄今，该区玉米联合收获机尚属空白。2007 年该区玉米机播面积约 4.6 万公顷，玉米机播水平仅 0.9%，玉米机收面积仅 2 000 公顷，玉米机收水平仅 0.04%。该区玉米生产机械化处于探索试验、起步阶段，有潜在的发展需求，但目前尚不迫切，应因地制宜地创造条件，因势利导、讲求效益地推进发展。可称为玉米生产机械化潜在发展区。

表 2　2007 年黄淮海小麦玉米产区小麦生产机械化情况

地　区	小麦面积/10^3 公顷	机播小麦面积/10^3 公顷	小麦机播水平/%	机收小麦面积/10^3 公顷	小麦机收水平/%	稻麦联合收获机/万台	每万公顷小麦面积拥有稻麦联合收获机/台
山　东	3 629.1	3 199.20	88.15	3 184.00	87.74	9.4	259
河　北	2 412.4	2 327.45	96.48	2 288.71	94.87	5.99	248
河　南	5 213.3	4 887.73	93.76	4 899.69	93.98	8.05	154
天　津	104.9	105.39	100.00	105.68	100.00	0.22	210
北　京	41.4	71.23	100.00	38.5	93.00	0.19	459
安　徽	2 330.3	1 816.26	77.94	2 110.46	90.57	6.66	286
江　苏	2 039.1	1 974.77	96.85	2 229.95	100.00	7.83	384
合　计	15 770.5	14 382.03	91.20	14 856.99	94.21	38.34	243
全　国	23 799.0	18 564.44	78.01	18 841.07	79.17	57.45	241

资料来源：2007 年全国农业机械化统计年报。

注：黄淮海小麦玉米产区小麦面积约占全国 2/3，小麦机播、机收面积约占全国 78%，小麦机播水平、机收水平分别比全国平均水平高 13 个百分点与 15 个百分点。

二、推进发展格局

农业部认真贯彻落实中央积极发展现代农业，加快推进粮食生产全程机械化精神，从需要和可能出发，对加快推进玉米生产全程机械化作出了“当前和今后一段时期，全国率先发展黄淮海夏玉米区，积极发展北方春玉米区，有条件的发展南方山地丘陵玉米区”的战略部署，是符合统筹全局、因地制宜，经济有效原则的，是正确的、符合实际的。在贯彻实施中，有两点应引起注意：一是不仅三大区域有差别，在三大区域中，各地玉米生产机械化的发展条件、现有基础和对全局影响的大小也存在差别。因此，农业部特别提出“各地要选择条件适宜地区，实施率先突破，带动区域玉米生产机械化发展。”并启动了玉米生产机械化示范点项目。这就明确指示我们，不仅区域发展有先有后，各区域的省、市、县发展也有先有后，推进发展的力度大小也应有所不同。必须坚持重点突破，示范引导，以点带面，梯度推进，协调发展。二是面对全球性的能源危机和粮食、食品危机的严峻挑战，国务院为加快构建符合我国国情的粮食安全保障体系，最近已原则通过《国家粮食安全中长期规划纲要》和《吉林省增产百亿斤商品粮能力建设总体规划》，把用发展现代农业的方法保障粮食安全摆在更加突出的位置。因此，对我国重要商品粮基地东北春玉米区，加大玉米生产机械化的推进力度已势在必行，必须采取切实措施，攻关突破，积极推进。据分析预测，我国玉米机收水平要达到70%以上，还需增加30多万台玉米联合收获机，今后年增量应在2万台以上，任务是很艰巨的。要应对前所未有的挑战，必须既积极又稳妥，努力实现又好又快发展。为此，建议在新形势下，贯彻落实农业部提出的推进玉米生产机械化的战略部署，实施方案可采取91522推进步骤，在不同的发展阶段，支持力度的大小可有所不同。在发展进程中，不同阶段支持引导的重点也应因势利导地进行战略转移。即，把市场的基础性作用和政府正确发挥职能的引导支持作用结合起来，发挥社会主义能够集中力量办大事的优越性，第一步，先重点抓好 2007 年已开展玉米收获机械补贴的 9个省，包括黄淮海夏玉米区的山东、河北、河南3省和北方春玉米区的吉林、黑龙江、辽宁、内蒙古、山西、陕西6省、自治区。这9省玉米面积都在1 500万亩以上，是我国玉米主产区。9省玉米面积占全国玉米面积73.3%，2007年这9省玉米联合收获机保有量占全国93.25%，玉米机播面积占全国 91.73%，玉米机收面积占全国 89.41%。从增量看，玉米机播面积增量占全国总增量约93%，玉米联合收获机增量占全国总增量约93.3%，玉米机收面积增量占全国总增量约87.5%（见表3）。从需要、可能和发展态势分析，都符合率先发展和积极推进的条件，抓好了这9个省的玉米生产机械化，就抓住了我国玉米生产机械化发展的主流，掌握了积极推进、引领发展的主动权，所以是必须首先抓好的发展重点。第二步，在这9个省的基础上，进一步重点抓好2007年已经拥有玉米联合收获机的15个省。即上述9省再加上黄淮海夏玉米区的北京、天津、安徽、江苏4省市和北方春玉米区的新疆、宁夏2个自治区。这15个省、市、自治区玉米面积占全国80%以上，玉米机播面积、机收面积总计都占全国99%以上，增量分别占98%、99%，目前全国的玉米联合收获机全在这15个省、市、自治区，发展玉米生产机械化已有一定基础，具备第二步重点推进的良好条件。第三步，再着力推进包括甘肃和南方玉米面积占粮食面积比重大于10%的四川、云南、贵州、重庆、广西、湖北等省。与前述15省加起来共22个省、市、自治区，玉米面积总计占全国98.5%。这22个省玉米生产全程机械化问题解决了，我国就基本上实现了玉米生产全程机械化。那就是在小麦生产实现全程机械化的基础上，我国第二大粮食作物生产全程机械化又取得了重大胜利，我国农业现代化进程又掀开了新的一页。我们必须为此不懈努力。

表3　2007年我国玉米生产机械化增量

地　区	机播玉米面积/10³公顷			机收玉米面积/10³公顷			玉米联合收获机拥有量/台		
	2006	2007	2007增量	2006	2007	2007增量	2006	2007	2007增量
全　国	15 778.43	17 683.62	1 905.19	1 248.03	2 113.74	865.71	15 026	26 669	11 643
山　东	1 525.23	1 674.93	149.7	461.86	754.70	292.84	10 200	16 069	5 869
河　北	2 233.77	2 374.61	140.84	110.05	195.06	85.01	1 300	3 400	2 100
河　南	1 362.04	1 591.71	229.67	49.19	149.24	100.05	850	2 000	1 150
黑龙江	2 862.76	3 360.63	497.87	331.85	524.57	192.72	800	1 500	700
吉　林	2 021.73	2 260.90	239.17	21.69	51.3	29.61	80	300	220
辽　宁	1 506.74	1 619.28	112.54	26.03	44.4	18.37	190	300	110
内蒙古	1 597.15	1 891.07	293.92	73.96	101.57	27.61	259	500	241
山　西	767.79	820.63	52.84	40.35	48.45	8.10	213	400	187
陕　西	580.45	627.55	47.1	17.81	20.63	2.82	228	400	172
9省合计	14 457.66	16 221.31	1 763.65	1 132.79	1 889.92	757.13	14 120	24 869	10 749
北　京	132.60	126.28	–6.32	10.33	19.56	9.23	300	300	0
天　津	172.92	182.76	9.84	5.42	18.99	13.57	0	200	200
安　徽	329.70	399.50	69.8	16.70	28.66	11.96	138	400	262
江　苏	13.38	23.33	9.95	3.45	10.7	7.25	70	200	130
新　疆	446.37	443.25	–3.12	72.52	127.24	54.72	298	600	302
宁　夏	89.62	113.35	23.73	2.57	8.77	6.20	100	100	0
15省合计	15 642.25	17 509.78	1 867.53	1 243.78	2 103.84	860.06	15 026	26 669	11 643
甘　肃	97.08	128.00	30.92	3.13	7.84	4.71	0	0	0
四　川	3.50	4.28	0.78	0	0	0	0	0	0
云　南	0.30	0	–0.3	0.01	0	–0.01	0	0	0
贵　州	0	0	0	0	0	0	0	0	0
重　庆	4.27	6.73	2.46	0	0	0	0	0	0
广　西	0	0	0	0	0	0	0	0	0
湖　北	30.47	30.45	–0.02	0	0	0	0	0	0
22省合计	15 777.87	17 679.24	1 901.37	1 246.92	2 111.68	864.76	0	0	0
湖　南	0	3.9	3.9	1	1.87	0.87	0	0	0
广　东	0	0	0	0	0	0	0	0	0
浙　江	0	0	0	0	0	0	0	0	0
福　建	0	0	0	0.06	0.06	0	0	0	0
江　西	0	0	0	0	0	0	0	0	0
海　南	0	0	0	0	0	0	0	0	0
上　海	0.56	0.11	–0.45	0.05	0.13	0.08	0	0	0
西　藏	0	0	0	0	0	0	0	0	0
青　海	0	0.37	0.37	0	0	0	0	0	0

资料来源：全国农业机械化统计年报。

对我国玉米生产机械化发展形势的三个判断

（2008 年 9 月 25 日）

一、三个判断

对我国玉米生产机械化的发展形势有三个基本判断：一是我国玉米生产机械化已进入快速发展期；二是两大主产区已形成我国玉米生产机械化发展主流；三是玉米机收仍是我国粮食生产全程机械化最薄弱的“瓶颈”环节，主要问题是有效供给不足，必须下大力解决好保障有效供给的问题。分述如下：

（1）在发展追切需要和国家引导支持下，我国玉米生产机械化已进入快速发展期。

如图 1～图 3 所示，快速发展的拐点出现在“十五”末，快速发展的态势“十一五”已开始显现。玉米机播面积、机播水平、机收面积、机收水平、玉米联合收获机拥有量等各项数据，2007 年均创历史新高。根据 2000—2007 年的年增量分析，玉米机播面积已由年增 40 多万公顷提高到年增近 240 万公顷；玉米机收面积由年增量约 6 000 公顷提高到年增 86.6 万公顷；玉米机播水平年提高幅度由 1 个百分点左右提高到 4 个百分点左右；玉米机收水平年提高幅度由 0.1 个百分点左右提高到 2.6 个百分点；玉米联合收获机年增量由几百台到增加 1.16 万台。可见，进入 21 世纪以来，玉米生产机械化在我国农业机械化发展中，速度明显加快，水平快速提高，增量日益显著，贡献越来越大，成为新阶段我国农业机械化发展的主攻重点、新增长点和颇具活力的快速发展新亮点。

在快速发展中还有两点值得重视：一是 2006 年农业部启动实施玉米收获机械购机补贴的首批试点山东省，2006 年、2007 年玉米机收水平分别比上年提高 6.8 个百分点、9.6 个百分点，在实践中创造了山东速度。2007 年，玉米收获机械补贴试点范围由 2 省扩大到 9 个省、区，玉米联合收获机年增量由 2005 年 3 400 台，到 2006 年 6 026 台，到 2007 年 11 643 台，为 2005 年的 3.4 倍，其中 9 个补贴省年增 10 749 台，占总增量的 92.3%。全国玉米机收水平，由 2005 年提高 0.6%，到 2006 年提高 1.5%，2007 年提高 2.6%。玉米联合收获机大幅增加，玉米机收水平快速提高，显示出农机购置补贴政策在推进发展中的明显成效。山东速度也证明，在发展条件基本具备的地区，只

本文发表于《中国农机化》2008 年第 5 期。此前《中国农机化导报》2008 年 6 月 16 日第 8 版曾发表作者“我国玉米生产机械化进入了快速发展期”一文。

要积极努力，工作到位，求真务实，开拓创新，玉米生产机械化快速发展是可以实现的。二是与小麦生产机械化发展情况比较，玉米收获机械化起步较晚，但起步后的发展速度较快。2007 年我国玉米联合收获机保有量 2.66 万台，与 1980 年全国麦稻联合收获机保有量 2.65 万台相当。但 1980 年麦稻联合收获机的增量是 3 500 台，2007 年玉米联合收获机的增量是 11 643 台，为 3 500 台的 3.3 倍。麦稻联合收获机从 1980 年到 1995 年，经历了 15 年的发展，年增量到 1995 年才首次超过 1 万台，达到 1.16 万台。可见，发展条件与发展速度已今非昔比，如今比过去强多了、快多了。由此使我们对胡锦涛总书记的精辟概括：“新时期最显著的成就是快速发展。”进一步加深了理解。从 1979 年 9 月农业机械部召开全国小麦收获机械化座谈会（据当时会上统计，豫鲁冀三个小麦主产省小麦机播水平 50%左右，机收才 3%～5%，与 2005 年全国玉米机播水平 52.7%，机收水平 3.12% 相近）、1980 年 1 月国务院批转农业机械部《关于积极发展小麦收获机械的报告》算起，中央集中力量突出抓小麦生产全程机械化，有领导地打好小麦收获机械化战役，大概用了 23 年时间，基本解决了小麦生产全程机械化问题。2002 年全国小麦机播水平达 73%，机收水平 69.9%，成为我国第一个基本实现生产全程机械化的粮食作物，我们把它称为我国农业机械化第一战役取得了重大胜利，在我国农业机械化发展史上具有里程碑意义。如今在新的起点上，党和政府领导农机战线抓住推进现代化建设的重要战略机遇期，在实现小麦生产全程机械化的基础上，不失时机地组织开展向水稻、玉米生产全程机械化进军的第二战役，先后召开了推进水稻、玉米生产机械化的全国会议，启动了农业机械化示范点项目，积极推进农业机械化示范基地建设，加大了农机购置补贴力度，这些工作都已取得了重要进展。可以预期，在新的发展起点和发展环境下，我国推进玉米生产全程机械化的发展速度会比推进小麦生产全程机械化时快一些（玉米机收水平年均提高幅度，可望由 2.6 个百分点提高到 4 个百分点），发展历程会缩短一些（从 2006 年开始实施玉米收获机械购机补贴试点算起，大约要用 15 年的时间，基本实现玉米生产全程机械化）。在科学发展观的指导下，我们要又好又快地取得农业机械化第二战役的新的重大胜利。

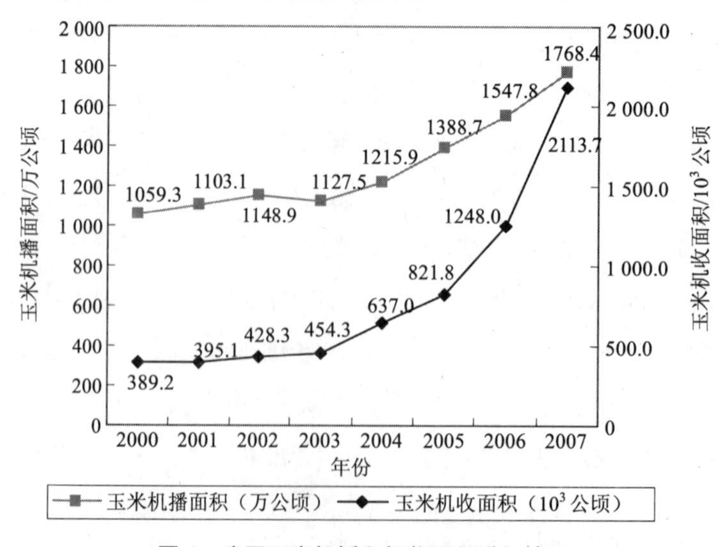

图 1　我国玉米机播和机收面积增加情况

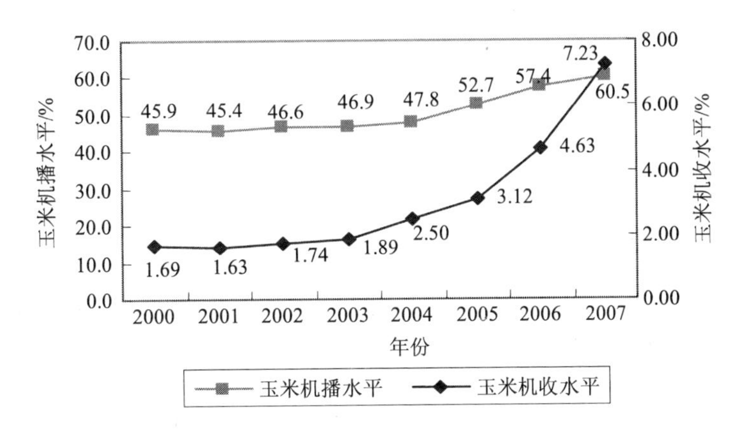

图 2　我国玉米机播和机收水平提高情况

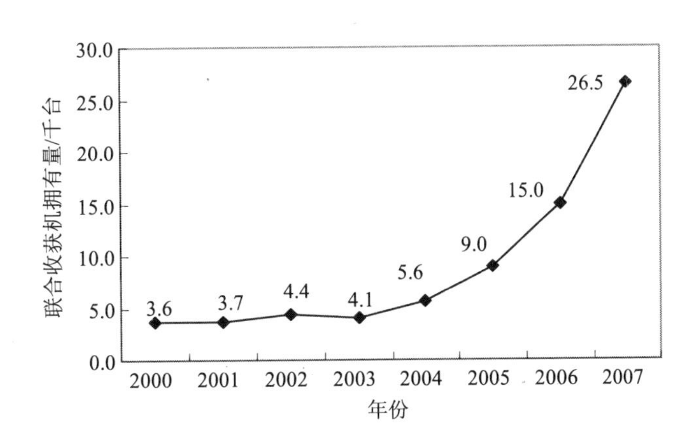

图 3　我国玉米联合收获机拥有量

（2）两大主产区已形成我国玉米生产机械化的发展主流。

玉米是我国种植最广泛的农作物，全国 31 个省、直辖市、自治区都有玉米种植。按玉米生产机械化条件及发展状况大致可分为三大区域：北方春玉米区、黄淮海夏玉米区、其他玉米产区，玉米面积分别约占全国的 48%、34%、18%，玉米产量分别约占全国的 50%、35%、15%。

目前我国玉米生产机械化发展主要在黄淮海夏玉米区（山东、河北、河南、天津、北京、安徽、江苏等 7 省、市）和北方春玉米区（黑龙江、吉林、辽宁、内蒙古、山西、陕西、新疆、宁夏、甘肃等 9 省、自治区）两大玉米主产区。这两个区域（16 个省、直辖市、自治区）玉米面积约占全国的 82%，玉米产量约占全国的 85%。全国 99%以上的玉米机播和机收面积都集中在这两个区域。全国现有的玉米联合收获机全在这两个区域，其中约 85%集中在黄淮海夏玉米区，约 15%在北方春玉米区。形成我国玉米生产机械化发展主流。

（3）玉米机收仍是我国粮食生产全程机械化最薄弱的“瓶颈”环节。

这是我国农业机械化进程中必须攻克的带“瓶颈”制约性质的一大难点，主要问题是有效供给不足，必须下大力解决好保障有效供给的问题。

目前，在粮食作物生产全程机械化中，只有玉米机收水平还不到10%，是最落后、最薄弱的“瓶颈”环节，是必须攻克的一大难点。

发展存在的主要问题，从现象上看，有机具适应性、质量和可靠性跟不上需求问题；有农机、农艺发展不协调问题；有投入力度不够、示范推广力度不够；等等问题，从本质上概括一句话，是现代化发展对玉米生产机械化日益增长的迫切需要同有效供给不足的供需矛盾日益突出，矛盾的主要方面是有效供给不足问题。有效供给指能满足需求且恰到好处的供给。供给及时、可靠，先进适用，符合国情，到位不缺位，及时不误时是有效供给。有需求但供给不足，不需要但出现供给过剩，都不是有效供给。既然矛盾的主要方面是有效供给不足问题，因而解决矛盾的方法，就要下大力解决好对日益增长的迫切需要保障有效供给的问题，努力提高供给的有效性。

二、推进建议

要解决好有效供给问题是一个复杂的系统工程。包含制度供给（体制、机制、政策、管理等）、技术供给（机具装备、农艺技术等）、资金供给（政府支持、自筹投入、社会投入等）、市场供给（封闭或开放程度等）、人才供给（教育、培训）等的及时供给和协调供给。在解决有效供给的实践中，往往采用重点突破（重点环节或重点地区突破推进）与体系建设（有效供给保障体系建设协调推进）两手抓，把市场的基础性作用和政府正确发挥职能的引导支持作用结合起来，发挥社会主义能集中力量办大事的优越性，使正面效应最大，负面影响最小，积极稳妥地解决好前进中的问题，经济有效地推进发展。联系推进我国玉米生产全程机械化的实际，当前应在以下方面着力：一是建立和完善统筹规划与示范推广相结合的科学发展机制；二是建立和完善财政有效投入保障机制，在加大投入与用好投入上下工夫，取得引导带动作用最大的财政投入效果；三是坚持自主创新，合作攻关，建立和完善农机与农艺相结合的技术有效供给保障机制；四是建立和完善农机人才有效供给保障机制；五是创新农机服务模式，创造农机服务品牌，努力解决好农机服务有效供给问题；六是把推进玉米生产机械化与玉米产业化经营结合起来。形成各具特色、符合当地要求的发展模式，才能受到各地农民和干部欢迎，发挥先进生产力作用，产生巨大的经济社会效益。

相关链接：

在此文的基础上，作者和中国农业机械化科学研究院陈志院长联名向农业部递交了一份《关于加快推进玉米生产全程机械化的建议》。危朝安副部长批示：“请锦耀司长参阅。”农业部农业机械化管理司宗锦耀司长批示：“白人朴教授和陈志院长的建议很好，值得我们高度重视，认真研究，积极采纳，进一步加快推进玉米全程机械化。感谢两位资深专家对农机化事业所作出的重要贡献和对我司工作的大力支持。”

我国玉米生产机械化的发展态势及推进对策

（2009 年 9 月 3 日）

一、发展态势

目前，我国玉米生产机械化呈现出良好发展态势，形势喜人。2004—2008 年，玉米机播面积增加 714 万公顷，年均增加 178.5 万公顷；玉米机播水平提高 16.8 个百分点，年均提高 4.2 个百分点，2008 年玉米机播水平已达 64.6%；玉米机收面积增加 253 万多公顷，2008 年比 2007 年增量突破 100 万公顷，增加 105.5 万公顷；玉米机收水平提高 8.1 个百分点，2008 年玉米机收水平已达 10.6%，2008 年比 2007 年提高 3.4 个百分点；玉米联合收获机增加 4.15 万台，2008 年比 2007 年增加 2.06 万台。都创造了玉米生产机械化历史最高纪录，盛况空前（见表 1）。

表 1　近年来我国玉米生产机械化发展情况

指标	单位	2004 年	2005 年	2006 年	2007 年	2008 年
玉米机播面积年增量	10^3 公顷	884	1 728	1 591	2 205	1 615
玉米机播水平年提高	%	1.0	4.9	4.7	3.1	4.1
玉米机收面积年增量	10^3 公顷	182.6	184.9	426.2	865.7	1 054.8
玉米机收水平年提高	%	0.6	0.6	1.5	2.6	3.4
玉米联合收获机年增加	台	1 500	3 400	6 026	11 474	20 607
玉米机播面积	10^3 公顷	12 159	13 887	15 478	17 684	19 299
玉米机播水平	%	47.8	52.7	57.4	60.5	64.6
玉米机收面积	10^3 公顷	637	822	1 248	2 114	3 169
玉米机收水平	%	2.5	3.1	4.6	7.2	10.6
玉米联合收获机拥有量	台	5 600	9 000	15 026	26 500	47 107
每万公顷玉米面积拥有玉米联合收获机台数	台	2.2	3.4	5.8	9.0	15.8

资料来源：根据全国农业机械化统计年报，中国统计年鉴数据整理。

本文为作者在中国玉米生产机械化发展论坛上的讲话（2009 年 9 月 3 日　山东泰安）。收入《中国玉米生产机械化发展论坛论文集》2009 年 9 月。

2008年玉米耕种收综合机械化水平已达51.8%，低于小麦86.5%，与水稻51.2%基本持平（见表2）。在推进粮食作物生产全程机械化的进程中，玉米、水稻主产区都在努力发挥各自的优势，克服弱点，全国总体上已闯过了耕种收综合机械化水平跨越50%的大关，在向70%推进。但玉米机收仍然是三大作物生产机械化中最薄弱的“瓶颈”环节，玉米机收水平刚过10%，是最低的，仍然是难度最大、最需要攻克的关键所在。

表2　2008年三大粮食作物生产机械化水平比较　　单位：%

作物	机耕水平	机播水平	机收水平	耕种收综合机械化水平
小麦	92.5	81.3	83.8	86.5
玉米	73.0	64.6	10.6	51.8
水稻	79.2	13.7	51.2	51.2

资料来源：根据全国农业机械化统计年报数据整理。

目前玉米生产机械化发展情况与1980年小麦生产机械化发展情况有些相似，但发展更快一些，势头更猛一些。小麦联合收获机拥有量1980年是2.65万台，到1991年增加到4.35万台，11年增加1.7万台。玉米联合收获机拥有量2007年达到2.65万台，2008年猛增到4.71万台，一年就增加2.06万台。发展增幅相当于小麦联合收获机20世纪90年代中后期情况。这种情况发生不是偶然的，是由于国家政策大力支持和农业机械化自身发展条件改善，农民认识、接受程度提高双重作用的结果。这就是大家常说的农业机械化发展迎来了历史上最好的战略机遇期和黄金发展期。小麦生产基本实现全程机械化，从1980年联合收获机达到2.65万台，机收水平超过10%算起，到2002年机播水平达到73%，机收水平达到70%，用了23年。如今，在新的发展时期，新的发展起点上，在科学发展观指导下，因势利导，从现在起到玉米生产基本实现全程机械化的时间，预期会比以前的小麦短一些，大约要用15年。这就要求发展速度更快一点，发展质量和效益更高一些。玉米机收水平从目前的10.6%要提高到70%以上，要求年提高幅度保持在4%以上，玉米联合收获机年增量保持在2.5万台以上。难度是很大的，任务是光荣而艰巨的。但机遇也是前所未有的，发展潜力很大，任务是有可能提前胜利完成的。农机人要有责任感、时代感和使命感，还要有紧迫感和忧患意识，勇敢地肩负起历史使命，克服困难，奋力拼搏，努力开拓出发展的新境界，谱写出玉米生产机械化发展的历史新篇章，创造新的辉煌。为此，要采取积极的推进对策和新的举措，要抓好几个着力点。

二、积极推进的着力点

推进玉米生产机械化的办法很多。必须认真领会和贯彻落实国家的战略部署和指导方针，准确把握新形势下发展的新要求和新态势，找准制约发展的主要矛盾和问题，采取促进发展的新举措。我建议当前积极推进玉米生产机械化要抓好四个着力点。

一要把加快推进玉米生产全程机械化纳入“十二五”规划。这是依法促进农业机械化发展的一件大事。《中华人民共和国农业机械化促进法》规定，“县级以上人民政府应当把推进农业机械化纳入国民经济和社会发展计划。”当前，全国和各地正在启动或即将启动编制“十二五”规划的工作，这个机会一定要抓住，一定要抓紧抓好。“十二五”规划是指导“十二五”期间各行各业科学发展的纲领性文件。根据中央一号文件“积极发展现代农业”，“加快推进粮食作物生产全程机械化”的战略要求，从我国的实际出发，在小麦生产已经实现全程机械化的基础上，加快推进粮食作物生产全程机械化，主要就是指加快推进玉米、水稻生产全程机械化。全国和主产省区“十二五”规划都必须纳入此项内容。在规划中，要明确提出未来五年玉米生产机械化发展的指导思想和主要目标，发展重点和发展格局，提出促进发展、实现目标的主要政策措施。从粮食安全战略高度，所谓玉米主产省区有两个基本条件：一是玉米面积数量。从全国而言，玉米主产省区指玉米种植面积在 10 万公顷以上的省区，全国有 24 个。依玉米面积多少排序是：黑龙江、吉林、山东、河北、河南、内蒙古、辽宁、山西、云南、四川、陕西、贵州、安徽、新疆、甘肃、广西、湖北、重庆、江苏、湖南、宁夏、天津、北京、广东。这 24 个省、市、自治区的玉米面积占全国玉米总面积的 99.7%；二是玉米面积占粮食面积的比重。玉米主产省区指玉米种植面积占粮食作物面积的比重在 5%以上的省区。上述 24 个省、市、自治区中，23 个都在 5%以上，其中 20%以上的有 17 个，30%以上的有 12 个，40%以上的有 7 个。只有湖南稍低，为 4.9%。

当然，在制定玉米生产机械化发展目标和措施时，还要考虑已有的发展基础和技术经济条件。目前，按玉米生产机械化条件及发展状况，全国大致可分为三大区域：黄淮海夏玉米区（山东、河北、河南、天津、北京、安徽、江苏等 7 省市）、北方春玉米区（黑龙江、吉林、辽宁、内蒙古、山西、陕西、新疆、宁夏、甘肃等 9 省、自治区）和其他玉米产区（包括云南、四川、贵州、重庆、湖北、湖南、广西、广东、福建、浙江、海南、江西、上海等南方 13 个以水稻生产为主的玉米产区及西藏、青海的玉米产区）。黄淮海夏玉米区和北方春玉米区包含的 16 个省、市、自治区，都在前述 24 个玉米主产区之列。这两个区域玉米面积约占全国 82%，玉米产量约占全国 85%，是当前我国玉米生产机械化发展的主流地区。全国 99%以上的玉米机播、机收和玉米联合收获机都集中在这两个区域。

黄淮海夏玉米区是我国玉米收获机械化率先发展区。该区以约占全国 1/3 的玉米面积，拥有约占全国 82%的玉米联合收获机，每万公顷玉米面积已保有玉米联合收获机近 39 台，大大高于全国近 16 台的平均装备水平。该区玉米机播水平已达 74%，约比全国平均水平高 10 个百分点；玉米机收面积约占全国机收面积的 57%，玉米机收水平达 18%，约比全国平均水平高 8 个百分点。尤其山东省玉米机收水平已达 35.8%，比全国平均水平高 25 个百分点，玉米机收水平连续两年创造了年提高 9%以上的山东速度。2008 年山东省玉米联合收获机拥有量达 2.65 万台，占全国总量的 56.3%，一个省玉米联合收获机比上年增加 1.05 万台（见表 3）。山东省的经验很值得重视。

北方春玉米区是我国第一大玉米产区，该区玉米面积约占全国49%，几乎占全国玉米的半壁江山。尤其东北三省和内蒙古等省区，是我国最重要的商品粮基地。该区农业种植基本为一年一熟制，土地相对集中，地块较大，适合机械化作业。2008 年玉米机播水平已达 81%以上，为全国最高的地区，比我国平均玉米机播水平高 16.6 个百分点。但玉米机收水平才 9.2%，还不到 10%，低于全国平均水平 1.4 个百分点。玉米机播与机收水平相差很大，是我国玉米机收难度较大，也是要求最迫切，发展潜力很大的地区。近两年在国家政策大力支持和自身奋发努力下，发展已呈现出重大突破，有大幅上升的态势，是我国玉米生产机械化最引人注目的新增长点。

表 3　我国各省玉米联合收获机拥有情况

单位：台

省及全国	2003 年	2004 年	2005 年	2006 年	2007 年	2008 年
全国	4 100	5 600	9 000	15 026	26 500	47 107
山东	2 000	3 500	5 900	10 200	16 000	26 500
河北	300	200	800	1 300	3 400	5 400
河南	100	300	400	850	2 000	4 593
黑龙江	500	400	500	800	1 500	2 500
吉林		100	40	80	300	1 400
安徽	100	100	100	138	400	1 000
山西	100	100	100	213	400	928
内蒙古	100	100	200	259	500	800
辽宁	200	200	200	190	300	860
新疆	100	100	100	298	600	900
陕西			100	228	400	926
江苏			50	70	200	500
天津					200	400
北京	600	500	400	300	300	191
宁夏			100	100	100	94
湖北						100
湖南						8
贵州						6
广东						1

资料来源：全国农业机械化统计年报。

其他玉米产区的玉米种植大多分布在丘陵山区或高原，地块小而分散，地形复杂，种植制度一年一熟，一年多熟都有，种植方式多样，机械作业难度较大。但其中又可分两类：一类是云南、四川、贵州、重庆、湖北、湖南、广西、广东等 8 个省、市、自治区，虽属前述 24 个玉米主产区之列，但玉米生产机械化尚处于探索试验，刚刚起步阶段。8 省玉米总面积占全国 17.4%，机播、机收面积，玉米联合收获机拥有量分别占全国的 0.1%、0.3%、0.2%。玉米生产机械化有潜在的发展需求，应因地制宜地创造条件，讲求效益地推进发展。其中湖北省 2008 年在购机补贴政策支持下，玉米联合收获机增加了 100 台，在努力加快发展。另一类是福建、浙江、海南、江西、上海、西藏、青海等 7 个省、市、自治区，不属于前述 24 个玉米主产区之列，玉米总面积只占全国 0.3%，玉米在当地农作物中比重也很小，目前对玉米生产机械化的需求尚不迫切（见表4）。

表4　2008年中国玉米生产机械化情况

地区		玉米面积/10^3公顷	机播面积/10^3公顷	机收面积/10^3公顷	机播水平/%	机收水平/%	玉米联合收获机/台	每万公顷玉米面积保有玉米联合收获机/台
全国		29 863.7	19 298.9	3 168.5	64.6	10.6	47 107	15.8
黄淮海夏玉米区	山东	2 874.2	2 209.2	1 028.9	76.9	35.8	26 500	92.2
	河北	2 841.1	2 409.4	304.9	84.8	10.7	5 400	19.0
	河南	2 820.0	1 994.5	341.8	70.7	12.1	4 593	16.3
	安徽	705.1	431.8	64.1	61.2	9.1	1 000	14.2
	江苏	399.5	37.9	16.0	9.5	4.0	500	12.5
	天津	159.8	171.9	37.5	100.0	23.5	400	25.0
	北京	146.2	138.5	21.4	94.8	14.7	191	13.1
	合计	9 945.9	7 393.2	1 814.6	74.3	18.2	38 584	38.8
	占全国/%	33.3	38.3	57.3			81.9	
北方春玉米区	黑龙江	3 593.9	3 490.9	634.3	97.1	17.7	2 500	7.0
	吉林	2 922.5	2 346.4	123.0	80.3	4.2	1 400	4.8
	辽宁	1 884.9	1 633.1	88.7	86.6	4.7	860	4.6
	内蒙古	2 340.0	2 123.2	145.5	90.7	6.2	800	3.4
	山西	1 378.6	922.1	103.6	66.9	7.5	928	6.7
	陕西	1 157.6	631.3	57.3	54.5	5.0	926	8.0
	新疆	585.5	477.0	153.1	81.5	26.1	900	15.4
	甘肃	557.2	133.0	14.0	23.9	2.5	0	0
	宁夏	208.5	124.5	22.2	59.7	10.7	94	4.5
	合计	14 628.7	11 881.5	1 341.7	81.2	9.2	8 408	5.8
	占全国/%	49.0	61.6	42.4			17.9	
其他玉米产区	云南	1 325.8	0	0.7	0	0.05	0	0
	四川	1 323.8	0.8	0	0.06	0	0	0
	贵州	734.6	1.0	0	0.13	0	6	0.08
	重庆	455.6	0	0	0	0	0	0
	湖北	470.4	22.5	9.2	4.8	2.0	100	2.1
	湖南	241.3	0.02	2.3	0.01	0.95	8	0.3
	广西	489.7	0	0	0	0	0	0
	广东	143.4	0	0	0	0	1	0.07
	合计	5 184.6	24.32	12.2	0.47	0.23	115	0.2
	占全国/%	17.4	0.1	0.3			0.2	
	福建	37.0	0	0	0	0	0	0
	浙江	25.9	0	0	0	0	0	0
	海南	17.4	0	0	0	0	0	0
	江西	15.6	0	0	0	0	0	0
	上海	3.6	0	0	0	0	0	0
	西藏	4.0	0	0	0	0	0	0
	青海	2.0	0	0	0	0	0	0
	合计	105.5	0	0	0	0	0	0
	占全国/%	0.3	0	0	0	0	0	0

资料来源：根据全国农业机械化统计年报资料整理。

二要大力推进农机农艺相结合，协作攻关解决好技术及装备的有效供给问题。技术及装备的有效供给，是指按照积极发展现代农业的要求，解决好玉米生产机械化技术路线的正确选择及与之相应的农机装备的有效供给问题。包含先进适用的机具有效供给和现代农艺技术有效供给两方面。有效供给指能满足需求且恰到好处的供给。供给及时不误时，到位不缺位，先进适用可靠的供给是有效供给。有需求但供给不足，不需要但出现供给过剩，都不是有效供给。由于玉米生产条件复杂，耕作制度、种植方式多样，生产机械化难度较大，对生产机械化的迫切需求与技术及装备有效供给不足，已成为制约玉米生产机械化发展的主要矛盾，努力提高供给的有效性，就成为我们必须着力解决好的重大课题。例如，山东在多年实践中探索总结出适应不同条件特点的5种玉米机收模式，因地制宜地较好解决了玉米机收技术及装备的有效供给问题，玉米机收就发展较快，创造了在全国遥遥领先的山东速度。而适应黄淮海夏玉米区的玉米机收技术及装备，对秆高、茎粗、棒大、株密及垄间作业颠簸较大的东北玉米机收就不大适应，国内外现有的玉米收获机具都还不大适应，所以北方春玉米区机收水平低，需求迫切但发展较慢，就是还没有解决好技术及装备的有效供给问题。这就迫切需要农机与农艺相结合，工程技术与生物技术相结合，农机工作者与农业工作者合作，产学研推管结合，共同研究确定主攻方向，选择技术路线和发展模式，协作攻关靠自主创新取得突破来解决好这一发展难题。生物技术，工程技术都在不断发展进步，既有各自的先进性，又有各自的局限性，二者结合，按照因地制宜、经济有效、促进发展的原则，优势互补，互促共进，实现合作共赢，符合现代农业发展规律，是利国、利民，利发展进步，大家共同努力追求的方向。国内外发展经验证明，发展现代农业要求现代农业机械装备与现代农艺技术相结合，不是谁适应谁的问题，而是先进引领改造落后，落后适应先进，共同发展进步的新陈代谢规律问题，是对立的统一问题。机具装备既要求性能先进，又要求质量可靠，经济实用。机具不宜搞万能型，不搞一机包打天下，而是根据不同区域特点，研制几种基本型，在此基础上搞系列化、个性化设计和生产，应对多方面的不同需求。现代农艺是增产与增效相结合的农艺，农机与农艺结合是用现代生产方式根本改变传统生产方式的结合。先进方面成为引领发展的主导力量，用发展先进生产力的方法去化解矛盾，是实现发展进步的有效途径和根本方法。因而，大力推进农机农艺相结合，抓好协作攻关，就是抓住了解决玉米生产机械化技术有效供给问题之根本。一定要花大力气抓好。

还应特别提出的是，要解决有效供给问题是一个复杂的系统工程。在抓农业技术进步，现代装备增加，生产方式改变的同时，还要解决好人才供给问题。要抓好人员技术培训，培养能操作使用现代农业机器从事农业生产的新型农民。尤其玉米收获机械在农业机械中是较为复杂的，不那么容易操作，一下子增加了许多机器，几百台、几千台、上万台，一定要培养出合格的机手，能操作，会保养，出了问题能处理，才能发挥机器的最大作用和效益。随着农业机械化的发展，培养锻炼出一批农村中发展先进生产力的优秀代表和勤劳致富的带头人，是必须做好的具有战略意义的基础性工作。

三要抓好农机服务创新，努力解决好农机服务有效供给问题。农机服务包括作业服务、流通供销服务、维修服务、信息服务、推广服务、售后服务等。立足我国农户经营规模小、经济实力弱，玉米联合收获机一次性投资大，作业时间短等实情，要使多数农户不用买农机也能用上农机，享受到农机作业服务，积极推进农机服务市场化、社会化、产业化，做到共同利用，提高效益，共享文明，是中国特色农业机械化发展道路的重要内容。在农机化发展过程中，从鼓励、支持农机大户发展，充分发挥能人效应，到引导、培育、扶持农机专业合作社发展，充分发挥组织效应，使服务功能不断增强，服务质量不断提升，服务机制更加灵活，组织化程度明显提高，制度更加规范，服务领域不断拓宽，效益更加明显。总之，是农机服务上了一个新的台阶，站在了新的起点。不少农机服务组织创出了农机服务品牌，做到了农民、农机化服务经营者、政府三满意。但总体上我国农机专业合作社的发展还处于初期阶段，数量少，覆盖面小，基础设施建设滞后，服务领域和范围较窄，水平还不高。努力的方向是坚决贯彻落实农业部《关于加快发展农机专业合作社的意见》精神和安排部署，坚持农民自主、因地制宜、政府扶持、示范引导、规范发展的原则，推进农机专业合作社又好又快发展，为走中国特色农业机械化发展道路作出新的贡献。

当前农机跨区作业服务已由小麦机收向玉米机收扩展，玉米跨区机收既应充分吸取小麦跨区机收的好经验，又应根据农机化发展新阶段的特征及玉米机收不同于小麦机收的新特点，在玉米跨区机收组织运行模式上有所创新。例如，玉米跨区机收作业区域问题，服务半径适度问题，区域间“引进来”与“走出去”相结合，互利双赢，协调发展问题，效益增减问题，等等，都应适应新情况、新特点有所创新，为加快推进玉米生产机械化发展提供优质高效服务和坚强组织保障，努力实现“三满意”。

四要健全和完善惠农强农政策财政有效投入保障机制，在加大投入与用好投入上下工夫，取得引导带动作用最大的财政投入效果。中央实施强农惠农政策取向很明确，要建立健全支持保护农业，发展现代农业的长效机制。近几年实施农机购置补贴政策成效显著，取得了一举多效的明显效果，深受农民的欢迎和拥护。随着国家经济实力的增强，对农业机械化的支持力度还会增大。加快推进玉米生产全程机械化，要抓住前所未有的发展机遇，在加大投入和用好投入上下工夫。用现代物质技术条件装备农业，必须加大投入。据分析预测，我国基本实现玉米生产全程机械化，还需要增加 30 多万台玉米联合收获机，今后年增量应在 2.5 万台以上，加上其他环节的玉米生产机具及相应的机库、机行路等基础设施建设，现代农业生产要素的投入强度应比以往大很多，必须形成政府持续加大投入，农民积极投入，社会力量广泛参与的多元化有效投入保障机制，最终实现全社会资源配置效率的最优状态，取得财政引导带动作用最大的投入效果。近几年实施的农机购置补贴制度和办法，效果很好，很受欢迎。但在实践中也出现了一些新情况、新问题，需要与时俱进地对现行制度、办法进一步健全和完善。制度经济学告诉我们，能自我矫正、自我完善的制度，是具有活力的好制度。例如，对不同地区或同一地区不同的发展阶段，补贴支持力度的大小可以有所不同；在发展进程中，不同阶段支持引导的重点也应因势利导地进行战略转移；补贴方法还可以进一步公开透明，简化程序，提高效率，减低成本等。总之，要使补贴行为更加科学、规范，实实在在为农民、为农机企业办实事、办好事。在中央逐年加大对农机的扶持投入的时候，农机人的责任不仅要争取加大投入，更要努力用好投入，使财政投入发挥更大的引导带动作用，取得最大的投入效果。

因势利导　促进又好又快发展

（2010 年 9 月 20 日）

一、态势：我国玉米机收总体进入快速发展期

2009 年，我国玉米机收水平达 16.9%。虽然水平还不高，但速度增长很快，比上年提高了 6.3 个百分点，玉米联合收获机增加了 3.46 万台，玉米机收面积增加了 210.48 万公顷，玉米机收水平提高 6 个百分点以上的省（市、自治区）达 10 个，呈现出一派快速发展的好态势，盛况空前。黄淮海夏玉米区领先，北方春玉米区加速，其他玉米产区起步的发展格局基本形成，见表 1、表 2、表 3。

表 1　2009 年我国玉米收获机械化发展情况

玉米联合收割机/万台	比上年增加/万台	玉米机收面积/10^3 公顷	比上年增加/10^3 公顷	玉米机收水平/%	比上年提高/%
8.17	3.46	5 273.3	2 104.8	16.91	6.3

资料来源：据 2008 年、2009 年全国农业机械化统计年报数据资料整理。

表 2　2009 年全国及各省玉米机收水平提高情况

地　区	玉米机收水平/%	比上年提高/%	地　区	玉米机收水平/%	比上年提高/%
全　国	16.91	6.30	吉　林	8.28	4.07
山　东	53.00	17.20	山　西	11.09	3.58
天　津	36.29	12.80	内蒙古	9.79	3.57
北　京	26.15	11.49	辽　宁	8.20	3.49
河　南	23.13	11.01	甘　肃	3.37	0.86
陕　西	14.02	9.07	湖　北	2.54	0.59
黑龙江	26.50	8.85	湖　南	0.96	0.01
新　疆	34.81	8.67	云　南	0.05	—
宁　夏	19.26	8.61	贵　州	0.04	0.04
江　苏	11.00	6.98	青　海	0.19	0.19
河　北	16.77	6.04	广　西	0.004	0.004
安　徽	13.31	4.21	四　川	0.001 5	0.001 5

资料来源：据 2008 年、2009 年全国农业机械化统计年报数据资料整理。

本文为作者在全国玉米机收暨“三秋”机械化生产工作座谈会上的发言（2010 年 9 月 20 日　山东潍坊）。

表 3　2009 年全国三大区域玉米生产机械化情况

地区		玉米面积		玉米联合收获机		玉米机收面积		玉米机收水平	
		10^3 公顷	占全国/%	万台	占全国/%	10^3 公顷	占全国/%	%	全国排位
全国		31 182.6		8.17		5 273.25		16.91	
黄淮海夏玉米区	山东	2 917.3	9.36	4.08	49.94	1 546.16	29.32	53.00	1
	河南	2 895.4	9.29	1.32	16.16	669.84	12.70	23.13	6
	河北	2 950.5	9.46	0.77	9.42	494.92	9.39	16.77	8
	天津	165.9	0.53	0.07	0.86	60.20	1.14	36.29	2
	北京	150.8	0.48	0.04	0.49	39.43	0.75	26.15	5
	江苏	399.8	1.28	0.13	1.59	44.00	0.84	11.00	12
	安徽	730.7	2.34	0.22	2.69	97.22	1.84	13.31	10
	合计	10 210.4	32.74	6.63	81.15	2 951.77	55.98	28.91	
北方春玉米区	黑龙江	4 010.2	12.86	0.35	4.28	1 062.90	20.16	26.50	4
	吉林	2 957.2	9.48	0.21	2.57	245.0	4.65	8.28	14
	辽宁	1 964.1	6.30	0.16	1.96	160.97	3.05	8.20	15
	内蒙古	2 451.2	7.86	0.13	1.59	239.93	4.55	9.79	13
	山西	1 451.2	4.66	0.19	2.33	160.95	3.05	11.09	11
	陕西	1 164.0	3.73	0.33	4.04	163.15	3.09	14.02	9
	新疆	598.4	1.92	0.11	1.35	208.32	3.95	34.81	3
	宁夏	215.1	0.69	0.02	0.24	41.42	0.79	19.26	7
	甘肃	657.8	2.11	0		22.17	0.42	3.37	16
	合计	15 469.2	49.61	1.50	18.36	2 304.81	43.71	14.90	
其他玉米产区	四川	1 334.4	4.28			0.02		0.001 5	23
	云南	1 354.2	4.34			0.73	0.01	0.05	20
	贵州	751.5	2.41			0.29	0.005	0.04	21
	重庆	459.1	1.47						
	广西	534.6	1.72			0.02		0.004	22
	湖北	507.3	1.63	0.02	0.245	12.90	0.245	2.54	17
	湖南	282.0	0.90			2.70	0.05	0.96	18
	广东	166.7	0.54						
	福建	37.9	0.12						
	浙江	27.0	0.09						
	海南	18.7	0.06						
	江西	16.1	0.05						
	青海	5.3	0.02			0.01		0.19	19
	上海	4.2	0.01						
	西藏	4.0	0.01	0.02	0.245				
	合计	5 503.0	17.65	0.04	0.49	16.67	0.31	0.30	

资料来源：据 2009 年全国农业机械化统计年报数据资料整理。

从表 3 可看出，黄淮海夏玉米区玉米面积约占全国 33%，，玉米联合收获机装备量约占全国 81.1%，玉米机收面积约占全国 56%，玉米机收平均水平已近 30%，最高的山东省已达 53%，比全国平均水平高 36 个百分点，年最高增幅达 17 个百分点，该地区玉米机收在全国处于领先地位，正在领先加速前进。北方春玉米区玉米面积占全国近 50%，玉米联合收获机约占全国 18.4%，玉米机收面积约占全国 43.7%，玉米机收平均水平近 15%，较高的新疆已达 34.8%，黑龙江达 26.5%，正在借农机购置补贴的东风，乘势加速发展。总之，黄淮海夏玉米区、北方春玉米区 16 个省（市、自治区）是当前我国玉米机收发展的主要地区，这两个区域玉米面积约占全国 82%，玉米联合收获机约占全国 99.5%，玉米机收面积约占全国 99.7%。是当前发展我国玉米收获机械化必须密切关注，因地制宜，分类指导，积极推进的重点区域。其他玉米产区含 15 个省（市、自治区），玉米面积约占全国 17%（主要集中在四川、云南、贵州、重庆、广西、湖北、湖南等 7 省，玉米面积约占全国 16.74%，约占其他玉米产区玉米面积的 95%）；只有 2 个省拥有玉米联合收获机约 400 台，约占全国 0.5%（13 个省、区还是空白）；只有 7 个省开始了玉米机收作业，总计玉米机收面积约占全国 0.3%，还有 8 个省（市、区）还未开展玉米机收；玉米机收平均水平约为 0.3%，最高的也才达 2.5%。总体上这个区域玉米机收还处于起步期。可喜的是，西南四省市、两湖、广西等 7 省（市、区），已出现积极探索前进的好势头。

二、使命：积极推进又好又快发展

2007 年中央一号文件提出“加快粮食生产机械化进程”，2008 年中央一号文件进一步强调“加快推进粮食作物生产全程机械化”。这是提高农业综合生产能力，保障国家粮食安全和促进粮农增收的重大战略任务，是农机化工作者的历史使命。在我国三大粮食作物生产全程机械化进程中，玉米机收是难度最大的“瓶颈”环节，是当前主攻的重点。统计年报上 2000 年才开始有玉米机收面积的统计数据，21 世纪初全国玉米机收面积不到 40 万公顷，玉米联合收获机不到 4 000 台，玉米机收水平不到 1.7%。2007 年玉米联合收获机发展到 2.65 万台，机收面积发展到 210 多万公顷，机收水平才 7.23%，仍然是三大作物生产机械化中最薄弱、水平最低的环节，见表 4、表 5。积极推进的任务十分艰巨。

表 4　我国玉米收获机械化发展情况

年　份	玉米联合收获机/万台	比上年增减/万台	玉米机收面积/10^3 公顷	比上年增减/10^3 公顷	玉米机收水平/%	比上年增减/%
2000	0.36		389.2		1.69	
2001	0.37	+0.01	395.9	+6.7	1.63	−0.06
2002	0.44	+0.07	428.3	+32.4	1.74	+0.11
2003	0.41	−0.03	454.3	+26.0	1.89	+0.15
2004	0.56	+0.15	637.0	+182.7	2.50	+0.61
2005	0.90	+0.34	821.8	+184.8	3.12	+0.62
2006	1.50	+0.60	1 248.0	+426.2	4.63	+1.51
2007	2.65	+1.15	2 113.7	+865.7	7.23	+2.60
2008	4.71	+2.06	3 168.5	+1 054.8	10.61	+3.38
2009	8.17	+3.46	5 273.3	+2 104.8	16.91	+6.30

资料来源：根据全国农业机械化统计年报资料整理。

表 5 我国三大粮食作物机收水平发展情况 单位：%

作物	2000 年	2001 年	2002 年	2003 年	2004 年	2005 年	2006 年	2007 年	2008 年	2009 年
小麦	66.89	69.72	69.90	72.79	76.21	76.13	78.32	79.43	83.84	86.07
稻谷	15.44	18.02	20.60	23.40	27.34	33.50	38.80	46.20	51.17	56.69
玉米	1.69	1.63	1.74	1.89	2.50	3.12	4.63	7.23	10.61	16.91

资料来源：据全国农业机械化统计年报资料整理。

近几年玉米机收快速发展的原因，举世公认有三句话：机遇好、政策好、人努力。机遇好指我国经济社会发展的大环境好，“总体上已进入以工促农、以城带乡的发展阶段，进入加快改造传统农业、走中国特色农业现代化道路的关键时刻，进入着力破除城乡二元结构、形成城乡经济社会发展一体化的重要时期。”人均 GDP 已在 3 000 美元以上的区段发展，对发展现代农业的支持能力越来越强。政策好指从 2004 年出台实施《中华人民共和国农业机械化促进法》和农机购置补贴政策以来，我国农业机械化发展进入了依法促进，政策配套推进的战略机遇期，有利于农机化发展的法制政策环境越来越好，国家支持力度越来越大，农民得到的实惠和好处越来越多。真是机遇前所未有。人努力指农机战线的同志们努力抓住机遇，奋力拼搏，真抓实干，实实在在地在改变玉米机收发展滞后的面貌，开创了快速发展的新局面。唯物辩证法告诉我们，“外因是变化的条件，内因是变化的根据，外因通过内因而起作用。”政策环境好是外因，要通过人努力这个内因而起作用，促进农机化的目的才能实现。在群雄逐鹿中，遥遥领先的山东速度和山东经验就是政策环境好、人努力的好例证。2000 年，山东玉米机收水平为 3.69%，全国平均水平为 1.69%，山东比全国只高 2 个百分点。2001 年，山东省政府发文在全省实施以玉米收获机械化为首项的八大农机化创新示范工程。2005 年，农业部把山东省列为全国玉米收获机械补贴首批试点。山东玉米机收在全国率先推进。2009 年，山东玉米机收水平达 53%，全国平均水平为 16.9%，山东比全国高 36 个百分点，见图 1。

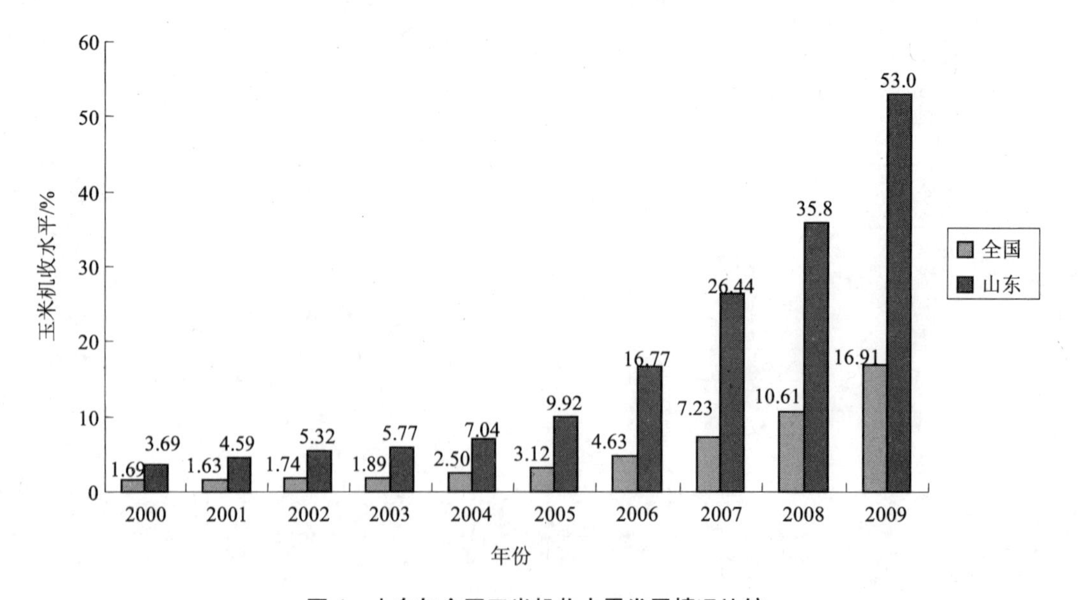

图 1 山东与全国玉米机收水平发展情况比较

山东是全国公认的玉米收获机械化发展中的一大亮点，经验非常丰富，已经有人从不同角度在总结山东经验。把经验上升为理论，有利于大家共享物质文明和精神文明成果，提高认识，促进发展。仁者见仁，智者见智。大家重视总结和学习山东经验，是因为山东玉米机收的快速发展，不是一两年的短期快速发展，而是连续四年提高幅度在6%以上，连续三年提高幅度在9%以上的持续快速健康发展。是被称之为山东速度的快速发展。2006年，山东出现了全国玉米生产全程机械化第一县。四年后，山东将以全国玉米生产全程机械化第一省的新业绩向国家、向人民报捷。山东玉米机收的快速发展增强了业界的信心，鼓舞了大家积极推进的勇气，树立了榜样，使大家看到了攻克难关、取得胜利的希望。

山东经验值得认真总结宣传，是因为它是我国农机化发展进程中，经过实践检验，凝聚了农机人不畏艰难，锐意进取，长期探索积累的智慧和心血的宝贵经验。山东省从20世纪末小麦基本实现全程机械化之时，就敏锐及时地把农机化发展战略重点转移到另一大主要作物玉米生产机械化上来，并把玉米机收作为主攻重点。在科学决策上不失时机地进行战略重点转移，率先启动，高人一筹；在执行决策上山东省十多年来长期坚持不懈，不断加大决策执行力度，不动摇，不松懈，难能可贵；在实际推进中勇于实践，敢于创新（发展思路创新、技术组合模式创新、机具改进创新、组织管理创新、理论创新，而且注意整合创新资源，发挥创新组合优势，用于实践），以创新促发展，成效显著。其基本经验可概括为：科学决策，率先进取，执行有力，坚持不懈，创新发展。认真总结经验，加强宣传，形成实践、理论双丰收的发展局面，是贯彻落实科学发展观，既要走出道路，又要形成理论，物质文明、精神文明两手抓，两手都要硬的具体体现。我们要努力抓紧抓好。

在新形势下，我们要认真学习，坚决贯彻落实《国务院关于促进农业机械化和农机工业又好又快发展的意见》精神，制定好“十二五”农业机械化发展规划，在新的起点上因势利导，进一步采取加大投入，增机育人，分类指导，以点带面，创新发展等综合措施，积极推进我国玉米机收又好又快发展，在“十二五”期间上好新的台阶，开创出加快推进玉米生产全程机械化的发展新局面。

关于水稻生产机械化技术路线选择的几个问题

（2010年11月15日）

一、重要性与迫切性

中国是水稻生产大国，水稻面积约占全国谷物面积的1/3，约占世界水稻面积的21%；稻谷产量约占全国粮食总产量的37%，约占世界稻谷产量的34%，居世界第一位。中国水稻生产在国际国内都有重要地位。但目前水稻生产机械化水平还较低，2009年，水稻耕种收综合机械化水平55.45%，低于小麦、玉米，其中最薄弱的环节水稻机械种植水平才16.77%，在三大粮食作物耕、种、收机械化环节中，首次低于玉米机收水平，沦为最低，见表1。

表1　2009年中国三大粮食作物耕、种、收机械化水平　　单位：%

作物	机耕水平	机种植水平	机收水平	耕种收综合机械化水平
小麦	95.58	84.37	86.07	89.36
玉米	83.55	72.48	16.91	60.24
水稻	83.27	16.77	57.05	55.45

资料来源：根据2009年全国农业机械化统计年报资料整理。

在国家政策支持下，农民积极性很高，近年来中国水稻生产机械化有较大发展。2008年，全国水稻耕种收综合机械化水平突破50%，2009年比上年又提高了4.3个百分点。提高5%以上的有8个省，提高3%以上的有16个省，总体上进入了快速发展期。分环节看，水稻机收水平比上年提高5.89%，提高10%以上的有6个省，提高4%以上的有16个省，最薄弱的环节水稻机械化种植水平也提高了3.04%，提高4%以上的有10个省，呈现出前所未有的快速发展局面。

但发展不平衡问题也凸显出来。水稻耕种收综合机械化水平达70%以上已有7个省，最高宁夏达89.8%，而不到30%的还有5个省，最低的甘肃才8.4%；比上年提高的省区有25个，出现下降的省市有4个。难度最大的水稻机械种植水平，黑龙江省已近82%，但还有17省区不到10%，有3个省还不到1%。

本文为作者在水稻生产机械化国际研讨会上的发言（2010年11月15日　广东惠州）。刊于《中国农机化》2011年第1期。

发展实践从正反两个方面给我们重要启示：发展快慢，差距大小，与水稻生产机械化技术路线选择有很大关系。选择得好，行动有力，发展就又好又快；还未选择好，行动乏力，就严重制约发展进程。所以，正确选择技术路线，对推进水稻生产机械化进程，既非常重要，又十分迫切。

技术路线选择受诸多因素影响。由于自然条件、种植制度，以及经济条件不同，各地在实践中形成了不同的水稻生产机械化技术路线。有的地区已比较成熟，技术路线和主攻方向明确，群众认可度高，推广应用力度较大，已处于快速发展成长期；有的地区还在探索试行之中，还没有选择好发展的技术路线，没有明确的主攻方向和着力点，也就是说，还没有主心骨，劲不知道往哪里使，则步履比较艰难，发展较慢，还处于起步阶段。现在是下大力气解决好这个问题的时候了。大家都在从不同角度努力探索解决问题，促进发展的途径。在需求迫切，又很艰难的复杂事物面前，水稻生产机械化技术路线选择有几个问题值得引起我们注意：一是发展格局问题；二是“瓶颈”突破问题；三是水稻生产机械化与稻谷产业化结合，协调推进问题。

二、发展格局：三大区六类型

水稻生产机械化技术路线选择，要贯彻因地制宜，分类指导原则，有必要对发展格局进行分类研究。由于事物的复杂性及研究角度不同，目前已出现多个分区分类版本，各有见地。今天，我讲的三大区六类型发展格局，也是一家之言，仅供交流参考。

中国水稻种植有早稻、中稻、晚稻。从生产机械化技术路线选择角度，按种植制度大体可分三大类稻区：双季稻为主区（7 个省）；中稻为主区（8 个省）；单季中稻区（15 个省）。青海无水稻。前两类，也有人统称为南方稻区。单季中稻区，也有人统称为北方稻区。这样划分也有他的道理，但对生产机械化技术路线选择来说，太笼统了点，不如划为三大类稻区。提为主，是指并不单一，有主就还有次。中国稻谷生产情况复杂，以省为例，双季稻为主的省，还有些地方只种一季中稻；一季中稻为主的省，也有些地方种双季稻。加“为主”二字，就更全面，更符合实际一些。生产机械化技术路线选择，不仅要考虑种植制度，还要考虑自然条件、经济条件等因素的综合影响，从实际情况出发，三大类稻区还可细分为六类稻区。双季稻为主区可细分为长江流域双季稻区（以湖南、江西为主，还有湖北的双季稻区）和华南双季稻区（福建、广东、广西、海南，加上浙江南部双季稻区）；中稻为主区可细分为稻麦两熟区（江苏、安徽、湖北、上海）和西南稻区（四川、重庆、贵州、云南）；单季中稻区可分为东北稻区（黑龙江、吉林、辽宁、内蒙古）和其他稻区（河南、山东、陕西、宁夏、新疆、河北、天津、甘肃、山西、北京、西藏等 11 省、区、市的稻区）。这六类稻区机械化各有特点，机械化技术路线和发展程度都有较大差异，见表 2。

表2 六类稻区水稻生产机械化发展情况（2009年）

指标	全国	双季稻为主区		中稻为主区		单季中稻区	
		长江流域双季稻区	华南双季稻区	稻麦两熟区	西南稻区	东北稻区	其他稻区
稻谷面积占全国/%	100.0	24.8	20.9	22.4	15.0	13.1	3.8
机耕面积占全国/%	100.0	24.8	20.0	25.3	9.7	16.3	3.9
机种植面积占全国/%	100.0	5.0	4.0	33.0	4.7	50.5	2.8
机收面积占全国/%	100.0	24.5	16.0	33.9	4.9	16.5	4.2
机耕水平/%	83.3	82.0	79.1	93.6	53.4	96.8	85.4
机种植水平/%	16.8	3.5	3.2	24.7	5.2	64.7	12.4
机收水平/%	57.1	56.6	45.2	86.4	18.7	71.7	62.5
耕种收综合机械化水平/%	55.4	50.8	46.2	70.8	28.5	79.6	56.6

资料来源：根据中国统计年鉴、全国农业机械化统计年报资料整理。

水稻耕种收综合机械化水平最高的东北稻区，今年可超过80%。2009年水稻机耕水平96.8%，机种植水平64.7%，都居各区之首。机收水平71.7%，居各区第二位，目前还低于稻麦两熟区。总体来说，东北稻区机耕、机种植、机收水平都大大高于全国平均水平，是我国北方稻区机械化的率先发展区。目前正大力推广水稻机插秧技术，2009年该区水稻插秧机12.7万台，占全国插秧机的63%，比上年增加2.73万台，居各区增量之首，占全国插秧机总增量的44.5%，其中乘坐式增加1.1万台，约占全国总增量的71%，水稻机械种植水平比上年提高7.9%，居全国之首。发展思路是进一步推广机插秧技术，进一步提高机收水平，积极发展机械烘干，推进水稻生产机械化与稻谷产业化协调发展。

水稻耕种收综合机械化水平排第二位的是稻麦两熟区，已超过70%。该区稻谷面积约占全国稻谷总面积的22.4%，在各区中也居第二位。2009年水稻机耕水平93.6%，机种植水平24.7%，居各区第二位。机收水平86.4%，居第一位。半喂入式联合收获机比上年增加6 800台，占全国总增量的50%，水稻机收水平比上年提高10.5%，居全国各区之首。是我国南方稻区机械化的先行区。目前的薄弱环节还是机械种植，是积极推进的重点。该地区近年来机插秧发展较快，机直播也占有相当比重。江苏、安徽水稻机播面积分居全国第一、二位，湖北、上海分居第五、六位。江苏水稻直播机拥有量居全国第二，上海、安徽分居第四、第五。上海水稻机直播面积占水稻机械种植面积48%，江苏占27%，安徽占23.4%。这些情况说明，这个地区水稻机插秧与机直播应因地制宜地在竞争中有选择地推广发展。

稻谷面积占各区第一位的是长江流域双季稻区，约占全国稻谷面积的1/4。湖南、江西的稻谷面积和产量在全国各省中都分居第一、第二位。该区复种指数高，抢种抢收季节性强，是我国主要的杂交稻种植区，带水作业面积广。农户生产经营规模小，农业人口比重较大，农民收入较低，对机械化需求迫切，但难度很大。目前水稻耕种收综合机械化水平刚过50%，居六区中第四位。最薄弱的环节是水稻机械种植，2009 年水稻机械种植水平才 3.5%，在六区中居倒数第二位。目前的发展情况是，湖南机械浅栽占 44.2%，机插占 40.6%，机播占 15.2%，机浅栽比重最大；江西虽然机插秧为主占 68.2%，机浅栽也占 25.3%，机播占 6.5%。湖南、江西的机浅栽面积分列全国各省的第二、第三位。可以看出，该区域三种水稻种植机械化技术还在选择竞争之中，主攻方向和着力点决心还不明朗。发展思路是尽快明确技术路线和主攻方向，加快机械化进程。这是当前必须下大力气研究解决的问题。

华南双季稻区面积居六区第三位，水稻耕种收综合机械化水平还不到 50%，在六区中倒数第二。水稻机械种植水平才 3.2%，居末位。目前处于起步阶段。但主攻机插秧的方向较明确，处于沿海较发达地区，农转非较多，人工成本较高。要提高农业比较效益和农业竞争力，必须转变农业发展方式，对农机化需求迫切。在国家积极发展现代农业，强农惠农政策支持下，农机人要努力把机械化技术路线选择好，机械化与产业化结合的要求较高。这个区域的农机化有可能发挥后发优势，有实力实现跨越式发展。

中稻为主的西南稻区，稻谷面积约占全国稻谷面积的 15%。2009 年水稻耕种收综合机械化水平 28.5%，在六区中是最低的，水稻机械种植水平刚过 5%。机收水平 18.7%，居末位。这个区域自然条件复杂，山地丘陵较多，气候变化大，农作物种植较分散，人均 GDP、城镇化水平、地区人均纯收入、农民人均纯收入都较低，是农机化发展困难较大，因而也是农机化水平最低的弱势地区。但人均耕地比双季稻区和稻麦两熟区都相对较高，开发潜力较大，农民发展农机化的积极性也较高，在国家实施西部大开发的政策支持下，西南稻区是值得积极推进的农机化发展的新增长点。发展思路是要重点解决好山地和小田块机械化技术装备问题，发展中小型耕整机，手扶式插秧机、割晒机和脱粒机，推广分段收获技术，有条件的地区逐步推广联合收获和烘干技术装备。

单季中稻区中的其他稻区，分布在 11 个省，稻谷面积约占全国 3.8%，稻谷产量约占全国 4.3%。2009 年水稻机耕水平 85.4%，机种植水平 12.4%，机收水平 62.5%。耕种收综合机械化水平 56.6%，在六区中居第三位。这类稻区与前述几类稻区最明显的区别是，稻谷面积占全国稻谷面积的比重最小，占当地农作物总播种面积的比重也较低。由于稻谷不是当地的主要粮食作物，在农机化发展中一般要在主要作物先机械化的基础上，才能相应延续发展。这 11 个省区中，稻谷面积占粮食作物面积 3%以上的宁夏、河南、陕西、新疆、天津及稻谷面积在 85 千公顷以上的山东、河北等省（市、自治区），有发展水稻生产机械化的潜力，技术路线和机具选择有先发地区的经验可参考借鉴，结合本地实际发挥后发优势可实现快速发展，是值得关注和积极推进的有发展潜力地区。

三、“瓶颈”突破问题

水稻机械种植是水稻生产机械化进程中的“瓶颈”环节是大家的共识。关于如何突破“瓶颈”问题，有三个基本观点：一是形势判断：着力解决的时机已到；二是指导原则：因地制宜，经济有效；三是基本方法：重点突破，创新发展。

从发展形势判断，着力解决水稻机械种植问题的时机已到。水稻机械种植水平低已严重制约着我国水稻生产全程机械化进程，此问题亟待解决。面朝黄土背朝天，人弯腰插秧的时代应尽快结束，“瓶颈”亟待突破。也要看到，2009 年全国机械种植水平比上年提高了 3 个百分点，提高 4%以上的省有 10 个，吉林提高 10.4%，江苏提高 9.75%，黑龙江省水稻机械种植水平已达 81.9%，这是前所未有的重大进展。说明加快解决水稻机械种植的时机到了，“瓶颈”有可能突破。目前水稻机械种植大体上有三类技术：一是机插秧。2009 年全国机插秧面积 4161.5 千公顷，约占全国稻谷面积 14%，占水稻机械种植面积的 83.8%。二是机直播。2009 年全国水稻机直播面积 520 千公顷，约占全国稻谷面积 1.8%，占水稻机械种植面积 10.5%。三是机浅栽。2009 年全国机浅栽面积 286.6 千公顷，接近全国稻谷面积 1%，约占水稻机械种植面积 5.7%，已形成以机插秧为主，机直播、机浅栽各有所用的发展格局。目前机插秧在 27 个省（区、市）有发展，机直播在 23 个省（区、市）有发展，机浅栽在 16 个省（区、市）有发展。多种机械种植技术竞相发展，多年来已有相当基础，积累了丰富经验，积蓄了发展的能量，已到了蓄势待发，突破“瓶颈”制约，加速发展的时候了。在国家政策支持下，我们要抓住时机，乘势而上，着力解决好我国水稻机械种植问题。

指导原则：在有多种选择的情况下，应坚持因地制宜，经济有效的指导原则。因为任何先进适用技术都有一定的地区适应性，适合此地未必适合彼地；适合彼地未必适合此地。三种机械种植方式比较，机插秧是发展主流的趋势已很明显，机直播、机浅栽在条件适宜地区还会有所发展。发展态势是在比较、选择中各取所需，各得其所。关键是看其功能是否适用及其效益的高低。例如，目前有 20 个省（市、区）机插秧面积占水稻机种植面积的比重都在 50%以上，其中有 13 个省高达 90%以上；而以机播为主的有 5 个省，以浅栽为主的有 3 个省。上海市机插秧占 52%，机直播占 48%，比重相当接近，可以说各显风流。有的省还处于起步阶段，几种方式作业还在探索前进，竞争发展。如湖南机械种植水平才 2.72%，处于起步阶段。几种机械作业方式的比重为：机浅栽 44.2%、机插秧 40.6%、机直播 15.2%；陕西机械种植水平 6.34%，几种机械作业方式的比重为：机浅栽 38.2%、机直播 34.1%、机插秧 27.7%。总之，要按照因地制宜、经济有效的原则，通过选择对比，试验检验，找到最适合当地的技术路线和发展方式，有比较和选择才能做到各取所需，各得其所，才能实现又好又快地发展，推进农机化进程，使农民得到实惠。据预测，机插秧、机直播、机浅栽在水稻机械种植作业中所占比重，可能在调整中逐步稳定在 85∶10∶5

左右。三种方式都还有各自的发展空间。

解决“瓶颈”问题的基本方法是：重点突破，创新发展。解决复杂的困难问题，一定要从实际出发，在重点突破的基础上全面推进。突破“瓶颈”，必须有所创新。创新发展指机具技术创新和组织服务创新。我国农业机械化发展已经站在新的起点上，新时期机具技术创新要更加注重农机与农艺相结合。两方面的专家、能人优势互补，互促共进，必会取得新突破。今年几次玉米生产机械化会议特请农业专家作报告，讲了很好的意见，对农机人有很大启发。农业专家听了农机专家发言，也增进了对农机的了解。互相交流、沟通，共同努力，良性循环，有利于促进现代农业发展。推进稻谷生产机械化，要探索、试验、示范、推广与农机作业配套的现代农业技术体系，生物技术、工程技术结合，必将产生 1+1＞2 的效果。这次会又开了个好头，今天有五位院士作了报告，农机与农艺结合有新的开端，希望能通过交流、合作，取得新的重大突破。特别希望、强烈呼吁袁隆平院士、罗锡文院士带个头，袁院士是国家杂交水稻工程技术中心主任，罗院士是农业部水稻生产机械化专家组组长，水稻生产机械化难度最大的双季稻区，也是主要的杂交稻种植区，期望在培育直播品种，发展机械育秧技术及研制适应杂交稻种植的先进适用机械有新突破和新进展。《国务院关于促进农业机械化和农机工业又好又快发展的意见》也提出，要“有针对性地推广一批适合机械化作业的品种和种植模式”。这也是民众的迫切期盼。

在组织服务创新上，要建立健全产学研推管结合的创新机制，创新技术推广和社会化作业服务模式，多种举措促进科技成果迅速转化为现实的先进生产力，开创创新发展的新局面，使农民能尽快共享现代科技文明成果。

在政策方面，也要适应发展新形势，在鼓励支持创新方面有新政出台。对弱势地区要给以更多的关注、支持，促进区域协调发展。

四、生产机械化与稻谷产业化结合问题

水稻生产机械化与稻谷产业化结合，是发展现代农业产业体系，促进增产、增效、增收的重要途径。因此，生产机械化技术路线的选择，必须提到适应、符合产业化经营要求的新高度，促进农业生产经营专业化、标准化、规模化、集约化。

发展内容，要从田间生产机械化向统筹从田间到餐桌系统机械化发展，产业链由水稻生产机械化向产前（选育种苗）、产后（烘干、保鲜、加工、包装）等机械化环节延伸。为此，要把规模化、标准化水稻生产基地建设与稻谷产业龙头企业发展统筹协调起来，转变发展方式，调整产业结构，实现优化升级。

发展理念，要由农工贸（生产什么，到市场卖什么）向贸工农（根据市场对产品品质、数量、品位需求的变化来组织生产）转变；由生产型向效益型转变；由产品竞争向品牌竞争转变。树立品牌竞争理念，建设品牌工程。把资源优势转化为经济优势。

基本要求，要提高两个能力。一是增产保障能力。为保障国家粮食安全提供农机化物质技术保障；二是市场竞争力。为提高农业比较效益，促进粮食增收提供农机化物质技术支撑。

总之，我国水稻耕种收综合机械化水平已经跨过了50%的历史转折点，正向60%、70%的新高度进军。我国水稻生产方式已经进入了以机械化生产方式为主导的新时期。农民要告别“三弯腰”时代站起来了，体面劳动、尊严生活。农机人必须主动适应新时期农机化发展的新变化、新需求，增强机遇意识和忧患意识，抓住机遇，面对挑战，努力满足和适应人们的新期待，为开创农机化发展的新局面做出新贡献。“十二五”我国农机化发展前景看好，可以大有作为。可以预期，中国水稻生产基本实现全程机械化之日，就是中国农业基本实现机械化之时。让我们共同努力，为迎接这个时代早日到来做出积极贡献！

企业发展研究

一本值得一读的企业发展史

（2007 年 12 月 10 日）

《中国农机化导报》宋毅社长给我送来《四轮全驱　从赛迈到赛迈道依茨：一个伟大的工业集团历史》一书，并希望我看后写个点评。此书确有引人入胜之处。它用记述一个企业近80 年的发展历史，夹叙夹议，来揭示企业成功的奥秘。它的可贵之处不是虚构的故事，不是幻想小说，而是用事实给人以启示，给其他企业以借鉴，使读者认知。我看后的感受是，从赛迈公司发展到赛迈道依茨集团的成功之道有四：正确的理念，坚实的步伐，可贵的精神，人性的管理。

正确的理念。为了客户，为了国家，是企业建立和发展的正确理念，是使企业长盛不衰的思想基础和永恒动力。从创始人弗朗西斯科·卡萨尼的遗嘱到继承人维多利奥·卡洛察的题字，可以清晰地看出企业正确的理念是一脉相承，又不断创新发展的。“赛迈公司的建立不是为了投机的目的，而是为了给意大利提供一个高质量的拖拉机和内燃机发动机制造业。”发展成赛迈道依茨集团后，进一步提出“我们的使命是向全世界的客户提供性能可靠、质量优异并且服务卓越的拖拉机、柴油发动机以及其他农业机械。我们的战略目标是提高最终客户的生产效率，并改善他们的劳动舒适程度。”

坚实的步伐。一是坚持技术革新。总是站在技术进步的前沿，寻求持续发展的元素，保持技术领先地位，由著名品牌开创产品和市场。二是坚持规模适度。以便在动荡不定，激烈竞争的市场面前能保持灵活性和较低的管理费用，提高竞争能力。三是发展模式坚持从实际出发，并与时俱进。赛迈公司从独自拼搏，发展到赛迈道依茨集团合作竞争，使有互补性的企业通过合作实现优势互补，利益分享，互利共赢的发展新格局，是现代企业组织制度的一种创新，是在市场竞争中更趋理性的新竞争观的体现，反映出企业成长成熟的发展轨迹。

可贵的精神。把热情、人性、坚韧的原则与智慧、勇气和不惧风险的优良品质结合，维护一种勇于克服困难去争取成功的创业精神，这是赛迈公司不断成长壮大的宝贵精神财富。

人性的管理。“一定要以最公正诚信对待你的雇员并尽全力防止工人之间的敌对竞争，以真挚的忠诚和一视同仁的坦诚激励他们做出成绩，并依照他们的成绩使其在公司内的职务得到晋升。”管理层是为公司服务的，而公司不是为管理层的野心服务的，人性管理激励员工团结奋进，

本文发表于《中国农机化导报》2007 年 12 月 24 日。

是增强企业凝聚力、创造力、竞争力的一大法宝。

赛迈道依茨集团取得了巨大成功，也表现出巨大的潜能，并在继续向前发展，因为他们知道干什么，为什么，怎么做。赛迈道依茨农机（大连）有限公司已注册成立，一座新的工厂将于2008年在中国大连经济技术开发区建成投产。这些都是值得我们关注，一览此书的原因。

调研一拖集团公司座谈会讲话纪要

（2008 年 11 月 26 日）

时隔 30 年，中国农业大学教授、博士生导师白人朴一行，利用参加全国农垦系统会议间隙，于 11 月 26 日上午在集团公司副总经理李有吉陪同下参观考察了一拖柴油机公司、一铁厂、锻造厂和三装厂。下午白人朴一行参观考察后与一拖集团领导进行了深入的沟通和交流。白人朴教授讲话纪要如下。

（1）一拖积累深厚、对社会贡献巨大。我们认识和研究一拖的发展，不仅要从一拖看一拖，还要用全局和世界眼光，从全国从世界看一拖。一拖是我国农机工业发展的一面旗帜，一座丰碑，是我国拖拉机制造业的开山鼻祖；也是我们农机人的骄傲，在我国农业机械化、现代化的发展史上占有重要的位置。从 20 世纪 50 年代到今天，一拖走过了 50 多年的发展历程，积累深厚、成果辉煌，对社会贡献巨大是举世公认的。如今站在新的历史起点上向新的高度前进，将对我国农机工业发展、农业装备产业振兴、农业机械化、现代化做出新的更大的贡献。

（2）2000—2020 年是加快推进现代化发展的重要阶段。我国社会主义现代化建设正处于发展的关键时期，对这个大的宏观环境我们要有充分的认识。要看清楚几个问题：一是，20 世纪末，我国已胜利地实现了“三步走”战略的第一、第二步目标，全国人民的生活总体上达到了小康水平。也就是小平同志说的人均 GDP 达到 800 美元以上，20 世纪末我国人均 GDP 已达到 856 美元。二是，21 世纪的头 20 年是实现社会主义现代化建设第三步战略目标必须承上启下的发展阶段，是我国进入全面建设小康社会、加快推进社会主义现代化的关键时期。加快推进农业机械化是必然要求。

（3）我国进入农业机械化快速发展阶段几个特征。一是人均 GDP 大于 1 500 美元，国家开始进入对农业的反哺期，进入以工促农、以城带乡的发展阶段。根据党的十七大制定的战略目标，到 2020 年我国人均 GDP 比 2000 年翻两番，将达到 4 000 美元以上。经济社会发展规律显示，人均 GDP 大于 1 500 美元就开始进入反哺期。2007 年我国人均 GDP 达 2 652 美元，已经有 28 个省人均 GDP 大于 1 500 美元，说明总体实力大大提升。以前是用农业积累支持工业化、城市化发展，对农业是“多取少予”；如今转变为工业反哺农业、城市支持农村，对农业坚持“多予少取放活”方针。因此，中央 2004—2008 年连续五个一号文件和十七届三中全会《决定》，都不断强化了支农惠农政策。农机购置补贴列为强农惠农政策重要内容，国家补贴力度、规模逐年加大，由 2004 年中央财政安排农机购置补贴 7 000 万元，到 2008 年增加到 40 个亿。明年补贴规模还会更大。说明我国财政政策发生了重大转变，对农业、对发展现代农业的财政支持大大加强了。二是工业反哺农业不是反哺传统的农业，而是要发展现代农业。从经济总量上看，我国 GDP 从世界第 7 位上升到第 4 位，今年有可能超过德国到第 3 位了；人均 GDP 开始逐步从低收入国家行列进入中等收入国家的门槛。为什么说是门槛，因为世界银行按国民收入不同将国家分为三类：高收入国家、中等收入国家、低收入国家。中等收入国家又分为下中等收入国家和上中等收入国家。目前我国人均 GDP 才 2 000 多美元，不到 3 000 美元属于下中等收入国家行列。所以说刚进入中等收入国家的门槛。这个由低向高的发展走势，决定我们对拖拉机装备的需求，量和质都会越来越高，有升级的变化。三是农机补贴的量越来越大。到 2020 年国内人均 GDP 达到 4 000 多美元，即可能超过 4 000 美元，将进入上中等收入国家行列。十七届三中全会提出农民人均纯收入到 2020 年比 2008 年翻一番的目标，预期农民人均纯收入将达到 10 000 元人民币以上，这就是说整个国家的经济发展水平、经济实力和农业的消费能力都大不一样了。2009 年预计农机购置补贴在今年 40 亿元的基础上将超过 80 亿元，肯定较 2008 年有更大的增长。中央政策是要建立健全稳定增长的长效补贴机制，要把农机列入强农惠农重点支持的长期政策，健全和完善农业支持保护制度，强化对农业发展的制度保障。今年一号文件还提出“加快农业投入立法”。四是全国农业机械化进入中级阶段的趋势从宏观战略到实际发展都将是不可逆的。从农机化的自身发展规律来说，中级阶段即进入了快速发展的成长期，预计在 15 年左右可完成中级阶段的历史使命。就是耕种收综合机械化水平从 40%提高到 70%，农业部农机化司和中国工程院报告中提到，预计 2020 年耕种收综合机械化水平达到 70%。我国耕种收综合机械化水平达到 40%的初级阶段用了 50 多年；现在完成中级阶段从 40%到 70%的历史使命，大约用 15 年就可完成，速度大大加快，需求也大大增加了。中央提出积极发展现代农业，首先就是用现代物质技术条件装备农业。20 世纪 50 年代提出的基本实现农业机械化的愿望，可望在 21 世纪头 20 年实现。建党 100 周年时我国耕种收综合机械化水平可能达到 70%。发展过程可能出现快或慢，也会有一些曲折，但大的趋势从宏观战略到实际发展都是不可逆的。

（4）21 世纪的头 20 年是我国加快农业机械化发展的重要战略机遇期。我们国家全面实现小康，基本实现农业机械化，即进入了增机、减人发展现代农业的新时代，所以对现代农业装备的需求就大了。21 世纪的头 20 年，是我国加快农业机械化发展的重要战略机遇期，也是农业机械化承前启后从初级阶段跨入中级阶段发展的关键时期。首先，从国际农机化发展格局来看，中国必然是世界农业机械化发展的新亮点。20 世纪世界上一些发达国家先后实现了农业机械化，主要在北美洲和欧洲。农业机械化在推进经济社会发展中，发挥了巨大的作用，产生了显著效益。美国工程技术界把农业机械化评为 20 世纪对人类社会生活影响最大的 20 项工程技术之一。进入 21 世纪，必然要求农业机械化在更大的范围、更广的领域和更高的水平继续发展。在世界排名前 20 名农业大国中，有 8 个在亚洲，6 个在欧洲，3 个在北美洲，2 个在拉丁美洲，1 个在大洋洲。在北美洲、欧洲、大洋洲主要发达的农业大国已经实现了农业机械化的基础上，21 世纪世界农业机械化发展的新增长点必然向亚洲和拉丁美洲转移。而中国将成为世界农机化发展中的新亮点，中国无论是产量还是销量都是最大的农机市场。其次，我国农机工业和拖拉机工业面临的发展机遇是前所未有的。无论从国际还是国内的环境来看，我国现在农机工业和拖拉机工业的发展机遇是前所未有的，同时挑战也是前所未有的。最近分析世界金融危机的影响发现，我国农机行业是相对稳定的、是机遇大于挑战的，因此我们要牢牢地抓住机遇，积极地应对挑战，求得更大的发展。我们国家近年来，对外的开放度日益增大，已经成功实现了从封闭、半封闭到全面开放的历史转折，正在努力拓展对外开放的广度和深度。党的十七大报告中提出的发展开放型经济就包括“用好国内国际两种资源，开拓两个市场”。最后，我期望一拖要发挥排头兵的作用，发挥领军企业的领先优势，在新的时期为我们国家的农机化事业作出新贡献。我国振兴农机装备产业，拖拉机工业必须要有排头兵。从产业组织理论的角度讲，现在厂家很多，国家振兴农机装备产业应该形成 3～5 个具有相当实力和国际竞争力的龙头企业，我感觉中国一拖应该是其中的一个。今天考察了一拖部分技术装备，全国有这样技术装备积累的企业不多，中央提出“淘汰落后、支持先进、做大做强”，发展先进生产力，淘汰落后生产力。一拖拥有国内一流，业界其他同行企业都不具有的技术装备积累、人才积累等优势，一拖不领军怎么对得起国家，怎么对得起一拖呢？

（5）发挥企业领先优势要着重抓好几方面的工作。首先，最高决策者要面临战略选择的问题。马克思讲，商品首先是“一个靠自己的属性来满足人的某种需要的物”。一个制造企业生产的产品，不可能追求、也不可能满足人们的一切需要，而只能是满足某种需要。这就形成了企业的社会分工。所以企业生产什么产品，如何进行资源优化配置，要从战略高度进行选择。主攻什么市场要明确定位，明确一拖主攻的产品，生产什么要通过解决为谁生产、满足谁的需要和如何生产来选择发展战略。从大的方面来讲要以国内市场为主，比如：粮食主产省、粮食发展纲要中涉及的地区，他们究竟需要什么产品，同时还可以延伸出其他的产品，主产品、系列产品。所以战略选择是基础性的，方向选择的对不对效果大不一样。战略本身有时空性，有时间的边界也有空间的边界；还有权变性，根据利弊情况权衡应变。我们国家也是这样，国家也在做战略调整，财政政策从稳健转变为积极；货币政策由从紧转变为适度宽松，这就是战略选择。决策层就是要根据新的形势，审时度势，选择好发展战略，做出正确的决策。在复杂多变的形势中进行博弈，作出正确的选择，是对企业领导能力和应变能力的重大考验。第二，就是领军企业的品牌。究竟企业拿什么东西去占领市场，做一个领军企业必须拿出自己的品牌，一拖有了东方红品牌，要保持品牌的信誉，要维持品牌的竞争优势，培育、形成核心竞争力是关键。第三，将技术先进性与价格优势相结合是占领国内外市场的关键因素。一拖在国内和国际市场竞争中，要注意两个基本点，一个是技术性能和质量可靠性，另一个就是成本和价格。这就是要有合适的性价比。这两个层面用价值工程来说，就是与竞争对手比，同样的产品性能比别人便宜就能占领市场，反过来技术和性能比别人差，但是价格低这就不是上策；一拖必须要争取做到质量达到国际先进水平，成本再低一点，跟国际比就能占领市场，跟外资比就会有优势。跟国内的小企业比，成本没有优势，但用户信赖我们的品牌、认可我们的质量性能。第四，产品性能好，质量可靠，进入市场之前经过检验，推向市场之后还要重视服务。今年暑期我到吉林去考察，其中有一个农机户，他说感谢党的政策，但是他也提出对东方红的服务不满意，其实是小毛病没有出大问题，可是销售后一直没有人过问。我很关心一拖的声誉，在一次全国会议上我见到了你们的王克俊副总，我把此情况告诉了他。王副总很重视，当即向我要了这个农机户的姓名和地址，说一定要把此事处理好。最近我遇见王副总，他告诉我此事已处理好了。我很高兴。追踪服务比较到位的企业，用户马上就给你宣传，用户自发宣传的力量很大，影响也很大。一拖产品要高品质，还要加强服务体系建设。第五，加强企业的自主创新能力建设。一拖引进运用了世界最先进的农机装备制造业技术，很多方面在国内领先，但是自主创新的意识还需要加强。一拖作为一个国内领先的企业集团参与国际竞争，要加强自主创新能力建设，要有自己的核心技术，要形成自己的技术路线、人才的培育体系、管理模式包括制度建设，制度创新，这也是生产力，这与一拖企业品牌发展的关系很紧密。最后，一拖要形成能打硬仗的企业文化。企业文化是企业的灵魂，部队打仗有军魂，企业也要有灵魂。一拖要在精神文明建设方面狠下工夫，这里面包括：企业的宗旨、风格、作风、理念要成为所有员工的共识，形成企业的魂。比如：前不久我到福田，在开会的时候有几个节目体现了福田的文化，一个是把《咱当兵的人》那首歌的歌词给改成了“福田的人“，同样用那种雄赳赳气昂昂的曲调，有气魄；第二个是时装模特表演，他们没有请外面的模特，都是企业的职工，时装是他自己的企业从创业开始穿的工作服装，随着历史变化不断更换，看着企业的不断变化历历在目，非常亲切非常感人。这就是企业文化，也是一种核心竞争力，这是别人偷不走的、难以模仿的。再比如说，奶粉事件后，著名民营企业家鲁冠球，及时抓住这个事例给全体职工写了一封信，他告诫大家任何时候不要把金钱放在至高无上的位置，企业要有社会责任感。这封信被《人民日报》刊登了，他的企业形象马上就抬高了，这也是企业的文化。一拖发展 50 多年，是拖拉机行业的开山鼻祖，也是从困难时期一步步发展起来的，有能打硬仗的传统，要形成能打硬仗的企业文化。不光要出产品，也要进行理论建设，还要出经验、总结一些经营之道，对外宣传也是很重要的。如果自己力量不够，可以借助外援，海尔的经验大部分都是通过北大经济研究中心帮他们总结得出的，所以一拖不光要出产品，还要注重理论建设和企业文化建设。

（6）一拖要在机制改革上下工夫，用开放的思维指导企业发展。第一，机制改革的关键是要在“活”字上下工夫。十七届三中全会提出了要在制度建设和搞活方面下工夫。机制改革的方向就是解放和发展生产力，关键是要在“活”字上下工夫，关键是要搞活。国企机制和民营机制比没有他们灵活，这就是福田为什么发展得那么快的一个重要原因。一拖基础雄厚，各个方面比福田强多了，但是在机制上没有他们灵活，希望一拖进一步深化机制改革、发挥排头兵作用。第二，一拖无论从经营上还是从技术上都要有开放的思维。现在国内外每个企业技术在竞争领域各都有各自的绝招，我们要用开拓的思维去学习、去交流，李小龙的成功经验就是和别人打、然后领会别家的奥妙和长处，融入自己的技艺之中，形成绝招。我们可以通过博览会、展销会等交流平台，取诸家之长成一家之绝。如果把自己封闭起来，总是觉得自己已经做得很好，则很难再提高、再发展，所以建设创新型企业需要有开放的思维来指导企业的发展。学习与创新是相互促进、相辅相成的。第三，抓好基地建设带动区域经济。一拖要建设成国家一流、世界先进的农业装备基地，要把企业经济的概念拓展成区域经济的概念，例如可以把洛阳基地建设成为世界闻名的拖拉机工业城。基地建设就是打造农业装备的平台，从中延伸出很多上下游产业。区域经济建设比较难，但是开发出来以后拉动力也很强，所以企业经济的概念要逐渐向区域经济转变。第四，建立战略联盟、形成合作竞争的思想。建立战略联盟可以从几个方面考虑，比如：主机厂与配件厂之间的联合，组成主配件联盟；主机和配套农具厂的联盟等。我建议一拖牵头组织成多个资源组合的战略联盟，研究资源如何配置得更好、效率更高、成本更低。一拖的产品可以向系列化发展，还可以向个性化发展，满足多种需求、组合多种资源，要有合作共赢的思想。

以上就是边看边思考的一些不成熟的想法仅供大家参考，希望一拖在新的历史时期担当重任、不负众望，进一步发挥排头兵、领军企业的作用，在 21 世纪前 50 年特别是头 20 年为我国实现农业机械化、现代化再创新辉煌，做出更大的贡献！

时　间：2008 年 11 月 26 日

地　点：一拖集团接待楼后一楼会议室

主持人：集团公司副总经理　李有吉

参会人员：

中国农业大学：白人朴教授

中国农机院总工程师：方宪法研究员

随行人员：王志琴副教授

中国一拖集团有限公司：

公司领导：赵剡水、闫麟角、李有吉

技术中心：贾宏社、杨为民

战略规划部：程航、谈磊

相关链接 1：

邓小平的现代化“三步走”战略与小康社会的提出

小康，是邓小平 1979 年会见当时的日本首相大平正芳时第一次提出的用于现代化发展战略的一个概念。“所谓小康社会，就是虽不富裕，但日子好过。”为了规划中国现代化发展的蓝图，邓小平设想了著名的现代化发展“三步走”战略，即：第一步，从1981年到1990年，国民生产总值翻一番，实现温饱；第二步，从1991年到20世纪末，再翻一番，达到小康；第三步，到21世纪中叶，再翻两番，达到中等发达国家水平。2000年，我们已胜利地实现了“三步走”战略的第一、第二步目标，全国人民的生活总体上达到了小康水平，人均GDP达到856美元，实现了从温饱到小康的历史性跨越。这是中华民族发展史上的一个里程碑。第三步全面建设小康社会，继续奋斗到21世纪中叶基本实现现代化。即达到中等发达国家水平的现代化发展阶段，在中国特色社会主义道路上实现中华民族的伟大复兴。

新的历史起点是对“三步走”战略的进一步展开

在当时历史条件下，邓小平设计的“三步走”战略，对第三步只作了一个大致的构想。现在，在走完前两步目标的时候，把第三步目标和步骤进一步具体化，作出新的战略规划，是历史的必然和现实的要求。

1997年，党的十五大报告指出：21世纪我们的目标是，第一个十年实现国民生产总值比2000年翻一番，使人民的小康生活更加宽裕，形成比较完善的社会主义市场经济体制；再经过十年的努力，到建党一百年时，使国民经济更加发展，各项制度更加完善；到21世纪中叶新中国成立一百年时，基本实现现代化，建成富强民主文明的社会主义国家。2002年，党的十六大报告中重申：“根据十五大提出的到2010年、建党一百年和新中国成立一百年的发展目标，我们要在21世纪头20年，集中力量，全面建设惠及十几亿人口的更高水平的小康社会，使经济更加发展、民主更加健全、科教更加进步、文化更加繁荣、社会更加和谐、人民生活更加殷实。经过这个阶段的建设，再继续奋斗几十年，到21世纪中叶基本实现现代化，把我国建成富强民主文明的社会主义国家。”

这实际上提出了一个新的“三步走”发展战略。按照这个战略部署，我们从20世纪末进入小康社会后，将分2010年、2020年、2050年三个阶段，逐步达到现代化的目标。2010年前，是第一步。2010年国民经济和社会发展的主要奋斗目标是：实现国民生产总值比2000年翻一番，人民的小康生活更加宽裕，形成比较完善的社会主义市场经济体制；从2010年到2020年，是第二步，根据胡锦涛总书记在党的十七大报告中提出的实现全面建设小康社会奋斗目标的新要求，到2020年要实现人均国内生产总值比2000年翻两番的目标；从2020年到2050年，是第三步，通过30年的继续奋斗，基本实现现代化。

相关链接2：

《鲁冠球的一封信》

各位负责人：

奶制品事件再次教育了我们，任何私利都不能凌驾于公众利益之上，企业经营要以德为本，损人利己即自取灭亡。

另外，发展不能超越自己的能力，安全永远比速度重要。

从古至今，谁都不能脱离社会责任谈发展，社会责任是企业存在的前提，是企业价值的体现，是市场信誉的积累，更是我们创建世界名牌企业的基石。

鲁冠球

2008年9月22日

鲁冠球

万向集团董事局主席兼党委书记。1945年1月出生于浙江省杭州市萧山区宁围镇。

总部所在地：浙江杭州

主要行业：汽车配件

鲁冠球于20世纪70年代末期创建了万向，他把当时的一个修理农业机械的小厂，发展成为中国第一个为美国通用汽车公司提供零部件的OEM。2007年万向集团的销售额达到68亿元，2008年8月万向集团用280万美元收购了UAI。

关于美诺发展的一些思考

（2009 年 12 月 10 日）

一、方向定位

白教授说："从公司发展层面，方向定位是很重要的。我支持、赞成美诺提出的中国农具第一的定位"。关于此问题，白教授用大量的篇幅谈了为什么支持、赞成美诺农具第一的定位。白教授说："支持美诺农具第一的定位，支持美诺经过努力争做中国的农具王。作出这个判断是基于历史的眼光、战略的高度和世界的视角"。

1. 从历史的眼光看

农具产业是人类社会发展进步的基础产业，也是长盛不衰的常青产业，是值得为之一博的发展中产业。

（1）农具产业是基础产业。

农业生产是人类最早而且是人类赖以生存、发展的最基本的生产活动，任何社会都是如此。人类从采集渔猎生活向农耕农作发展进步的过程，也是农业和农业生产工具发明和发展的过程。所以，农业生产装备与农业生产是相依发展、相伴而生的。哪里有农业生产，哪里就有农业生产工具和装备。因为农业是人类的基础产业，因此农具产业也是基础产业，就是这个道理。正如马克思所说，"劳动过程只要稍有一点发展，就已经需要经过加工的劳动资料"。而且指出"各种经济时代的区别，不在于生产什么，而在于怎样生产，用什么劳动资料生产"。劳动工具的变革是人类社会变革很重要的一个标志。中国农业生产装备发展历史悠久，源远流长，是世界农业和农业装备发展最早的农业大国。据考古发现和可查文献记载，中国农业装备的发明、制造、使用和不断创新，已经有上万年的历史，基础产业的地位和作用从来没有动摇过。

（2）农具产业是常青产业。

农具是随着人类社会进步、科学发展而不断发展进步、更新换代的，所以它是常青的。正因

本文是作者应邀在与中机美诺公司领导及骨干成员座谈会上的讲话纪要（2009 年 12 月 10 日上午）。公司在印发"讲话纪要"时称，这是送给企业最最珍贵的礼物。

为它是不断更新换代、是常青的，所以不是衰亡的产业。马克思有一句话："劳动资料不仅是人类劳动力发展的测量器，而且是劳动借以进行的社会关系的指示器"。中国农业装备从人类历史初期是利用天然的或是经过简单加工的木头、石块、骨头、贝壳等材料，制成种类不多的简单原始农器，发展到当代中国已经有 15 大类 3 500 多个品种的当代农器。世界已有 7 000 多个品种当代农器。它是一步步由低级向高级、由简单到复杂、由单一领域向更多领域发展的。

中国农器发展大致上经历了 4 个时代：①原始农器时期（公元前 8000 年—公元前 2100 年），史称石器时代，大约经历了 6 000 年；②古代农器时期（公元前 2100 年—公元 1840 年），史称传统农器时期，大约经历了 4 000 年；③近代农器时期（公元 1840 年—新中国成立），大约经历了 100 年；④当代农器时期（1949 年至今，还在继续）。

传统农器是指以人的手工劳动为基础的农器。中国到汉代已经基本形成北方旱作的农器体系，到唐代逐渐形成南方水田的农器体系。通过经验积累，世代相传，逐渐完善，到元代中国的传统农器就基本定型了。正如马克思所说，以手工劳动为基础的生产部门，往往是通过经验的积累找到适合于自己的技术形式，并慢慢地使它完善。一旦从经验中取得合适的形式，工具就固定不变了。工具往往世代相传达千年之久的事实，就证明了这一点。中国是世界上传统农器延续时间最长的国家。

近代农器是指由传统农器向半机械化或机械化转变的过程中出现的农器，也是中国的农业装备由工具转变为机器的过渡时期出现的农器。半机械化农具，动力仍是人力或人畜力。马克思关于机器的定义：机器是由发动机、传动机构、工具机 3 个部分组成的。近代农器是一个过渡时期。

当代农器主要是指由现代工业生产制造的机器，而不是手工业作坊生产的传统农具。现代工业有个很重要的特点，马克思有概括："现代工业从来不把某一生产过程的现存形式看成和当作最后的形式。因此，现代工业的技术基础是革命的，而所有以往的生产方式的技术基础本质上是保守的"。也就是说，现代农器的革命性表现为是在不断更新、进步发展的，而过去的传统农器的保守性表现为可以几千年都不变就是这个道理。劳动资料取得机器这种物质存在方式，机器是人类劳动和智慧的物化和结晶，要求以自然力来代替人力，以自觉应用自然科学来代替从经验中得出的成规。所以现代科技的发展日新月异，农具的更新换代也在加速。我国《农业机械化促进法》规定，"本法所称农业机械，是指用于农业生产及其产品初加工等相关农事活动的机械、设备。"中央一号文件指明，"要用现代物质条件装备农业。"

以上这些都说明，从古到今，农具产业是不断发展、与时俱进、永不停滞的产业，是基础产业，也是常青产业。

2．从战略的高度看

无论是从国家战略还是全球战略，对农具进步都有刚性的需求。人类社会的发展就是先进生产力不断取代落后生产力的历史进程。在 20 世纪，世界上有一些国家实现了农业机械化，主要在北美洲和欧洲，产生了巨大的经济社会效益。因此，在总结回顾20世纪的时候，美国工程技术界评出20世纪对人类社会生活影响最大的20项工程技术成就，农业机械化位列第七。这个评价从两个方面肯定了农业机械化的重大贡献。一是20世纪世界人口从16亿增加到60亿，如果没有农业机械化，就很难养活这么多人口。其根本原因就是农业机械化提高了农业综合生产能力，提高了资源转换能力和效率，所以能养活这么多人口。因此从战略角度可以看出农具变革的重要性。二是从事农业的人口比重急剧下降，使更多人能从事其他重要工作，创造更多财富，世界经济日益繁荣。据联合国人口司预测，世界人口2050年将达到90多亿，而地球的最大承载能力可以养活100亿～150亿人口。中国2030年的人口将超过15亿。因此对粮食和食品的需求会提高。最近全球饥饿峰会提出，有必要到2050年将目前的农业产量提高70%，才可能养活全球的人口。从国家战略和全球战略来看，保障粮食安全，农具绝对是常青产业。目前，中国的耕种收综合机械化水平才50%左右，所以具有很大的发展潜力。2008年，我国大中型拖拉机保有量约300万台，而配套农具是435万部，配套比才1∶1.45。小型拖拉机保有量1 722万台，配套农具2 794.5万部，配套比才1∶1.62。可以看出农具今后的发展空间和潜力是非常大的。因此，从战略的高度看，农具是很有发展潜力的一个产业，任何时候都不能放弃。

3. 从世界视角看

20世纪，世界上只有一些较发达的国家实现了农业机械化，主要集中在欧洲和北美洲，而绝大多数亚洲、拉丁美洲、非洲的发展中国家都没有实现农业机械化，所以农具的发展有巨大的潜在市场。21世纪农业机械化发展的新增长点，必然向亚洲、拉丁美洲、非洲转移。中国必然成为发展的新亮点。从农机化发展的国际经验，对我们有6点启示：

（1）各国农业装备在手工劳动的基础上，都经历了从手工生产工具到半机械化农具再到机械化农具的发展历程，它呈现出发展的连续性和阶段性。

农业机械化的进程，主要表现为当代农业装备领域不断扩大，在实现种植业机械化的基础上，又实现了畜牧业和养殖业的机械化，种植业又是在实现粮食作物生产机械化的基础上，实现了饲料作物和经济作物的机械化。在实现产中生产机械化的基础上，再向产前产后机械化延伸。所以，农业装备的品种是由少到多、由缺到全、由单个到成套到系列化发展的。农业装备的发展往往是由量的增长转变为更新换代，质的提高。

（2）农业装备技术的不断创新，都是由低级向高级发展、新陈代谢、永不停息的。

从整个农业装备万年的发展历史来看，它的发展都围绕以下几个方面：材料的变化、结构功能的变化、品种的变化、动力的变化，不断地更新，不断地由先进的替代落后的，呈现出突破性、质的提升以及无限性。每一次重大的突破都使农业装备发生质的飞跃形成了技术革命，促进了农业生产力的跨越式发展。历史上如铁制农器的出现使整个生产力发生了质的飞跃，又如农业机器的出现是现代农业革命的新起点。目前，农器的变革，正向生物技术与工程技术结合发展，向以人为本、资源节约和环境保护方向发展。工程技术向机电液结合、自动化、智能化方向发展。

（3）农业装备的技术应用是与经济社会水平相适应、相协调的。

农业装备的发展既要遵循技术规律，也要遵循经济规律。因此各个不同经济社会的发展阶段，对农具装备都有质或量的不同需求，是不断发展变化的。主要表现在性价比、个性化上有不同的要求，还有就是标准化、系列化方面的要求，这点尤其在售后服务、配件方面表现迫切。

（4）有强大的农业装备制造业来支撑。

世界上几大农机企业，如约翰•迪尔就是百年老店了，1837 年至今。约翰•迪尔靠农具起家，起家时是靠研制出一种不粘泥的钢犁，现在发展成为国际上农机老大企业，世界上最强大的农业装备制造商。国际知名的企业一贯重视研发投入，研发费用一般占销售收入的 3%～5%，越强者比重越大。知名企业都很重视新产品的设计与推销，一般都有设计研发机构，负责产品的更新换代或新产品的开发与创意。另外，还有战略研究机构，不断研究自己的发展战略，有这方面的人才。英国福格森公司，它的发展有三个理念：一是主流的生产车间是当代型，生产目前最适销的产品，主要针对欧洲市场。二是储备车间是未来型，为未来引领潮流做战略储备，产品目前尚未进入市场。三是传统型，是指以机械齿轮为基础的传统农具，产品主要销往发展中国家（如非洲）。任何一个知名企业必须要有这个眼光，综合考虑过去、现在与未来，统筹谋划运作企业的发展。

（5）农器的发展有政府的支持，导向有力。

政府在立法、政策措施等方面为农业装备技术的发展给予强有力的支持和导向。各国有各国的支持办法。如美国主要是国家农业贷款法，法国是农机法，韩国、日本、中国是农业机械化促进法。我国农机购置补贴政策和补贴产品目录，就体现出国家的支持和导向。2009 年中央农机购置补贴资金 130 亿元全部实施到位，补贴农机具超过 343 万台（套）。带动地方各级财政投入和农民投入农业机械购置总额达近 610 亿元，明年会超过 700 亿元。

（6）值得重视的规律。

农业装备的状况是反映农业兴衰、衡量农业生产力发展水平的重要标志。一个国家如此，一个地区也是如此。

基本规律是：农器进步，农业装备水平提高，则农业生产力水平提高，农业兴旺，农民富裕；农器停滞，农业装备水平停滞，则农业生产力水平停滞，农业停滞，农民增收困难；农器落后的地方，农业装备水平落后，则农业生产力水平落后，农业落后，农民就贫困。从世界上各地区来讲都是这个规律。

在世界农业装备的发展史中，中华农器占有很重要的位置，有巨大的贡献和辉煌的篇章。明朝以前，中国的农器在世界上是处于领先地位的。在汉代时，中国的铁犁就传入了东南亚，在唐代，中国的铁锄就传入日本。从汉代到元宋时期，是中国传统农器全面发展的时期，也是鼎盛时期。中国的犁壁、龙骨车、石碾、石磨、水车、风车等大量的先进农器传入了欧洲和东南亚。但是，到明清两代至新中国成立之前，中国的农器发展就停滞落后了，主要是闭关锁国的政策和传统农器延续时间太长。新中国成立以后，正努力改变这种落后的面貌。毛泽东主席曾提出“农业的根本出路在于机械化”，国家还专门成立了农业机械部，这些都说明国家很重视这个问题，要改变这种落后的面貌。

目前是中国农器实现奋起振兴的时代，这是当代中国人的历史使命。因此，从历史和世界的角度，白教授支持美诺定位农具产业，支持美诺争当第一，希望美诺为中国的奋起振兴做出贡献。什么叫争当第一呢？按白教授的话就是要创出“国内响当当，国际有竞争力”的中国农具品牌。最近，发布了 2009 年世界品牌 500 强的排行榜，其中有这样一句话：一个世界级品牌的创建需要经得起历史、时间的检验，世界级的品牌平均年龄近百岁。农机界的约翰·迪尔已经过百岁了。所以美诺要有雄心，要搞百年老店，创出一流品牌，要经得起检验。要研制出一流的先进适用的现代农业机械，不搞低水平的恶性竞争，要搞高水平的引领潮流，多做贡献。这主要体现在以下两个方面：一是拿出最好的农业机械进入市场，最好主要表现在性能、质量、可靠性方面；二是用最好的服务让农民满意。所以美诺选农具产业是国家需要，时代需要，农机化事业发展的需要，是中国农业现代化振兴的需要。美诺看得准、选得对，希望美诺创建中国的农具产业集团，这是一项伟大的事业，在中国是急需的，要上水平的，是很有价值的。

二、战略选择

白教授认为美诺公司的战略选择不错，他重点谈了资源整合战略。因为企业由小到大，由弱到强适宜选择资源整合战略。白教授从 3 个方面谈了自己对资源整合战略的理解。一是内力加外力，即自力加借力推进发展的战略，美诺要发挥内力，借助外力。二是少花钱，多办事的战略，即 1+1 大于 2 的战略。三是小中做大，散中做整的整合战略。资源整合可分几个层次：（1）公司内的资源整合，整合可以出效率，出成果。（2）公司外的资源整合，主要指国内资源整合。（3）国内国外两种资源的整合。这符合中央提出的利用两种资源开拓两个市场的以开放促发展指导精神。目前，有很好的机遇，白教授举了两个例子。一是最近世界银行对中国在非洲建制造基地表现了浓厚的兴趣，二是中关村的创新示范区最近获得突破性的政策支持，以“先行先试、改革创新”为原则，中国公民作为自然人股东，将首次被允许在示范区内投资设立中外合资、合作的高新技术企业。

三、矛盾分析

企业发展中会遇到来自各个方面的各种各样的困难和矛盾。目前，美诺最困惑、最难办的是体制性障碍。体制性障碍主要体现在母子公司、子子公司之间的关系上。如果处理不好，好事可能办不成，机遇可能丧失。2003 年《中共中央关于完善社会主义市场经济体制若干问题的决定》就指出，我国处于社会主义初级阶段，经济体制还不完善，生产力发展仍面临诸多体制性障碍问题。必须适应发展新形势，加快推进深化改革加以解决，为进一步解放和发展生产力，推进经济发展注入强大动力和活力。

四、解决途径

正如中央所说，解放思想、实事求是，用发展的、改革的方法去解决。发展是硬道理，发展是第一要务。要坚持社会主义市场经济的改革方向，探索“一企两制”的特殊途径。一个国可以两制，一个企业也可以探索“两制”。如，总部国有，某些分部，可否探索实践民营机制，别开生面。也可探索股份制形式，广纳社会资源，优势互补，和谐共生。其核心是有利于促进发展，增强企业活力，出奇招，以特取胜，开创新局面。

五、双向策略

双向策略是指在市场取向上需要内向与外向相结合。一般说企业发展有“三驾马车”，包括投资、内需、外需市场。一流的企业必须进入国际市场，有国际眼光，有国际标准，国际的境界，要利用两种资源，开拓两个市场。从中国国情出发，农具企业由小到大、由弱到强发展，应以国内市场为主。因为中国本身就是世界上最大的农具市场，国际知名大企业都在抢滩中国这个市场。目前，又遇到政策上、发展机遇上最好的历史时期。因此，国内市场是美诺的主市场，应首先要在国内市场一博以取得市场份额和地位，满足内需，替代进口，参与国际竞争，在拓展国内市场的同时，要积极开拓国际市场。在参与国际市场竞争时要注意用好价值工程理论，价值等于功能与成本的比值，要发挥成本的优势，用好政策的优势，抓住机遇，主攻非洲市场，要创出中国农机界的“朱明瑛”。内外结合，以特取胜，以道取胜，上好新台阶！

六、主攻重点

美诺的主攻重点是大中拖的配套农具，起点要高，重质量，重形象，抓标准，抓性能，抓系列，上水平。国内农具厂家很多，而且低水平的很多，所以不要去搞低水平的竞争。因为中国的整体制造水平在国际上处于低端。中国的农具企业众多，手工作坊都有，技术含量低，没有研发实力的低端企业比重很大，低水平的产品产能过剩。美诺要瞄准中高档，要解决亟需的高端技术产品短缺或依赖进口的现象，把价格竞争转变为技术竞争和品牌竞争，把核心技术的自主创新作为企业发展的高起点，培育企业的自主创新能力。因此，美诺应先发挥已有的优势，突出重点，然后再逐步延伸扩张，在做强中做大。

七、企业文化

企业文化是企业的魂，是企业特殊的核心竞争力。美诺领导比较重视企业文化，但总体上还不够，还缺乏文化氛围，因此要加强培育企业文化，要有企业的魂，这是别人拿不走的。一流企业要建成创新型企业，要鼓励创新。学无止境，创新无止境，要让企业的员工都勤奋好学，要永知不足，有忧患意识，不自满。另外，从创新来讲，要有过硬的技能，有创新的智慧，创新发展，便能成功。一个企业要形成一个创新文化，发展是无止境的。美诺要在企业范围内形成人人都为企业发展出创意的文化氛围。企业文化的建设过程中要注意培育发展一个良好的发展环境，包括对企业周边的区域，这就是区域（范围）经济的概念，对企业的发展是水涨船高，相辅相成的。

八、有志者成

目前，企业的发展遇上了好时候，国家在工业化、城镇化深入发展中同步推进农业现代化，是加快推进现代化的重大战略。是农机人可以大显身手、大有作为的好时机。这主要体现在：一是国家“十二五”期间的重点是转变发展方式，调整经济结构，用增强内功促进经济发展。转变发展方式，是现代农业发展的好时机。“十二五”期间的发展环境，就是人均 GDP 大于 3 000 美元到大于 7 000 美元的过程。目前，上海、北京人均 GDP 已经大于 10 000 美元了，它必定有质的提高的要求。二是城镇化在加速，积极发展现代农业的进程在加速。我国农机化发展总体上已进入了中级阶段，在“十二五”期间进入了加快发展的关键时期，耕种收综合机械化水平将在 50%～60%区间提升，强农、惠农的支持力度在加大。因此，国家政策、市场的机遇都要抓，有利于美诺发展。所以美诺要下定决心，树立信心，战胜困难，定能成功。借用温家宝总理的一句话：决心和信心有时候比黄金还宝贵。白教授称：“看到事业有人，事业有望很高兴，美诺值得相助，所以毫无保留。有志者事竟成，希望美诺成功。”

市场竞争与发展方略

（2010 年 1 月 28 日）

一、新年有新要求新期盼

在充满挑战的 2009 年，面对国际风云变幻错综复杂的严峻形势，中国农机战线积极应对，迎难而上，奋力拼搏，取得了无愧于历史的骄人业绩。全国耕种收综合机械化水平已接近 50%，创造了连续 4 年年增幅在 3 个百分点以上持续快速发展的历史新纪录；农机装备总量大幅增长，结构进一步优化，农机总动力连续 2 年增加 5 300 万千瓦以上，创历史新高，大马力、高性能、复式作业机械保持较高增幅，大中型拖拉机产量达 30 万台左右，打破了历史最高纪录，玉米联合收获机、水稻插秧机、经济作物、畜牧、林果、农产品加工机械及设施农业技术装备加快发展，为用现代物质条件装备农业，用现代科学技术改造农业做出了重要贡献；农机工业产销两旺，预计增长速度达 17%左右，高于机械行业 12%的增幅，总产值达 2 300 亿元，增幅在机械工业 13 个行业中位列第一，利润超 100 亿元，增幅达 36%。在经受百年不遇的国际金融危机严重冲击，出口受阻的不利情况下，把扩大内需保障国内需求的有效供给作为克时艰、保增长的根本途径，把加快推进重点领域和关键环节农机化作为主攻方向，卓有成效地实现了逆势增长，发展形势使农机人振奋和自豪。美国《时代》周刊把“中国工人”作为唯一群体入选 2009 年年度人物，说千千万万中国工人为引领世界经济复苏做出了重要贡献。这其中也有中国农机制造工人的重要贡献。

如今，新年的帷幕已经拉开，在我们辞旧迎新、满怀信心和豪情迈入 2010 年的喜庆时刻，农机人借此机会在余姚欢聚一堂，共议如何在新的起点上迎战更加奋发有为的 2010 年，创造更优佳绩，具有重要意义。2010 年，是实施“十一五”规划的最后一年，农机人要为“十一五”交一份举世瞩目的满意答卷。2010 年，也是承前启后、继往开来，科学规划“十二五”的关键年。在实践和认识上都要为“十二五”规划启动实施奠定良好基础。在新的起点上有更高的要求和更美好的期盼，农机人必须大有作为。

当前，国际知名农机企业纷纷涌入中国，中国农机企业也积极走向世界，在世界多极化和经济全球化深入发展的大变革大调整时期，市场竞争日趋激烈。我国众多的农机企业，都在努力提

本文刊于《中国农机化》2010 年第 3 期。

高竞争力，抢抓机遇，应对挑战，审时度势，根据自身特点和国内外市场环境变化来谋求不断发展壮大。一般来说，每个企业都要解决好三个基本问题：生产什么、为谁生产、如何生产。因此，我们在欢声笑语中喜庆去年成就的同时，必须冷静清醒地分析市场竞争的变化态势，保持高度的责任感、使命感和忧患意识，坚定沉着地对新形势下的发展方略进行研究选择。

二、在两个市场中找好自己的发展定位

企业生产什么？为谁生产？就是要在两个市场中找好自己的发展定位。所谓两个市场，是泛指世界有国内和国际两个大市场。世界农机市场非常广阔，空间和容量很大，发展潜力巨大，前景光明。进一步细分，国内市场还可分全国市场和区域市场，如平原地区、丘陵山区、旱作地区、水田地区、粮食主产区、特色优势农产品区，中央提出加快推进粮食作物生产全程机械化，积极发展经济作物和养殖业机械化，促进设施农业健康发展，国家对农机具购置补贴力度越来越大，补贴机具的种类和范围日益拓宽，农机化推进正向广度和深度发展，不同需求可形成各有特色的农机市场；国际市场可分欧美市场、亚洲市场、非洲市场、发达国家市场、发展中国家市场等，需求特点、产品品种、档次、文化品位都有差异，千姿百态，绚丽多彩。例如，今年 1 月 1 日正式启动的中国—东盟自由贸易区，就是一个新兴的利好市场，为中国农机企业在东南亚农机市场上有所作为、大显身手拉开了帷幕，带来了良机。有的企业已经成为先行者，早有谋划行动，已领先开拓前进。有的企业正伺机跟上，积极努力捕捉商机，打开局面。从农机生产供给而言，目前中国生产供给市场的各类农机产品有 3 500 多种，世界生产的农机产品有 7 000 多种，而且科技进步和新陈代谢规律使一些老产品逐渐被淘汰，新产品不断涌现。诸多农机产品适应不同作物、不同地区、不同发展阶段、不同档次、复杂多样的不同需求，技术性能和价格有高有低。企业要善于在复杂庞大、竞争激烈的两个市场中，找准自己的发展定位，对生产什么产品、主攻什么市场（主要客户群）作出正确决策。在市场分工中找准了切入点和着力点，才能充分发挥自己的优势、特长，去开拓、扩展和赢得市场，用各尽所能去最大限度地适应各取所需，就会在市场竞争中取得收获，做出贡献。所以，正确定位是企业立足之本，发展之基，是企业发展的根本大计，一定要抓准抓好。

一般来说，市场选择应坚持扩大内需为主，努力提高对国内需求的有效供给能力。因为中国是世界上最大的农机市场，目前中国农机化发展已进入中级阶段，正处于加快发展的成长期和调整结构、优化升级的转型期，国家加大了对农机化发展的支持力度，农民发展农机化的积极性也空前高涨，是发展机遇最好的历史时期，中国农机市场是需求旺盛、最具活力的市场。2009 年农业机械购置总投入 600 多亿元，投入强度还在逐年增大。国际知名农机企业都在抢滩中国农机市场，中国农机企业理所当然地应在国内农机市场一搏，取得应有的市场份额和地位，扩大内需，替代进口，在国内市场中占好自己的位置，做出应有的贡献。同时，要坚持扩大开放，有条件有

能力的农机企业要积极开拓国际市场，参与国际竞争，在经济全球化大潮中努力提高国际竞争力，发挥自身优势，在世界农机市场中占有一席之地，在国际竞争中取得参与权、话语权、主动权，使中国农机走向世界，打出中国农机品牌，长中国农机人的志气，为世界农机化发展做出贡献。为此，中国农机人已经迈出了可喜的步伐，既然已经开始，就要坚定不移地继续前进，在世界农机化发展中做出更大的贡献。大型骨干农机企业应在扩大内需和拓展外需中发挥领头羊、排头兵作用，实现内向和外向结合双向发展，努力提高两个能力，即国内需求供给保障能力和国际竞争力，肩负起促进我国农机工业由大变强的领军团队和先锋重任。中小企业可发挥所长，在专业化、特色化相应领域各领风骚，独占鳌头，在市场中发挥不可取代的重要作用，占有相应的重要位置。真实的市场是复杂多变的，在复杂多变的市场中能找好自己的发展定位，就能抓住商机，战胜困难，取得胜利。企业家要在实践中领悟和掌握“真实世界的经济学”，就能在发挥优势中取得主动权，瞄准客户群，在有所作为中乘势而上，取得新的突破和新的成效。

三、在竞争态势下选择好发展方略

在发展定位大方向明确的基础上，关键是要抓好组织实施落实，取得实实在在的效益。这就要抓好两件大事：

一是如何生产出最好的产品进入市场，使用户用适当的价钱能买到先进适用可靠的优质产品，产品信得过，花钱就开心；二是如何做好营销服务，尤其是售后服务，用最好的服务使客户满意，用诚信、周到、及时的服务，去温暖和打动用户和农民的心。努力创造产品和服务的名优品牌，是企业在市场竞争中取胜之根本，任何时候都不能忘了这个根本。在激烈的竞争中生存发展，要坚守企业的社会责任，要讲诚信，要用企业家的良心维护企业的信誉。用优质产品和优质服务赢得市场，是最基本的取胜之正道。2009 年末，世界品牌实验室发布了 2009 年世界品牌 500 强排行榜，评判品牌的世界影响力有三项关键指标：市场占有率、品牌忠诚度、全球领导力。世界级的品牌平均年龄近百岁，有许多是百年老店。入选的 500 个品牌中，100 岁以上的“老字号”高达 220 个。也就是说，一个世界级品牌的创建，需要经得起时间、历史的检验。例如农机界的约翰·迪尔，创建于 1837 年，已经 173 岁了。它长期坚守的承诺是：质量、可靠性和服务使用户满意，将真正的价值提供给用户和公司有关的所有成员。他的创始人有一句名言：“我绝不把自己的名字刻在不能体现最佳性能的产品上。”正因为如此，约翰·迪尔才成为国际竞争力很强，举世公认的世界驰名的农机品牌，能持续保持领先优势，创造了举世瞩目的光辉业绩，长盛不衰。所以，在挑战与机遇并存面前，企业要坚守持续发展之正道，千万不能订单多了，市场火暴了就晕了头，忘了道，绝不能见眼前小利忘长远大计，以次充好，滥竽充数，忽视服务，自己砸自己的牌子，丧失了企业的信誉。一定要坚持用优质产品和优质服务去赢得市场，在竞争中立于不败之地。

关于如何生产，是指用什么人，使用何种资源（原材料等），应用何种技术装备来生产产品。也就是用什么技术组合投入，来生产所要的产出，使投入产出效率最高，效益最好。这就有一个战略选择问题。在市场竞争中，企业要不断研究需求与供给的变化及发展趋势，要了解和把握国家的政策导向，根据自身的特点和实力，从生存和发展的实际情况出发来正确选择发展战略，有效地配置和利用资源，得到最好的产出效果。在实施基本战略的进程中，还要善于根据发展阶段和环境态势变化，及时灵活地进行战略调整更新，沉着应变，掌握发展的主动权。竞争战略是一种进取性或防御性行动，通过行动选择使企业在行业内处于可攻可守地位，据以抓住机遇，应对挑战，获取效益。对发展中国家的农机企业来说，与发达国家的农机企业比较，技术和经济实力都不占优势，都还有差距。因此要实现由小到大、由弱变强的发展，不能与强手硬拼，在竞争中要智取，凭智慧取胜。即扬己之长，克彼之短，你不愿干的我可以干，你干不了的我来干，尽最大的可能去开拓市场。从实际出发，可在以下几种战略中作出选择：

一是合适性价比战略。合适性价比是指农业装备的发展既要遵循技术规律，也要遵循经济规律，性能与价格有一个合适的比值关系。农业技术装备的应用，是与社会经济水平相适应、相协调的，不同社会经济的不同发展阶段，对农业机械都有质、量、价的不同需求，既有相对的稳定性，又是不断发展变化的。所以合适性价比是根据市场需求和供给的特点，要求生产的产品要选择性能（功能）与价格（成本）有一个合适的比值，以实现价值最大化。根据价值工程原理，“价值”是一种比较价值，是特指产品功能与成本费用的比值关系，可用公式价值=功能/成本表示。由式可知，产品价值与产品的功能成正比，功能越高，价值越大，而与成本成反比。成本降低，价值提高。因此，有 5 种途径可以提高产品价值：（1）功能不变，成本降低；（2）功能提高，成本不变；（3）功能提高，成本降低；（4）功能显著提高，成本略有提高；（5）功能略有降低（适当降低某些不急需的功能），成本大幅度降低。总之，企业从市场需求和自身特点的实际出发，从材料、结构、功能、动力、工艺等方面对产品的性价比进行价值最大化的最优选择，可以取得较好的技术经济效益。这就比脱离功能要求，单纯追求降低成本，用价廉不保质的产品来参与市场竞争进了一步，可以避免不顾功能、质量打价格战的恶性竞争，而是追求符合市场需求的性价平衡，让客户根据他的能力和喜好，用合适的价格买到他需要的合适产品，卖方和买方皆大欢喜。实践证明，只靠低价取胜之路越来越难行，只注意极力控制成本，很难保证产品质量，质量不好名声就不好。由单纯低成本战略转变为合适性价比战略是一种进步，既讲价格又讲性能，是由恶性竞争向良性竞争转变，追求实现价值最大化的促发展战略，是一种符合时宜的可取战略。

二是差异化战略。差异化战略就是生产的农机产品要与众不同，有独特特性。不走模仿制造，重复生产的老路，要自主创新求发展。这就要求由制造上升为创造，变要素驱动为创新驱动，善于寻找和瞄准需求空缺，在市场竞争中实现你无我有，以特取胜。差异化可以在产品设计、技术特点（功能性、节能性、操作方便性、舒适性、安全性等）、形象外观和经销服务等某方面体现其独特性、新颖性以赢得用户青睐。选择差异化战略必须坚持自主创新，努力建设创新型企业。实施差异化战略既是适应需求，又可引导需求，可以扩大生产可能性边缘，拓展生产的可能性，从而可以扩展市场空间，扩大用户群体，让更多客户有更大的选择余地，形成企业发展的新增长点，赢得超常收益。选择差异化战略有它的客观性和可行性。因为农业机械化发展与各地自然条件和技术经济条件有紧密关系。从空间来说，不同地域存在很大差异，从时间和过程来说，不同发展阶段也存在差异。不同的需求就要有不同的供给。农业机械化的发展进程，一般来说，首先是推进和实现种植业机械化，进而推进和实现畜牧业和养殖业机械化。种植业又往往是先由生产环节机械化进而向生产全程机械化发展，“瓶颈”环节成为主攻重点，例如水稻的机械化种植，玉米机收。在实现粮食作物生产机械化的基础上，进而向饲料作物和经济作物机械化发展。在实现产中机械化的基础上，进一步向产前、产后机械化延伸。从区域来说，一般是平原地区先实现机械化，进而向丘陵山区机械化发展。各地由于主要农产品不同，往往形成各具特色的农机化发展格局。随着经济发展和技术进步，又要求产业结构调整升级，农业机械装备向技术含量高，功能增多，结构优化，品种多样化、系列化发展，向大中小型各施所长，各取所需发展，各有各的用武之地，农机装备技术向机电液结合，自动化、智能化发展，也就是由低级向高级发展。新增机具品种与老机具更新换代并行，农业机械化发展模式由资源开发型向资源节约型、环境友好型提升。这些都在客观上对农机产品的供给提出了差异化要求。目前，对农机化的迫切需求与适应结构调整、产业升级需要的农机具有效供给不足的矛盾已经成为制约农机化发展的主要矛盾，矛盾的主要方面是适合需要的农机具有效供给不足问题，有的还依赖进口，有的还没有进口机具能适应要求，还是空白，只能靠中国人自己来解决。根据国家战略需求，瞄准和解决制约行业发展的重大技术装备“瓶颈”，是中国农机人义不容辞的艰巨任务和历史使命。马克思对现代工业有一句名言：“现代工业从来不把某一生产过程的现存形式看成和当作最后的形式。因此，现代工业的技术基础是革命的，而所有以往的生产方式的技术基础本质上是保守的。”也就是说，现代农业装备是在不断更新、进步发展的，而且更新换代的速度在不断加快。所以，农机企业坚持自主创新，科技进步，选择差异化战略，变要素驱动为创新驱动求发展，由低水平的重复生产，转变为在差异化中各显神通，在更大范围内满足多样化的市场需求，具有紧迫性和可行性，谁认识得早，觉悟早，行动快，谁就会在竞争中受益。因此，国内外知名农机企业都很重视研发投入，研发费用一般占销售收入的3%～5%，越强者比重越大。领头企业都很重视新产品的设计与推销，一般都有设计研发机构，负责新产品的开发与创意，老产品的更新换代。有的还设立战略研究机构，聚集人才，不断研究实施或调整发展战略。我到英国福格森公司考察，他们介绍公司全球战略的三个抓点：一是当前主攻市场，生产目前最适销产品，主要针对欧洲市场；二是未来开拓市场，研发产品为未来引领潮流做储备，提高核心竞争力，保持在行业中的领先地位；三是针对发展中国家市场。他们称为传统产品生产。总之，全球眼光，现在与未来统筹运作，胜券在握。企业要善于审时度势，要有高度的责任感和使命感，努力建设创新型企业，各尽所能，发挥所长，抓住机遇，奋力拼搏，以特取胜，就能促进发展，多作贡献。

三是合作共赢战略。合作共赢战略是指企业由完全独立经营、个体竞争、单打独斗转变为企业与企业合作经营、群体竞争、整合资源，优势互补，实现 1+1 大于 2 的经营战略。犹如体育竞赛，群体优势比个体优势更高一个档次。拿团体冠军比只拿个人冠军更胜一筹，更显整体水平和强大实力。随着经济全球化和信息化时代的到来，竞争观念发生了重大转变，即产生了由强调对抗转变为注重合作的新竞争观。很多企业认识到，社会需求的无限性与企业资源和能力的有限性是企业发展过程中自始至终存在着的矛盾运动，尤其在全球化趋势加速的大趋势下，一个企业的自有资源和能力更是难以适应和满足市场需求，只靠单个企业的力量完全独立经营很难在激烈竞争中生存和发展。而社会上也存在着企业发展有可能利用的外部资源，在挑战与机会中，如何利用外部资源并对内部资源进行重新整合，使内外资源互相补充，从而取得新的竞争优势和更大的经营效益，成为企业当前和未来发展迫切需要解决的重大问题。企业间的合作和联盟，就成为实现企业发展的一种可选择途径。据统计，在世界 150 多家大型跨国公司中，以不同形式结成战略联盟的高达 90%，许多大公司有 50%以上的业务是通过战略联盟获取利润的。这种组织形态的创新，使企业获得了一种低成本的制度安排，能够从充分利用企业内部资源发展到善于积极地利用外部资源，增强内力，借助外力，能够及时地适应经济环境的变化，使企业从传统的相互之间针锋相对、你死我活的对抗性竞争，转变为与有互补性的企业相互合作，优势互补，利益分享，风险分担，实现双赢或多赢的合作性竞争，对合作各方战略目标的实现，研究与开发的促进，竞争能力的提升，规模经济的形成，广阔市场的开拓，经营风险的降低，都具有十分重要的意义。

在市场竞争中从对抗向合作转变，是企业在发展中逐渐理性、逐渐成熟的重要体现。对抗性竞争视竞争对手为一种威胁，竞争目的是我成你败，我活你死。常以价格竞争为主要手段，甚至用欺蒙拐骗来拉消费者和打击竞争对手。这种恶性竞争一般存在于企业和产业发展的初级阶段，市场机制不成熟、不完善，市场秩序不规范的发展阶段，恶性竞争可能决出胜败，也可能两败俱伤。合作竞争一般出现在市场和企业日渐成熟的发展阶段。企业之间化敌为友，谋求共生共荣。理论上可解释为社会经济中的一种共生现象。企业在一定的共生环境中，按某种内在要求结成一种共生体，可称之为一种共生系统。这种共生体按一定的合作意愿（如技术合作、资金合作、人才合作、信息合作、市场营销合作）及合作机制，形成某种共生模式（如强强联合—更具拓展性、强弱联合—如龙头带动群体、弱弱联合—更具保护性），实现优势互补，资源重新整合，合作利用，利益分享，风险分担。各合作企业可以充分发挥自身优势，集中精力做自己最擅长的事情，可以减少投资风险，资源互补又可以解决“瓶颈”或“缺口”困难，大大降低交易成本，从而提高竞争能力和市场开拓能力。这种合作发展、共生共荣的模式可以产生出一种同心协力，同舟共济的共生能量，即 1+1 大于 2 的合作力。优势互补，能力增强，相互有利，共同受益是企业选择合作共赢战略的根本原因，通过合作，来谋取企业更好更快地发展。近年来，我国农机界的企业联盟有可喜的发展。例如，中国一拖集团、中国农业机械化科学研究院、洛阳中收机械装备有限公司先后加入了位列我国机械工业百强榜首、年销售额已突破 1 000 亿元的中国机械工业集团公司，这种强强联合将会对我国农机工业由大变强产生巨大作用和重要影响。又如 2009 年我国农机流通行业首家上市的吉峰农机连锁股份有限公司迅速发展壮大，合作伙伴增加，业务范围将由西部地区向全国农机市场扩展。吉峰农机的发展理念就是和谐共生，互利共赢。又如，我国各地的农机合作组织正如雨后春笋迅速兴起，一派风光。联合与合作已成为新形势下的发展潮流。值得注意的是，选择合作共赢战略，形成企业联盟，必须具备五要素：合作意识、合作资源、合作动力、合作渠道、合作保障。合作意识是合作必须具备的思想基础，要有共识；合作资源是形成合作的物质技术基础，要具有互补性；合作动力是实现互惠互利，合作共赢，这是合作的根本目的和维系灵魂；信息沟通和联系是把潜在的合作资源转变为现实的合作资源，并构建成合作载体的途径和桥梁，是形成合作的重要渠道；合作需要三个保障：法规保障（正式签署协议或合同）、体制保障（消除体制性障碍，建立保障合作有效运行的新体制，新机制，包括运行、监督、调控及风险处理机制，减少阻力，避免内耗，增强活力，提高效率），道义保障（坚持诚信为本，精诚合作，顾全大局，不干损人利己、背信弃义的事，这是合作的精神支柱）。

总之，以上三种战略，是我国农机化快速发展的成长期和结构调整、产业升级的转型期，推进发展方式转变可选择的发展战略。它适应新时期三个重要转变的要求，即，由单纯低成本战略向合适性价比战略转变，既要性能，又讲价格，追求实现价值最大化；由模仿制造，重复生产向实施差异化战略转变，是坚持自主创新求发展，由要素驱动转变为创新驱动的重大转变；由对抗性竞争向实施合作共赢战略转变，实现 1+1 大于 2，共生共荣，和谐发展。企业要从实际出发，在市场竞争中选择适合自身发展的可行战略，坚持以进步求发展，和谐发展，按照科学发展观要求，技术创新和组织创新两手抓，发展有了新思路，一定会在新时期开创农机化发展的新局面，进入新境界，取得更好的经济社会效益，做出更大的贡献！

认清形势与生财有道

（2010年7月22日）

农机企业发展要认清形势，抓住商机，还要生财有道，才能持续健康发展，立于不败之地。

一、认清形势：用现代物质条件装备农业是发展的需要，时代的潮流

企业发展要清醒地认识形势，看清发展的主流及应对发展中遇到的新情况、新问题，才能顺应我国农机化发展的客观趋势，敏锐地把握和抓住机遇，在复杂多变的市场中使主观努力符合客观实际要求，应对挑战赢得主动去实现预期目的，取得良好效果。

形势，是大环境，大走向，大趋势。也就是大家常说的大势所趋，人心所向，时代潮流。顺潮流者兴指行动符合客观规律。所以，认清形势要有大局观，前瞻性，要有远见。进入21世纪以来，我国农业机械化处于前所未有的战略机遇期和黄金发展期。主要表现在国家法制政策环境好、农机购置补贴力度持续增大；农民发展农机化的积极性空前提高；农机市场供销两旺；农机化发展进程明显加快等几个方面，形成了当今农机化发展的主流。

从2004年开始施行《农业机械化促进法》和农业机械购置补贴政策以来，依法促进农业机械化有了法律保障和政策依据、财政支持，农业机械购置补贴正式纳入强农惠农农业支持保护体系的重要内容。连续7个中央一号文件，不断健全完善农业支持保护体系，建立健全财政支农资金稳定增长机制，促进现代农业建设的投入保障机制，强化农业基础的长效机制和完善补贴动态调整机制（一体系四机制），法制政策环境越来越好。中央财政对农业机械购置补贴的投入一年比一年多，力度逐年加大，从2004年的7 000万元持续增加到2010年的155亿元。推动资源要素向农村配置，带动全社会农机购置年总投入从2004年的249亿元持续增加到2009年的609.74亿元，连续上了300亿元、400亿元、500亿元、600亿元4个台阶，年均增幅达19.6%。可以预期，在“十二五”期间，全国农业机械购置年总投入，将连续突破700亿～1 000亿元几个大关。农机市场将越来越大，质量将越来越高，景象将越来越兴旺。农民购置农机的积极性也空前提高，从2004年投入237.5亿元增加到2009年452.8亿元。农机市场供销两旺，2009年农机工业总产

本文为作者在上海纽荷兰“相聚世博　共创美好”为主题的经销商会议论坛上的演讲。刊于《农机科技推广》2010年第8期。

值首次突破了 2 000 亿元大关，达 2 264.56 亿元，比 2005 年翻了一番多。增幅在我国机械工业 13 个行业中列第一位，扩大内需成功地应对国际金融危机严重冲击，卓有成效地在国际农机市场下滑的情况下，实现了逆势增长。目前我国主要农机产品品种和产量已能满足国内市场 90%以上的需要。中国农机产品积极参与国际竞争，向国际市场进军也已呈现出良好势头。随着农机装备投入的增多（2009 年全国农机总动力达 8.75 亿千瓦，25～80 马力的拖拉机达 139.41 万台，80 马力以上的拖拉机达 26.15 万台，稻麦联合收获机达 77.66 万台，玉米联合收获机达 8.17 万台，农业机械原值近 5 820 亿元），全国耕种收综合机械化水平史无前例的连续 4 年（2006—2009）年提高幅度都在 3 个百分点以上，农机化发展进程明显加快成为重要的时代特征。2009 年，全国耕种收综合机械化水平已达 49.13%，大于 50%的省（市、区）已有 15 个。2010 年全国耕种收综合机械化水平超过 50%已铁定无疑。这意味着中国农业生产已进入以机械化生产方式为主导的新时代。以上事实说明，用现代物质条件装备农业，大力推进农业机械化，是发展的需要，人民的意愿，时代的潮流，也是中央的决心和重大决策。最近，《国务院关于促进农业机械化和农机工业又好又快发展的意见》（国发[2010]22 号）（以下简称《意见》）正式出台，这是继 2004 年《中华人民共和国农业机械化促进法》公布施行、农业机械购置补贴政策实施以来，我国农业机械化领域又一振奋人心的特大喜讯和重大事件。这份《意见》是 2007 年 4 月底、5 月初，温家宝总理、回良玉副总理分别对由 12 位专家联名提出的一份《建议》作了重要批示后，由国务院组织起草的。大家期盼已久，来之不易。历时三年，认真调查研究和征询听取各方面的意见，集民智、顺民心、合民意，在“十一五”末我国改造传统农业力度加大，发展现代农业进程加快，农业机械化站在新的起点，向新高度进军的关键时期出台，全面系统地提出了新时期我国农业机械化发展的指导思想、基本原则、发展目标、主要任务、扶持政策及加强组织领导等方面的新思路、新要求、新举措，具有很强的针对性、指导性和可操作性，是指导当前和今后一个时期我国胜利完成农业机械化中级阶段历史使命，并继续向高级阶段进军的纲领性文件。是农机战线深入贯彻落实科学发展观，把发展作为第一要务，用统筹兼顾的根本方法，指导农业机械化和农机工业在新时期全面协调推进，又好又快发展的行动导向和政策指南。我们一定要认真学习领会精神，坚决贯彻落实。一定要紧跟形势，抓住机遇，在新的发展阶段加快发展，取得更好的业绩，做出新的更大贡献。

二、取胜之道：提高两个能力，掌握五件法宝，实施品牌工程

市场形势复杂多变，在大趋势中又有小气候，在时空中呈现出阶段性、区域性，风云变幻，错综复杂，有时难以预测。所以，企业发展要加强市场调研，既要关注政府政策导向，又要调查市场的实际需求，民情民心民意，对农民的现实需求与潜在需求通盘研究。只有把政策导向与实际需求都调研清楚了，才能审时度势，作出符合实际的科学判断，才能正确决策，抓住机遇，应

对挑战，掌握主动，加快发展。尤其在农机购置补贴力度空前加大时，不能只盯住补贴这一头，而忽视市场对农机资源配置的基础性作用和农民在农机市场中的主体作用。也就是说，既要关注补贴，充分注意到补贴对市场的引导带动作用，又不能只唯上，只盯住补贴过日子。还要下力气研究市场，作出比较客观准确的判断，要唯实。在持续发展中增强针对性、灵活性和应变能力。因为补贴对农机市场的影响虽很明显，但农机市场并不等于补贴市场，最终起决定作用的还是农民。例如，这些年中央农机购置补贴虽然年年持续加大，但也出现了有 25 个省在不同年份农民购置农机投入下降的情况，有的还导致该省农机购置总投入下降。说明中央补贴虽然增多了，农民投入却不一定跟着增加，农民有自己的选择，这就是市场规律在起基础性作用。最明显的是 2006 年，中央农机购置补贴金额比上年翻了一番，却出现 14 个省农民农机购置投入下降，导致其中 9 个省农机购置总投入下降。这种现象虽有人提醒应当注意，但在全国农机购置总投入仍然比上年增加 22 亿元的情况下，部分省局部下降并未引起大家足够的重视。直到今年中央农机补贴达到 155 亿元的新高度，大家对市场火暴充满期待，却出现春季收获机市场意外冷清，大量生产出来的收获机积压在库房场院销售不出去令人心痛。实践使人们清醒过来，任何时候都不能忽视市场调研工作。强势企业都很重视市场调研和战略研究，并有相应的机构和人员。要密切关注市场基础作用与政府导向作用所形成的强大融合力，把握住企业的努力方向和着力点，才能在复杂多变、激烈的市场竞争中，任凭风浪起，稳坐钓鱼台，从容沉着，随机应变，立于不败之地。

企业的取胜之道，除加强调研和战略研究外，还要练好基本功，培育和形成核心竞争力。我把它概括为提高两个能力，掌握五件法宝，实施品牌工程。

提高两个能力，指企业持续发展能力和随机应变能力。企业持续发展能力是建立在科技进步基础上的创新发展能力。创新发展才能在科技进步日新月异的竞争环境中持续发展，技术进步才能在资源有限的约束条件下最大限度地扩大生产可能性边缘，由投资驱动转变为创新驱动，使经济发展方式由投入型增长转变为效益型增长。国务院《意见》指出要“着力推进技术创新、组织创新和制度创新”。“着力提高农机工业创新能力和制造水平”。要“建成协调有效的农机工业自主创新平台，形成若干具有自主知识产权的产品和技术，部分产品达到国际先进水平”。要“逐步淘汰落后产能，杜绝低水平重复制造”。“形成若干个具有先进制造水平和较强竞争力的大型企业集团和产业集群”。可见，坚持自主创新是企业持续发展的根本和首要推动力，是培育企业核心竞争力，增强长期竞争优势的关键，一定要抓紧抓好。随机应变能力是一种超常能力。企业要善于根据市场情况的变化，积极主动地进行战略调整，审时度势果断采取有效应对措施，坚定沉着，有勇有谋，有信心、有能力去面对困难，化被动为主动，转危为安，化危为机，在逆境中取得发展。

掌握五件法宝，指正确理念、满意产品、优质服务、社会责任、合作共赢。法宝，是企业生存和发展之宝。法宝在，企业兴旺；法宝失，法力消，企业衰亡。

正确理念：诚信。每个企业都有自己的发展理念，但有一个共同追求的公认法宝，就是诚信，企业的良心。企业能力有大有小，赚钱也有多种方式和手段，但诚信不可失。欺蒙拐骗可得一时之利，但最终会受到惩罚，身败名裂，这样的例子比比皆是。诚信是企业生存和发展的根本之道，讲诚信，是用企业家的良心维护企业的信誉，树立企业的形象。凡是世界知名的百年老店，能创造举世瞩目的光辉业绩，经得起用户和历史的检验，长盛不衰的企业，无不坚守诚信。诚信也是中华民族的传统美德。子贡向孔子请教治国方略时，曾问如果在军队、粮食和诚信中只能选择一样时，该选择什么？孔子说，诚信。这就是人们常说的小胜靠术，中胜靠智，大胜靠德。有德才能大胜，长盛。这个德，就是诚信。诚信是企业的生命线，失去诚信，就会失去市场。企业经营必须要掌握好诚信这个法宝，不能丢失。要做德商。最近，安徽省农机协会做了一件好事，就是通过评选和授予安徽省农机流通行业最佳诚信单位活动，大兴“诚信”之风。这就是抓住了根本，农民和政府都满意。

满意产品。产品是企业生存和发展的根基，生产出用户满意的产品是企业竞争取胜的一大法宝。温家宝总理去年初在视察江苏常发集团时，作出了“企业要认真了解农民的需求，不断开发出适合农民需要的产品”的重要指示。不同地区、不同技术条件对农机产品有不同的需求，从国情出发，不断开发出农民花适当的价钱，能买到先进适用的称心产品，就是适合农民需要的满意产品。最近，胡锦涛总书记视察中国一拖集团时也关心地问，“最受农民群众欢迎的是什么型号的产品？”并语重心长地说，“你们一定要按照农民群众的要求变化调整产品结构，尽力满足农民群众的要求”。

优质服务。优质服务含营销服务和售后服务，对农村、农民尤其要重视和做好售后服务。实践证明，优质服务是竞争取胜、开创新局面的重要法宝。新的竞争态势使很多人认识到，优质服务已经成为竞争的核心和关键，甚至比营销产品更重要。及时周到的优质服务把情感和文化赋予产品之中，使顾客和用户感到不仅买到了好产品，还得到了令人放心、开心、舒心的服务，获得心理上的某种满足。买你的产品放心，有安全感，用起来开心，舒心，有一种自豪感，得到一种享受。优质服务可赢得用户的充分信任和好口碑，自行传播，形成了强大的影响力，口碑就是市场，使用户不断扩展。

社会责任。企业勇于兑现承诺，履行和承担社会责任也是竞争的法宝。业界称之为有仁有义，是为仁商。企业有德有仁，才是生财有道，犹如踏上风火二轮，无往不胜。再优秀的企业，也难免有失误和企业利益与社会责任发生冲突之处。此时，如何正确面对和处理就成为考验企业素质和经营远见的一把尺子。成功的企业不怕有失误，而是敢于面对失误，勇于承担责任，妥善解决问题。有社会责任感的企业才是可以引领未来的企业。2009 年底哥本哈根会议为全球企业敲响了社会责任的警钟，企业社会责任（CSR）理念日益深入人心，众多跨国公司在选择供应商时都把企业是否履行社会责任作为重要的订货条件。我国农机补贴产品经销商 2008 年前由省农机化管理部门选定改为 2008 年后由农机生产企业自行确定，省农机化管理部门向社会公布，农民可以自由选择经销商购机。企业推荐，主管部门审查，将售后服务能力作为选择经销商的重要标准。

也说明在购机补贴中，更加重视企业社会责任。目前，我国发表《企业社会责任报告书》的企业已有数十家。从过去只考虑企业自身利益到考虑消费者（用户）利益和社会利益，是企业发展理念的一大进步。企业通过承担社会责任，可以向外界传播健康的企业形象，带来良好的社会评价效果和巨大的影响力，从而获得顾客和用户的广泛认可，促进企业的发展。

合作共赢。随着经济全球化和信息化时代的到来，企业竞争观念发生了重大改变，即产生了由强调对抗转变为注重合作的新竞争观。很多企业认识到，社会需求的无限性与企业资源和能力的有限性是企业发展过程中自始至终存在着的矛盾运动。一个企业自有资源和能力难以适应和满足市场需求，只靠单个企业自身力量完全独立经营单打独斗很难在激烈竞争中谋取更大的发展。而社会上也存在着企业发展有可能利用的外部资源。在挑战与机会中，善于利用外部资源，并对内部资源进行重新整合，使内外资源相互补充，从而取得新的竞争优势和更大的经营效益，合作共赢，成为可实现企业更好更快发展的重要途径，成为在新形势下竞争取胜的一大法宝。

合作共赢理论上可解释为社会经济中的一种共生共荣现象。企业在一定的共生环境中，按某种内在要求相互结成一种共生体，可称为共生系统。这是一种组织创新。这种共生体按一定的合作意愿及合作机制，形成某种共生模式，实现优势互补，能力增强，相互有利，风险分担，利益分享。使企业获得了一种低成本的制度安排。各合作方可以充分发挥自身优势，集中力量做自己最擅长的事情，减少投资风险，优势互补大大降低了交易成本，从而提高竞争能力和市场开拓能力。这种合作共赢、共生共荣的模式可以产生出一种同心协力，同舟共济的强大共生能量，即1+1大于2的合作力，对合作各方战略目标的实现，研究与开发的促进，竞争能力的提升，规模经济的形成，广阔的市场开拓，经营风险的降低，都具有十分重要的意义。据统计，在世界150多家大型跨国公司中，以不同形式结成战略联盟的高达90%，许多大公司有50%以上的业务是通过战略联盟获取利润的。

农机生产企业与经销商就是合作共生共荣的利益共同体。没有生产企业就没有产品，没有产品就没有经销商。经销商又是生产企业确定的代表，是联接生产企业与农民的纽带，直接和农民打交道，在某种程度上也是企业在农民心目中的形象。国务院《意见》把构建现代农机流通体系放在促进农机工业发展的主要任务之中，就说明了农机生产与农机流通有不可分割的关系。建立健全农机制造企业品牌营销网络、专业农机流通企业销售网络相结合的新型农机市场体系是新时期的重要任务。只有生产与经销结合，才能开创合作共赢的发展新局面。

实施品牌工程。就是集五大法宝之力，创造出有市场竞争力和巨大影响力的知名品牌。首先誉满全国，进而走向世界。把经营产品向经营品牌提升，实现由产品竞争向品牌竞争的战略转变。

国际市场的竞争已进入品牌时代。品牌是企业成就的结晶和实力的标志。品牌代表着企业所能提供产品和服务的个性特征，也是一种信用，是社会认知度和消费者接纳认可度的集中体现。品牌不是同质化的“大路货”。越是强势品牌，客户信任度越高，生产名牌产品的企业就越具有广泛的市场，良好的赢利能力和持续发展力。而没有品牌的企业生产的产品只能靠贴人家的品牌进入市场。所以，品牌就是生命，品牌就是形象，就是声誉，就是金钱。品牌又是企业员工勤奋努力，智慧和心血的载体，是企业文化、企业精神的象征，是不可复制的核心竞争力体现，因而也是价值的体现。在某种意义上说，现代全球的市场竞争，就是品牌与品牌的较量。市场是企业创新的出发点和落脚点，要保持品牌的生机与活力，必须不断进行创新。只有以市场为导向，不断了解和贴近市场，迅速将资源和技术优势转化为产品和服务优势才能不断提高品牌价值，牢牢把握在市场竞争中的主动权和领先地位，立于不败之地。

党中央、国务院高度重视名牌战略。早在 1992 年，邓小平同志南行视察企业时就指出："我们应该有自己的拳头产品，创出我们中国自己的名牌，否则就要受人欺负。" 1996 年，国务院《质量振兴纲要》指出，"鼓励企业生产优质产品，支持有条件的企业创立名牌产品。国家制订名牌发展战略"。2001 年成立了中国名牌战略推进委员会。实施名牌战略成为时代的需要，发展的选择。

从农机行业看，我国已经是世界上的农机生产制造大国，但还不是品牌强国。在已公布的中国名牌产品中，大中型拖拉机产品只有 4 个。中国"最具市场竞争力品牌"，大中型拖拉机只有东方红、福田雷豹两个。而具有国际影响力的世界知名品牌目前还是空白，有待实现"零的突破"。创造出世界知名的中国农机品牌虽然任重道远，不可能一蹴而就，但也不是遥不可及。我们要有高度责任感、忧患意识和紧迫感，也要有自尊心和自信心，尽快把中国农机品牌推向世界，并赢得国际广泛认可。中国农机工业发展到今天，已经有相当雄厚的实力和基础，只要我们坚持不懈努力，奋力拼搏，创出世界名牌的目标一定能够实现。温家宝总理在视察江苏常发集团时曾鼓励大家说，"中国是世界农民最多的国家，应该生产出世界上最好的农业机械。"在场的工人们激动地大声回答："总理请放心，我们有信心！"这就是当代中国农机人的豪迈声音。国务院《意见》在发展目标中明确提出，要"形成若干具有国际竞争力和品牌影响力的大型企业集团"，在主要任务中提出要实施农机流通服务品牌工程，培育一批品牌农机店。让我们共同努力，把农机品牌建设工程抓紧抓好，抓出成效。

最近，农业部已经发出关于学习宣传贯彻落实国务院《意见》的通知，当代农机人赶上了我国农机化发展的好时代，很幸运，很光荣，任务也很艰巨。我们一定要勇于肩负时代赋予的历史使命，抓住机遇，迎难而上，努力开创发展新局面，取得新胜利！

抓住机遇　谋求发展

（2010年10月29日）

“十二五”是我国农业机械化加快发展可以大有作为的战略机遇期，也是全面推进中级阶段历史进程的关键时期和攻坚时期。我国农机化发展已经站在耕种收综合机械化水平大于50%的新起点，继续向60%、70%的新高度进军。我国农业生产方式已经进入了机械化生产方式为主导，发展现代农业的新时期。农机人必须主动适应新时期农机化发展的新变化、新需求，增强机遇意识和忧患意识，抓住机遇，面对挑战，努力满足和适应人们的新期待，为开创农机化发展的新局面而做出新贡献。对农机企业来说，必须研究分析农机市场，找好主攻方向和着力点，用创新开创未来。

一、市场分析：我国农机化发展态势可分四类市场

研究分析农机市场要从三方面入手，一是行业发展形势及国内外大环境；二是政府政策导向；三是农民的实际需求。要对行业、政策和民情进行综合分析判断，才能抓住机遇，应对挑战，把握好自己的主攻方向和着力点，才能在复杂多变，竞争激烈的市场中，八仙过海，各显神通，从容应对，找到和抓住商机，以各尽所能，适应各取所需，实现各得其所，取得预期甚至更好的效益。

全国农机市场总趋势向好，已为大家所公认。主要表现在国家促进农业机械化发展的法制政策环境越来越好，对农机化的支持力度持续增大；农民发展农业机化的积极性越来越高；农机工业进步，农机市场供销两旺；农机化发展进程明显加快，质量和效益日益提高；农机化发展的开放度日益增加等几个方面，形成了当今农机化发展的主流。在研究全国发展总趋势的基础上，还有必要分省、分区域对农机市场进行分析。从当前我国农机化的发展态势，大体可分为四类市场：一是粮食主产区；二是特别援助区；三是东部沿海多功能农业区；四是丘陵山地欠发达地区。

粮食主产区，对全国而言，主要是指粮食产量占全国粮食总产量比重3%以上的13个省区（河南、黑龙江、山东、江苏、四川、安徽、河北、吉林、湖南、湖北、江西、内蒙古和辽宁），加上粮食产量占全国比重虽然不高，但人均粮食大于500公斤、粮食面积占农作物总播种面积60%

本文为作者在全国农业机械化发展研讨会上的讲话（2010年10月29日 郑州）。

以上的省区（宁夏）。粮食主产区是国家支持投入的重点，农民购置农机的积极性也比较高，是我国农机购置投入最多的地区。以2009年为例，这14个省区农机购置总投入、中央财政农机购置投入、农民农机购置投入都占全国的71%左右。农机总动力增加4 046万千瓦，占全国总增量76.3%；拖拉机增加54.34万台，占全国总增量的68.3%；联合收获机械增加12.09万台，占全国总增量的85.7%。分马力段来看，这14省（区）20～25马力（1马力=735.5瓦）拖拉机增加13.69万台，占全国总增量的69.6%，全国增量最多的前两名是吉林和黑龙江省；25～80马力拖拉机14省区增加17.81万台，占全国总增量的70.4%，全国增量第一名是黑龙江省；80马力以上拖拉机14省区增加6.06万台，占全国总增量的83.7%，全国增量最多的前六名河南、山东、河北、黑龙江、安徽和吉林都是粮食主产省。小型拖拉机在粮食主产省有增有减，总体来说是增多减少。增加的省份主要在南方湖北、江西、江苏、安徽等省，减少的省主要在北方山东、河北、内蒙古等省区。反映出拖拉机装备结构正在进行调整。

特别援助区主要指新疆、西藏及青海、四川、云南、甘肃等四省的藏区。今年中共中央先后召开了新疆工作座谈会、西藏工作座谈会，对推进、援助新疆、西藏及四省藏区跨区式发展和长治久安工作做出了重大战略部署。《中共中央关于制定国民经济和社会发展第十二个五年规划的建议》中，提出“坚持把深入实施西部大开发战略放在区域发展总体战略优先位置，给予特殊政策支持”，“加大支持西藏、新疆和其它民族地区发展力度”。农机行业也责无旁贷，要为援疆、援藏工作做出贡献。我们研究农机购置投入，不仅要看投入总量，还要看投入强度，即每公顷农作物播种面积的农机购置投入。因为省区有大小之分，导致农作物播种面积各省区有多少之别，看投入强度更具可比性。例如2009年，中央财政农机购置投入强度全国平均81.5元/公顷，新疆是174元/公顷（全国第二位），西藏为170元/公顷（全国第三位），青海136.2元/公顷（全国第六位），中央对新疆、西藏、青海的投入强度大大超过全国平均水平，可见支持力度之大。在国家支持下，农民购置农机的积极性也很高。统计表明，2009年农民农机购置投入强度全国平均285.5元/公顷，西藏达483.5元/公顷（全国第一），新疆471.3元/公顷（全国第二），这有些超乎想象，出乎意外，但这是事实。农机购置投入总强度全国平均384.4元/公顷，西藏达708.9元/公顷（全国第二），新疆667元/公顷（全国第三），青海488元/公顷（全国第九），都高于全国平均水平。说明特别援助区是国家支持发展农业机械化的重点地区，农民发展农机化的积极性也高，农机市场蕴含着不容忽视的重要商机。

东部沿海多功能农业区主要指上海、北京、天津、浙江、广东、福建、海南等7省市。耕地面积、人均耕地、粮食面积都较少，城镇化水平、人均GDP、人均地区财政收入较高，是我国经济率先发展的地区，也是人均粮食最少的粮食主销区，农业比较效益较低，对农业的就业增收、生态保护、观光休闲、文化传承等多种功能开发有较高的要求，城乡统筹、加强反哺、积极发展现代农业是新农村建设的主旋律。因此，是地区财政对农机投入强度和投入比重较高，而农民对农机投入相对较少的地区。在转变农业发展方式，推进农业科技创新，提高农业竞争力，增加农民收入中走在全国前列。对农业机械化也有新的更高的要求。

丘陵山区欠发达地区主要指云南、贵州、重庆、广西、山西、陕西、甘肃等粮食产销平衡区，人均粮食多在300多公斤。山地丘陵较多，农作物种植较分散，较杂。人均GDP、城镇化水平、地区财政收入、农业劳动生产率、农民人均纯收入较低。自然条件、社会经济条件都是农业机械化发展困难较大，因而也是发展水平较低的弱势地区。但人均耕地相对较多，开发潜力较大，农民发展农机化的积极性较高。在国家实施西部大开发的政策支持下，这类地区将是农机化发展的新增长点。2009年，这个地区农机总动力增加860多万千瓦，约占全国总销量的16.2%，20～80马力拖拉机增量约占全国总增量的18%；80马力以上拖拉机增量约占全国总增量的10%；小型拖拉机增量约占全国总增量的1/3；联合收获机增量约占全国总增量的8.6%。其发展潜力应引起足够重视。

二、谋求发展：提高两个能力、促进八个转变

我国目前已成为世界上农机制造大国，生产能力基本能满足90%以上的国内需求，中国制造的农机产品已销往五大洲几十个国家和地区，声望在逐步提高。但还不是农机制造强国，高端产品对外依存度还较高，低端产品过剩的现象依然存在；小企业多而分散，效益较低的现象依然存在；我国地域辽阔，各地发展条件差异较大，大、中、小，高、中、低产品各有各的市场，但适应结构调整需要的先进适用的农机产品有效供给不足的问题依然存在。新时期要谋求又好又快发展，迫切需要产业结构、产品结构调整，优化升级，实现由大向强的战略转变。这就要求用创新开创未来，努力提高两个能力，促进八个转变。

提高两个能力。一是满足国内需求的有效供给能力。胡锦涛主席今年7月视察中国一拖集团时指示说，“你们一定要按照农民群众的需求变化调整产品结构，尽力满足农民需求。”二是提高国际竞争力。中国已经成为21世纪世界农机化发展的新亮点，国际知名大型农机企业纷纷涌入中国，中国农机企业也在走向世界，积极参与国际竞争，在实施互利共赢的开放战略中，农机企业要找到融入国际市场的切入点，以开放促发展，开拓国内国际两个市场，充分利用两种资源，在国际竞争中求得更大的发展。努力贯彻温家宝总理视察企业时的指示，“中国是世界上农民最多的国家，你们应该有大志向，生产出世界上最好的农业机械。”“为企业争得荣誉，为自己赢得尊严。”“企业的前途在于自主创新。”“我们要用自己的智慧和劳动，使中国制造业由大变强，跻身世界领先地位，为中国制造争光。”

促进八个转变。由中国制造向中国创造转变；由投资驱动（投入型增长）向创新驱动（效益型增长）转变；由低水平恶性竞争（打价格战）向高水平良性竞争（以质取胜、以特取胜、以新取胜、以诚信取胜）转变；由产品竞争向品牌竞争转变；由产品趋同化（低水平重复制造）向产品差异化（突出特色）转变；中高端产品由对外依赖度高向自主创新发展转变；企业由过度小而

分散向适当集中，形成若干个竞争力强的大型企业集团和产业集群转变（从国情出发，形成适应我国不同地区经济水平、高中低端产品共同发展的格局，努力实现包容性增长）；由“引进来”向“引进来、走出去”结合，积极开拓国内、国际两个市场转变。

总之，“十二五”我国农机化发展前景看好，可以大有作为。但市场竞争也更加激烈，农机需求也出现了新变化，提出了新要求。农机人要看清形势，抓住机遇，练好内功，从实际出发，找准主攻方向和着力点，用创新开创未来，谋求更大的发展，取得更好的效益，做出更大的贡献。

企业经营之道

（2012 年 4 月 14 日）

在复杂多变，领域广阔，竞争激烈的国内、国际市场中，企业求生存、谋发展有许多经营之道，勇者见勇，智者见智，仁者见仁，不胜枚举，各有千秋。观察分析，博采众长，最基本的经营之道可概括为四句话 24 个字：选择发展战略，提高两个能力，掌握三大法宝，实施品牌工程。

一、选择发展战略

企业生产什么？生产多少？为谁生产？如何生产？要在国内国际两个市场中审时度势，从战略高度进行选择。一是在社会分工中找好企业的发展定位和主攻方向、着力点；二是制订好带全局性、根本性、长远性和现实性结合的企业发展战略。才能充分发挥自身优势，有效地配置和利用资源，用各尽所能去最大限度地适应和满足各取所需，取得最好的投入产出效果，赢得市场，作出贡献。

审时度势，按竞争态势可选取进取型战略（促发展）、防御性战略（保稳定）、紧缩性战略（克时艰）等，通过战略选择使企业在行业竞争中处于可攻可守，可进可退，灵活机动的主动地位，据以抓住机遇，应对挑战，攻克时艰，获取效益；按战略优势可选择低成本战略、高质量战略、差异化战略等。对发展中国家的农机企业来说，与发达国家的农机企业比较，技术和经济实力都不占优势，都还有差距。人工成本有相对优势，但发展态势是这个优势在逐渐缩小。因此，在市场竞争中要实现由小到大，由弱变强的发展，不能与强手硬拼，要在竞争中充分发挥自身的比较优势，以智取胜。即扬己之长，克彼之短，市场空间很大，你不愿干的我可以干，你干不好的我努力干好，尽最大的可能去开拓市场。尤其当前我国农机化发展正处于快速发展的成长期和结构调整、产业升级的转型期，在成长中要经受转型的阵痛，从国内需求和国际竞争的实际出发，企业可以在以下几种战略中作出选择：

1．合适性价比战略

不单纯追求低成本战略，不打低水平的价格战，由单纯低成本战略向合适性价比战略转变，既讲价格，又要性能，追求实现价值最大化。使用户根据他的喜好和能力，拿合适的价钱，能买到他需要的先进适用的优质产品，买得起，用得起，信得过，很开心，买方、卖方皆大欢喜。实践证明，只靠低价取胜之路越来越难行。只注意极力控制成本，很难保证产品质量和可靠性、安全性，质量不好投诉就多，名声就不好，甚至在竞争中被淘汰。所以，由单纯低成本战略向合适性价比战略转变是一种进步，是由恶性竞争向良性竞争转变，是追求实现价值最大化的发展战略，是一种符合国情，符合时宜，与时俱进的可取战略。

2. 差异化战略

就是生产的产品要与众不同，在市场竞争中以特取胜。选择差异化战略是由同质性、趋同化竞争向创新性、差异化竞争转变，不走模仿制造，重复生产的老路，是由要素驱动变为创新驱动的重大转变，坚持自主创新求发展。选择差异化战略，既是不断适应和满足不同的需求，又是以科技进步、不断创新来扩大生产可能性边缘，扩展市场空间，引导和拓展需求，让更多的客户有更大的选择余地，形成企业发展的新增长点，赢得超常收益。因为农业机械化发展有时空性，从空间来说，不同地域存在很大差异，对农机有不同需求；从时间和过程来说，不同发展阶段对农机有不同需求。当前，我国农业机械化正处在结构调整、产业升级的转型期，对适应结构调整和转型升级要求的农机产品有非常迫切的需求，既要填补空白，减少进口依赖，又要更新换代，努力解决好需求迫切与有效供给不足的矛盾，是农机企业非常光荣又很艰巨的使命。所以，选择差异化战略无论在国内市场，还是在国际市场，都有它的客观性、紧迫性和可行性。市场对农机产品提出了差异化需求，农机企业各有各的用武之地，可以在差异化中各施所长，大显神通，在更大的范围内满足多样化的市场需求，大有可为。变要素驱动为创新驱动，由趋同化竞争转变为差异化竞争，以特取胜。谁认识得早，觉悟早，行动快，谁就会在竞争中先人一筹，获取更大效益。

3. 合作共赢战略

企业由完全独立经营，单打独斗的对抗性竞争转变为企业与企业合作经营，优势互补，谋求共生共荣的合作共赢战略，是在市场竞争中从强调对抗向注重合作的重大转变，是企业发展中逐渐理性，逐渐成熟，与时俱进的重要体现。因为这种组织机制创新，使企业获得了一种低成本的制度安排，在经济全球化激烈竞争的机会与挑战中，能够既充分利用企业有限的内部资源，又善于积极地利用社会上存在着的外部资源，使内外资源重新优化组合，优势互补，较好地化解社会需求的无限性与企业资源和能力有限性的矛盾，在增强内力，借助外力中取得新的竞争优势和更大的经营效益。企业间的合作和联盟，实现 1+1 大于 2，共生共荣，成为在新时期实现企业更大发展的一种可选择途径。

以上三种战略，是企业从小到大，从弱到强的发展进程中可供选择的发展战略。战略一经选定，在实施中必须要有相对稳定性。只要发展的基本条件和环境无大变化，战略就应坚决贯彻实施，不宜随意改变。但当发展条件和环境出现较大变化，既定战略在实施中出现问题时，决策者要善于审时度势，权衡利弊，因势利导地进行战略调整或战略转变，不失时机地掌握引领发展的主动权。一般来说，对战略的发展规模和速度进行量的调整，称战略调整；对战略重点（如环节、产品、部门、地区）的调整，称战略重点转移；对战略发展方向、任务进行质的转变，称战略转变。企业领导人不应成为乱撞乱碰的鲁莽家，而应成为有驾驭发展变化能力、勇敢而明智的企业家。企业家要善于掌握市场经营的游泳术，在市场风云变幻、大风大浪的大海中游泳，使自己不会沉没，而能勇敢沉着地、有步骤地游到彼岸，享受胜利的成果。

二、提高两个能力

指企业持续发展能力和随机应变能力。提高这两个能力，实质就是不断提高企业核心竞争力。要靠建设学习型企业、创新型企业，实施人才、装备、管理综合配套工程得以实现。企业持续发展能力是建立在科技进步基础上的创新发展能力，随机应变能力是建立在正常发展基础上的超常应对能力。只有坚持创新发展，才能在科技进步日新月异的激烈竞争态势中保持长期竞争优势，实现持续发展。技术不断进步，才能在资源有限的约束条件下最大限度地扩大生产可能性边缘，由投资驱动转变为创新驱动，使发展方式由投入型增长转变为效益型增长。这一切，都必须靠人才培育、队伍建设、装备革新、管理创新（组织创新、制度创新）才能得以实现。

三、掌握三大法宝

企业经营的三大法宝是质、特、道，以优质取胜、以特色取胜、以道义取胜。质是基础，特是关键，道是根本，相辅相成。这三大法宝是精髓，贯穿于企业经营的全过程。具体表现形式体现在正确理念、人才培育、活力机制、满意产品、优质服务、社会责任、企业文化、合作共赢的行动之中，体现在企业赢利、发展与社会责任、贡献的统一。保持长期竞争优势、经受住历史检验、得到社会公认的成功企业，都应是智商和仁商的统一。

四、实施品牌工程

品牌是企业成就的结晶和实力的标志，是社会认知度和消费者接受认可度的集中体现。要集三大法宝之力，创造出有市场竞争力和巨大影响力的知名品牌，把经营产品向经营品牌提升，实现由产品竞争向品牌竞争的战略转变。首先誉满全国，进而走向世界。

书 序

为李世峰编著《生态农业技术与产业化》一书作序

（2007年12月1日）

党的十七大提出“坚持生产发展、生活富裕、生态良好的文明发展道路，建设资源节约型、环境友好型社会。”发展生态农业已成为国际农业发展的前进方向和时代潮流，党和政府十分重视鼓励发展生态农业，提出“要使人民在良好的生态环境中生产生活，实现经济社会永续发展。”因此，积极发展生态农业，是坚持以人为本的科学发展观，提高农业可持续发展能力的战略举措。

要发展生态农业，建设生态文明，使生态文明观念落实到每个单位，每个家庭，就必须普及生态农业知识，推广生态农业技术，推进生态农业产业化。李世峰博士编著的《生态农业技术与产业化》一书就是在当今时代大背景下应运而生的。这本书系统介绍了生态农业的基本概念、发展渊源、中国特色和理论方法，尤其对我国生态农业实践中出现的生态农业技术类型、发展模式、主要生态农业技术及操作方法进行了较为全面的总结和系统介绍，具有实用性和普及性。此书的出版，对科学指导我国生态农业发展有重要参考价值，对推进我国生态农业发展将起积极作用。中国生态农业发展是世界生态农业发展的重要组成部分，总结介绍中国生态农业发展的模式和经验，对开展国际交流合作也有参考价值。

生态农业产业化是生态农业发展的新阶段，是生态农业持续发展的动力，因为产业化与高效益紧密相连。进行生态农业产业化发展研究，可以促进生态农业产前、产中、产后形成较完整的产业体系，促进适合国情的生态农业产业化步入良性发展轨道。

本书的出版，是编者为推进我国生态农业发展作出的一份贡献，也是编者辛勤努力的一个阶段性成果。在此，特表示祝贺。中国生态农业发展实践非常丰富，为不断总结研究和理论创新提供了取之不竭的源泉，希望编者把此书的出版作为继续前进的一个新起点，在此基础上继续努力向新的高度进军，为推进我国生态农业新发展作出新贡献。

李世峰编著《生态农业技术与产业化》一书，列为服务“三农”，“十一五”国家重点图书规划项目丛书，已由中国轻工业出版社2008年3月出版。

为刘海林著《中国农村环境问题研究》一书作序

（2010年8月27日）

我国农村环境问题，与国家的可持续发展和人民的切身利益息息相关，既重要，又薄弱，党和政府高度重视，十分关注，保护和改善农村环境，建设生态文明，已列为社会主义新农村建设的重大战略任务。随着人口增长，工业化、城镇化进程日益加快，我国农村环境问题对发展的制约和人民生活的影响也日趋严峻。如何正确认识农村环境问题的严重性？如何在发展中解决好农村环境问题？许多能人志士都从不同角度进行探索、研究和实践，分析问题，提出对策，仁者见仁，智者见智。刘海林博士积累多年的研究成果，以《中国农村环境问题研究》一书问世，乃是众多研究中的一部力作，生动深刻，独树一帜，读后使人深受启迪，是对认识和解决我国农村环境问题的一份贡献。

我愿意向大家推荐这本书，是因为此书在进入新世纪第二个十年的关键时期奉献给读者，对领导部门科学决策提供了研究支持，对研究部门（单位、工作者）深入研究提供了有益的参考资料，也有利于广大民众增强环境意识，投入环保行动，可谓开卷有益。此书读来使人兴趣盎然，不致乏味，因为它有以下特点：

一是研究基础扎实，资料翔实可信。此书是刘海林博士在其博士学位论文基础上进一步修改补充而成。在攻读博士学位期间，他参加了原国家环境保护总局组织的农村环保立法课题研究，并作为骨干成员到总局自然生态司挂职帮助工作。在此期间课题组采用实地调查与问卷调查相结合的方式，对我国农村普遍存在的环境问题进行了为期3年的显性田野调查，调查范围涉及5 500多个村庄，16 000多个农户，并与省、市、县、乡、村环保干部座谈，亲眼目睹，口问，耳听、手记，取得了大量第一手资料。在攻读博士学位期间能亲自参与这样大规模的农村环境问题调查，既是机遇和荣幸，又确实不易，难能可贵。我以农村环保立法课题组顾问身份，曾与刘博士等课题组成员一道参加过部分调研活动和课题论证，对他们不辞辛苦，深入农村农户，勤奋严谨，求真务实，乐于奉献的工作作风深感敬佩和欣慰。更可喜的是，刘海林博士毕业回河南工作以后，此项研究并未中断，仍然继续深入。他积极参与中国环境科学学会的“千乡万村环保科普行动”，与大学合作，利用暑期、国庆节长假、寒假期间，先后3次组织有教授、副教授、讲师、博士研究生、硕士研究生和本科生等400多名师生参加的农村环保知识普及和流行病大型调查活动。这

刘海林著《中国农村环境问题研究》一书，已由中国环境科学出版社出版。

些调查结果，帮助我们对我国农村普遍存在的生活源污染问题；日趋严重的工业源、农业源污染问题；自然环境污染和生态系统破坏问题；环境对健康的影响，病毒性感染和人畜共患病等问题和严重情况有了进一步的了解和认识，掌握了翔实的资料和案例，这些情况和资料来之不易，非常宝贵，这是科学研究和解决农村环境问题的重要基础。

二是本书理论研究与实践分析相结合，定性研究与定量分析相结合，得出的见解深入浅出，有独到之处。例如，对人口持续增长与资源有限供给等人地矛盾尖锐化是环境问题产生的根本原因的揭示；对人们重发展轻环保，以牺牲环境为代价盲目追求经济高增长的思想和行为，导致农村环境问题日趋严重的深入剖析；对城乡二元结构导致农村环保投入严重不足，基础设施建设严重滞后，环保监管不力的深刻阐述；提出“保护环境，可分享健康”的口号；等等，有理有据，入木三分，亲切动人。使我们对按五个统筹要求，坚决贯彻落实科学发展观，有了进一步的认识，有利于增强做好农村环保工作的责任感和自觉性。本书构建系统动力学模型进行了动态仿真模拟分析，对人们正确认识经济发展与环境保护的关系，制定积极的农村环保政策有一定的参考价值。

三是以促进生态村建设为着力点，以国家环保总局2007年颁布的《国家级生态村创建标准》为依据，构建了我国生态村可持续发展评价指标体系，包括1个一级指标，6个二级指标，15个三级指标，并规范了评价方法。结合调研数据，在全国范围内选取了9个村进行实证分析，评价结果有效、可靠。此成果为我国开展生态村建设活动提供了评价方法支持，对生态村建设健康发展具有重要意义。对进一步全面开展农村生态环境评价工作也有重要参考价值。因为通过生态村评价的实践和方法的不断完善，可以对全面开展农村生态环境评价工作奠定认识基础和实践基础。所以，生态村评价在某种意义上具有开创性和基础性。

四是提出了防治结合，以防为主，以治为辅的从源头抓起的积极防治措施。在解决整个农村环境问题的过程中，选择以生态建设为主，以污染防治为辅，以生态补偿为必要补充的发展和治理模式是符合国情的，具有重要的现实意义。

刘海林博士在农村环境问题研究方面发表了多篇有影响的论文。在国家环保总局挂职工作期间还参与了全国人大、政协会议代表、委员《建议》和《提案》答复意见的起草工作，积极参加农村环保宣传工作，参与了《农村环保知识6张套》宣传挂图、《农村环保实用技术》、《农民身边的环保知识》等科普读物的编写和审定工作，并且荣幸地被中国环境科学学会聘为科普专业委员会会员，这在在读博士研究生中是少见的。据了解，刘海林博士毕业后有关农村环境问题的研究工作，正在寻求污染防治和生态保护技术方面的新突破。其所著的《农村环境保护简明读本》已先于此书由中国环境科学出版社出版发行。其编写的《中国农村环境问题调查》一书正在最后审定过程中，不久将会与读者见面。这些都是令人高兴的事情，可喜可贺！本书的出版，是作者向新高峰攀登的一个新起点。祝作者坚持不懈，继续努力，在新的征程中取得更大成就，为我国农村环保事业做出更大的贡献。祝作者成功！

为杜学振著《我国农业劳动力转移与农业机械化发展研究》一书作序

（2011年6月28日）

我国是世界上农业劳动力最多的国家。1991年第一产业从业人员峰值曾高达3.9亿多人。目前，第一产业从业人员占全社会就业人员比重仍较高，农业机械化水平、农业劳动生产率仍较低，农业依然是国民经济发展的薄弱环节。中央高度重视“三农”问题，一再重申解决好“三农”问题是全党工作的重中之重。把积极发展现代农业列为社会主义新农村建设的首要任务，提高到是以科学发展观统领农村工作必然要求的战略高度，近些年国家财政通过实施购机补贴政策，大幅度增加了对发展农业机械化的支持力度。国家支持，农民积极，促进了我国农业机械化前所未有的快速发展。

在耕种收综合机械化水平超过40%，农机化发展进入中级阶段以后，第一产业从业人员数量和比重已呈双下降趋势。2010年，我国耕种收综合机械化水平已超过50%，达52%，标志着我国农业生产方式发生了有史以来机械化生产方式已大于传统生产方式的历史转折，我国农业已进入以机械化生产方式为主导的新时代。加快推进农业机械化，在农业生产要素中增加农机装备，用现代物质条件装备农业，减少农业劳动力数量，提高农民素质，培育新型农民，用现代化要素取代传统要素，已成为加快社会主义现代化进程，转变农业发展方式的必然要求，此趋势已不可逆转。在这个进程中，作为一个农业人口大国，必须深入研究和妥善处理好农业劳动力转移与农业机械化发展这个十分迫切，又十分艰难的重大理论和实际问题。许多人从不同角度对此问题进行了探索和研究。杜学振博士以我国农业劳动力有效需求为切入点，从劳动力资源有效配置，既保证农产品有效供给、农业安全，又促进农民增收的角度，通过大量调查研究、理论分析和实证考察，用定性与定量相结合的研究方法，对此问题进行了较深入系统的研究，其研究成果以此书奉献给读者，虽只是百花园地的一朵小花，但也芳香扑鼻，显其特色，一些重要结论、观点和建议，对领导决策和业界研究都颇有参考价值，读后使人深受启迪。特推荐给读者共享，仁者见仁，智者见智，共同努力推进我国农业机械化、现代化事业又好又快

杜学振著《我国农业劳动力转移与农业机械化发展研究》一书，已由中国农业大学出版社2011年8月出版。

地实现科学发展。

本书的出版，是作者攻读博士学位、参加国家自然科学基金课题研究，辛勤努力的一个可喜成果，来之不易，值得庆贺。希望作者把此作为一个新起点，继续坚持不懈，奋发拼搏，必将大有可为，在新的征程中取得更大的成绩！做出更大的贡献！祝作者取得新的更大成功！

为林建华著《农业机械化的探索与创新》一书作序

（2011 年 7 月 8 日）

林建华同志著的《农业机械化的探索与创新》一书出版，使我既高兴又感佩。从 2000 年初林建华同志到山东省农机管理办公室任主任后，我们工作交往较多，共同研讨农业机械化理论和实践结合、推进农业机械化持续快速健康发展问题。十多年来，建立了深厚友谊。山东是小麦、玉米主产省，从上世纪末小麦基本实现全程机械化之时，省领导就及时地在全国率先把农机化发展战略重点向玉米生产机械化转移，并把玉米机收作为主攻重点。科学决策，带了好头。在此期间，我和林主任共同主持、合作开展了“山东省玉米收获机械化发展研究”，为科学决策提供研究支持。研究提出山东玉米收获机械化应“中部率先发展，东部加快步伐，西部跨越提升，全省整体推进”的发展思路和目标、任务，被省政府采纳，写入省政府文件付诸实施，在实践中取得了预期良好效果。此课题研究成果荣获山东省软科学优秀成果一等奖。

在我认识的省级农机管理部门领导干部中，林建华同志兼具领导实干型和勇于创新型的素质特点。在执行决策上，他工作专注，真抓实干，力度很大。为实现预期战略目标，他带领全省农机战线同志奋力拼搏，不畏艰难，长期坚持不懈，努力夺取一个又一个胜利。正是在科学决策下的这种率先进取实干精神，使山东省农机化发展走在全国前列，在主攻难度很大的“瓶颈”环节玉米机收中，创造了全省玉米机收水平率先闯过 70%大关，比全国平均水平高 40 多个百分点的山东速度，成为 2010 年全国农机化十大新闻之一：“山东成为我国实现玉米生产全程机械化第一省”。在勇于创新方面，林建华同志在实践探索中不断研究新情况，思考新问题，通过调查研究提出解决问题、推进发展的新思路，新举措。如，他倡导实施“立足大农业，发展大农机”战略思想；推进实施“农机化创新示范工程”；推进农机服务业发展，打造农机服务精品工程；在主要粮食作物基本实现生产全程机械化后，又及时提出向经济作物机械化进军；等等。不断开拓进取，不骄傲自满，不故步自封，永葆前进活力，在发展中创新，在创新中发展，走出了符合省情的农业机械化发展道路，成效十分显著。林建华同志在实践开拓与理论创新结合，努力开创农机化发展新局面方面，是值得学习的一个好榜样。我国已经发展到在农业生产中农机化生产方式占主导地位的新时代，正确认识发展农业机械化，建设现代化农业和改造传统农业的责任，已经历

·林建华著《农业机械化的探索与创新》上、下集，已由中国农业出版社 2011 年 12 月出版。

史地落在当代农机人肩上。实践需要上升为理论，理论需要通过实践检验而又能动地指导实践。根据科学认识来推进农业机械化又好又快发展的实践过程，要求我们既要勇于实践，努力改造客观世界；又要善于学习，善于总结，努力提高认识能力，改造自己的主观世界。把勇于实践与善于总结、勇于创新结合起来，才能解放思想，实事求是，与时俱进，使中国特色农业机械化道路越走越宽广。这是当代农机人，特别是领导干部共同努力的方向。

林建华同志《农业机械化的探索与创新》一书，把他十多年在农机化岗位上的工作报告和讲话、文章汇集成册，集工作实绩与心得体会之大成，是他辛勤努力工作的真实记录。既有工作安排部署，又有总结、探索，还有思考和感悟，凝聚着他的智慧和心血。在一定程度上也记载和反映了山东省进入新世纪十多年来农机化发展的壮丽史诗和农业生产方式发生深刻变化的伟大历史进程，反映了山东省农机化研究的最新成果。此书在“十二五”开局年出版，不仅是山东省农机化领域的宝贵财富，对全国推进农业机械化又好又快发展也有重要参考价值。读后令人肃然起敬，深受启迪，信心倍增，干劲更足。“十二五”是我国农机化发展可以大有作为的重要战略机遇期，又是农机化发展进程中的矛盾凸显期。重要特点是快速成长与发展转型交融，既要加快发展，又要调整结构，转型升级；既要发展速度快，又要发展质量高、效益好。在加快发展时，不得不承受转型的阵痛。在机遇空前好，难度空前大，任务空前艰巨的新形势面前，希望此书出版对我们正确应对新形势、新任务有所帮助。农机人要在党和政府领导下，深入贯彻落实科学发展观，全面实施《农业机械化促进法》，坚持走中国特色农业机械化发展道路，把法治发展，创新发展，统筹协调发展统一起来，努力开创农业机械化又好又快发展的新局面，为建设中国特色农业现代化做出新的更大的贡献！

指导的学位论文目录

博士后出站论文题目

姓　名	博士后出站研究报告	出站时间
田志宏	中国关税的定量分析及政策研究	1999 年

已毕业博士学位论文题目

姓　名	博士论文题目	毕业时间
卢凤君	中国农业发展及其所需支撑能力的系统分析	1992 年
俞燕山	中国的城市化与小城镇发展问题研究	1997 年
焦长丰	中国粮食供给波动分析及预警研究	1998 年
杨晓东	中国小城镇发展问题研究	1999 年
努尔夏提·朱马西	新疆棉花生产机械化与产业化研究	1999 年
李玉刚	企业战略管理行为研究	2000 年
杨玉林	农业可持续发展与农业机械化研究	2001 年
祝美群	乡镇企业发展规模经济与培育竞争优势研究	2002 年
张岩松	发展与反贫困——新时期中国农村反贫困方略研究	2002 年
张荣齐	中国连锁经营发展研究	2003 年
杨敏丽	中国农业机械化与提高农业国际竞争力研究	2003 年
陈　志	科技型企业核心竞争力研究	2004 年
李世峰	大城市边缘区的形成演变机理及发展策略研究	2005 年
陈宝峰	新时期山西省农机化发展研究	2005 年
姚宝刚	科技型企业人力资源管理与开发研究	2005 年
刘庆印	我国锻压设备产业组织分析及重构策略研究	2005 年
杜运庆	农机服务企业联盟及其信息化研究	2006 年
方宪法	我国农业机械化技术自主创新能力研究	2007 年
李安宁	我国粮食作物收获机械化发展研究	2007 年
杨　锋	我国农机工业产业组织研究	2007 年

刘占良	山东省玉米收获机械化发展研究	2007 年
刘　卓	我国农机服务组织模式研究	2008 年
赵庆聪	蔬菜质量安全追溯与风险防范系统研究	2009 年
杜学振	我国农业劳动力转移与农业机械化发展研究	2009 年
姚季伦	新时期农业劳动生产率提高与农业机械化发展研究	2009 年
刘　莉	我国拖拉机制造业产业组织研究	2010 年
王志琴	河南省农业机械化发展效益研究	2010 年

已毕业硕士学位论文题目

姓　名	硕士论文题目	毕业时间
卢凤君	山西省农业劳动力转移规律及合理就业结构研究	1986 年
吕永龙	旺苍县工业发展战略研究	1988 年
徐国清	黄冈地区科技发展战略研究	1989 年
李玉刚	聊城市国民经济发展预测及农业生产结构分析	1989 年
苑体强	传统农业改造过程的理论分析与实例研究	1990 年
陈要军	广元市农业区域性支柱产业发展研究	1991 年
焦长丰	三大作物生产与农业机械化研究	1992 年
郑文钟	旺苍县北山贫困地区经济发展分析	1992 年
张全明	中国粮食生产波动原因分析及对策研究	1993 年
俞燕山	村级经济发展的若干问题研究	1993 年
麻云舟	乡域规划方法及实例研究	1993 年
乔　军	农业机械化水平综合评估方法和评估软件研究	1995 年
赵　蕊	白银市农业生产结构优化研究	1996 年
李世峰	北京顺义“三高”科技农业试验示范区规划方案研究	1996 年
窦晓君	中国粮食生产决策支持系统的研制	1997 年
张志强	中国粮食生产波动分析与预警研究	1997 年
郭红莲	内蒙古托克托县工业发展战略研究	1998 年
杨敏丽	农业机械化发展阶段性与区域不平衡性研究	1998 年
祝美群	中国粮食区域平衡问题研究	1999 年
胡向宇	我国粮食期货市场交割问题研究	1999 年

祝华军	小城镇规划及基础设施投资问题研究	2000 年
王晓芳	我国引进外商直接投资及其经济效果研究——兼论我国农业引进外资问题	2000 年
张荣齐	我国连锁店特许经营研究——荣昌洗染网点实例分析	2000 年
孙立新	中国大豆比较优势研究	2001 年
吕晓敏	关于改进风险投资决策的几个问题研究	2002 年
杜　璟	关于 Web 的农业机械化发展决策支持系统研究	2003 年
王志琴	小城镇地区生态安全研究初探	2003 年
方宪法	我国农业机械投资态势分析	2003 年
王宏江	新疆生产建设兵团城镇化问题研究	2004 年
张天佐	我国农业机械购置补贴制度研究	2008 年